THE Elements

THEODORE GRAY
Photographs by Theodore Gray and Nick Mann

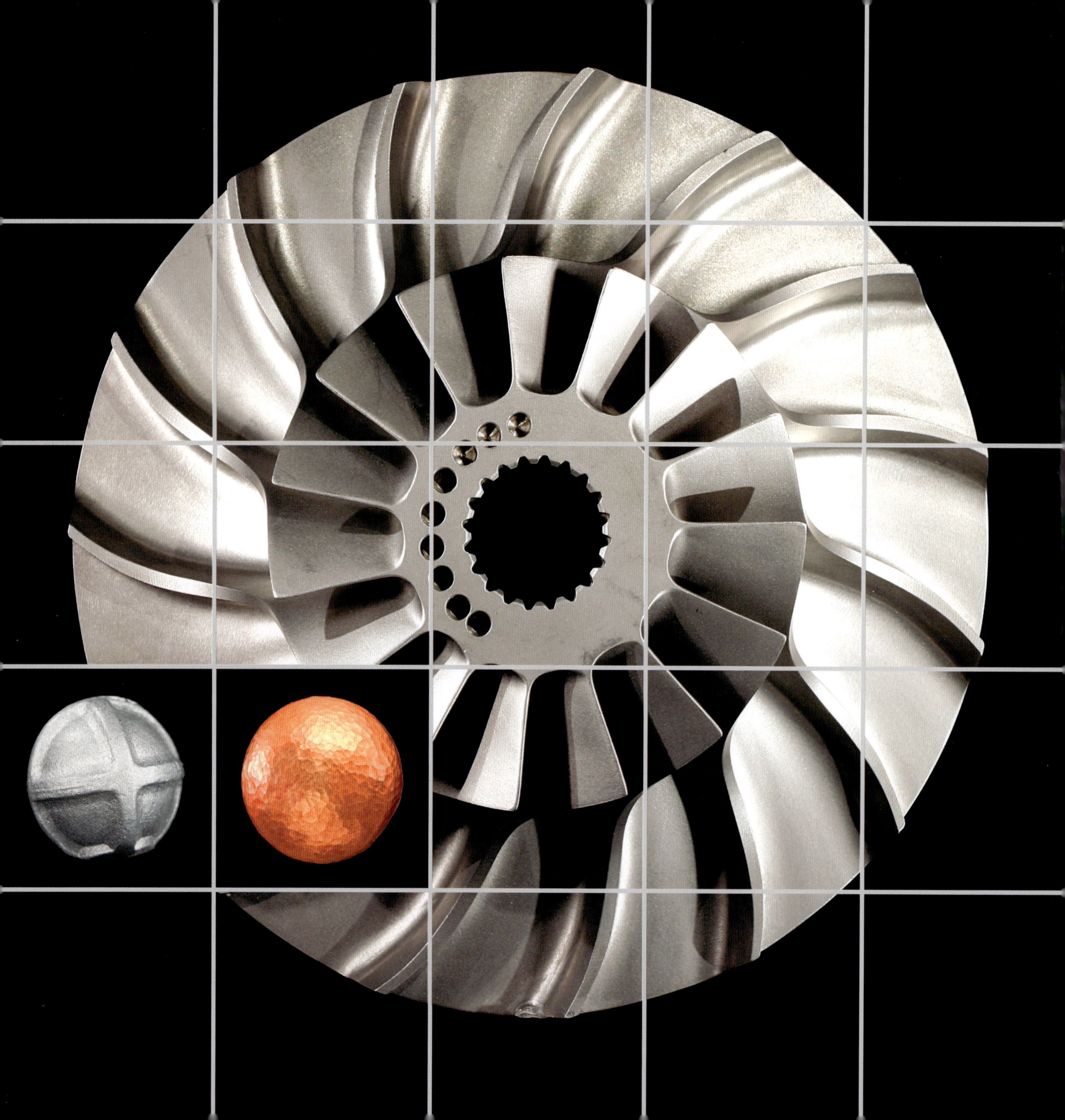

セオドア・グレイ［著］
Theodore Gray
ニック・マン［写真］
Nick Mann

世界で一番美しい

元素図鑑

A Visual Exploration of Every Known Atom in the Universe

若林文高［監修］
Fumitaka Wakabayashi
武井摩利［訳］
Mari Takei

創元社

[著者] セオドア・グレイ（Theodore Gray）
元素コレクター。本業は、数式処理システム「Mathematica®」や質問応答システム「Wolfram Alpha™」の開発で世界的に知られるコンピューター・ソフトウェア会社ウルフラム・リサーチの共同創立者で、現在は同社ユーザーインターフェース技術部門責任者。サイエンスライターとしても活躍し、『ポピュラー・サイエンス』誌にコラムを長期連載している。周期表をテーマとしたウェブサイトperiodictable.com の主宰者として、大学、学校、博物館向けの写真入り周期表の制作などの普及活動を行っている。周期表（英語でperiodic table）をかたどって中にそれぞれの元素を収めた木製の机「周期表テーブル（Periodic Table Table）」（本書235ページ）を制作したことに対して、2002年、ユーモアにあふれる科学研究に与えられる「イグノーベル賞（化学部門）」を贈られている。

[写真] ニック・マン（Nick Mann）
フリーカメラマン。17歳で最初の写真集を出版。おそらく、世界で一番多数の元素を撮影した写真家である。風景写真、スポーツ写真、イベント写真なども手がけて高い評価を得ている。写真以外に、行動経済学、財政学、サイクリングに関心を持つ。

[監修] 若林文高（わかばやしふみたか）
国立科学博物館名誉館員・名誉研究員、前理工学研究部長。専門は触媒化学、物理化学、化学教育・化学普及。博士（理学）。1955年東京生まれ。京都大学理学部化学科卒業、東京大学大学院理学系研究科修士課程修了。主な監修・訳書に、『楽しい化学の実験室Ⅰ・Ⅱ』（東京化学同人、1993、1995）、『ノーベル賞の百年──創造性の素顔』（ユニバーサル・アカデミー・プレス、2002）、『基礎コース 化学』（東京化学同人、2010）など。

[翻訳] 武井摩利（たけい まり）
1959年東京生まれ。東京大学教養学部教養学科卒業。主な訳書にM・D・コウ『マヤ文字解読』（共訳、創元社）、M・D・コウ、M・V・ストーン『マヤ文字解読辞典』（創元社）、N・スマート編『ビジュアル版 世界宗教地図』（東洋書林）、B・レイヴァリ『船の歴史文化図鑑──船と航海の世界史』（共訳、悠書館）、R・カプシチンスキ『黒檀』（共訳、河出書房新社）など。

Copyright © 2009 by Theodore Gray
Original Published in English by Black Dog & Leventhal Publishers
Japanese language translation © 2010 Sogensha, Inc.

Japanese translation rights arranged with
Black Dog & Leventhal Publishers
through Japan UNI Agency, Inc., Tokyo

ALL PHOTOGRAPHS BY NICK MANN AND THEODORE GRAY EXCEPT AS FOLLOWS:
Berkeley Seal©and TM2001UC Regents p. 222; Getty Images p.15; courtesy of Hahn-Meitner Institute p.230(bottom right); istockphoto p. 155; courtesy of Lawrence Berkeley National Laboratory p.230(top right and center right); courtesy of NASA, p.14; courtesy of NPL©Crown Copyright 2005; courtesy of Niels Bohr Archive, p.107(bottom left); copyright©The Nobel Foundation p.220, 226, 230(top center), 232(top center); Science Photo Library p.149, courtesy of The University of Manchester p.230(center left); courtesy US Department of Energy p. 228; courtesy of the respective city or state 224, 230(center), 230(bottom center), 232(top left); Courtesy Nicolaus Copernicus Museum, Frombork, Poland p. 232(top right).

▶ 原子発光スペクトルのシミュレーション図。NIST（米国立標準技術研究所）のデータに基づきニノ・チュティッチ（Nino Čutić）が作成した。

世界で一番美しい元素図鑑

2010年11月20日　第1版第1刷発行
2024年 8 月10日　第1版第22刷発行

著　者　セオドア・グレイ
写　真　ニック・マン
監修者　若林文高
訳　者　武井摩利
発行者　矢部敬一
発行所　株式会社 創元社
　　〈本　　社〉〒541-0047 大阪市中央区淡路町4-3-6
　　　　　　　Tel.06-6231-9010㈹ Fax.06-6233-3111
　　〈東京支店〉〒101-0051 東京都千代田区神田神保町1-2 田辺ビル
　　　　　　　Tel.03-6811-0662㈹
　　〈ホームページ〉https://www.sogensha.co.jp/
印刷所　TOPPANクロレ株式会社

© 2010 Printed in Japan　ISBN978-4-422-42004-2 C0043
定価はカバーに表示してあります。乱丁・落丁本はお取り替えいたします。
本書の全部または一部を無断で複写・複製することを禁じます。

本書の感想をお寄せください
投稿フォームはこちらから▶▶▶▶

JCOPY〈出版者著作権管理機構 委託出版物〉
本書の無断複製は著作権法上での例外を除き禁じられています。
複製される場合は、そのつど事前に、出版者著作権管理機構
（電話03-5244-5088、FAX 03-5244-5089、e-mail: info@jcopy.or.jp）
の許諾を得てください。

いかなるものも、無に帰することはありえない。万物は分解されて元素に帰する。

ルクレティウス『事物の本性について』（紀元前50年）

周期表は、あなたが自分の足の上に落とすことができるあらゆるものが載った、普遍的なカタログです。世界には光、愛、論理、時間のように周期表にないものもありますが、それらは足の上に落とすことはできません。

地球も、この本も、あなたの足も、知覚や検知ができるすべてのものは元素からできています。あなたの足は大部分が酸素で、そこに相当量の炭素が加わり、有機分子構造を作り上げています。それによって、あなたは炭素系生命体の一種と規定されるわけです。（もし、これを読んでいるあなたが炭素系生命体でない場合には――「ようこそ私たちの惑星へ！　あなたに足があるなら、この本を足の上に落とさないようにしてください」と申し上げましょう。）

酸素は無色透明な気体ですが、あなたの体重の５分の３は酸素です。いったいどうしてそんなことがありえるのでしょう？

元素にはふたつの顔があります――純粋状態での顔と、他の元素と結合してさまざまな化合物になったときの顔です。酸素は純粋状態ではたしかに気体ですが、ケイ素と反応すると強固なケイ酸塩鉱物を作り、地殻の主要な構成成分となります。酸素が水素や炭素と結合すれば、水から一酸化炭素から砂糖までいろいろなものができます。

化合物の外見が純粋状態の酸素からどれほどかけ離れていたとしても、酸素原子はその中にちゃんと存在しています。そして酸素原子はいつでも純粋な気体に戻すことができます。

けれども（原子核崩壊を除いて）、酸素原子が自らもっとシンプルなものに分かれたり壊れたりすることはありません。この不可分性という特性こそ、元素を元素たらしめているものです。

本書で私はみなさんに、すべての元素のふたつの顔をお見せしようと試みました。まず、純元素（物理的に撮影可能な限りすべて）の大きな写真が目に入るでしょう。向かいのページでは、その元素がこの世界でどのように存在し使われているか――特徴的な化合物や応用製品――を見ることができます。

では、個々の元素に行く前に周期表全体を眺めて、それがどんなものかをお話ししましょう。

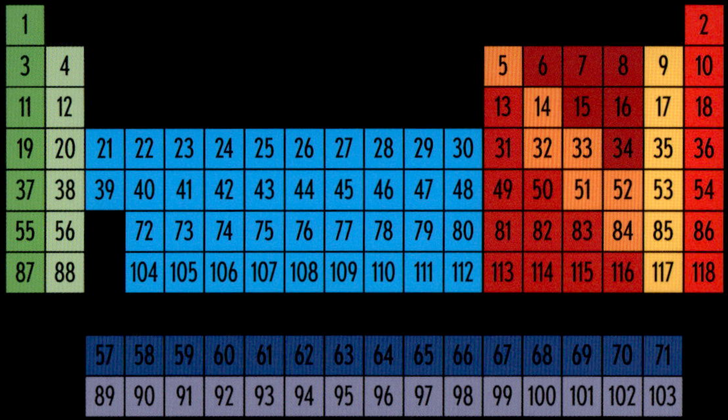

周期表は、この古めかしい形で世界中に知られています。だれが見ても、すぐそれとわかります。ナイキのロゴやタージ・マハル、アインシュタインのヘアースタイルと並んで、周期表もまた私たちの文明の象徴ともいえるイメージのひとつです。

周期表の基本構造がこの形なのは、芸術的な理由からでもなく、思いつきや偶然のためでもありません。量子力学の基本的かつ普遍的な法則によるものです。メタン呼吸する宇宙人の文明ではシューズの宣伝ロゴが四角かもしれませんが、そこでも周期表は、見たとたんに私たちの周期表と同じだとわかる論理的構造を持っているはずです。

すべての元素には、原子番号が付けられています。原子番号は１から始まる整数で、今のところ118までです（が、それより大きな数字の元素もいずれ発見されるに違いありません）。ある元素の原子番号は、原子の中心にある原子核に含まれる陽子の数です。その陽子の数が、原子核のまわりを回る電子の数を決めています。そして電子が——とりわけ「殻《かく》」と呼ばれる電子軌道のうち一番外側のものが、元素の化学的性質を決めるのです。電子殻については12ページで説明します。

周期表は元素を原子番号順に並べて表にしてあります。列は一見気まぐれとしか思えない形で途中が抜けてへこんでいますが、もちろん気まぐれなどではありません。同じ縦の列に、外殻電子の数が同じ元素が並ぶようにできているのです。

そこが周期表の一番重要な事実です。同じ縦列の元素は似た化学的性質を持つ傾向があります。

では、列の並びによって分けられた主要なグループを見ていきましょう。

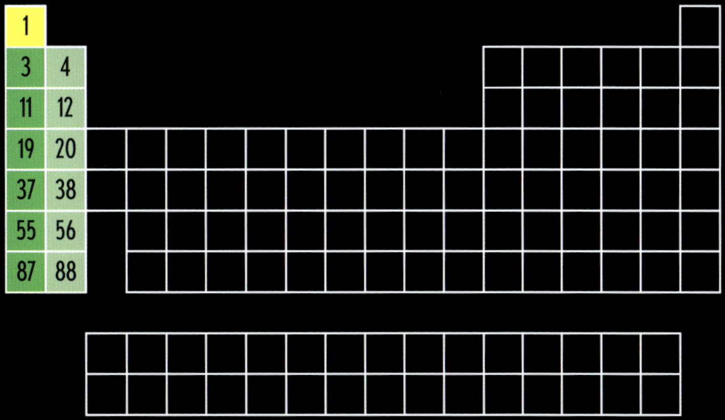

一番最初の元素である水素は、いささか例外的な存在です。慣例としては左端の列に置かれ、たしかにその列の他の元素と共通の化学的性質もいくらか持っています（主な類似点は、水素が化合物中では電子を１個失ってH^{+}イオンになり、原子番号11のナトリウムが電子１個を失ってNa^{+}イオンになるという事実です）。しかし水素は気体で、左端列の他の元素は軟らかい金属です。そのため、水素だけ独立のカテゴリーとして別扱いしている周期表もあります。

第１の列にある水素以外の元素は**アルカリ金属**と呼ばれ、池や湖に放り込むと、とんでもないことになります。アルカリ金属が水と反応すると、引火性が高い水素ガスが発生するからです。仮にあなたが結構大きなナトリウムの塊を湖に投げ込んだとしましょう。数秒後に大爆発が起きます。その際、事前にどれだけ防護手段を講じるかが、スリリングで面白い経験になるか、人生おしまいになるかの分かれ目です——ナトリウムの破片や、反応でできた水酸化ナトリウムが飛び散るので、それが目に入れば失明しますから〔失明しなくても爆発音や水質汚染による環境破壊で警察沙汰になります。やらないでください〕。

化学はこの実験に少し似ています。偉大なことを成し遂げて世界を驚かす強い力を持つ一方、恐ろしい災厄《さいやく》を簡単に起こせるほど危険。正しい態度で接しないと、化学はあなたにかみつきます。

２列目の元素は、**アルカリ土類金属**と呼ばれます。アルカリ金属と同様に比較的軟らかく、水と反応して水素ガスを出します。ただ、アルカリ金属が爆発的に反応するのに対して、アルカリ土類はもっとおとなしく、ゆっくり反応するので、発生した水素が自然発火することはありません。たとえばカルシウム(20)は携帯式水素発生器に使われています。

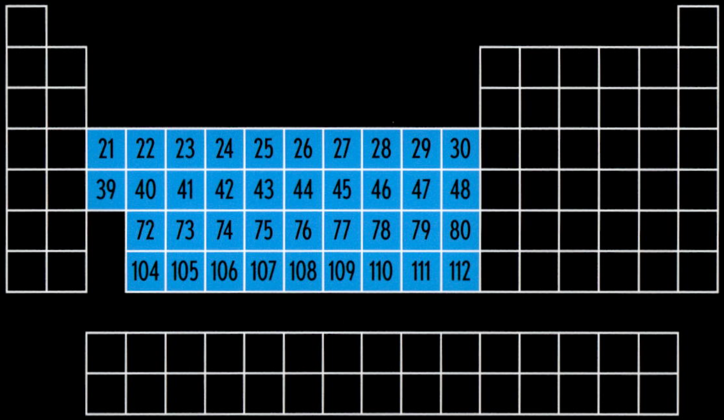

周期表の中ほどに位置する幅の広いブロックは、**遷移金属**と呼ばれ、産業界で大活躍しています。一番上の段だけ見ても、おなじみの金属のオンパレードです。水銀(80)以外の遷移金属はかなり硬く、しっかりした構造をしています。いや、実は水銀もうんと冷やすと凝固してスズ(50)にそっくりの固体になり、同様の性質を示します。このブロックで唯一の放射性元素であるテクネチウム(43)も、お隣さんたちと似たがっしりした金属です。ただ、テクネチウムでフォークを作ろうとする人はひとりもいません。使い物にならないからではなく、ものすごく高価で、しかも放射能によって徐々に人を死に至らしめるからです。

たいていの遷移金属は空気中で比較的安定ですが、一部はゆっくりと酸化します。その最も有名な例は、もちろん鉄(26)でしょう。鉄が酸化して錆《さ》びる現象は、私たち人間にとってありがたくない化学反応のナンバーワンです。このブロックには、金(79)や白金(78)などきわめて高い耐腐食性を誇る仲間もいます。

左下で２マスぶんへこんでいるのは、ランタノイドとアクチノイドが入る場所です（ランタノイドとアクチノイドは１１ページで説明します)。周期表の論理では、２列目と３列目のあいだには元素１４個分のマスがあり、そこにランタノイドとアクチノイドの初めから１４個が入ります。そして、その次(39番元素の下の２マス)にルテチウムとローレンシウムが収まります。しかしそれだと周期表が横長になりすぎて実用的でないため、慣例としてその間隔はつめて、ランタノイドとアクチノイドを一番下に２段にして並べることになっています。

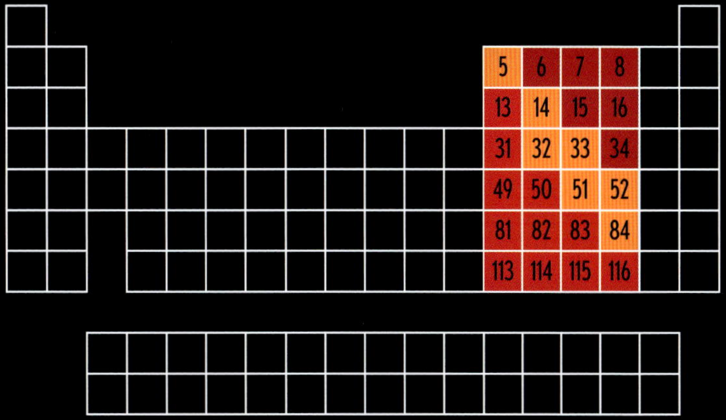

赤く塗られた左下の三角形の部分にある元素は、普通の金属といったところです。普通の金属といわれて、多くの人が思い浮かべるのは、たいてい遷移金属なのですがね。ところで、このへんまでくると、元素なるものの大部分がなんらかの金属だということに気付かれたことでしょう。

右上の赤茶色の三角形の部分にある元素は、**非金属**と呼ばれます。ついでに言うと、この後に出てくるハロゲンと希ガスも、金属ではありません。すべての金属は程度の差こそあれ電気伝導性を持っていますが、非金属は電気絶縁体です。

金属と非金属の間にはさまれた斜めのオレンジ色部分の元素は、**半金属**とか**メタロイド**の名を持つ“日和見主義者”たちです。名前からも想像できるように、半金属（メタロイド）は金属に似ているところと似ていないところがあります。たとえば、電気は通しますが伝導率はそれほど高くありません。現代社会で非常に重要な半導体の材料は、このグループに入っています。

半金属が斜めに並ぶという事実は、同じ縦列の元素は共通の性質を持つという一般則に反しています。しかし、一般則はあくまで一般則。化学の世界はとても複雑で、絶対的で揺るぎないルールはないのです。金属と非金属の境界線の場合も、ある元素がどちらに分類されるかを決める複数の要因が互いに競合しており、そのバランスが表の下段へいくほど右へずれるということです。

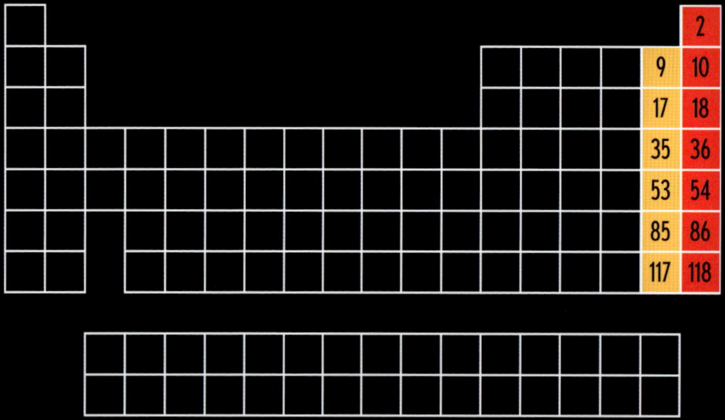

17番目、言い換えると終わりから２つめの列の元素は、**ハロゲン**と呼ばれます。ここに属する元素はどれも、純粋状態ではとてもあつかいにくい連中です。この列の元素は反応性がきわめて高いうえ、ひどい悪臭がします。純粋なフッ素（9）はほとんどすべてのものを無差別攻撃する伝説的存在ですし、塩素（17）は第一次世界大戦中に毒ガスとして使われました。ところが化合物になると、フッ素入り歯磨きや食塩（塩化ナトリウム）のように家庭で普通に見かけます。

最後の列は**希ガス**（**貴ガス**）です。ここでの「貴（noble）」という言葉は、「下層階級に関心を示さず超然としている」といった意味です。希ガスが希ガス同士で結合したり、他の元素と結びついたりして化合物を作ることは、ほとんどありません。それほどに不活性なので、反応性の高い元素を閉じ込めるシールドとしてよく使われます。希ガスに包まれた反応性元素は、反応する相手を見つけることができません。もしもあなたが米国で化学物質メーカーにナトリウムを注文したら、ナトリウムはアルゴン（18）を満たした密閉容器に入って届くことでしょう〔日本では通常、灯油に入れて販売されています〕。

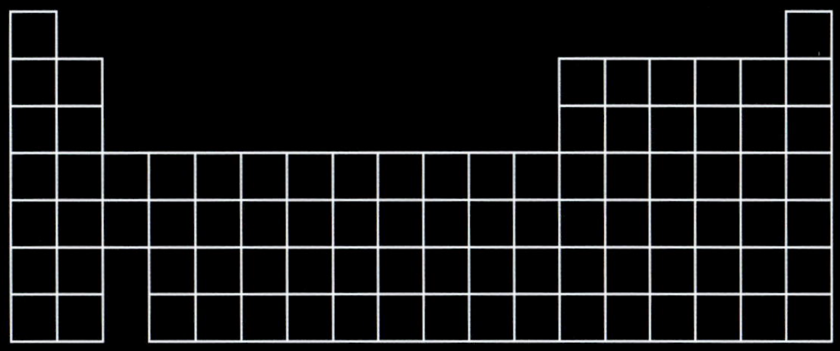

57	58	59	60	61	62	63	64	65	66	67	68	69	70	71
89	90	91	92	93	94	95	96	97	98	99	100	101	102	103

この両グループの元素は、まとめて**希土類**と呼ばれます。実際は、全然「希（まれ）」でないものも含まれていますが。ランタン(57)から始まる上段が**ランタノイド**です。とすれば、アクチニウム(89)から始まる下段が**アクチノイド**だと聞いてもあなたは別に驚きませんね。

ルテチウム(71)の項で説明しますが、ランタノイドはどれも化学的性質がよく似ていることで悪名高いのです。いくつかの元素は、あまりそっくりなので、本当に別々の元素なのか長い間議論されたほどです。

アクチノイドはすべて放射性元素で、とくにウラン(92)とプルトニウム(94)が有名です。周期表の標準レイアウトにアクチノイドが加わる原因を作ったのは、グレン・シーボーグです。彼がアクチノイド系列の元素をあまりにたくさん発見したので、新しい段が必要になったのです。新元素の発見者は数あれど、自分の発見した元素を並べるために１段新設させたのはシーボーグだけです。

これで、周期表全体と各部分を見終わりました。それでは、ワイルドで美しく、山あり谷あり、楽しくもあれば恐ろしくもある元素の世界への旅に出発しましょう。

世界のすべてがここにあります。今いるここから世界の果てまで、すべては１種類かそれ以上の元素でできています。私たちが「化学」と呼ぶ、元素同士の結合・再結合が織りなす無限の多様性。それが始まって終わる場所が、この短くて印象的なリストです。これが物質界を作り上げる建築ブロックなのです。

本書に写真が載っているものはほとんどすべて私のオフィスのどこかにあります（FBIに押収された１点とその他数点を除いて）。元素の鮮烈な多様性が見られる例を山ほど集めながら、私はとてもわくわくする時間を過ごしました。どうかみなさんも、元素の物語を楽しんでください。

水素のページでお会いしましょう！

周期表はどうしてこの形なのでしょう？

さて、しっかりついてきてください。この１ページで量子力学を説明してしまいますからね。もし専門的すぎると思ったら、ざっと流し読みするだけでかまいません。最後にテストをしたりはしません。

すべての元素は原子番号によって規定されます。原子番号はその元素の原子の原子核に含まれる陽子の数で、この陽子はプラスの電荷を持っています。原子核の周囲には「軌道」があり、そこにはマイナスの電荷を持つ電子が陽子と同じ数だけ存在して、電気的に釣り合っています。わざわざ「軌道」とカギでくくったのは、太陽のまわりを惑星が回るような形で電子が軌道を回っているわけではないからです。本当のところ、そこで電子が“動いている”とさえ言えないのです。

ではどうなっているかというと、電子は「確率の雲」として存在しています。場所によって電子が存在する確率が違うのですが、決してある特定の時点にある特定の地点に存在しているとは言えません。確率の雲にはいくつか種類があります。下の図は、原子核のまわりの確率の雲の３次元な形をあらわしたものです。

第１のタイプである「ｓ軌道」は球形で完全に対称です。電子はどの方向にも同じ確率で存在します。２番目の「ｐ軌道」は２つのボールがくっついたような形です。電子は原子核のこちら側またはあちら側にある確率が高く、それ以外の方向にある確率は低いということです。

ｓ軌道は１つしかタイプがありませんが、ｐ軌道は空間的に互いに直交する３方向（ｘ軸，ｙ軸，ｚ軸方向）にそれぞれ存在するので、３つのタイプがあります。さらに「ｄ軌道」と「ｆ軌道」では丸い部分の数が増えますので、それに応じてd軌道には５つのタイプ、ｆ軌道には７つのタイプがあります（これらの形を見て、３次元定常波にちょっと似ていると思う人もいるでしょう）。

どの形の軌道も、複数のサイズがあります。たとえば1s軌道は小さな球形、2sはそれより大きく、3sはもっと大きい、といった具合です。軌道が大きくなるほど、電子がそこに存在するために必要なエネルギーが高くなります。他の条件が同じであれば、電子はつねに最も小さくてエネルギーが低い軌道に入ります。

では、通常は原子の中ですべての電子が最も低エネルギーの軌道に入っているのでしょうか？　答えはノーです。ここで出てくるのが、量子力学初期の最も基本的な発見である「２つの粒子は決して同一の量子状態を取り得ない」です。電子には「スピン」と呼ばれる内部状態（アップスピンまたはダウンスピン）があります。そして、１つの電子軌道には電子が２個まで――アップスピン１個、ダウンスピン１個――入ることができるのです。

水素には電子が１個しかありませんから、その電子は1ｓ軌道に入ります。ヘリウムは電子が２個で、ともに1sに入り、これでこの軌道は定員いっぱいになります。リチウムは３個の電子を持っていますが、1ｓには２個しか入れないので、３つめの電子はよりエネルギーの高い2s軌道に入ります。このようにして、軌道はエネルギーの低い方から高い方へ順番に埋まっていきます。

本書では、どの元素のページにも右端に電子配置図、すなわち電子軌道の充填《じゅうてん》順の図が載っています。1ｓから7ｐまで、電子が入れる軌道がグラフになっているのがわかるでしょう。赤く塗られている部分に電子が入っています（これまでに知られている元素では、電子が入る最もエネルギーが高い軌道は7pで、7p以上のエネルギーを持つ軌道は今のところ知られていません）。軌道が埋まっていく順序は非常に微妙で複雑です。本書をめくりながらページの端の電子配置図を眺めていくと、その順番を知ることができます。順番の法則がわかった気分になったら、ガドリニウム(64)のあたりをとくに注意して見てください。それまでの自信が揺らぐかもしれませんよ。

周期表の形を決めているのは、まさにこの電子軌道の充填順なのです。最初の２列の元素は、電子がs軌道に入っていきます。次の10列では、電子は５つあるd軌道を埋めていきます。最後の６列は３つのp軌道に電子が収容されていきます。おっと、大事なことを言い忘れるところでした、周期表の下にある２段の別枠で横に14個並ぶランタノイドやアクチノイドでは、７つのｆ軌道に電子が入っていきます（ここで「原子番号２のヘリウムはなぜ４番のベリリウムの上じゃないのだろう？」と思った人がいたら――ブラボー、あなたの発想は物理学者より化学者に近いですね。その疑問の答えを見つけるには、巻末の参考文献に挙げたエリック・シェリーの本が格好の入門書になるでしょう）。

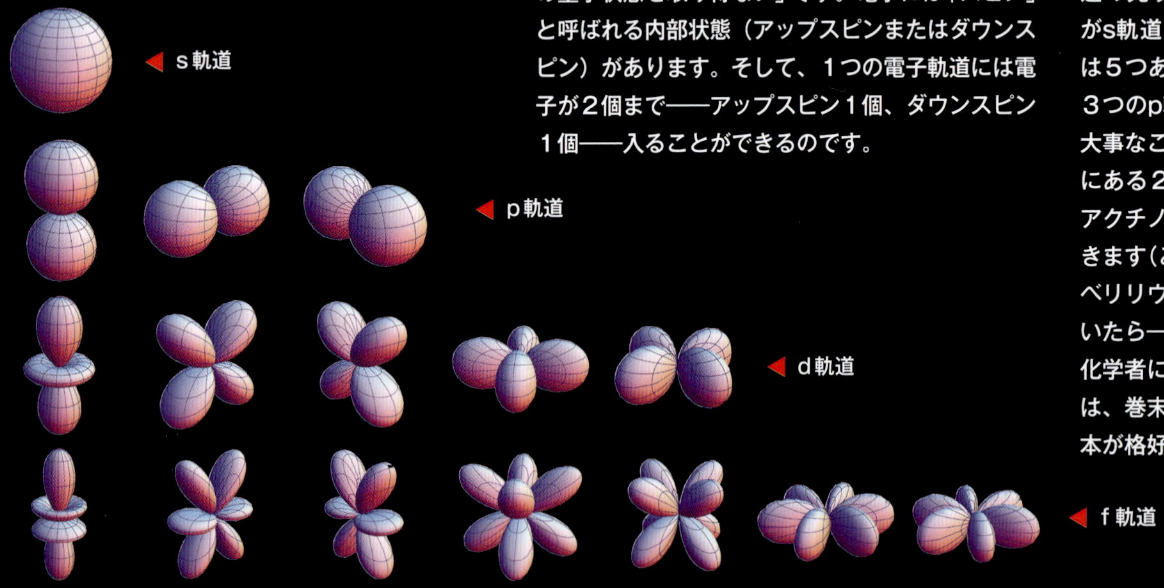

基本データ

知っていなければならないこと

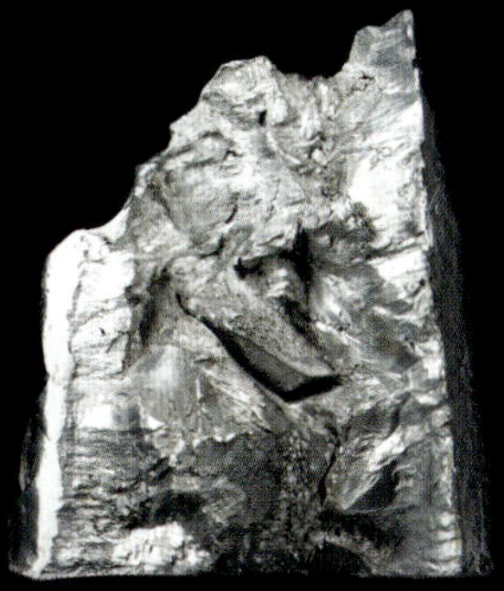

周期表ナビゲーション

各元素のページの右上にあるのはミニ周期表で、黄色い部分がその元素の位置です。この周期表は7～11ページの説明に合わせてグループごとに色分けされています。

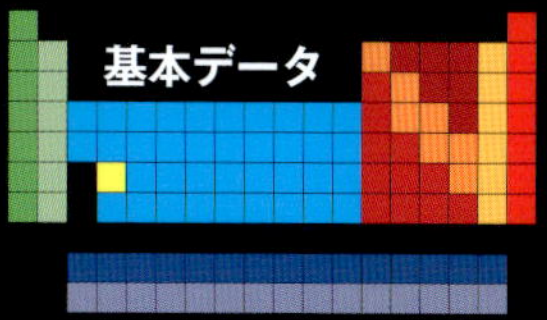

原子量
178.49
密度
13.310
原子半径
208 pm

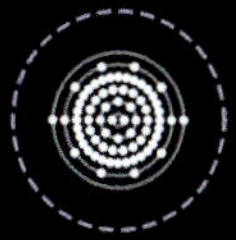

結晶構造

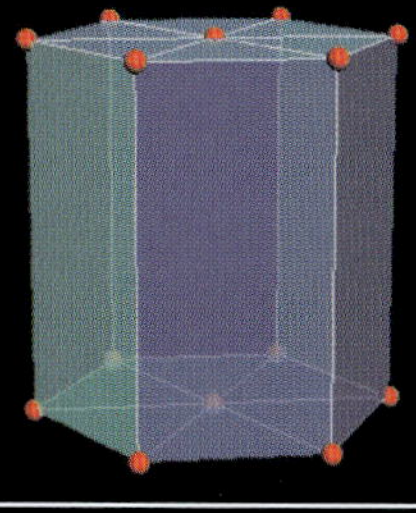

原子量

原子量を原子番号と混同しないでください。原子量は、その元素の典型的な試料の原子1個の平均質量を、統一原子質量単位（u）で表したときの数値です。1uは炭素12（^{12}C）原子の質量の12分の1と定義されています。大雑把にいうと1uは陽子1個または中性子1個の質量ですから、元素の原子量は、原子核を構成する陽子と中性子の数の合計にだいたい等しくなります。けれども、よく見ると一部の元素の原子量が、整数と次の整数の間の中途半端な値になっているのに気付くでしょう。これは、その元素の典型的な原子試料に、天然に存在する同位体が2種類以上含まれている場合、その同位体の平均をとると、小数点以下が大きくなることがあるからです。同位体については91番元素プロトアクチニウムのところで詳しく説明します。基本的には、同位体は原子核に含まれる陽子の数が同じで化学的性質も同じだけれど、原子核内の中性子の数が違うと思ってください。

密度

元素の密度は、仮想的に考えたまったく純粋な元素の完全な単結晶の理想的な密度と定義されています。そういう結晶は現実には存在しませんから、一般に元素の密度を求めるには、結晶内の原子の間隔をX線結晶解析で求めた結果と原子量とを組み合わせて計算します。密度の単位はグラム／立方センチ（g/㎤）です。

原子半径

元素の密度はふたつの要因によって決まります。原子の質量と、1個の原子がどれだけのスペースを占有するかです。各元素の原子半径は、原子核から一番外側の電子までの平均距離を計算によって求めたもので、単位はピコメートル（1兆分の1メートル、記号pm）です。原子半径欄の右にある図は、あくまで概略図です。原子全体の大きさとそれぞれの電子殻に入っている電子を図示してありますが、個々の電子の位置は縮尺どおりではありませんし、そもそも電子は原子核の周囲を回る点ではありません。一番外側にある薄紫色の破線の円は、原子の中で最も大きいセシウム（55）の原子半径を参考のために描いたものです。

結晶構造

結晶は、「単位格子」と呼ばれる基本構造の繰り返しで構成されます。結晶構造図は、その元素が最も一般的な純粋結晶形態を取ったときの単位格子の原子配列を示しています。常温常圧で気体あるいは液体の元素では、冷却して凝固させた場合の結晶構造が載っています。

電子配置

12ページで説明した電子軌道のどこに電子が入っているかを示した図です。

原子発光スペクトル

原子を非常に高温に熱すると、元素ごとに特有の波長（＝特有の色）の光を出します。この発光は、異なる電子軌道間のエネルギーの差に関係して起こります。各軌道に特有なエネルギーがあり、その差に等しいエネルギーの光が放出されるのです。スペクトル図はそれらの輝線を示しており、ほとんど見えない程度の赤が一番上、ほとんど紫外線に近い紫が一番下に位置しています。

物質の状態（固相／液相／気相）

元素がどの温度帯で固体、液体、気体の姿を取るかをあらわしています。温度目盛りは摂氏（℃）です。固体が液体になる温度が融点、液体が気体になる温度が沸点です。本書のページを重ねたままでたわませると、ページの端が少しずつずれて、元素ごとの融点と沸点を連続的に眺められるようになります。周期表全体を通して、融点と沸点の位置にはっきりとした傾向があることがわかるでしょう。

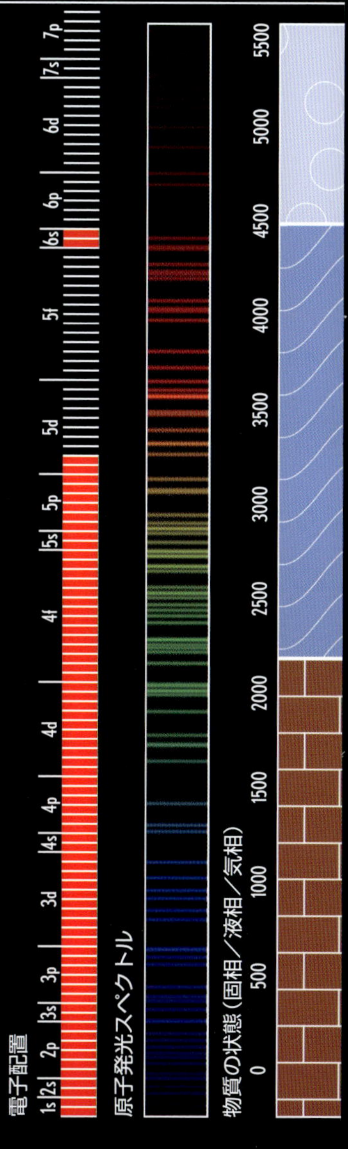

Hydrogen

H

1

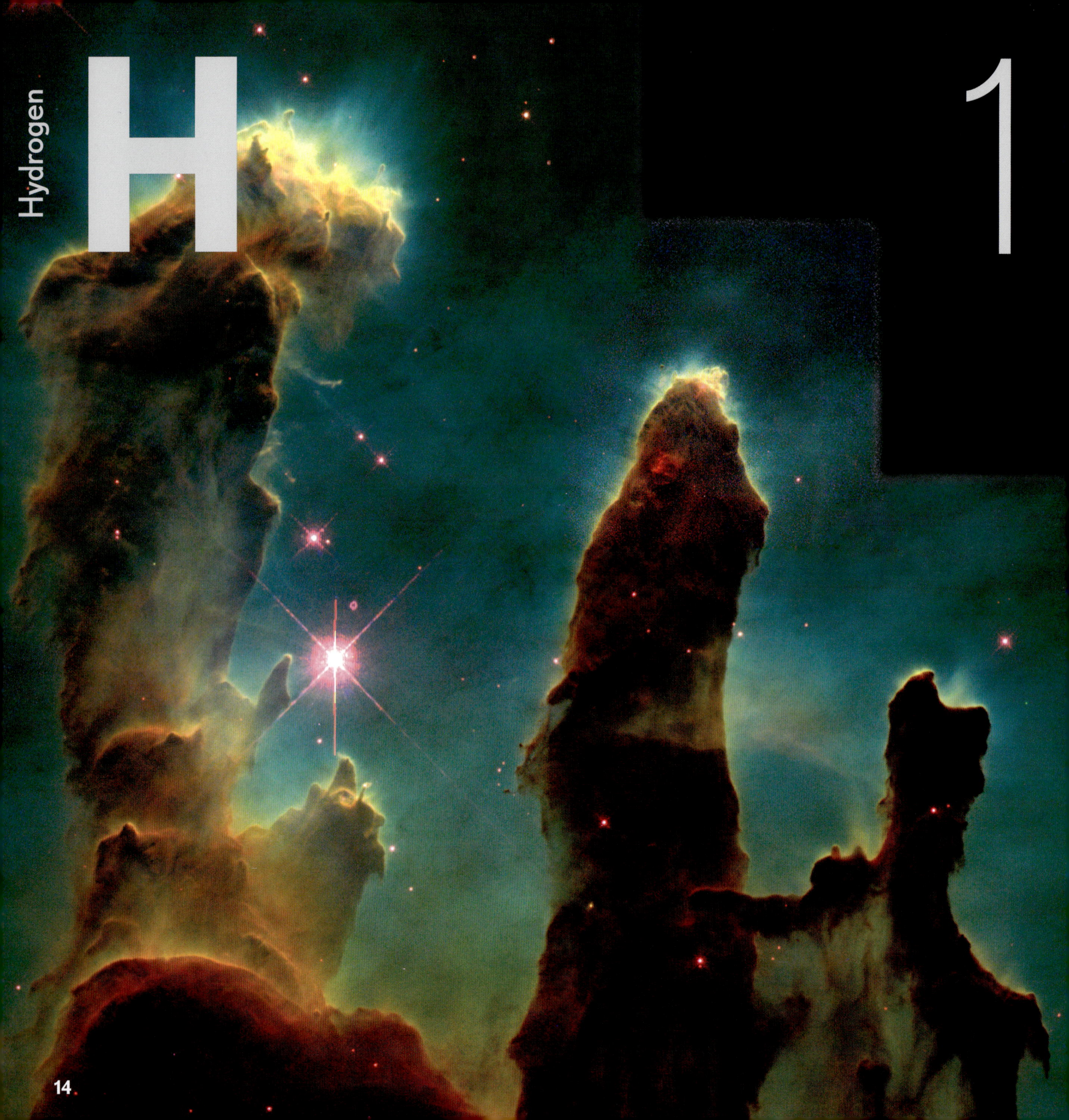

Hydrogen
水素

恒星が光るのは、中心部で大量の水素が核融合してヘリウムになっているからです。太陽だけでも、毎秒６億トンの水素を消費して５億9600万トンのヘリウムを生産しています。考えてもみてください。１秒に６億トン。それも昼夜分かたずに。

使った水素とできたヘリウムの差の400万トン／秒はどこへ行ったのでしょう。答えは――エネルギーに変換されたのです。アインシュタインのあの有名な$E=mc^2$の関係式に従って。400万トンのうち約1.6 kg／秒ぶんが地球にやってきて、夜明けの薄明かりや夏の午後の日射しや黄昏《たそがれ》の空の色を生み出します。

太陽が水素を貪《むさぼ》り食うことで私たちはみな生きているわけですが、水素の大切さはもっと身近なところでもよく知られています。水素は酸素（8）と結合して水となり、雲や海、川、湖を作ります。炭素（6）や窒素（7）や酸素と結びつけば、生き物すべての血や身体のもとになります。

水素は一番軽い気体です。ヘリウムより軽く、ずっと安価。そのため初期の飛行船に使われた結果が、ヒンデンブルク号の爆発事故です。みなさんも事故の様子を聞いたことがあるでしょう。ただ、正確に言うと、犠牲者は水素の炎上で焼死したのではなく、地面への転落が死因でした。近年開発が進んでいる水素自動車の水素燃料は、ある意味ではガソリンより安全です。

最も大量に存在し、最も軽い水素は、物理学者に最も愛されている元素でもあります。というのも、陽子１個と電子１個だけなので、物理学者お気に入りの量子力学の公式がぴったり当てはまるからです。陽子２個、電子２個、さらに中性子２個のヘリウムになると物理学者は両手を上げて退散し、後は化学者に任されます。

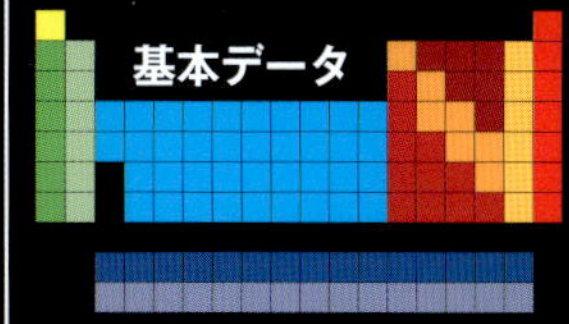

原子量
1.00794
密度
0.0000899
原子半径
53 pm

結晶構造

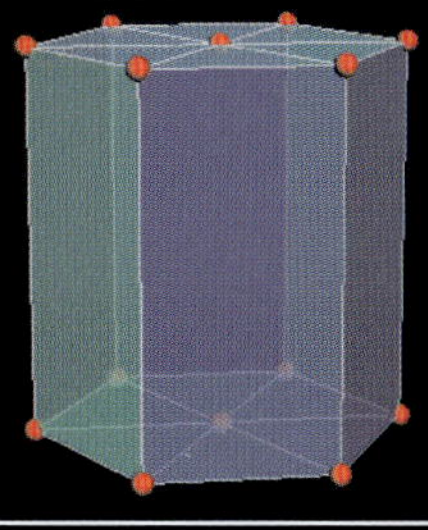

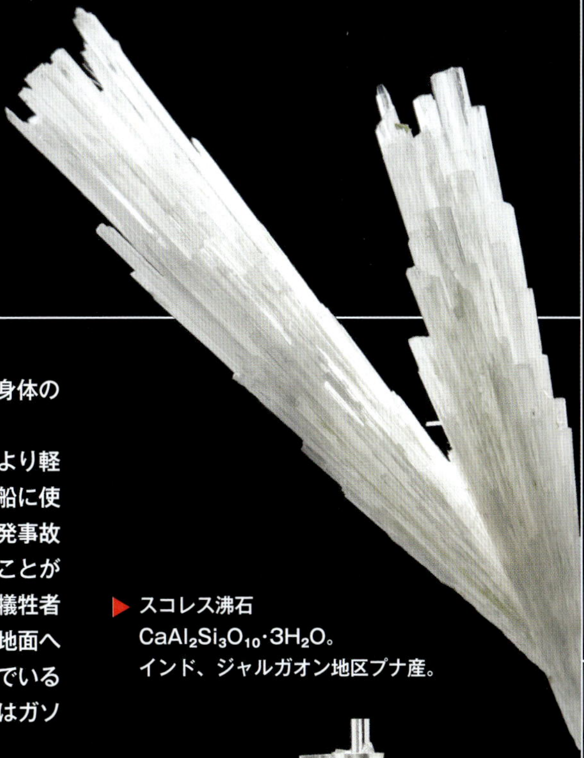

▶ スコレス沸石
$CaAl_2Si_3O_{10}\cdot 3H_2O$。
インド、ジャルガオン地区プナ産。

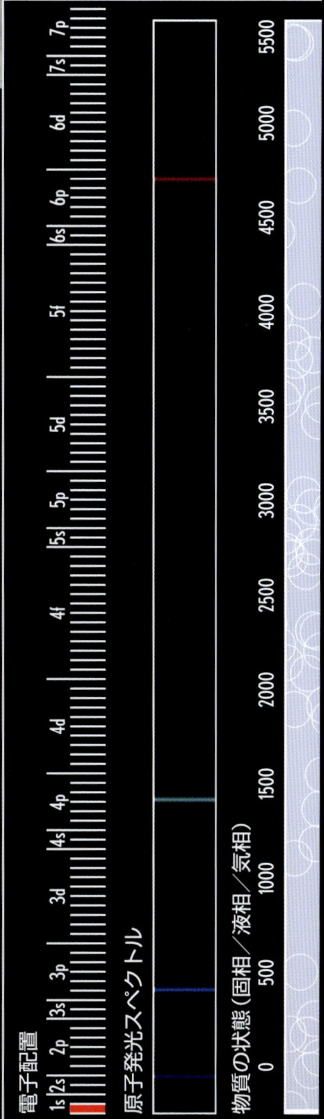

◀ トリチウム（三重水素、^3H）発光キーホルダー。米国では、戦略物質の使い方としてあまりに軽薄だとして違法品〔日本でも違法〕。

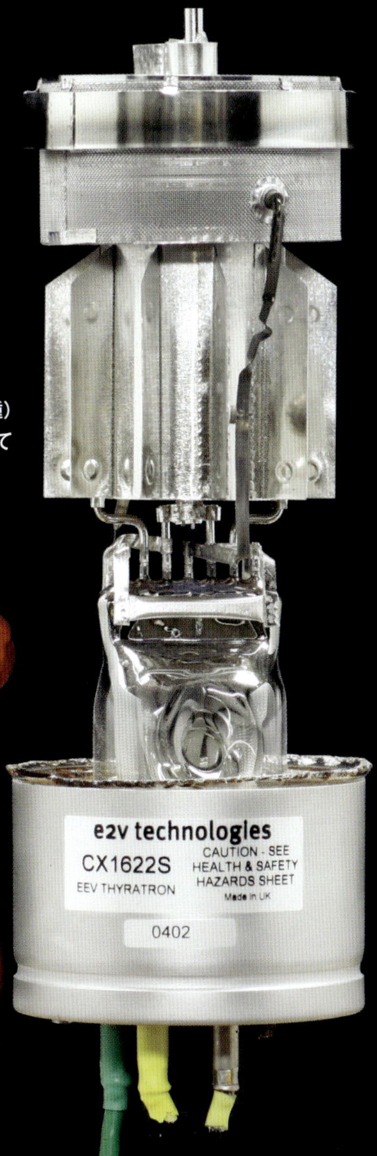

▶ 高速サイラトロン（電子スイッチの一種）の内部には少量の水素ガスが封入されている。

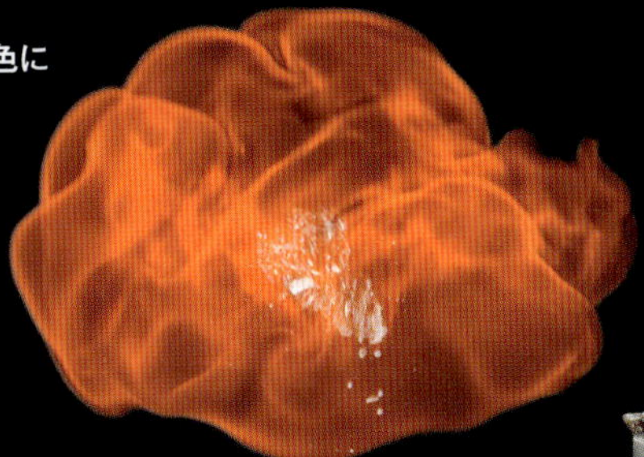

▶ 赤みがかったオレンジ色に光る酸素―水素炎。

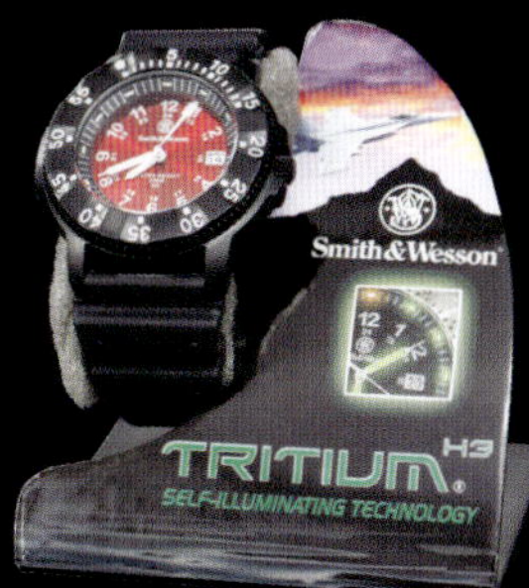

▲ トリチウム腕時計は米国でも合法。

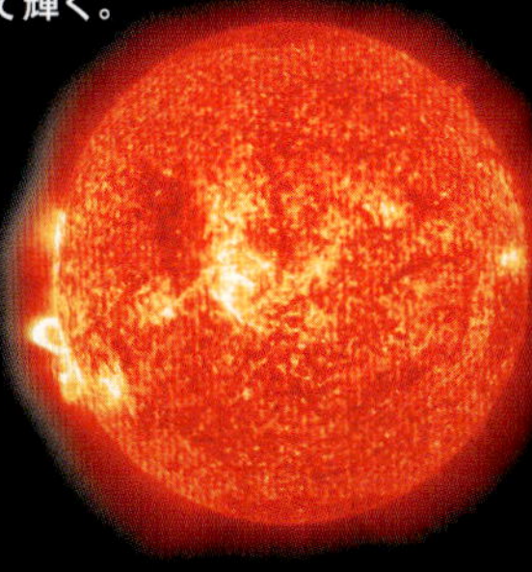

▶ 太陽は水素をヘリウムに変えて輝く。

◀ 可視宇宙の全元素のうち質量比で75%を水素が占める。通常は無色の水素ガスも、宇宙空間に大量にあると星の光を吸収して、このワシ星雲のような壮麗な光景を作り出す。ハッブル宇宙望遠鏡による写真。

2

Helium
ヘリウム

ヘリウムの名前のもとは、ギリシャ語で太陽をあらわす「ヘリオス」です。人類がこの元素の存在に気付いた最初のきっかけが、日食のときに太陽光スペクトルで観測された輝線《きせん》だったからです。その線は、当時知られていたどの元素でも説明がつかなかったため、未知の元素があると考えられたのです。

今やパーティー用風船に注入されるほど身近なヘリウムが、地上ではなく宇宙の観察で見つかった初めての元素だったというのは、逆説的に思えるかもしれません。そのわけは、ヘリウムが希ガスだからです。希ガスは他の元素と関係を持たず、ほとんどすべての化学結合に対し超然として不活性を保ちます。他の元素と相互作用しないので、化学反応を利用した伝統的な分析法ではなかなか検出できません。

水素の代わりに飛行船につめるには、完全不燃性のヘリウムはお勧めです。問題は、水素より浮揚力が若干劣るのに、はるかに高価だという点です。

今日私たちが使うヘリウムは、地下から湧き出す天然ガスから抽出されます。しかし、他のすべての安定元素とは違って、ヘリウムは地球ができたときから地中にあったわけではありません。長い年月の間に、ウラン(92)とトリウム(90)の放射壊変によって生成したものです。ウランとトリウムはアルファ粒子を放出して崩壊しますが、物理学者が「アルファ粒子」と名付けたものは、実はヘリウム原子核でした。だから、あなたがパーティーで風船に入れるヘリウムの原子は、ほんの数千万年か数億年前には、大きな放射性原子の原子核を構成する陽子や中性子だったのです。まったく不思議な話ですが、次のリチウムの奇妙さに比べたらまだまだかわいいものです。

▲ヘリウムを入れたパーティー用風船。ヘリウム原子はゴムを通って逃げ出しやすいので、空気入り風船よりずっと早くしぼむ。アルミコートしたポリフィルム製の風船は数日もつ。

基本データ

原子量
4.002602
密度
0.0001785
原子半径
31 pm

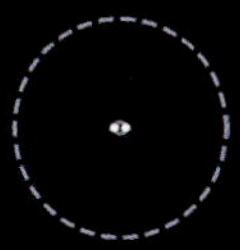

結晶構造

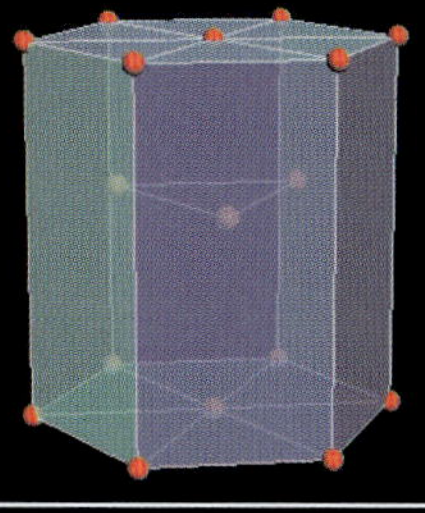

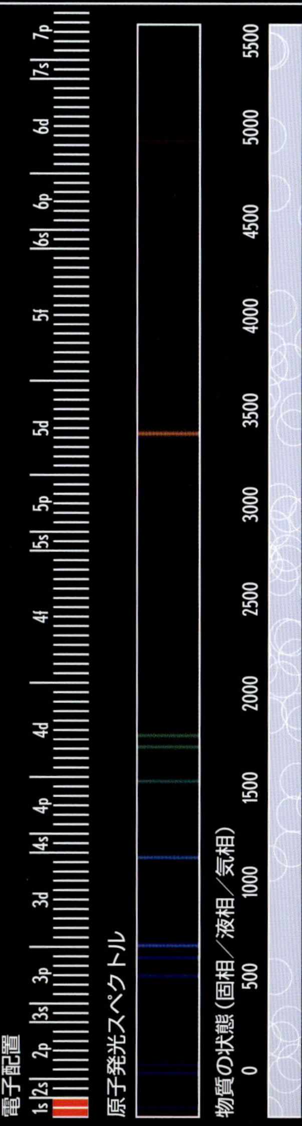

◀アンティークなヘリウムアンプル。純粋なヘリウムは無色透明な気体。

◀ヘリウムは通常は無色の不活性ガスだが、電流を通すとクリーム色がかった薄ピンクの光を放つ。

▲ヘリウムネオンレーザー。ガラス越しにヘリウム独特の黄色がかったピンクの光が見える。正面から出ているレーザー光はネオンによる赤い光。

▶パーティー用品店で売られているヘリウムボンベ。子どもが吸い込んでも窒息しないよう、ヘリウムに酸素を混ぜてあることが多い。

Lithium

Li 3

Lithium
リチウム

リチウムは非常に軟らかく軽い金属で、水に浮きます。水に浮く金属は他にはナトリウム(11)だけです。水面のリチウムは水と反応して、比較的穏やかに(爆発はせずに)水素ガスを発生させます（アルカリ金属のうち、水との反応が派手なのはナトリウム以降）。

反応性の高いリチウムですが、身近な消費財に広く使われています。リチウムイオン電池の中のリチウム金属は、心臓ペースメーカー、自動車、私がこの文章を書くのに使っているノートパソコンまで、多種多様な電子機器の電源として働いています。リチウムイオン電池は比較的軽いのにパワー絶大ですが、それが可能な理由のひとつはリチウムの密度の低さです。自動車やトラックや機械類に使われるおなじみのリチウムグリースはステアリン酸リチウムを含んでいます。

リチウム製品に注目すると、ある興味深い事実に気付きます。リチウムが取り出しやすい形で大量に埋蔵されている場所は、世界に一ヵ所しかないのです。リチウムイオン電池を使う電気自動車が普及する日が来たら、ボリビアから目が離せなくなるでしょう。

リチウムイオンは、人の気持ちを安定させるというマジックも見せてくれます。理由は未解明ですが、炭酸リチウム（体内でリチウムイオンになります）の服用を続けると、双極性障害(躁鬱《そううつ》病)患者の気分の浮き沈みが安定してきます。単純な元素が人の心にこんな作用を及ぼす——人間の感情のような複雑な現象でさえ基礎化学に左右されてしまうという、ひとつの見本と言えるでしょう。

リチウムは軟らかく、反応性があり、ものごとをバランスの取れた状態に保ちます。では次のベリリウムは？　だいぶ毛色が違うとだけ言っておきましょう。

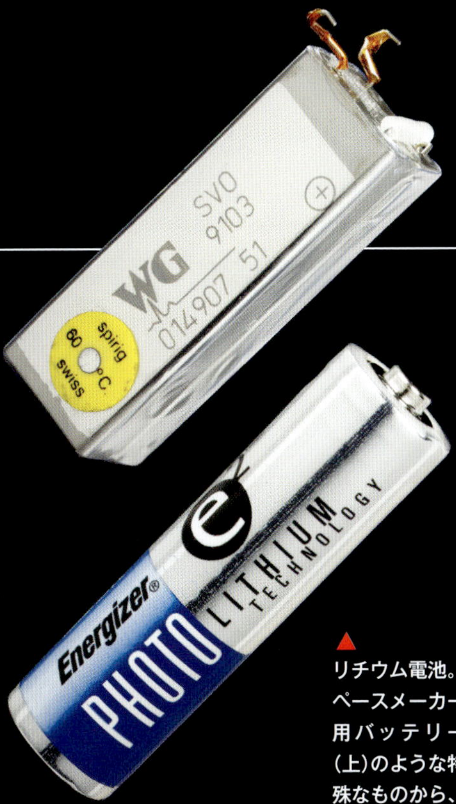

▲リチウム電池。ペースメーカー用バッテリー(上)のような特殊なものから、おなじみの単3使い切りリチウム電池まである。

▶気分の振幅をコントロールする炭酸リチウムの錠剤。

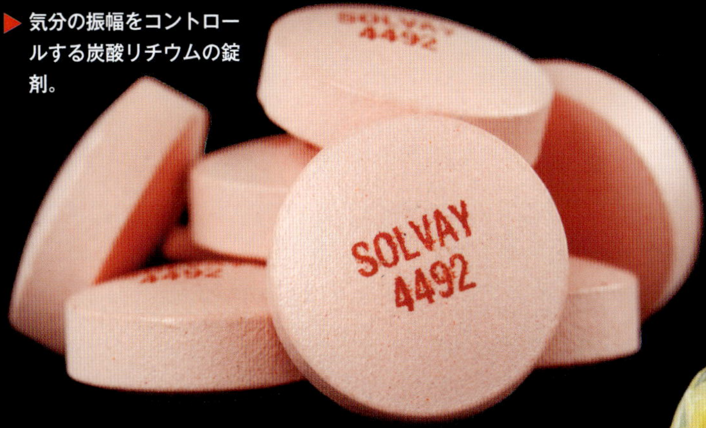

▶リチウムグリースには、品質向上のためにステアリン酸リチウムが使われている。

▼リチウムを含むリシア電気石$Na(LiAl)_3Al_6(BO_3)_3Si_6O_{18}(OH)_4$（ブラジル、ミナス・ジェライス州産）。

◀リチウムはハサミで切れるくらい軟らかい。左ページの純金属の写真は実際にハサミで切ったところ。

基本データ

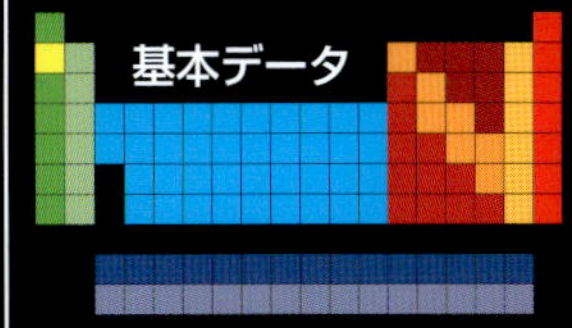

原子量
6.941

密度
0.535

原子半径
167 pm

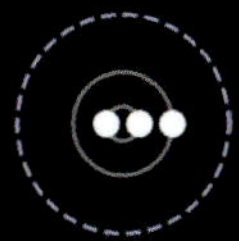

結晶構造

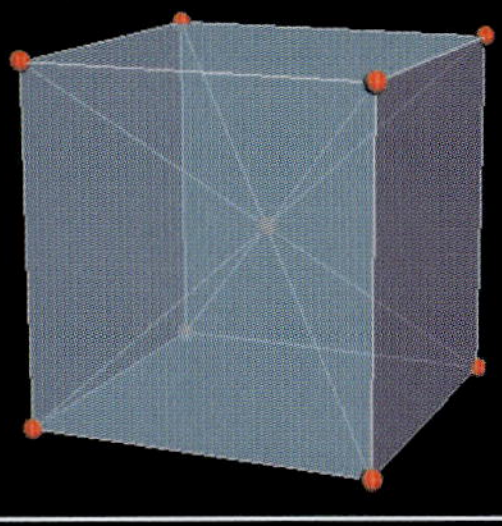

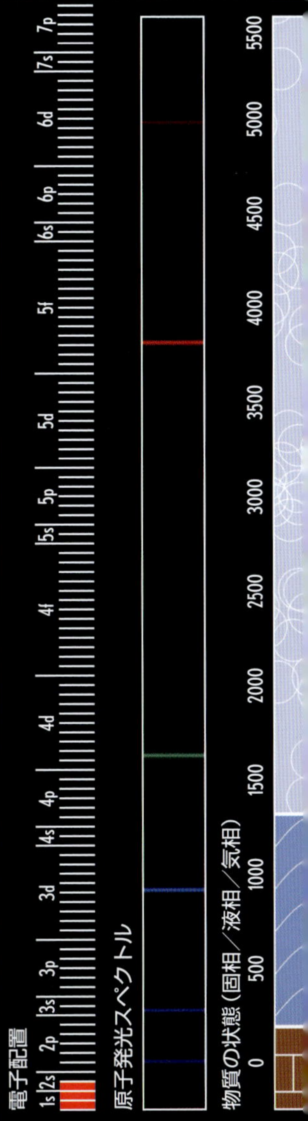

Beryllium

Be

4

Beryllium
ベリリウム

▶ 大きなアクアマリン結晶（Be₃Al₂Si₆O₁₈）。著者の父のコレクション。

ベリリウムは軽金属です。リチウムの3.5倍の密度がありますが、それでもアルミニウム(13)よりずっと低密度です。リチウムが軟らかく融点が低く反応性が高いのに比べ、ベリリウムは強度があって融点が高く、非常に腐食しにくい性質を持っています。

そのうえ高価で毒性もあるため、ベリリウムはきわめて特殊な製品、たとえばミサイルやロケットの部品に使われます。それならコストは問われず、軽量で強靱であることが至上命題で、毒性物質を使っても一般の人々が心配する必要もありません。

他に変わった用途としては、X線を透過させるので、X線管の窓の部分に使われます。内部を完全な真空に保てる強度があり、微弱なX線も透過できる薄さに加工できるからです。銅(29)に数パーセントのベリリウムを混ぜた合金は、高強度で、たたいても火花が出ないため、油田や可燃性ガス関連産業で使う工具の材料になります。鉄の工具で火花が飛び散ったら、大惨事ですからね。

ベリリウム銅合金製のヘッドをつけたゴルフクラブもあります。ハイテク素材ならボールを思った場所に飛ばせるのではという風潮に乗った製品です。でも、もちろんマンガニーズ・ブロンズやチタン(22)のクラブよりスコアが良くなるわけではありません。

強さと美しさを兼ね備えた鉱物である緑柱石（ベリル）は、ベリリウム・アルミニウム・シクロケイ酸塩です。緑柱石のうちグリーンやブルーの美しいタイプが、みなさんもよくご存じのエメラルドやアクアマリンです。

ベリリウム——あるときはロケットを打ち上げ、次の瞬間には女性たちを虜にする、ジェームズ・ボンドばりの粋な鉱物。では次にホウ素をご紹介しましょう。

◀ 精製された純粋なベリリウムの結晶のかけら。溶解・加工されて、ミサイルや宇宙船用の軽くて丈夫な部品になる。

▶ 酸化ベリリウムの高圧碍子。

▶ ベリリウム銅合金のガスバルブ用レンチ。

▶ ベリリウム製のミサイル用ジャイロスコープ。

▶ ベリリウム箔をはめこんだX線管の窓。

▶ ベリリウム銅合金のゴルフクラブ（アイアン）。

基本データ

原子量
9.0121831
密度
1.848
原子半径
112 pm
結晶構造

電子配置
原子発光スペクトル
物質の状態（固相／液相／気相）

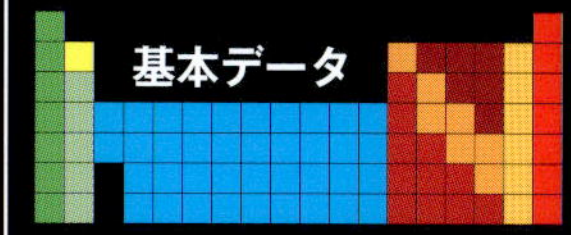

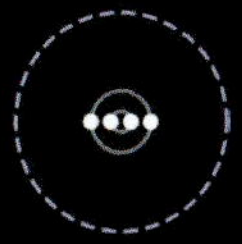

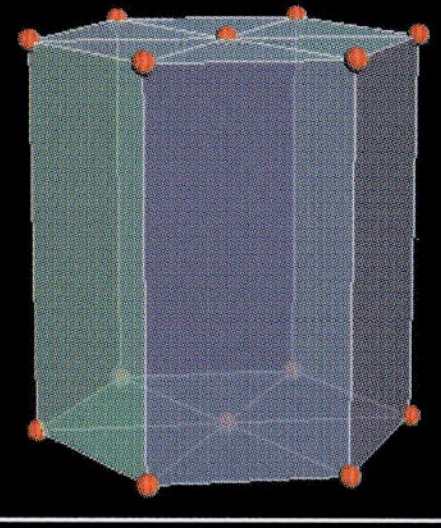

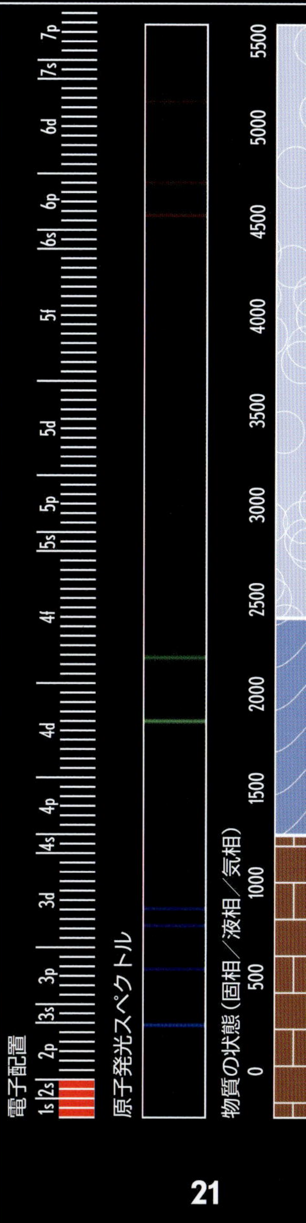

Boron

B

5

Boron
ホウ素

かわいそうなホウ素。さえない名前で、だれかに尊敬してもらえそうには見えません。ホウ素は洗濯に使われるホウ砂《しゃ》としてよく見かけると言ったところで、なんの足しになるでしょう。でも、ホウ素は実はあなたが考えるよりずっと有用で魅力的です。

ホウ素（5）を窒素（7）と化合させると、両者の間に位置する炭素（6）に似た結晶ができます。炭素はダイヤモンドを作りますが、立方晶窒化ホウ素の結晶はダイヤに近い硬度を持ち、ずっと安価で、ダイヤより耐熱性があります。そのため、鋼鉄製品の研磨材として広く産業用に使われています。

最近の理論的計算では、もしもウルツ鉱型窒化ホウ素の単結晶を作ることができたなら、一定の条件下で、かつ「硬さ」について特定の技術的定義を適用すると、その結晶はダイヤモンドより硬くなることが示されています。ダイヤが硬度世界一の座から引きずり下ろされたら大事件ですが、まだ当分は、ウルツ鉱型窒化ホウ素にできるのは「ダイヤモンドが最も硬い」という記述にもれなく目ざわりな脚注を付けさせることだけです。

炭化ホウ素もきわめて硬度の高い物質で、本物の秘密諜報員の道具として使われています。炭化ホウ素の顆粒《かりゅう》を内燃エンジンの給油口に入れると、シリンダー壁が傷ついてエンジンが壊れるのです。それと比べるとCIAの関心はやや落ちますが、ポリマーの架橋でもホウ素が重要な役割を果たします。シリーパティーというポリマー粘土が手の中では軟らかく可塑性《かそせい》を持ち、丸めて壁にぶつけると大きく跳ね返るという不思議な性質を見せるのにも、ホウ素が一役買っています。

ホウ素は名前から想像されるほど地味でつまらなくはありません。とはいえ、やはり次の炭素は格が違います。

◀ ホウ素の多結晶。このような純粋なホウ素はめったに見られない。純粋なホウ素はきわめて硬いが、もろすぎて実用性に欠ける。

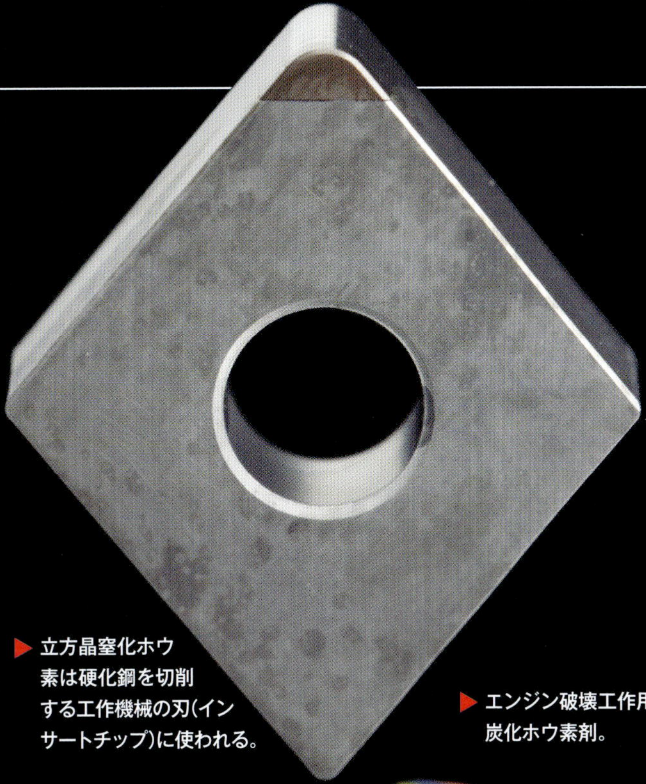

▶ 立方晶窒化ホウ素は硬化鋼を切削する工作機械の刃（インサートチップ）に使われる。

▶ ホウ酸は目の洗浄からゴキブリの駆除まで広く使われる。

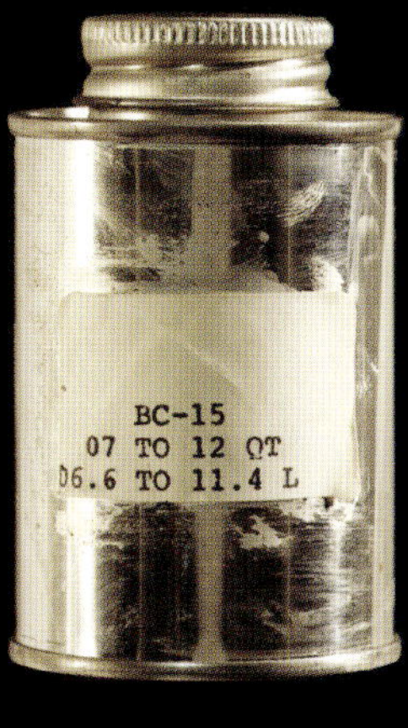

▶ エンジン破壊工作用の炭化ホウ素剤。

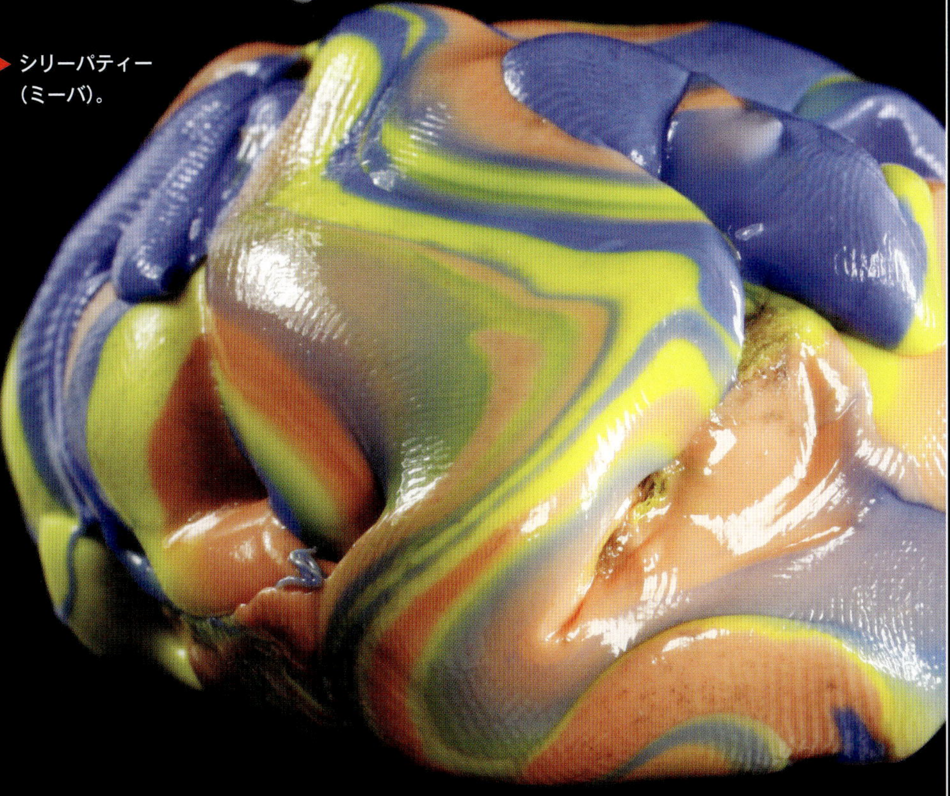

▶ シリーパティー（ミーバ）。

基本データ

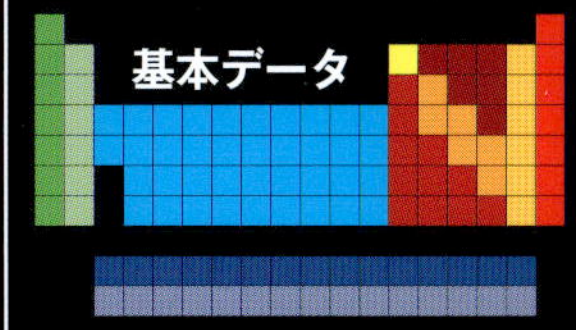

原子量
10.811
密度
2.460
原子半径
87 pm

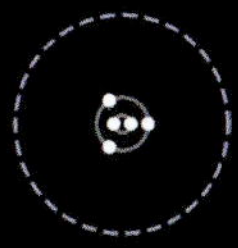

結晶構造

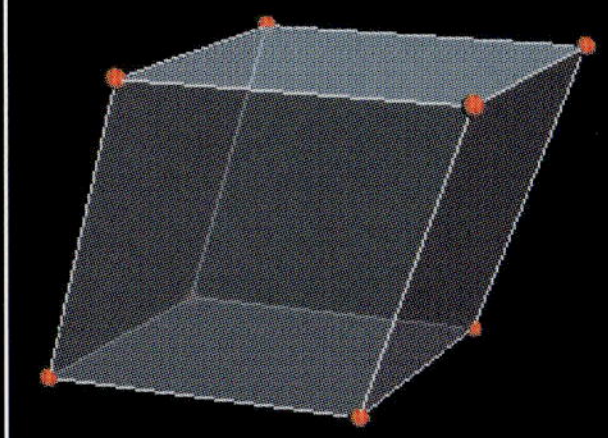

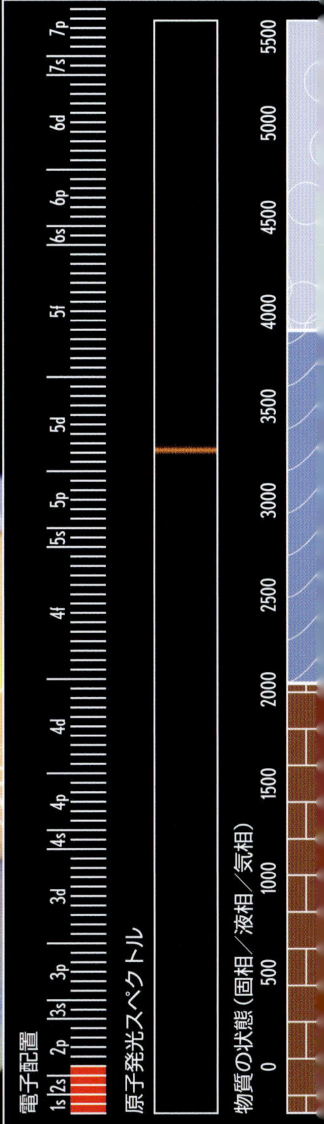

Carbon

C

6

Carbon
炭素

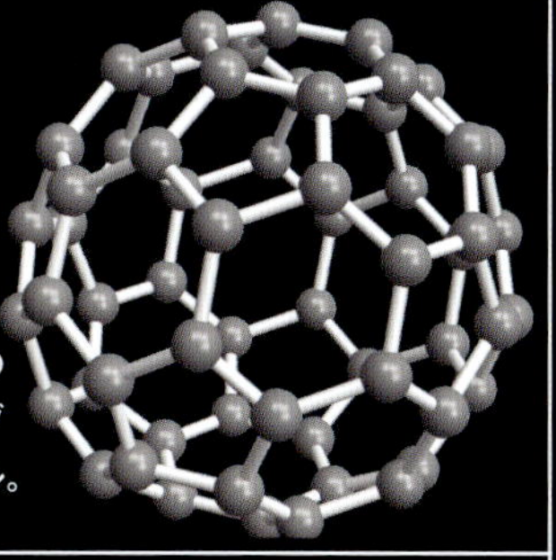

▶ C_{60}フラーレンのコンピューターグラフィックモデル。

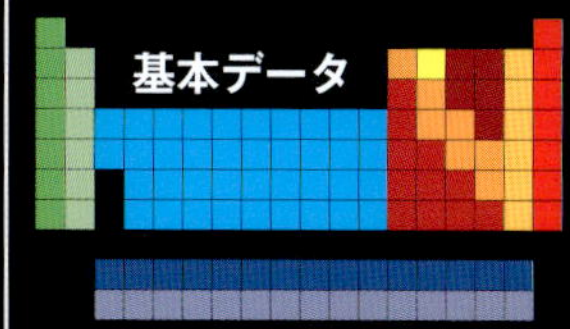

原子量
12.0107
密度
2.260
原子半径
67 pm

結晶構造

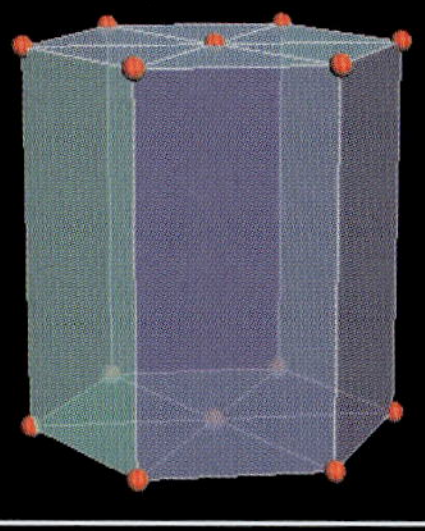

炭素は生命にとって最も重要な元素です。炭素以外にも生命に不可欠な元素は多数ありますが、DNAのらせん構造の骨格からステロイドやタンパク質の複雑な環やリボンのような形まで、どれも炭素にしかない特性のおかげでできています。「有機化合物」という言葉自体、炭素を含む化学物質だけを指します。

今のところ最も硬い鉱物であるダイヤモンドも炭素でできています（硬度王たるダイヤの座を脅かす存在についてはホウ素（5）を参照）。ところで、おおかたの考えとは違って、ダイヤモンドはとくに稀少なわけでも、際立って美しいわけでも、永遠なわけでもありません。その3つともデビアス・ダイヤモンド社が作った神話です。デビアスの独占がなければダイヤの価格は10分の1程度でしょう。キュービックジルコニアや結晶シリコンも同じくらい美しいですし、ダイヤを高温に熱すれば燃えて二酸化炭素になってしまいます。

今から25年くらい前なら、私がこの文章を書くのにも炭素を使っていたことでしょう。鉛筆の芯《しん》は黒鉛という炭素の一形態です。16世紀にイギリスの湖水地方にあるボローデールで黒鉛の大鉱脈が発見されて以来、鉛筆が広く使われるようになりました。ボローデールは今でも純粋な黒鉛の最大の産地です。

炭素原子は蜂の巣状につながってシートになるのが好きです。このシートを積み重ねると黒鉛になります。球形にしたものはC_{60}で、「フラーレン」とか「バッキーボール」と呼ばれます。よく似た球形構造を持つジオデシック・ドームの設計者、バックミンスター・フラーにちなんだ命名です。シートを筒状に丸めると、科学史上最も強い素材であるカーボンナノチューブができます。

今、炭素は政治のテーマでもあります。恐竜時代に植物やプランクトンが二酸化炭素を取り込んで蓄積した速度に比べて、現代文明はその10万倍の割合で二酸化炭素を空気中に放出している――そこが議論の焦点です。ところで、次の窒素ではこの炭素と逆の現象が見られるのも興味深いですよ。

▲ 鋼鉄製円盤にはめ込まれた無数の工業用ダイヤが、パワフルな研削力を発揮する。

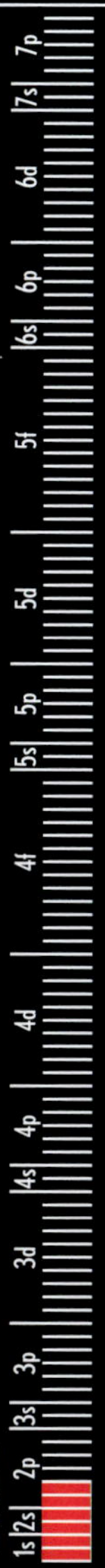

電子配置

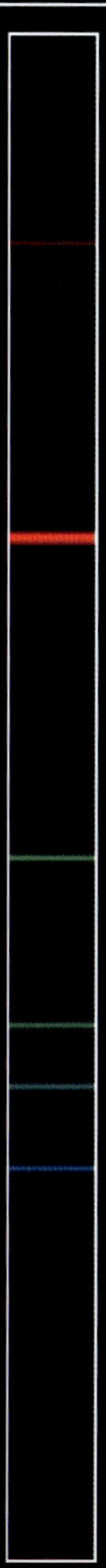

原子発光スペクトル

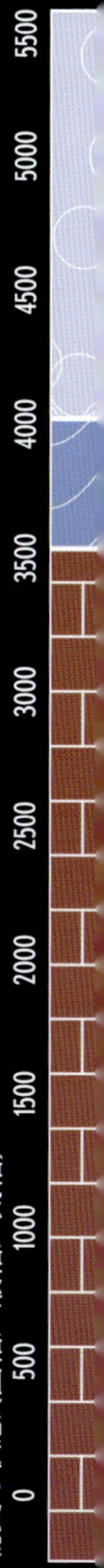

物質の状態（固相／液相／気相）

▼「コンゴ・キューブ」と呼ばれる安価な天然の多結晶ダイヤモンド塊。

◀ ダイヤモンドは永遠――高温にしない限りは。高温下では燃えて二酸化炭素になる。

▶ 石炭（たいていC_nH_{2n}）の産地ではよく石炭彫刻が見られる。

▼ フェルミウム（100）の項で説明する世界最初の原子炉に使われた黒鉛ブロック。

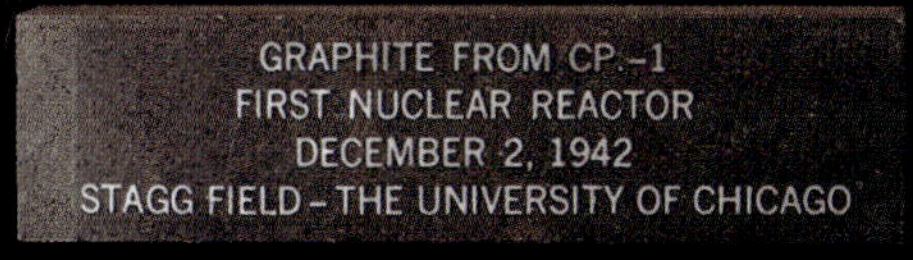

▶ 溶接の不具合を修正する時などに使う「ガウジング棒」。黒鉛棒に銅メッキをしている。

▲ 暖房や鍛冶に使われる石炭。

Nitrogen

N

7

Nitrogen
窒素

基本データ

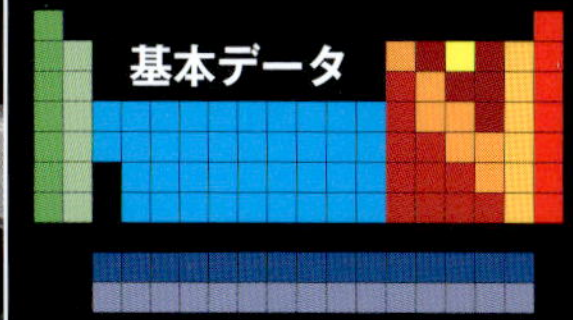

原子量
14.0067
密度
0.001251
原子半径
56 pm

結晶構造

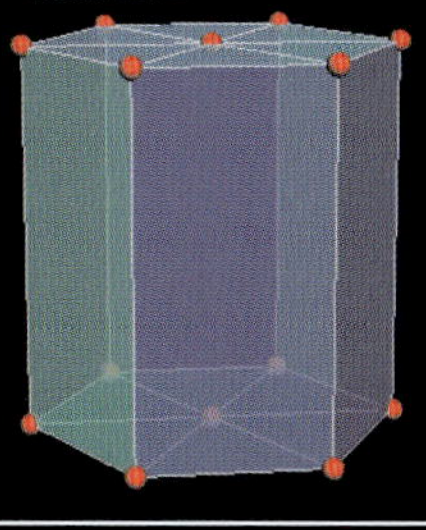

現代文明が二酸化炭素を大気中に放出する一方で、私たちは空気から窒素を取り出してそれを食べています。

空気中に窒素分子（N_2）の形で含まれているとき、窒素は不活性であまり役に立ってはいません。ところが、より反応性の高いアンモニア（NH_3）などの形では、がぜん優れた肥料となります。植物の生育に必要な窒素を自力で得られるのはマメ科植物くらいです（根に共生する根粒菌という微生物が空気中の窒素を固定してくれます）。かつて、安い窒素肥料がなかった時代には、窒素を固定できないトウモロコシを連作せず、豆類やアルファルファと交代で植え付けていました。マメ科植物を育てた後の土壌中には最初より多くの窒素分が残っているからです。

第一次世界大戦の少し前、フリッツ・ハーバーが空気中の窒素をアンモニアに変える実用的な方法を開発しました。これは人類史上屈指の重要な発見とされ、アンモニア肥料は今や世界の３分の１を養っています（残りは主にリン酸肥料）。同じハーバーの研究でも、塩素(17)に関する方は評判が悪いのですが、その話は塩素の項で読んでください。

植物が生長すると二酸化炭素を吸収しますから、窒素肥料は地球温暖化をいくぶんかは抑制する働きをしているともいえます。

液体窒素は安くて使いやすい極低温冷却液です。沸点が－196℃の液体窒素はほとんどなんでも凍らせます。生物サンプルの保存、生花を凍らせてから粉々に砕いて子どもたちを喜ばせる、アイスクリーム作り最速記録達成など、さまざまな目的で使われています。

窒素はそのへんにいくらでもある元素です。空気の成分は78%以上が窒素です。では残りの22%は？　大部分は、私たちが呼吸するのに必要な酸素です。

◀ 非常に高価なスケートボードに使われる窒化ケイ素（Si_3N_4）セラミック製ボールベアリング。

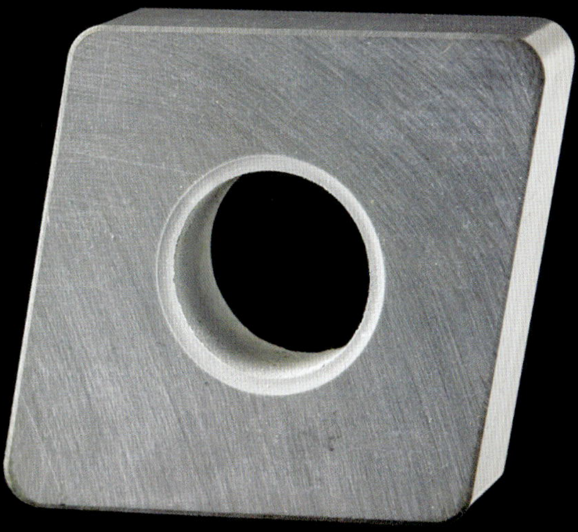

▲ 窒化ケイ素（Si_3N_4）は非常に硬いので、切削工具の刃（インサートチップ）の材料となる。

◀ ワイン酸化防止用の窒素ガスの容器。純度100％と書いてあるが、100％のものなどありえないから疑わしい。

▶ チリ硝石（$NaNO_3$）。

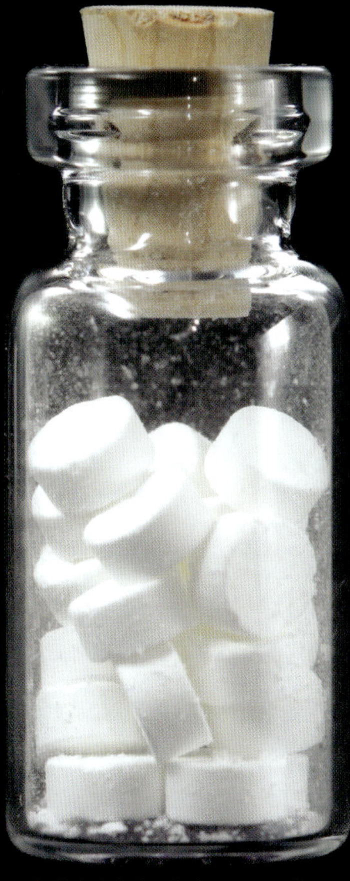

▲ 狭心症患者のためのニトログリセリン（$C_3H_5N_3O_9$）の錠剤。

◀ 断熱容器の中で沸騰する液体窒素。沸点は－196℃。

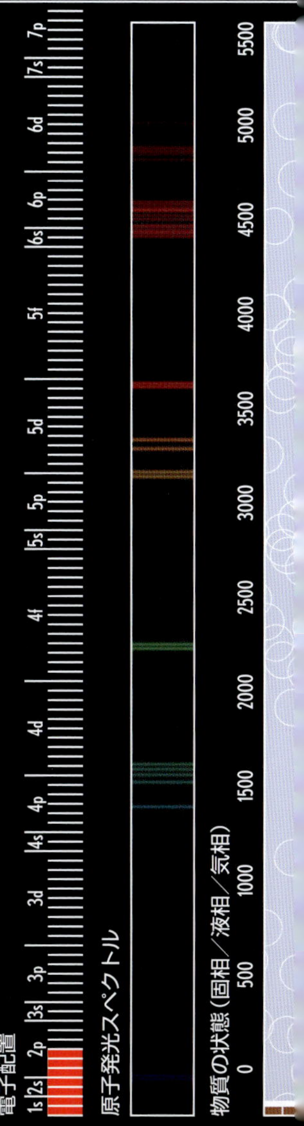

Oxygen

O

8

Oxygen
酸素

炭素（6）が生命の土台だとすれば、酸素は生命の燃料といえるでしょう。あらゆる有機化合物と反応する酸素の性質こそが、生命のプロセスの推進力です。酸素を使う燃焼はあなたの車を走らせ、あなたのコンロで肉を焼き、もしあなたがNASAの職員ならあなたのロケットを飛ばします。ただし、専門的にいえば「燃料」は「酸化剤」によって燃焼するものを指しますから、「生命の燃料」というのは比喩表現です。厳密には、「酸素は生命の酸化剤」と書かなければいけません。

木や紙やガソリンに点火すると燃えるのは、それが何でできているかよりも、周囲の空気の21％以上が酸素、つまり高い反応性を持つ酸化剤であることに大きく関係しています。ジェット機は同程度の大きさのロケットよりずっと少ない燃料で遠くまで飛べます。ジェット機が空気中を飛ぶのに対してロケットは真空の宇宙を飛ばなければならず、燃料と酸素を一緒に積み込む必要があるからです。

気体では生命を育《はぐく》む酸素も、高圧で液化すると生命を脅かすほど猛烈な力を出します。ほとんどのロケットのパワーの源は、燃料ではなくそこに供給される酸素だと言っても過言ではありません。たとえば月ロケット・サターンVの燃料はケロシンです（そう、人類はディーゼル燃料で月へ行ったのです）。しかしサターンVが推進力全開で飛ぶ際に真に特別な働きをするのは、燃料ではなく、毎秒約8m³で消費される液体酸素の方です。

酸素がかくも激しい性質を持っていると知った後で、地球上で最も豊富な元素は酸素だと聞いたら、あなたは驚くかもしれません。地殻質量の半分近くと海水質量の86％は酸素です。ただ、地殻も海も純粋な酸素ではなく酸素の化合物でできています。そして、フッ素の項で説明するように、反応性の強い獰猛な元素ほど化合物は安定なのです。

◀ 酸素は－183℃で美しい薄青色の液体になる。

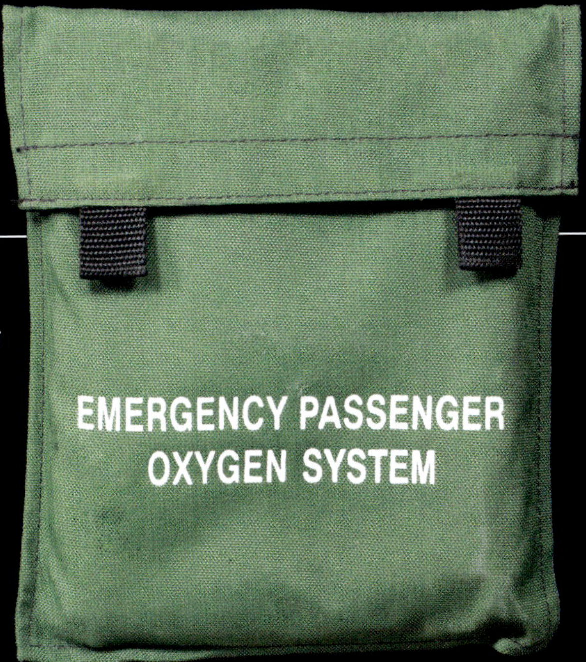

▶ 旅客機の非常用酸素発生キット。最悪の状況になったときには、何よりも酸素が必要。

▲ 工作のロウ付けや人間の疲労回復用の使い捨て酸素ボンベ。酸素濃度は低い。

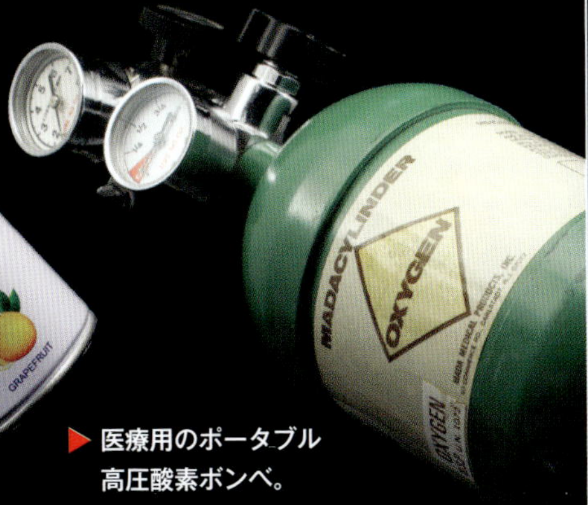

▶ 医療用のポータブル高圧酸素ボンベ。

▶ 元素コレクションの純粋酸素。見たところは空っぽのガラス瓶と変わらない。

▲ 魚眼石。$KCa_4Si_8O_{20}(F,OH)\cdot 8H_2O$＋$KCa_4Si_8O_{20}(OH, F)\cdot 8H_2O$

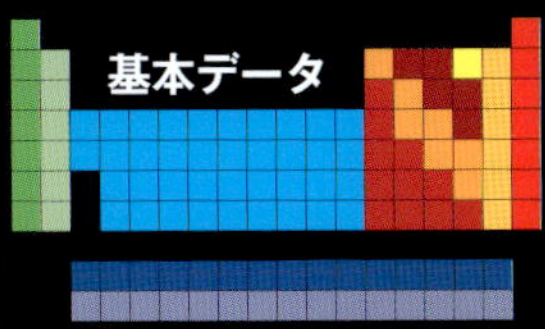

原子量
15.9994
密度
0.001429
原子半径
48 pm

結晶構造

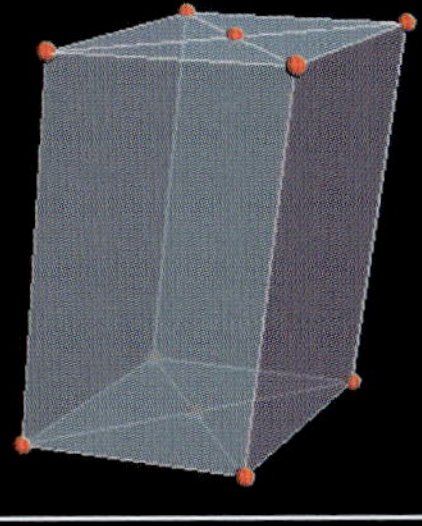

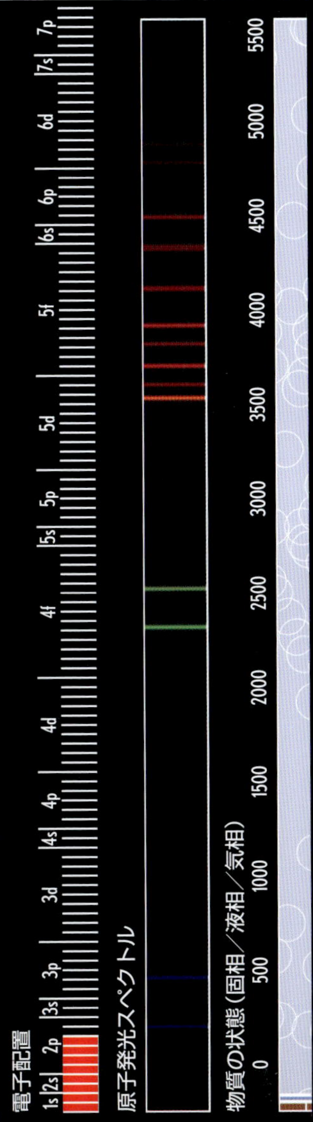

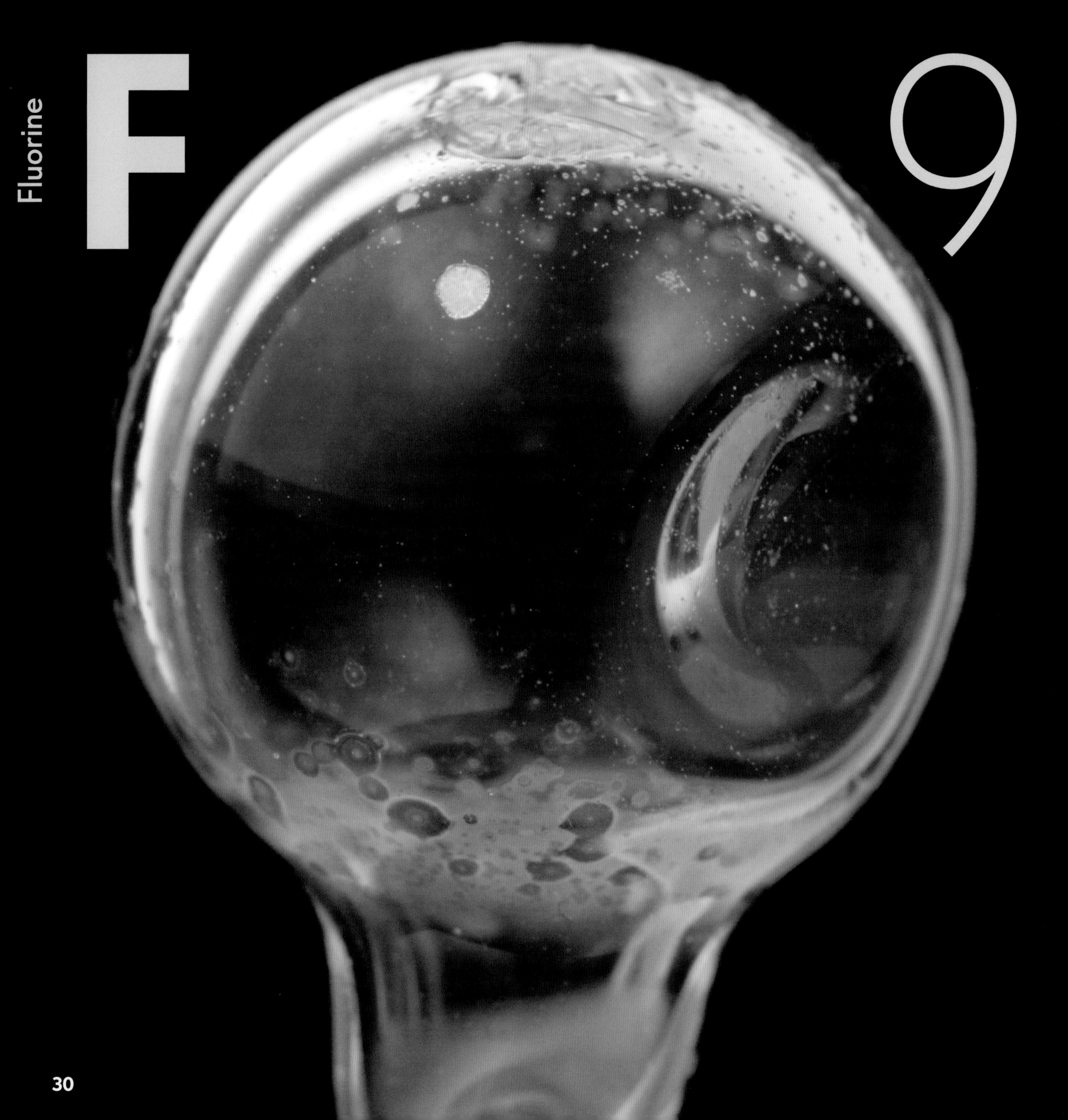

Fluorine

F

9

Fluorine
フッ素

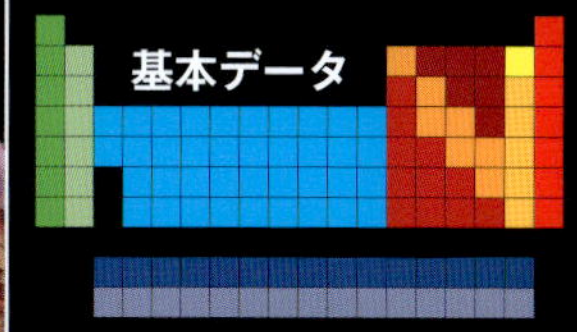

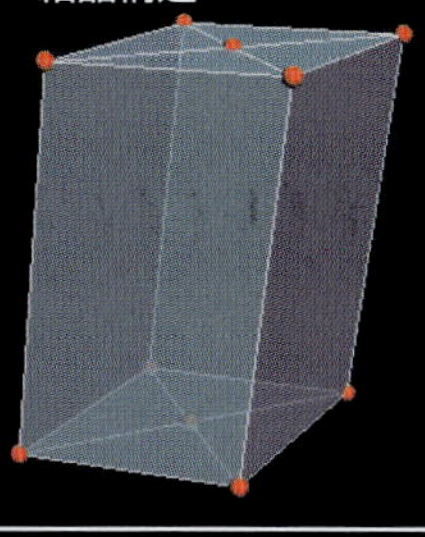

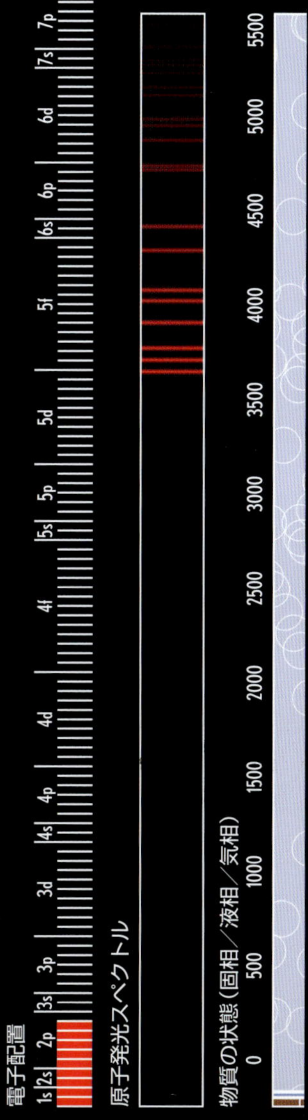

フッ素は最も反応性の高い元素のひとつです。フッ素ガスを吹き付ければ、ほとんどすべてのものが（通常は不燃性のガラスなども）炎上します。面白いことに、ある元素の反応性が高ければ高いほど、その化合物の安定性も高くなります。

フッ素の反応性が高いというのは、フッ素が他の元素と化合する際に大量のエネルギーが放出されるという意味です。できた化合物が非常に安定しているのは、もしその化合物を分解しようと思ったら同じだけ大量のエネルギーを加えなければならないからです。それほどのエネルギーを与えるには、フッ素よりさらに反応性の高い物質を使う必要がありますが、そんな物質はきわめてまれです。

一番有名なフッ素化合物はテフロンでしょう。テフロンの発見は偶然の産物でした。偶然の気まぐれで見つかった化学物質は他にもたくさんあり、化学者にはヘマをする人がなんて多いのだろうと思うほどです。いや、もしかしたら彼らは、失敗の中でセレンディピティ（偶然のすばらしい幸運）をつかまえる才能に秀でているのかもしれません。テフロンは、クロロフルオロカーボン（フロン）冷媒を開発しようとしていた時に、意図せぬ産物として発見されました。当初の研究目的からは大外れでしたが、フロンガスは今やオゾン層を破壊する厄介者として使用禁止ですから、人間万事塞翁が馬です。

テフロンはほぼ完全に近い化学物質耐性を持っており、同時に摩擦係数がとても小さいので、こびりつかないフライパンから酸を保存する容器まで多彩な形で使われています。フッ素の価値はこのように安定した化合物を作ることにあるわけですが、次のネオンは安定した化合物をまったく作らない元素です。

◀ フッ素は淡黄色の気体で、ほぼすべての物質（ガラスも含む）と激しく反応する。この純粋石英のアンプルも、撮影後しばらくしかもたなかった。

▲ 美しい紫色のホタル石。主成分はフッ化カルシウム。黄色い部分は不純物の炭化水素による。

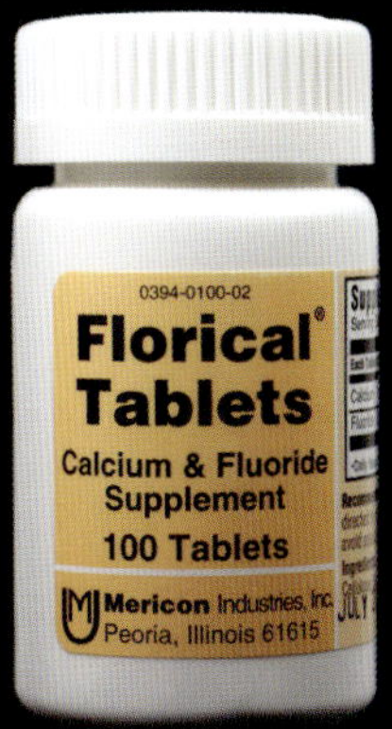

▲ フッ化物サプリメントの錠剤。

▲ テフロンの医療用縫合糸（使い捨て針付き）。

▲ テフロンを使った生地ゴアテックス®。

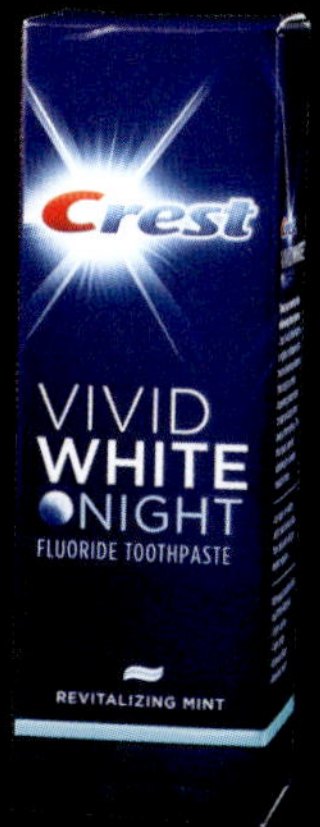

▶ フッ素入り歯磨き。

▲ 37ポンドの円柱状固体テフロン。

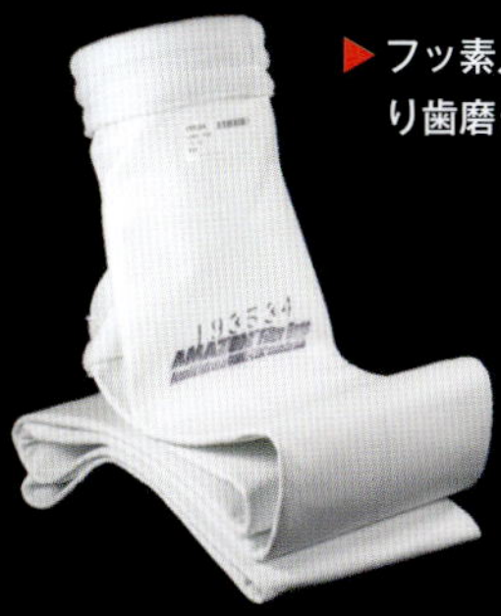

◀ ゴアテックス®の工業用フィルターバッグ。

▼ テフロンのフライパン。

▶ 実験用ビュレットのテフロン栓。

基本データ

原子量
18.998403163
密度
0.001696
原子半径
42 pm
結晶構造

電子配置

原子発光スペクトル

物質の状態（固相／液相／気相）

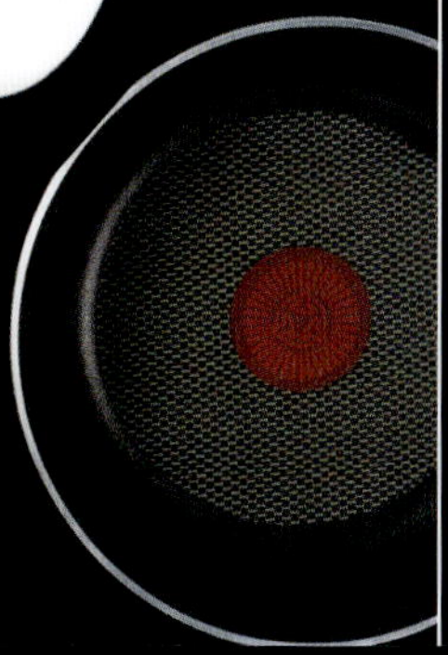

10

Neon
ネオン

ネオンは目立つ場所にあります。見上げればネオンサイン――その中にネオンがあります。私たちの頭の中ではネオンという元素とその用途とが直結していて、タイムズ・スクエアやラスベガスはよく「ネオンがあふれる」と形容されます。

クレジットカードの「プラチナカード」にプラチナは含まれていませんが、「ネオンサイン」の一部（橙赤色のもの）には実際にネオンが入っています。低圧のネオンを封入した管内を高圧放電させると、管の中心あたりを通る明るい橙赤色の光のラインとなってネオンガスが発光します。なお、他の色はネオン以外の気体を使っています。また、管内のガスそのものではなくガラス内側の不透明コーティング層が光っているように見えたら、それは蛍光物質を塗った管に水銀蒸気かクリプトンを封入したものです。

オリバー・サックスは著書『タングステンおじさん』で、ポケット分光器を持ってタイムズ・スクエアを散歩したらどれほど多彩なスペクトル線が見られたかを生き生きと描写していますが、これは本物のネオン光を見分けるのにもいい方法です。ネオンは他のどの元素とも違う独特なスペクトルを示します。

初めて商業用に使われた連続ビームレーザーは、ヘリウムネオンレーザーでした。驚異的に安い半導体レーザーが登場してからは出番がどんどん減っていますが、いまだにヘリウムネオンレーザーはネオンの重要な用途のひとつです。実は、放電による発光を利用する以外にネオンの使い途はほとんどなく、ネオンがなくても人類の存亡にはあまり関係ありません。けれども、きらびやかに光るネオン管が世界中に普及しているので、あたかも重要な元素のように思われているのです。

あらゆる元素の中で最も反応性が低いネオンは、他のいかなる元素との反応も拒否します。ところが、次に周期表の左へ戻ってナトリウムに行くと、様相は一変します。

▶ 数千ボルトの電圧で光る、3次元ヒルベルト曲線をかたどったネオン造形美術。

▼ 直径3㎜ほどの小さな表示灯。交流120ボルトで光る。

▶ アンティークなネオン試料アンプル。純粋ネオンは無色透明な気体。

◀ ネオンサインは実際にネオンを使って作られる。このNeの字型のネオン管もそうで、中を電流が走ると発光する。

基本データ

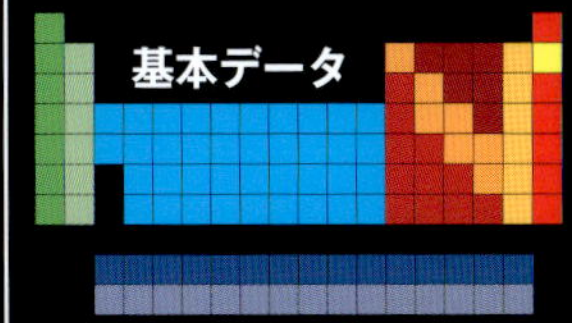

原子量
20.1797
密度
0.000900
原子半径
38 pm

結晶構造

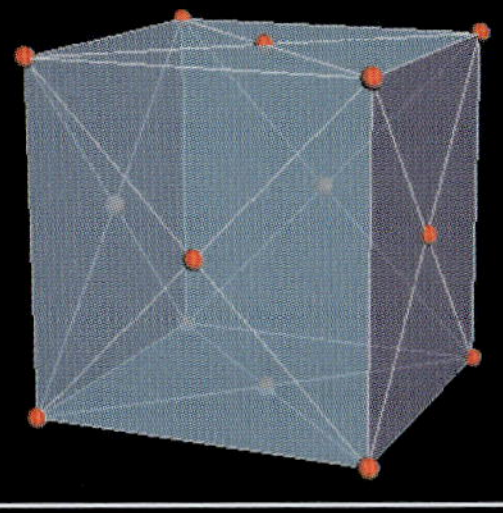

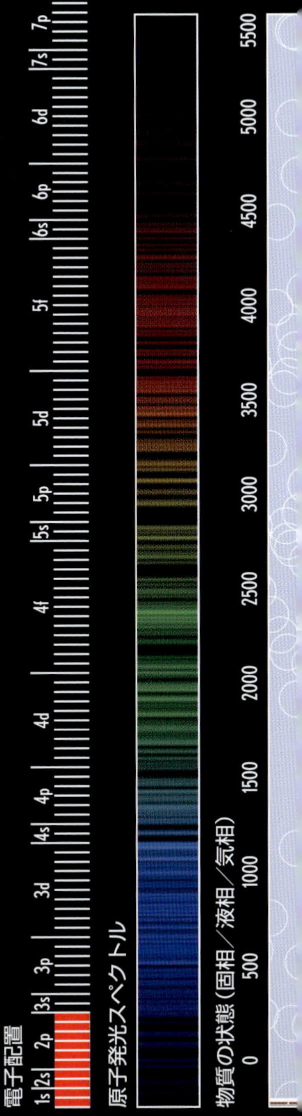

Na
11

Sodium
ナトリウム

ナトリウムはアルカリ金属（周期表左端列の元素）の中で最も爆発性が高く、また最も味わい深い元素です。

まずは爆発性。ナトリウムを水中に投げ込むと急激に水素が発生し、数秒後には発火して大爆発が起こり、燃えるナトリウム片が四方八方に飛び散ります（他のアルカリ金属も水に入れると似たような反応を示しますが、最も派手に爆発して世界中の悪戯《いたずら》好きに好かれているのがナトリウムです）。

味わい深いというのは、ナトリウムが塩素(17)と化合すると塩化ナトリウム、すなわち食塩になるからです。アルカリ金属の塩化物塩としては食塩が一番美味しいのは、衆目の一致するところ。減塩食用に塩化カリウムの塩も売られていますが、塩味の他に金属っぽい苦味がします。塩化ルビジウムと塩化セシウムは塩味が薄くて金属の味がより強く、塩化リチウムは舌が焼けるような感じの後で油っぽい金属の味が口に残ります。

純粋なナトリウム金属は化学工業で還元剤として大量に使われます。また、あまりいいアイディアとも思えませんが、一部の原子炉では炉心から発電用蒸気タービンに熱を運ぶのに液体ナトリウムを利用しています（実際、大きなナトリウム漏れ事故が起きたことがあります）。もっと身近なものとしては、黄色っぽい光のナトリウムランプがあります。単位電力あたりの発光効率が他のどんなランプよりも優れているのですが、これに照らされると色が変になって人間がみんな死人のように見えるのが欠点です。

ナトリウムはその化学特性だけが利用されます。一方、次のマグネシウムは化学特性と構造特性の両方の面で役に立つ元素です。

◀ 低圧ナトリウムランプ。トンネル内のオレンジ色の光の源。ホラー映画的雰囲気を出すにはうってつけ。

◀ 水酸化ナトリウム。苛性ソーダとも呼ばれ、配水管洗浄剤として売られている。

◀ 軸にナトリウムを封入した高性能レーシングカー用エンジンバルブ。中のナトリウムが見えるように切ってある。

▶ 高圧ナトリウムランプ。快適さより効率を重視する場所でよく使われる。

▼ 方ソーダ石（$Na_4Al_3Si_3O_{12}Cl$）の鉱石。

▼ 馬に舐《な》めさせるための食塩（塩化ナトリウム）の塊。

◀ 銀色で軟らかいナトリウム塊。ナイフで切って、灯油につけて保存したもの。空気中では数秒で白色に変化する。水中では水素ガスを発生させ、爆発して火の粉のようにナトリウム片を飛散させる。

基本データ

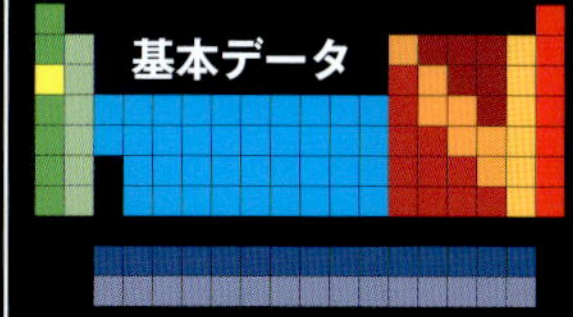

原子量
22.98976928
密度
0.968
原子半径
190 pm

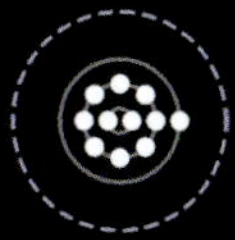

結晶構造

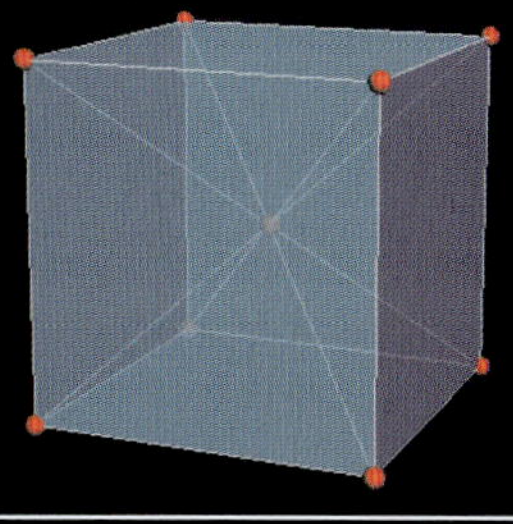

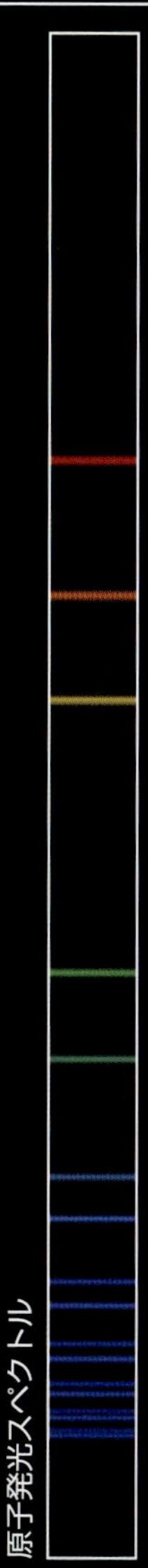

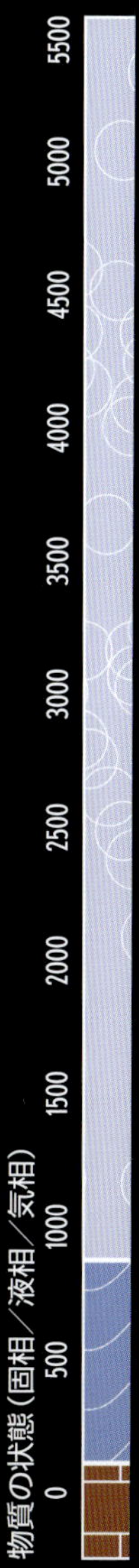

Magnesium

Mg

12

Magnesium
マグネシウム

▲マグネシウムの物理特性を彫り込んだマグネシウムブロック。

本書で最初に登場する、真にすばらしい実用的な堅さを持つ金属がマグネシウムです（ベリリウムは高価で毒性があるため「すばらしい」とまではいきません）。マグネシウムには手頃な価格、強さと軽さ、加工しやすさがそろっています。可燃性だけが欠点です。

マグネシウムは非常に燃えやすく、マグネシウムリボンにはマッチ１本で火がつきます。微粉末には爆発性があります。昔の写真撮影では、ゴムのブロワーでマグネシウムの粉をロウソクの炎に吹き付けてフラッシュにしていました。テレビや映画の爆発場面で使う火薬には、明るい光と大きな音を出すためにマグネシウム粉が配合されています。

自動車部品に燃えやすいマグネシウムを使うのは危険に思えるかもしれません。しかし、大きな固体マグネシウムに点火するのは非常に困難です。大きい金属塊は熱伝導で表面の熱をすばやく逃がしますから、着火に至りません。マグネシウムはレーシングカーにも、航空機にも、自転車にも使われます。ただし、レーシングカーのマグネシウム製フレームに引火すると大惨事が起きます。1955年にル・マンでマグネシウムボディーの車が炎上してスタンドに突っ込み、81人が死亡しました（それでもレースは続行されました）。

一般的によく見られるのは、アルミニウム（13）にマグネシウムを数パーセント混ぜた合金です。まぎらわしいことに、この合金製のホイールがしばしば「マグホイール」と称して売られています。本物のマグネシウムホイール（値段が数倍高い）と比べると60％も重いまがいものなのですが。

マグネシウムはすばらしい金属ですが、総合的に金属としての優秀性で見ると、次のアルミニウムにとてもかないません。

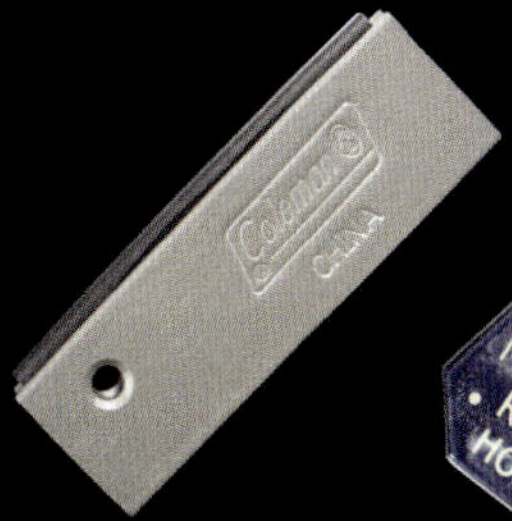

▲マグネシウムのキャンプファイヤー・スターター。

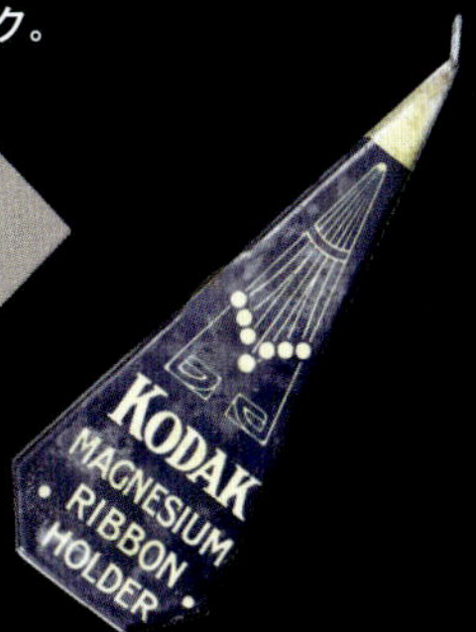

▲初期の写真で密着印画の露光に使われたマグネシウムリボンのホルダー。

▲マグネシウム製の印刷原板。

▼マグネシウム粉を使う1920年代の写真フラッシュキット。

▲マグネシウム製フィルムリール。

◀このマグネシウム塊は精錬工程の中で徐々に成長したもの。溶融後、製品に加工される。

▶自動車用の固体マグネシウム製ブレーキハブ。

基本データ

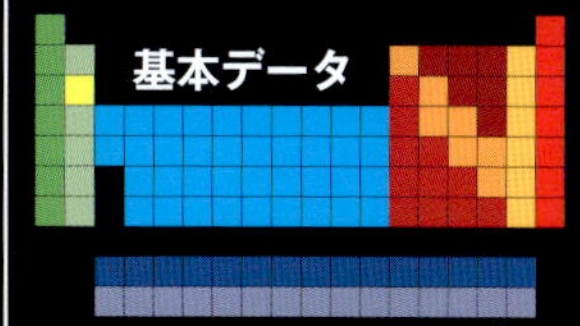

原子量
24.3050
密度
1.738
原子半径
145 pm
結晶構造

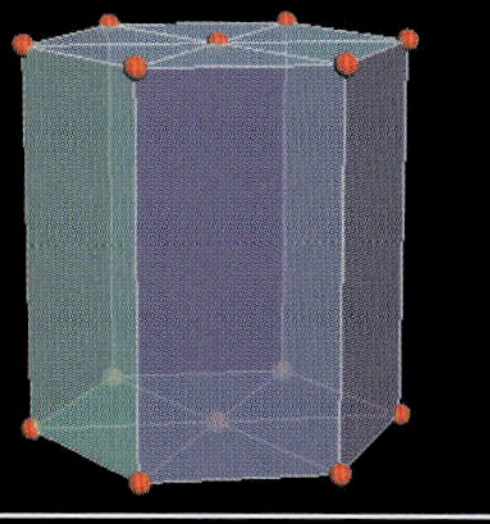

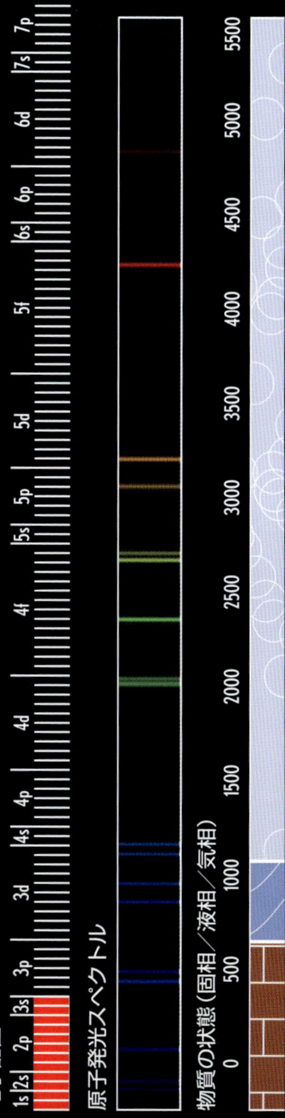

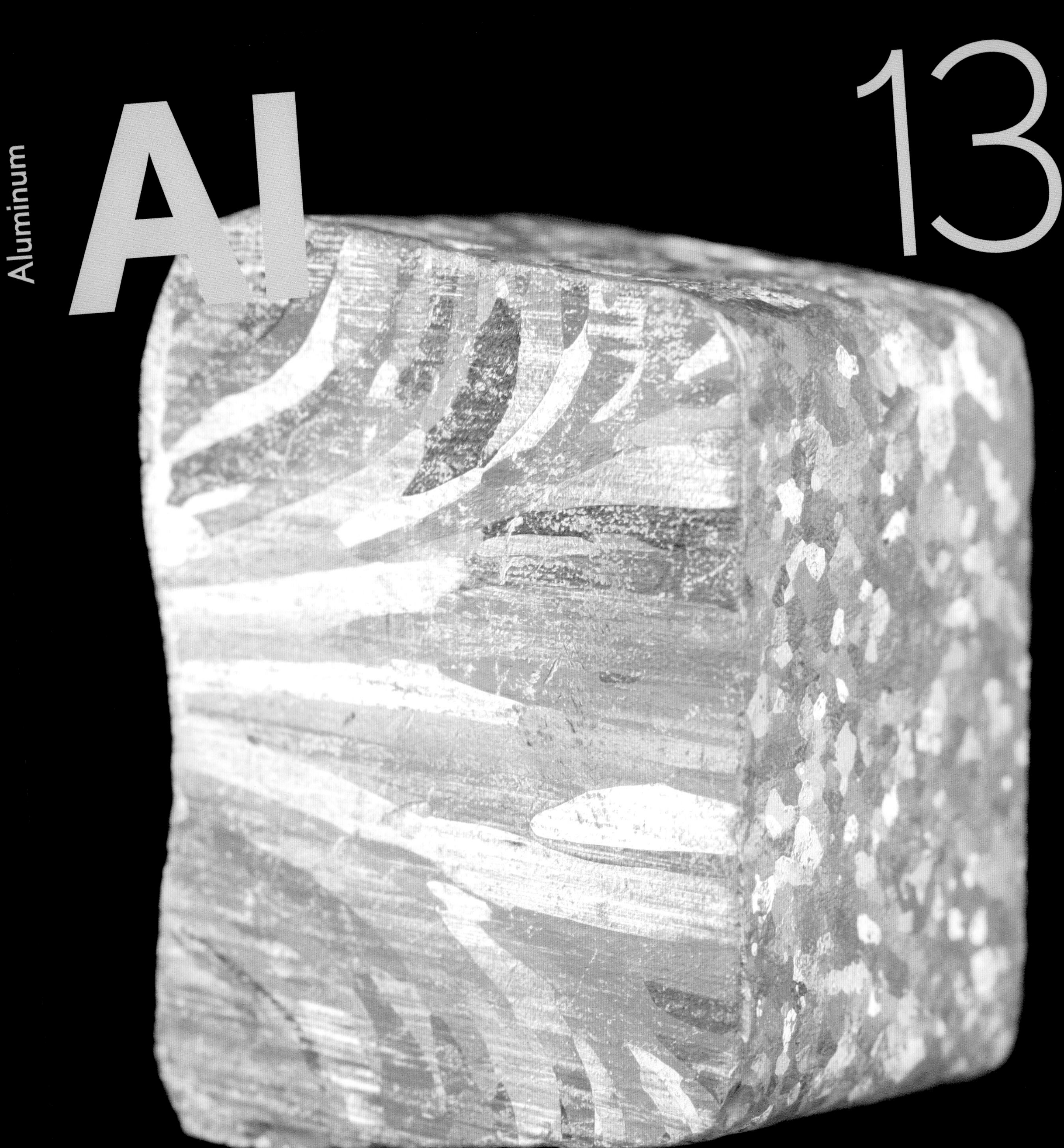
Aluminum
Al
13

Aluminum
アルミニウム

アルミニウムは理想の金属にかなり近いのですが、注文を付けたい点もないわけではありません——鉄(26)並みに安価で溶接しやすく、亜鉛(30)やスズ(50)並みに鋳造に向いていれば……。とはいえ、全体としてアルミニウムは優秀な金属で、軽量性と強靱さゆえにほとんどの飛行機(高性能特殊軍用機は除く)の構造部分に使われ、非常に安いのでどの家の台所でも見かけます。ただし昔から安かったわけではなく、純粋アルミニウム金属が最初に作られた時代には金や銀と並ぶ貴金属あつかいでした。フランス皇帝ナポレオン３世は、特別な賓客《ひんきゃく》をアルミの皿でもてなしたとされます（ただの王子や公爵はありきたりな黄金の皿でした）。

アルミニウムは錆《さ》びない点が鉄より優れているとよく言われます。ですから、アルミは鉄よりもずっと急速に空気と反応すると聞くと多くの人が驚きます。アルミと鉄の「錆」(酸化物）の違いは、アルミの酸化物が丈夫で透明なことです。鋼玉《こうぎょく》とも呼ばれる、世界で最も硬い物質のひとつなのです。アルミニウムは空気に触れると、たちまちこの硬い酸化物で薄い防護層を作ります。愚かな鉄はパサパサした赤茶色の外皮をまとい、それがすぐに剥がれ落ちて、内側の鉄がまた酸化するはめになるのです。

アルミニウムは本来とても反応性が高い元素で、アルミニウム粉末はフラッシュパウダー（閃光粉）やロケット用混合燃料の基本成分です。まさにそのために、一定の粒径以下のアルミニウム粉末には販売規制があります。

アルミニウムを含む鉱物はありふれていて、鋼玉(ルビーやサファイアもその仲間)や緑柱石(エメラルドやアクアマリンを含む)もその一例です。鉱物や岩石に含まれるアルミニウムは、次に出てくるケイ素と同様、地殻成分のかなりの割合を占めています。

▲ 検査用アルミニウムブロック。

▼ ポリエステルフィルムにアルミ蒸着した非常用ブランケット。

▲ 昔と現在の医療・食品用ミョウバン（硫酸カリウムアルミニウム）。

▼ アルミニウムの高い熱伝導性を利用した放熱板。

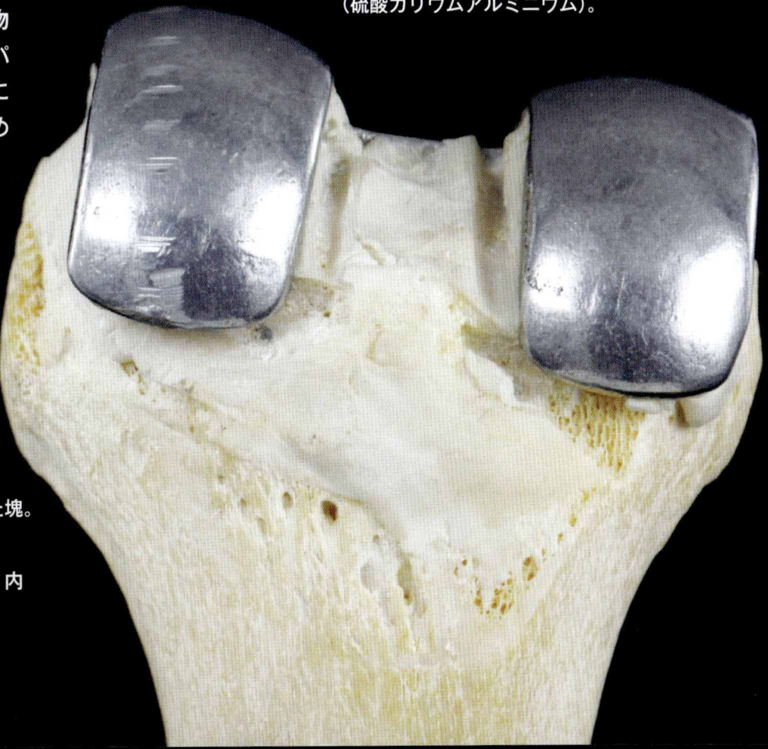

◀ アルミニウムは決して人工関節などの医療用には使われない。これは医師の練習用で、骨は本物。

▲ 溶融したアルミをバケツの水に落として作った塊。

◀ エッチング処理をした高純度アルミニウム棒。内部結晶構造が見える。

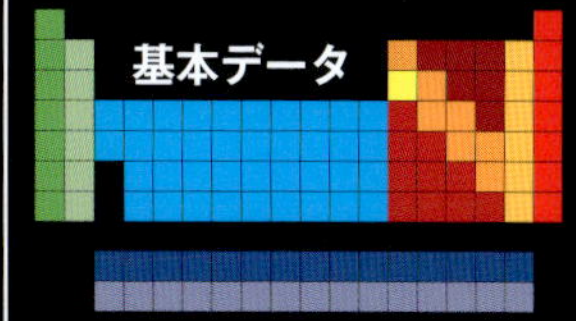

原子量
26.9815385
密度
2.7
原子半径
118 pm

結晶構造

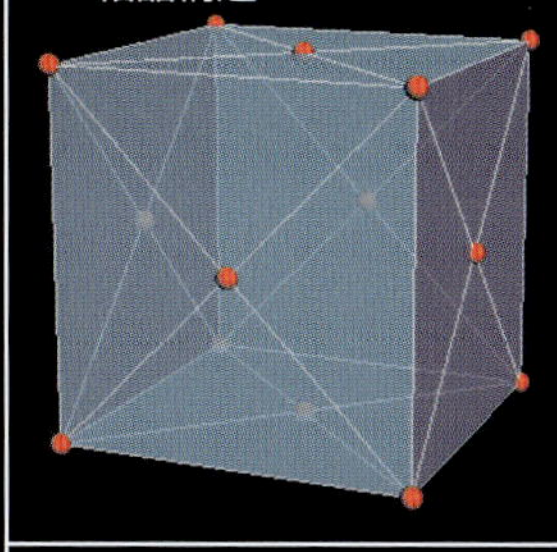

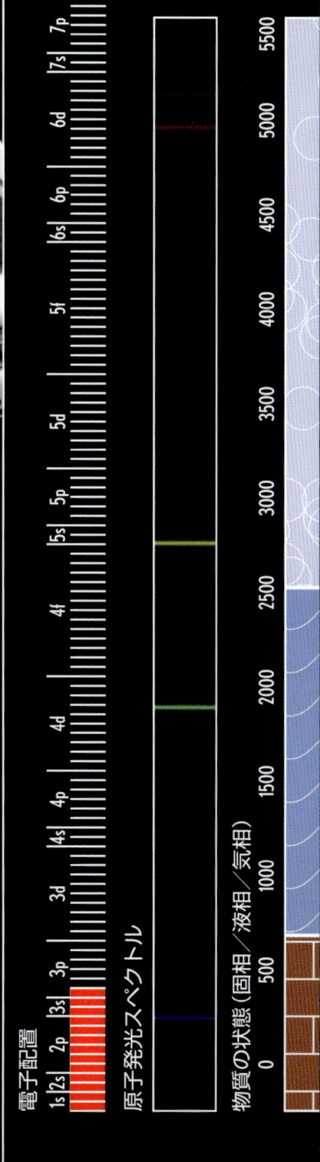

Aluminum

13 アルミニウム

アルミニウム合金5356のリングで作られたチャーミングなオブジェ。

▶「ファイヤーフライ」アルミニウム。アルミの微粉末とフレークの混合物で、花火のキラキラした効果を出すために使われる。

◀ でこぼこの表面は、高純度アルミの筒をかなりの圧力で元の高さの何分の一にも押しつぶした結果、機械的にできた。

▶ 機械加工したアルミ製大型部品。折角作られたのに、シアトルのボーイング社余剰物資店へ送られた。

▲ アルミの大砲は実際は役に立たない。これは著者がハイスクール時代に技術の授業で作った模型。当時はまだ米国のハイスクールにも技術の授業があった。

▼ 酸化アルミニウム製の研削用ディスク。

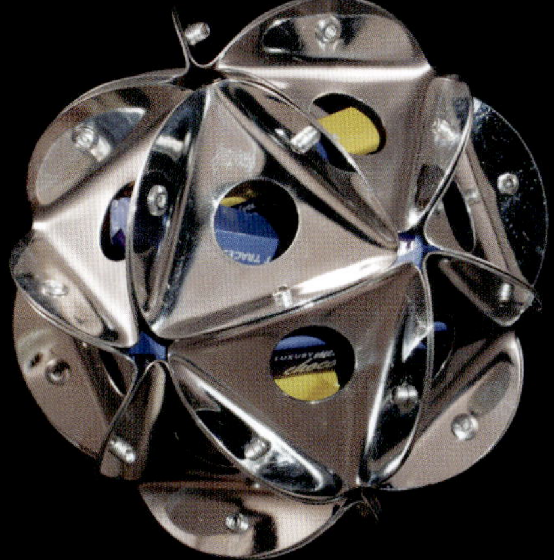

◀ 同僚から著者へのプレゼント。アルミのハードディスクプラッターを組み合わせた中にチョコが入っている。

▶ 高純度アルミニウムのスパッタリングターゲット（真空蒸着の一種に使う材料）。サイズはディナー皿程度。

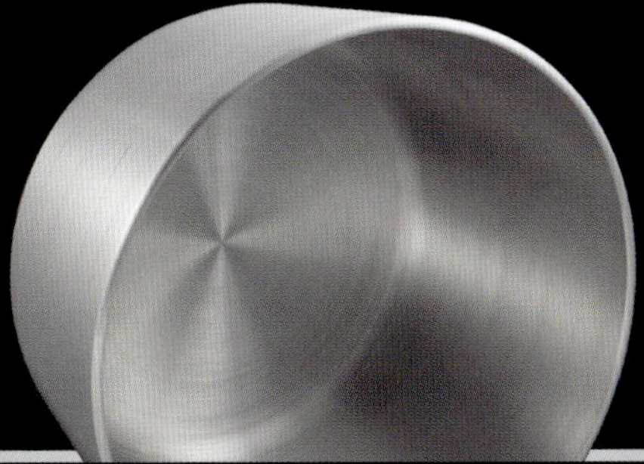

◀ ありふれたアルミの調理器具。熱伝導が良いように、かなり高純度のアルミで作られている。

Silicon

Si

14

Silicon
ケイ素

▲完成前に取り出されたシリコンインゴット。これは底面で、溶融シリコンが垂れた跡が見える。

基本データ

原子量
28.0855
密度
2.330
原子半径
111 pm
結晶構造

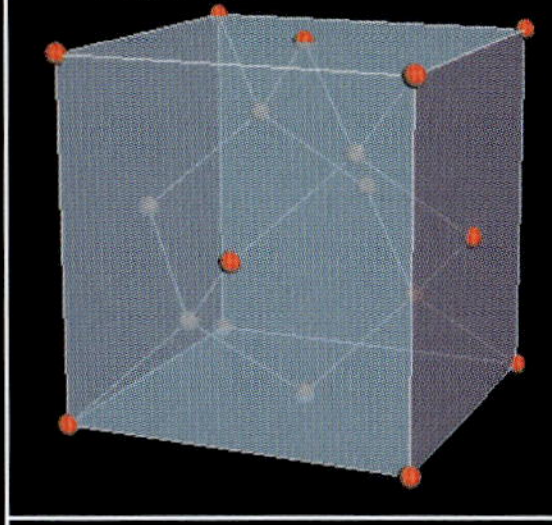

ケイ素（シリコン）を基本構成元素とする生命体がSFに登場しはじめたのは、化学者が「すべての元素の中でケイ素が最も炭素（6）に似ている」と指摘してからのことです。ケイ素には、今この本を読んでいる長《ちょう》鎖《さ》炭《たん》素《そ》分《ぶん》子《し》（あなたのことです）とあまり違わない複雑な分子鎖を作る能力があるのです。

しかしながら、もしケイ素系生命体が（少なくともこの地球上に）現わるとしたら、それはケイ素が分子鎖を作れるからではなく、半導体結晶を作れるからでしょう。コンピューターチップは砂浜にもあるような白いケイ砂（二酸化ケイ素）からスタートして最後には超高純度ケイ素のほとんど完璧な単結晶になり、そこに可視光による解像度以上の精密な回路が刻まれます。子どものおもちゃにもアポロ月宇宙船以上の演算能力が備わっているとは、文明がひっくり返ったような、いやむしろ乗っ取られたような感じです。

ケイ素と酸素（8）が結合し、そこにアルミニウム（13）、鉄（26）、カルシウム（20）その他が加わったケイ酸塩鉱物は、地球の骨格——岩石、砂、粘土、土壌——の主要な成分です。ちなみに、ケイ素より多量にある地殻構成物質は酸素だけです。コンピューターが世界を征服したとして、彼らが子孫を残すための原材料はふんだんにあるわけです。

ケイ素をあまり含んでいない珍しい存在、それがあなたです。海綿のなかにはガラス繊維状のシリカ（二酸化ケイ素）でできた骨格を持つ種類がありますが、あなたの骨は（あなたは海綿ではないですよね？）リン酸カルシウムが硬い多孔質のヒドロキシアパタイトという形を取ったもので、ケイ素はほとんど入っていません。地球の生命が（一部の賢い海綿とコンピューターを除いて）、なぜこれほど豊富に存在するケイ素を取り込まず、代わりにリンを選んで進化してきたのかは不明です。リン（次に出てきます）は深刻な供給不足だというのに。

▲四角く切断されたシリコンチップ。

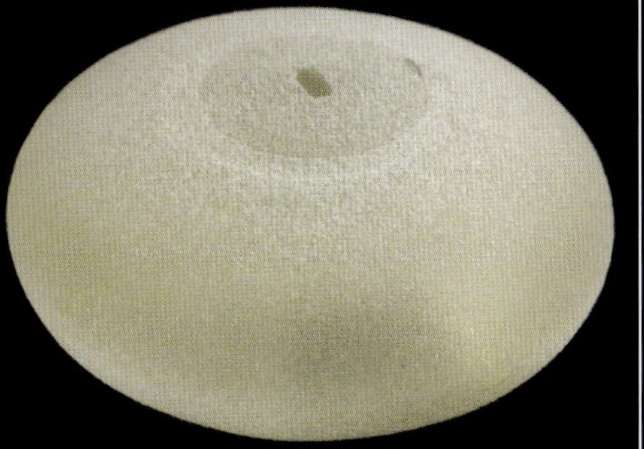

▲シリコン（ケイ素 silicon）とシリコーン（ケイ素樹脂 silicone）は別のもの！これは硬い結晶ケイ素ではなく柔らかいシリコーンゴム。

▼海綿の仲間カイロウドウケツのシリカ骨格。

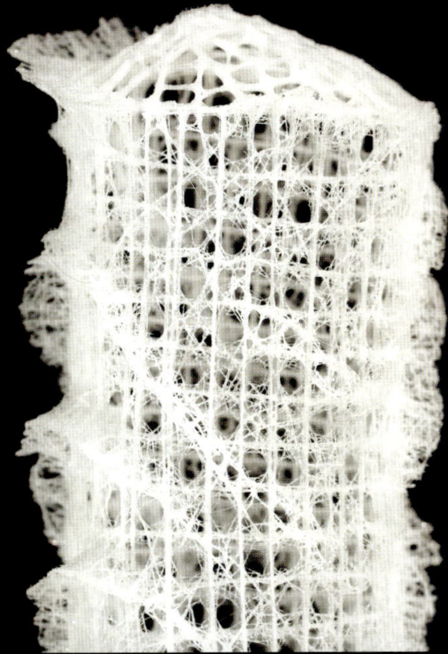

▼シリコン単結晶インゴット。半導体チップ製造に使われなかった不合格品。

◀低純度ながら愛嬌のあるケイ素の溶融塊。ケイ砂からの精製過程の第一段階でできる。

▼高純度ケイ素。

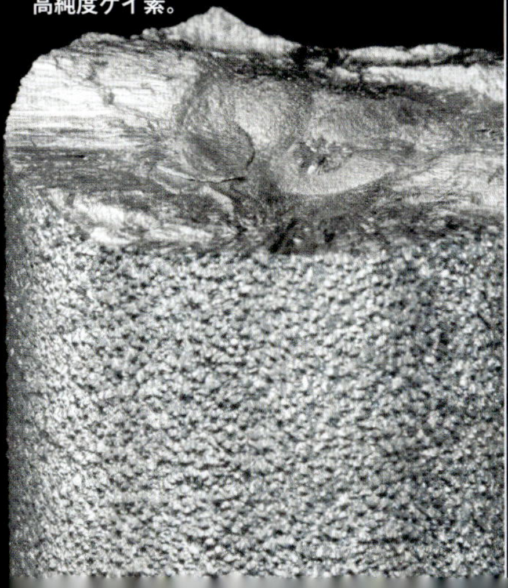

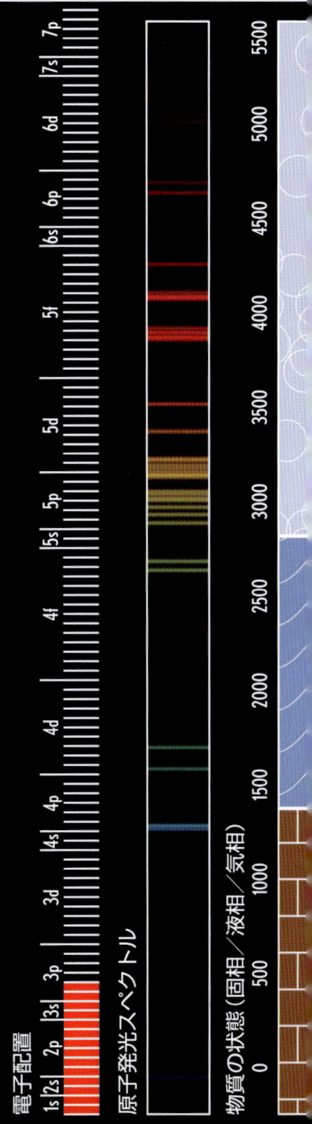

P 15

Phosphorus

Phosphorus
リン

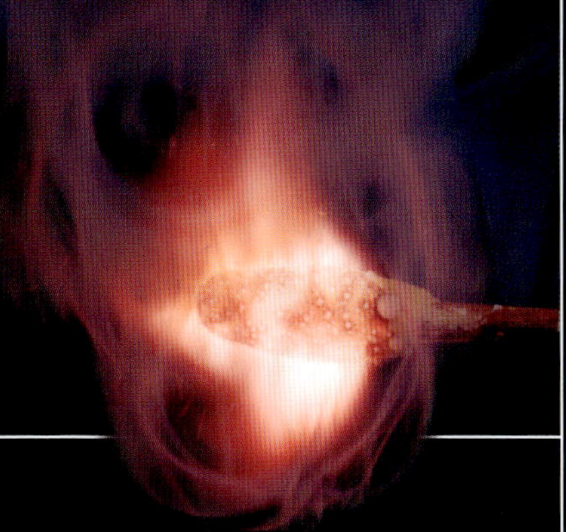

元素としてのリンは嫌われものです。特に、1669年にハンブルクで発見された白リンという同素体（同じ元素でできているが構造が異なる単体）は、1943年の空襲でまさにそのハンブルクを焦土と化すのに一役買いました（マグネシウムの焼夷弾が建物を破壊し、逃げまどう人々を白リンが焼き殺したのです）。今も白リンは大砲や迫撃砲の砲弾に充塡《じゅうてん》されて戦場で使われ、大きな被害を生んでいます。

ところが、リン酸塩（PO_4^{3-}基を含む化合物）という形になると、リンは生命にとって必要な物質となります。人類の歴史のほとんどの期間、リンこそが食用作物の生育のカギでした。土壌中のリンが枯渇すると不作で大飢饉が起きるので、グアノ（天然の化石肥料）や骨粉などの肥料を入手してリンを補充できるかどうかが、いくつもの文明の運命を決めました。

19世紀の中頃にリン鉱石から肥料を製造する方法が発見されると、ようやくリン不足は技術的に解決されました。世界の人口爆発の原因はリン酸塩肥料にあると言っても過言ではありません。今や、多くの地域で食糧生産を左右しているのはリンではなく水です。

純粋形態のリンには、何種類かの同素体があります。赤リンは比較的安定で、発火剤としてマッチに使われています。黒リンは作るのが難しいうえにたいして用途もないので、めったにお目にかかりません。白リンは強い毒性と自然発火性を持ち、主に戦争に使われますから、純粋悪と呼んでもかまわないくらいです。ただ、悪臭比べの勝負になったら、次の硫黄に軍配が上がります。

◀ 珍しい紫リン。真の同素体ではなく、赤リンと黒リンの混合物と考えられている。

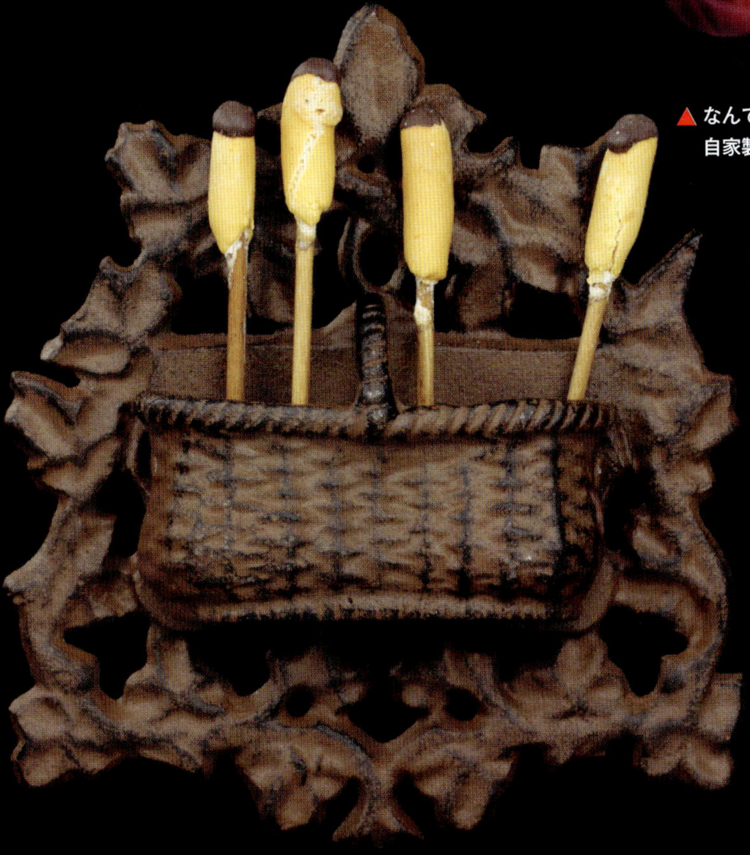

▲ なんで擦っても火がつく自家製マッチ。

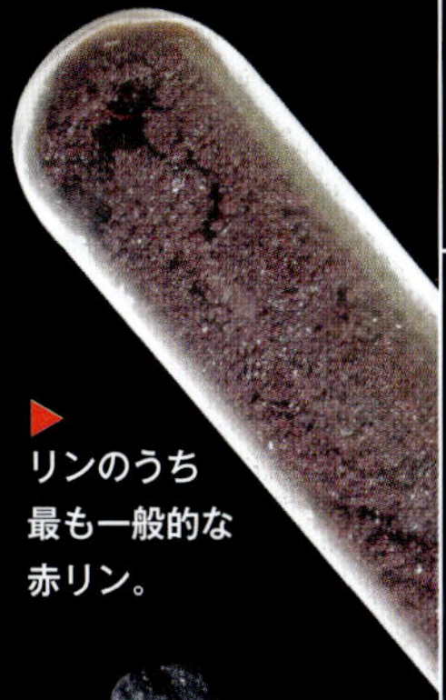

▶ リンのうち最も一般的な赤リン。

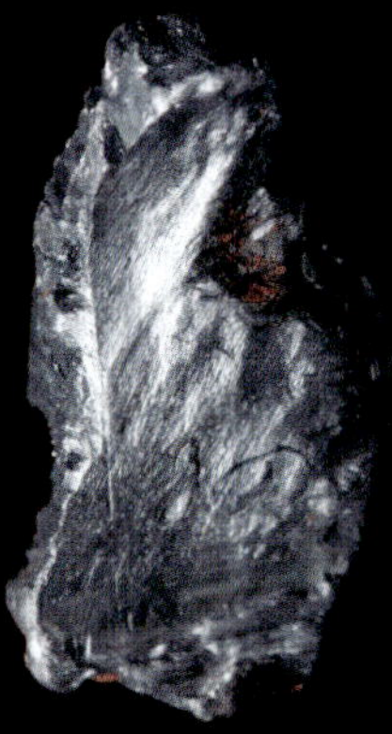

▲ 一番安定な黒リンだが、めったに見られない。

▲ マッチが信頼性の低い危険物だった時代には、自然発火に備えて不燃性の箱や壁掛け式ホルダーで保管された。

◀ 現代でも、マッチの主要な発火剤はリン。

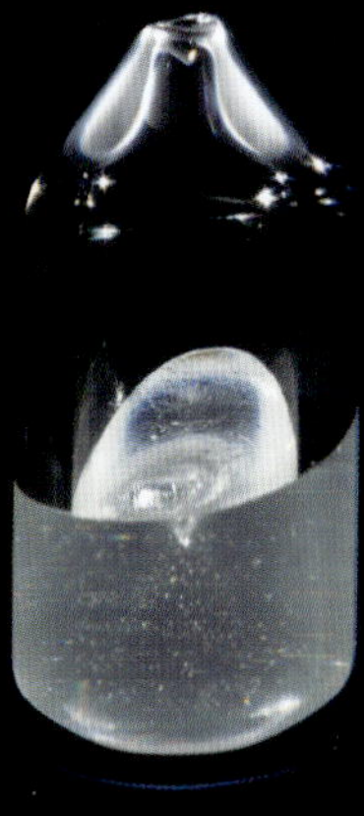

▶ 白リンは猛毒で、暗所に保管しなければならない。太陽光にあたると赤リンに変化する。

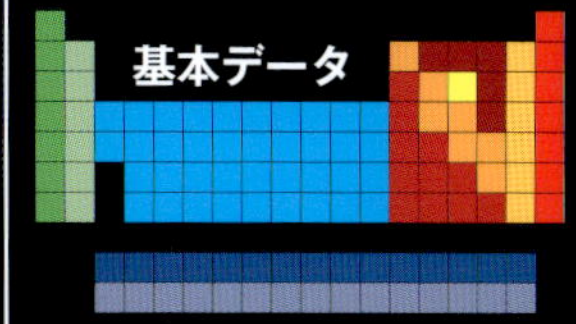

原子量
30.973761998
密度
1.823
原子半径
98 pm

結晶構造

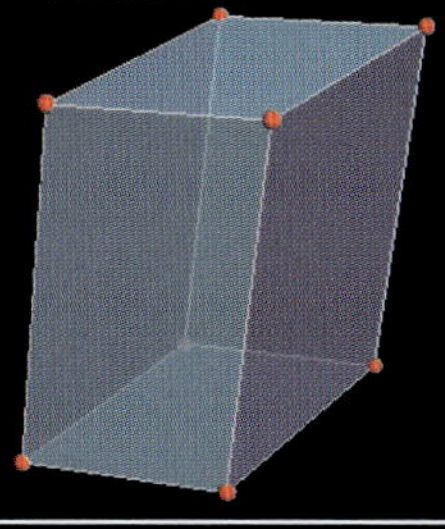

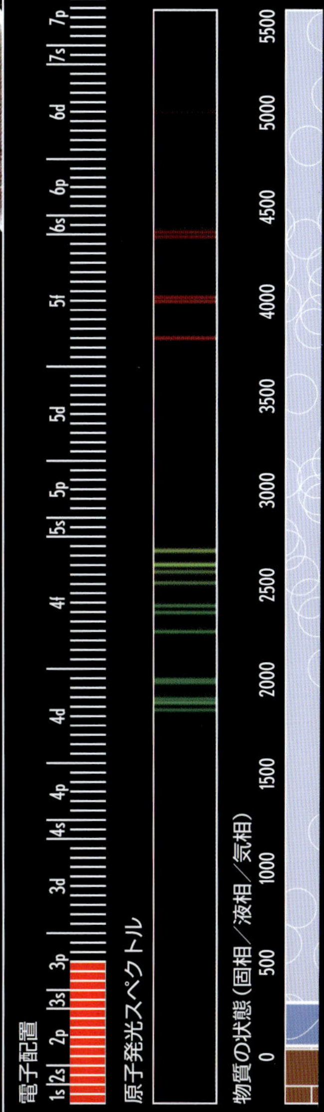

Sulfur

S

16

Sulfur
硫黄

純粋な硫黄は無臭ですが、各種の硫黄化合物は悪臭がします。どう贔屓目《ひいきめ》に見ても答えは同じ。純粋な硫黄は粉末でも大きな結晶でも臭いがしないのに、それを燃やすと、なぜ多くの文化で地獄に硫黄がつきものとされるのかがよくわかります（硫黄の古名はbrimstone〈地獄の業火〉です）。化合物の代表格の硫化水素は、腐った卵のような臭いです。都会のスモッグの主成分は石炭や石油やディーゼル燃料の燃焼で発生する硫黄化合物で、現在は工場や車の排気からそれらを除去することが義務づけられています。

硫黄は黒色火薬を作る３つの基本成分のひとつでもあり、その意味ではこれまでに何百万人もの人の命を奪っています。

硫黄に何かほめられる点はないのでしょうか？　実を言うと硫黄は非常に有用で、その事実は否定できません。化学工業では大量の硫黄が生産され消費されています。一番の主力製品は硫酸で、さまざまな製造業や加工業の現場で大活躍しています。

園芸用品店では、袋入りの硫黄粉末が土壌のpH調整用に売られています（なぜか、一般に硫黄は悪名高い「化学物質」ではなく「有機物質《オーガニック》」と見なされています。ちょっと理解しかねますね）。

純粋な硫黄は大量にあつかっても危険ではありません。ところが、ひとつ隣の塩素となると、ごく低い濃度ならプールで泳いだときの楽しい気分を思い出させてくれて悪くない臭いと言ってもいいでしょうが、濃度には十分に気をつけないといけません。

▲純粋な天然硫黄の大きな結晶。

▼純度90％の粉末硫黄。どこの園芸用品店でも手に入る。

▲黄鉄鉱（FeS_2）の鉱石。

▲昔の薬局で使われていた硫黄。

▶コークス工場の排気から有害な二酸化硫黄を除去する装置で分離され滴《したた》り落ちた硫黄が固まったもの。

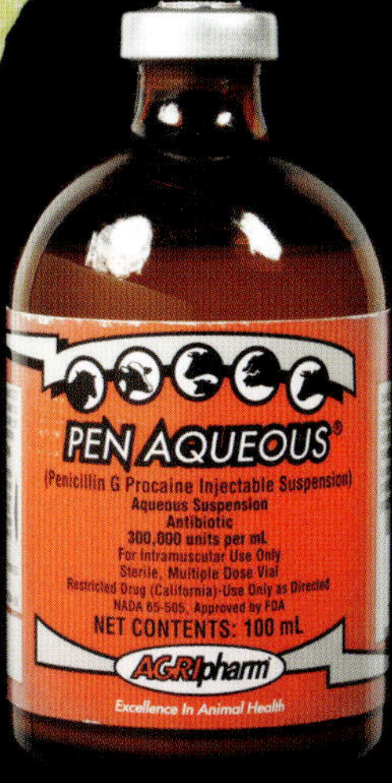

▶かつてペニシリン（$C_{16}H_{18}N_2O_4S$）は非常に貴重だったので、投与された患者の尿から回収して再利用した。これは家畜用の100ml瓶で、値段は７ドル。

◀火山周辺や温泉地帯では天然の高純度硫黄が採れる。

▼ニンニクとタマネギの独特のにおいは硫黄化合物によるもの。

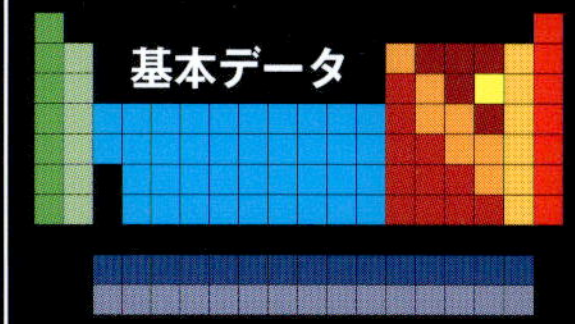

原子量
32.065
密度
1.960
原子半径
88 pm
結晶構造

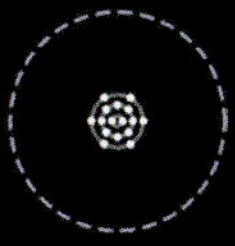

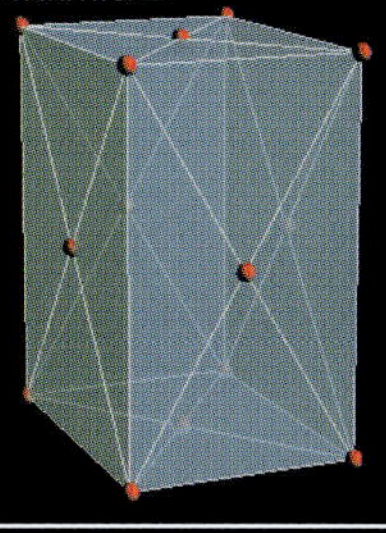

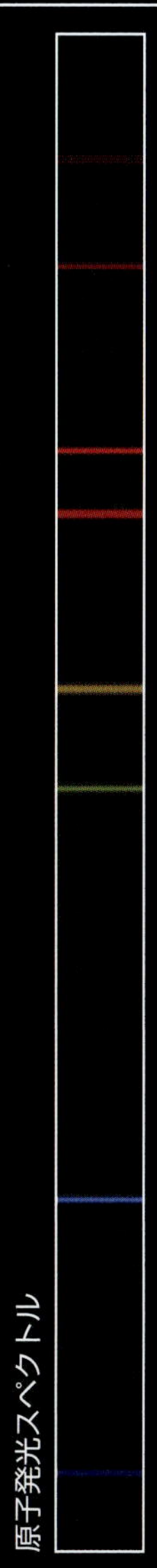

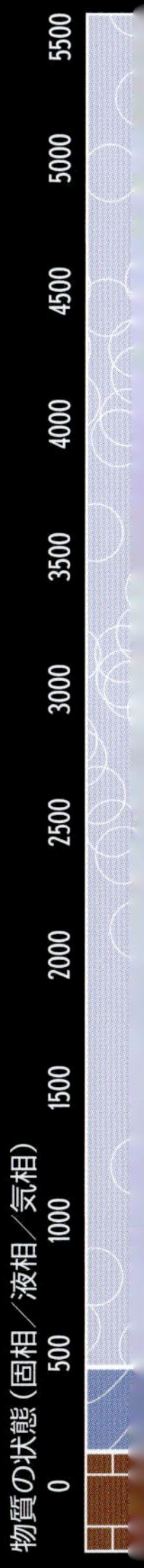

Chlorine

Cl

17

Chlorine
塩素

塩素は、第一次世界大戦中に凄惨な塹壕戦《ざんごうせん》で毒ガスとして使われました。前線に塩素ガスのボンベを並べ、風向きが敵陣方向へ変わったらバルブを開けて、一目散に逃げ戻るのです。開発者のフリッツ・ハーバーは、窒素(7)の研究では人類に貢献した人物です。彼自身も何度か実戦での使用を監督したこの塩素ガス作戦ですが、敵だけでなく味方にも同じくらいの死者が出ることが判明して、次第に行われなくなりました。

私は純粋な塩素をほんの少量吸い込んだことがあります。病院送りにはなりませんでしたが、瀬戸際までいきました。筆舌につくしがたい苦痛で、吸った瞬間、鼻にバーナーの炎を突っ込まれたような感じがしました。塩素ガスで死ぬのは想像を絶する悲惨さに違いありません。

その一方で、ごく低濃度の塩素は、最も安く、最も効果的で、最も害の少ない殺菌剤のひとつです。飲料水の殺菌や排水の処理で何億もの人命を救い、環境への長期的な影響もありません。差し引きすれば、塩素が殺した人数より助けた人数の方がはるかに多いといえます。

塩素は家庭でもよく使われます。塩素系漂白剤は次亜塩素酸ナトリウム(NaClO)の溶液で、酸性の物質と混ぜると独特の臭いのする塩素ガスが発生して大変危険です。食塩は塩化ナトリウム(NaCl)ですし、あなたの胃酸の主成分は塩酸(HCl)です。

塩素は自然界に広く分布し、さまざまな働きをします。生命活動においては、神経伝達から食物の消化まで塩素イオンが多彩な役割を果たしています。この塩素が世なれた元素だとすれば、アルゴンは希ガス(貴ガス)の称号にふさわしく俗世を超越した存在です。

◀ 塩素ガスは、白い背景の前に置くとかろうじてわかる程度の淡黄色。

▶ 高圧で液化させた塩素。石英ガラス製アンプルに入っている。

▲ 左は塩素系漂白剤(次亜塩素酸ナトリウム)、右は医療用の吸入剤として使う塩素(アルコール溶液)。

▼ 土壌の塩分濃度が低い地域で家畜に舐めさせる食塩(塩化ナトリウム)ブロック。

▼ 融氷雪剤として使われる塩化カルシウムの粒。

▼ 米国カリフォルニア州デスバレー産の天然塩(塩化ナトリウム)。

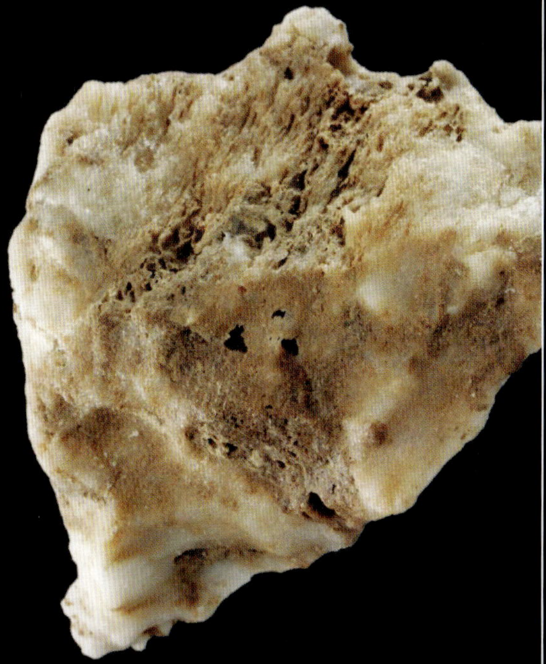

基本データ

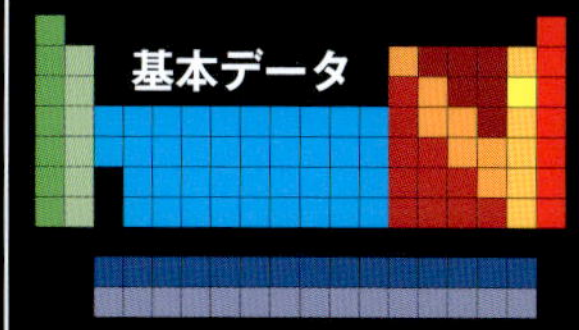

原子量
35.453
密度
0.003214
原子半径
79 pm

結晶構造

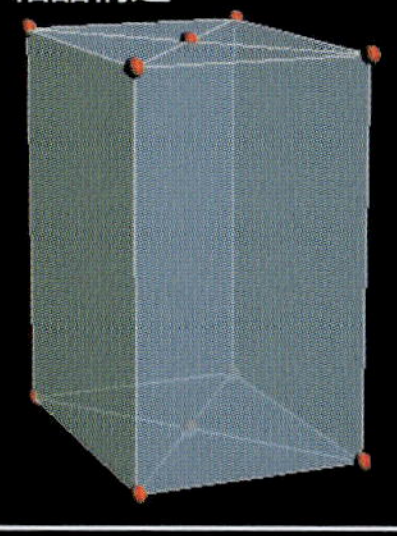

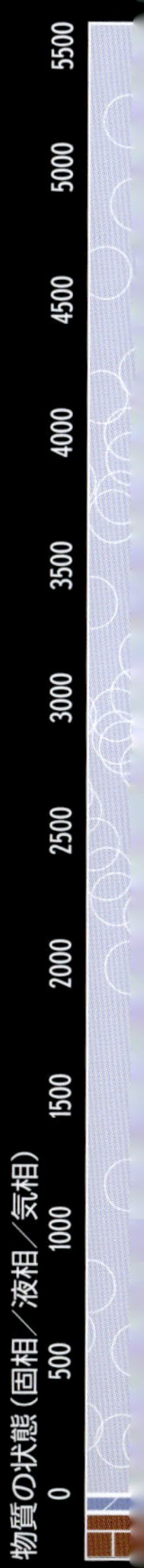

18

Argon
アルゴン

▲ アルゴンの放電で紫色に光る表示灯。

基本データ

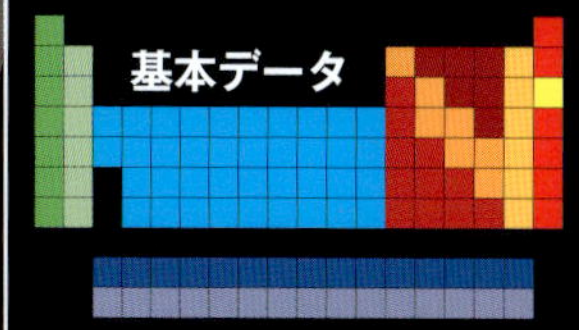

原子量
39.948
密度
0.001784
原子半径
71 pm
結晶構造

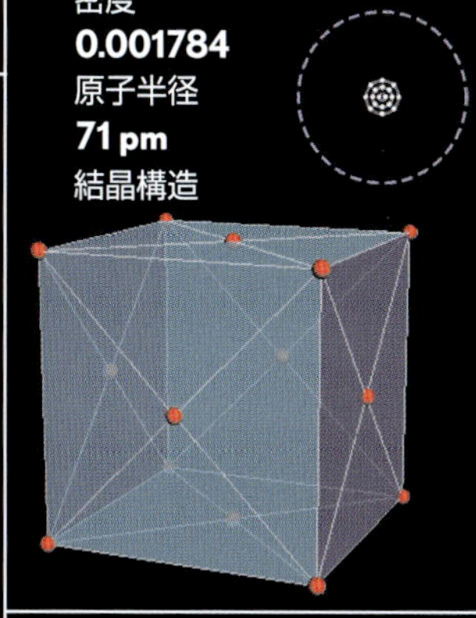

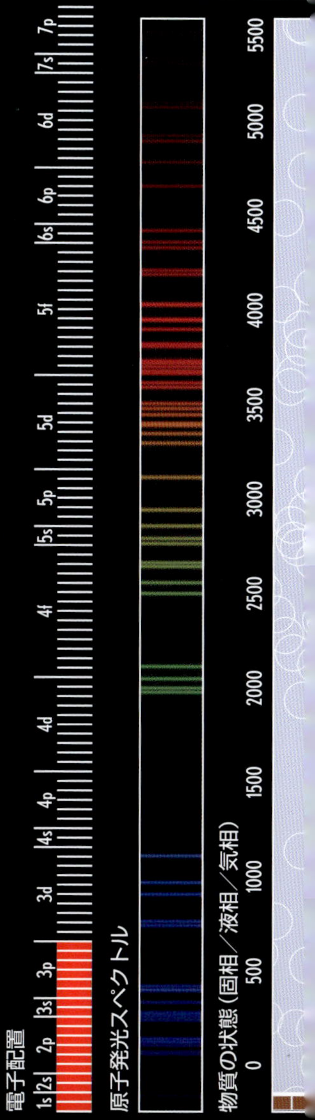

　ギリシャ語で「不活性」を意味する言葉が語源のアルゴン。名は体をあらわすの典型です。アルゴンの用途は、最も安価でまったく不活性な気体という性質を利用したものがほとんどです。もっと安い窒素（N_2）も多くの用途に十分なほどに不活性ですが、高温では分解されてしまいます。それに対してアルゴンは、いついかなる場合でも、化学反応に対してまったく無関心です（ただし、純粋に学術的興味から作られた非常に不安定なアルゴン化合物がごくわずかに存在します）。

　エジソンの最初の電球はフィラメントの酸化を防ぐために内部が真空でした。今の白熱電球には窒素とアルゴンの混合ガスが封入され、ガラスを極力薄くするために内部の圧力は常圧に近くなっています。もっと小さくてしゃれた電球にはクリプトン(36)、キセノン(54)、ハロゲンガスなどが使われ、フィラメントがより高温で明るく光る手助けをしています。

　小さな金属ボンベ入りのアルゴンガスが、ワイン酸化防止用に売られています。開栓したワインボトルにアルゴンを注入して鮮度を保持する目的で使われます。もっとも、私に言わせればワインが酸化する前に全部飲んでしまうのが一番ですね。この簡単な方法で、ワイン通を気取る俗物連中をずいぶん減らせるはずです。

　アルゴンは空気中に驚くほどたくさん（重量比で1％近く）含まれているため、比較的安く手に入ります。販売されているアルゴンは、大量に生産される液体酸素（8）と液体窒素（7）の副産物です。

　次のカリウムで、私たちは再び俗世間と関係深い元素に戻ります。この場合の俗世間とは、放射能バナナです。

▶ 実験室ではおなじみ、空気遮断用に使うアルゴンガスの高圧ボンベ。

◀ ワイン酸化防止装置用の小型使い捨てアルゴンボンベ。

▼ 純粋なアルゴンは目に見えない。

◀ 希ガスであるアルゴンは無色の不活性ガスだが、電気を通すと見事なスカイブルーの光を放つ。

▼ インチキな「医療用紫光線マシン」。アルゴンで印象的な紫色の放電を演出するが、医学的効果はない。

▶ この二重窓にはアルゴンが封入されているが、透明なので見えない。

Potassium

K

19

Potassium
カリウム

▶ 酸化していない高純度カリウムは銀白色に輝く金属。

基本データ

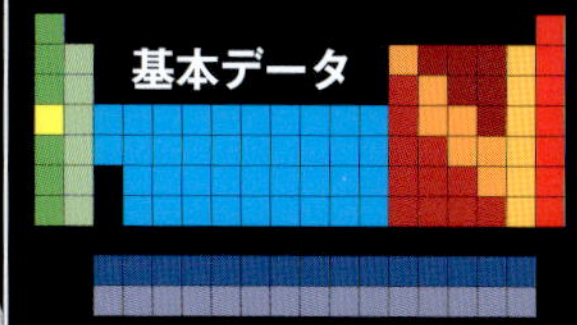

原子量
39.0983
密度
0.856
原子半径
243 pm
結晶構造

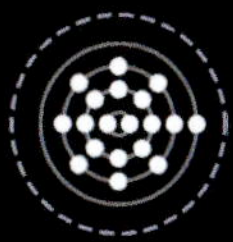

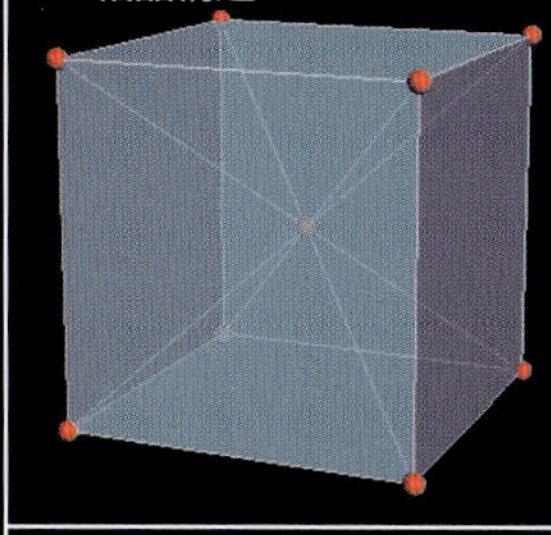

バナナに放射能！　新聞記者が話を半分しか理解していないと、きっとそんな見出しが躍ることでしょう。心配はいりません。あなたが食べるものは、実質的にすべて放射能を持っています。バナナはちょっと放射能が強いだけです。バナナは重要な栄養素であるカリウムを豊富に含んでいて、地球上のカリウム原子のうち約0.01％は放射性同位体のカリウム40（^{40}K）なのです。

私たちは日々自然のバックグラウンド放射線を浴びています。そのうちかなりの割合が、この微量のカリウム同位体によるものです。^{40}Kの放射線量は地球誕生以来何十億年もかけて徐々に減ってきました。作家のアイザック・アシモフは、ある時点での放射能レベルが知的生命体の発展へと扉を開くカギになったのではないかと考えています。初期の地球では^{40}Kが多すぎて傷つきやすい長いゲノムが形成されず、^{40}Kが少なすぎる未来になったら突然変異の出現率が低くなり、進化しないだろう、というのが彼の説です。

もちろんこれは純粋な理論上の考察ですが、放射線による突然変異がなければ今の人類は存在しなかったという考え方は興味深いですね。

カリウムは（放射性か否かを問わず）アルカリ金属のひとつですから、水に投げ込んだらひと騒動が起きます。ナトリウム（11）より反応性が高いカリウムは、水に触れた瞬間にきれいな紫色の炎に包まれます。爆発力が強いので、炎は四方八方へ広がります。

カリウムは体内で（K^+イオンの形で）神経伝達を担う重要な元素です。体内のカリウムイオン濃度が低すぎると指先がこわばりはじめ、それが心臓にまで達したら死んでしまいます。すぐに治療が受けられない場合は、バナナを食べましょう。

カリウムは身体の中身がうまく動き続けるようにしてくれます。一方、身体の形を保つのが次のカルシウムの仕事のひとつです。

▲ カリ（炭酸カリウム）と硫酸カリウムは肥料によく使われる。

◀ ナトリウムを含まない食用塩（塩化カリウム）。わずかに放射能を持つ。

▼ ドイツのあるコレクターが作った、見事な輝きのカリウム。カリウムを酸化させずにおくのはとても難しい。

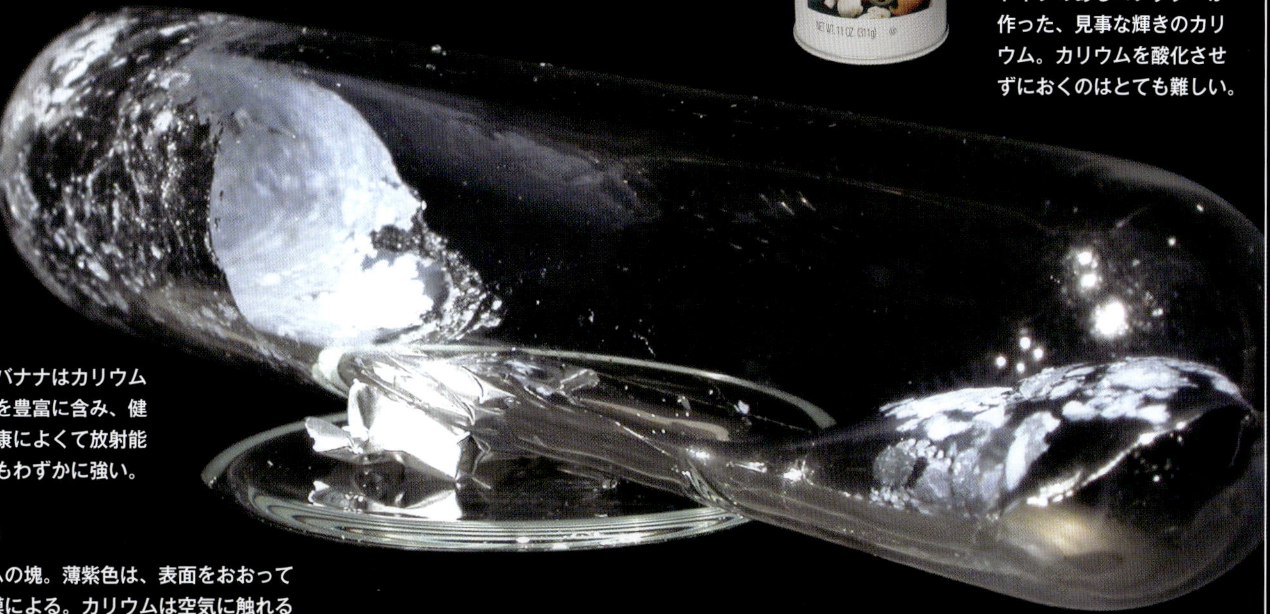

◀ バナナはカリウムを豊富に含み、健康によくて放射能もわずかに強い。

◀ 柔らかいカリウムの塊。薄紫色は、表面をおおっている酸化物の薄膜による。カリウムは空気に触れると数秒で酸化して黒くなる。水に入れると爆発し、独特の赤紫色をした小さな火の玉を飛び散らせる。

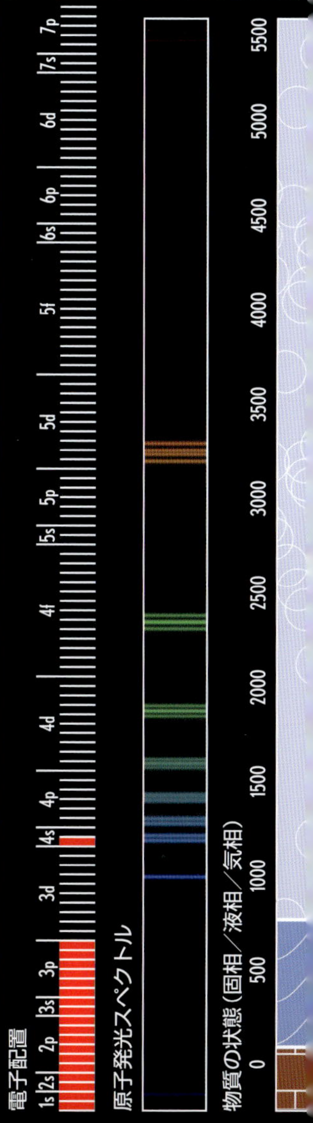

Calcium

Ca

20

Calcium
カルシウム

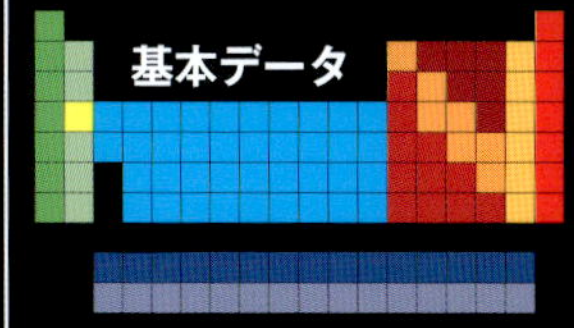

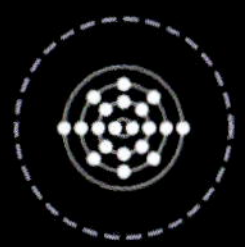

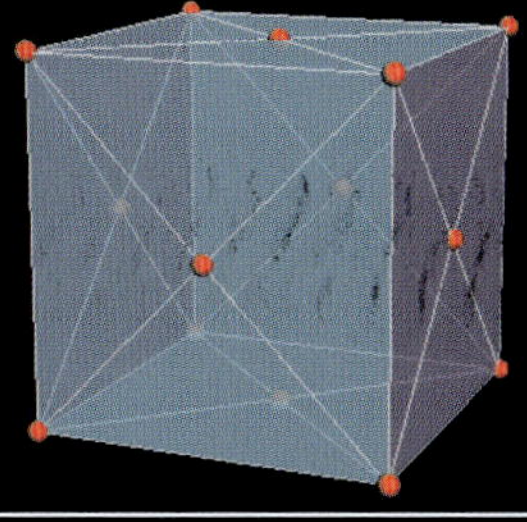

カルシウムと聞くと、ほとんどの人はチョークに似た白いものを思い浮かべたり、牛乳を連想したりします。チョーク（白亜）という石（イギリスのドーバーの白い崖が有名）は炭酸カルシウムが主成分ですが、黒板に字を書くチョークは今では硫酸カルシウム（いわゆる石膏）でできています。鉛筆の芯の「黒鉛」は鉛ではなく、教室の「チョーク」もチョークが原料ではない――どうも筆記具にはまぎらわしい名前が多いですね。

どちらのタイプのチョークも、また牛乳に含まれているのも、カルシウム化合物です。純粋元素としてのカルシウムは、アルミニウムに似た銀白色の金属です。みなさんが金属カルシウムを見る機会はめったにありません。空気中では不安定で、すぐに水酸化カルシウムや炭酸カルシウムに変化するからです。その両方とも、あなたの予想どおり、白いチョークのような外見です。金属カルシウムが水または酸に触れると、アルカリ金属と同じくらい大量に水素を発生させますが、ゆっくり落ち着いた速度で反応するので、少量の水素を発生させたいときに役立ちます。

カルシウムは骨を丈夫にするという話は聞き飽きたでしょう。実際に、骨の石灰化の主要成分はカルシウムです（哺乳類の骨は、ヒドロキシアパタイトというリン酸カルシウム水和物の一種が硬い多孔質の状態になったものです）。ただ、骨はケイ素（14）の項で見たようにガラスなど他の材料でも作れると考えられますが、細胞におけるカルシウムイオンの生化学的な働きは代替がききません。カルシウムイオンは常に細胞を出入りして神経や筋肉の活動を仲介しており、あまりにも重要なので、血中濃度が下がると身体は骨からカルシウムを溶け出させて濃度を維持しようとします。骨は進化の過程で最初はカルシウムの貯蔵庫として作られ、後から構造材になったとする説もあるくらいです。

カルシウムは生命維持のためにかなり多くの量が必要な元素のひとつです。セレン（34）などは特殊な酵素の成分として微量あれば足ります。そして、次のスカンジウムは体内ではなんの役にも立ちません。

▲ チョークは石膏（硫酸カルシウム）でできている。

▲ 方解石（炭酸カルシウム）。

▼ 貝殻は炭酸カルシウムでできている。

▲ 水素化カルシウムの缶。気象観測用気球を膨らませるのに使う。

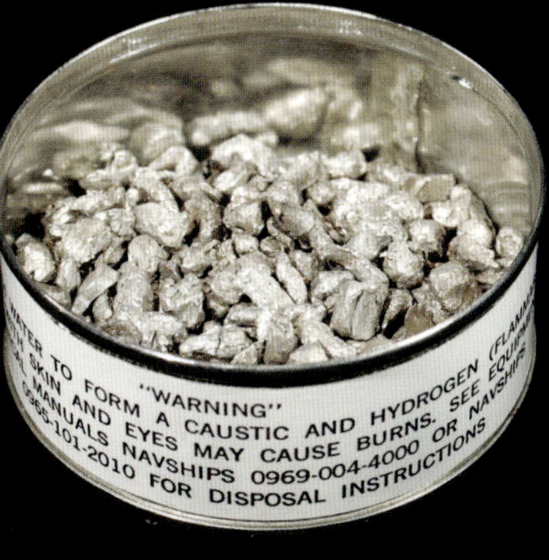

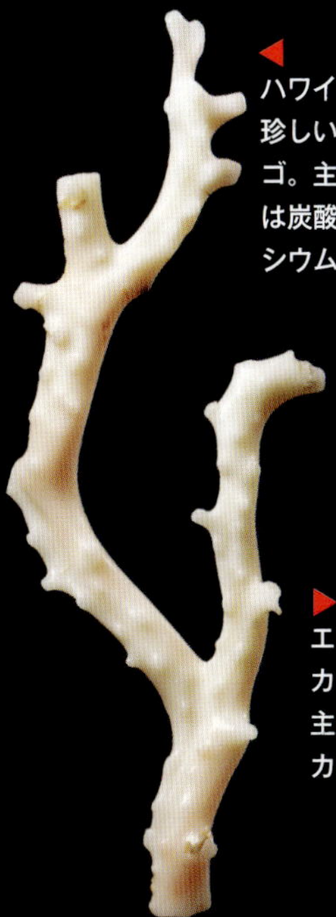

◀ ハワイ産の珍しいサンゴ。主成分は炭酸カルシウム。

▶ エリマキトカゲの頭骨。主成分はリン酸カルシウム水和物。

▲ 缶入りのカルシウム金属粒。軍用の水素発生源だが、使途は不明。

◀ 純粋なカルシウムは意外にも銀白色の硬い金属。チョークに似た外見なのは化合物。

基本データ
原子量
40.078
密度
1.550
原子半径
194 pm
結晶構造

電子配置
原子発光スペクトル
物質の状態（固相／液相／気相）

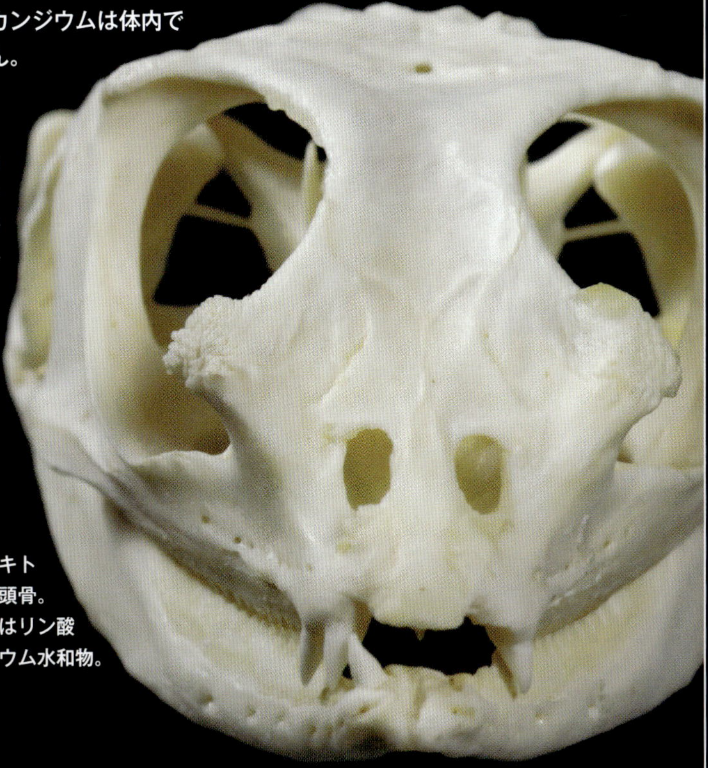

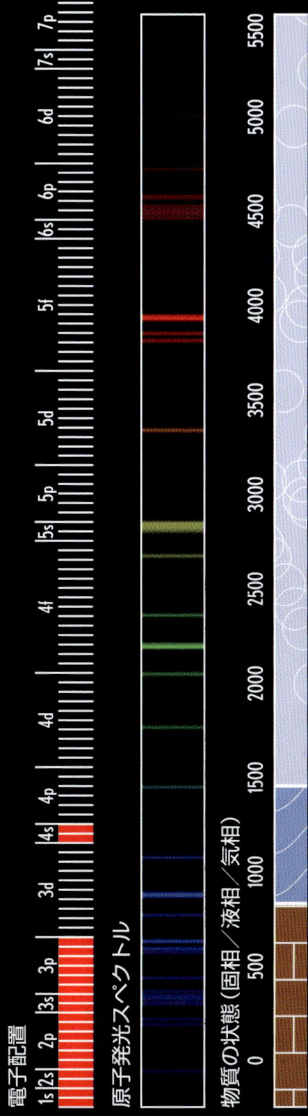

Scandium

Sc

21

Scandium
スカンジウム

スカンジウムは、この本で初めて出てきた耳慣れない元素でしょう。純粋な金属スカンジウムの取引量は世界全体で年間45kg以下で、純粋なスカンジウムを見たことのある人はきわめて少数だと断言できます。酸化スカンジウムの取引量は年間約10トンで、これも世界的に考えればとてもわずかです。

スカンジウムは、地殻中に微量しか存在しないためではなく、まとまって存在する場所がどこにもないために高価にならざるをえない元素の一例です。他の多くの元素は（スカンジウムより総量がずっと少ないものも含めて）、その元素の含有率が高い鉱石がどこかにあります。ところがスカンジウムはわずかな量が薄く広く存在するので、集めて精製するのが大変なのです。

スカンジウムは強靱な金属や明るい光を作るために利用されます。アルミニウムに少量添加すると最強クラスのアルミ合金ができ、ジェット戦闘機、野球バット、自転車のフレームなど（いずれも高級品）に使われます。水銀蒸気と混ぜて高輝度メタルハライドランプに封入されたヨウ化スカンジウムは、水銀だけのときには快適さに欠ける光色を、太陽光に似たスペクトルに変える効果を生みます。

メタルハライドランプは、スポーツ競技場や倉庫や大規模商業施設など、光量を必要とする場所でよく使われます。発光効率はナトリウムランプに次いで高く、ナトリウムランプと違って照らされた人間がゾンビに見えることはありません。いずれ家庭用照明はLED（発光ダイオード）が主流になるでしょうが、メタルハライドランプの莫大な光量を必要とする場所はなくならず、文字どおり多くの人の目に触れる場所で生き残るはずです。

スカンジウムの名前など聞いたこともない何百万人もが、スカンジウムの作る光を見ています。一方、次のチタンは、実物を見たことがなくても何百万人もがその名前を聞き知っています。

▲スカンジウム・アルミニウム合金は、その高強度を生かして高級自転車のフレームにも使われる。

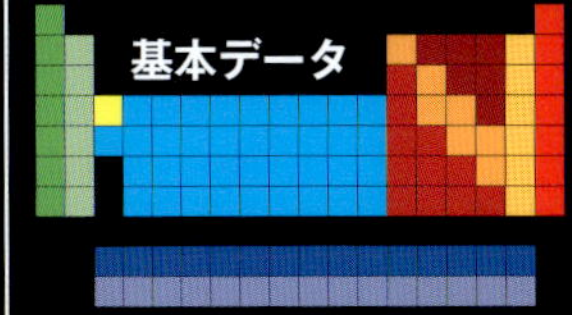

原子量
44.955908
密度
2.985
原子半径
184 pm

結晶構造

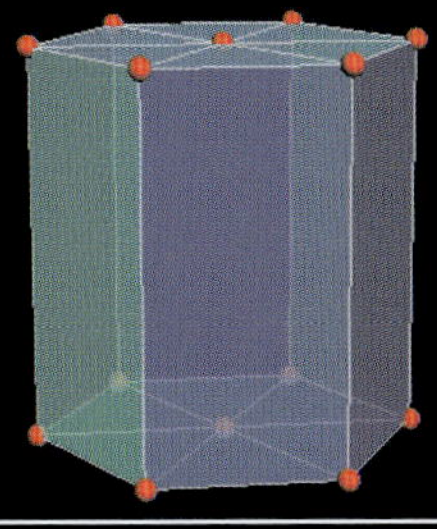

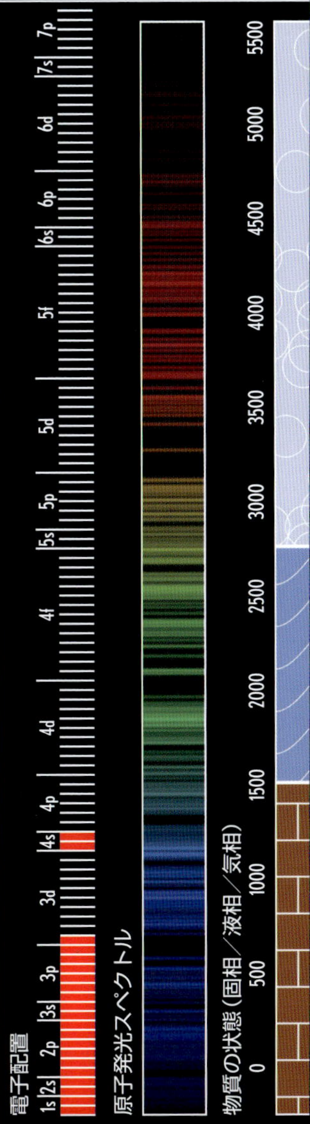

▼コルベック鉱（$ScPO_4 \cdot 2H_2O$）。

▲メタルハライドランプに封入されたスカンジウムは、心地よい色の光を生み出す。

◀真空蒸留で得られたスカンジウム結晶。メタルハライドランプの光を昼光色にするために使われる。

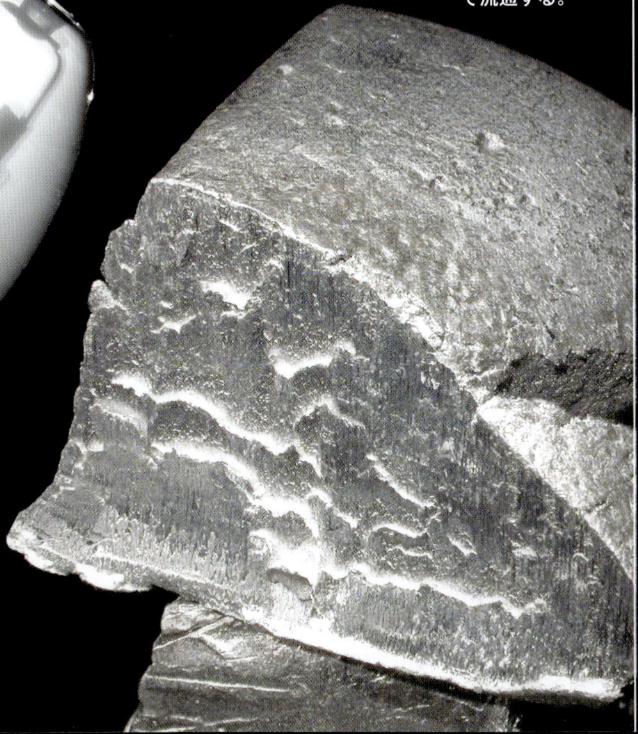

▼スカンジウム・アルミニウムのマスター合金インゴット。スカンジウムはたいがいこの形で流通する。

Titanium

Ti

22

Titanium
チタン

チタンは名前がひっぱりだこな元素のひとつです。さまざまな商品を売るために、実際にはチタンが含まれていないものにまで「チタン」の名前が付けられます。

あなたのゴルフクラブにTitaniumと刻まれていても、本当にチタン製だと信じるのは早計です。チタンが使われていない製品もあるからです。真贋を知る簡単な方法は、回転する研削盤の砥石にクラブを当てることです。本物のチタン特有の明るい白色の火花が散らなかったら、そのクラブは砥石で駄目になっても惜しくない偽物だと判明します。

チタンは、ギリシャ神話の巨神族ティタンにちなんだ名前の面でも、実際の性質の面でも、強さの代名詞です。驚異的な強度を生かしてジェットエンジン、工具、ロケットなどに使われています。また、まったく錆びずアレルギーも起こさないため、人工股関節や歯科インプラントやボディーピアスなど体内に入れる用途でも人気です。

チタン金属は高価ですが、チタン鉱石自体は豊富にあります。高価なのは産出量が少ないからではなく、精錬が難しいからです。化合物の二酸化チタンなら身の回りにいくらでもあります。白色の塗料や絵の具に入っていますし、他の色の塗料にも、不透明性を出すため(下地の透けを防ぐため)に配合されます。二酸化チタンはなんとこの本の印刷用紙にも含まれていて、裏面が透けて見えないようにしてくれています。

ミサイルから電気カミソリまで多方面でもてはやされるチタンは、まさにスーパースターです。チタン以上の強度を持つ合金を作る手伝いをしているのに注目してもらえない隣のバナジウムにしてみれば、嫉妬したくなっても不思議ではありません。

基本データ

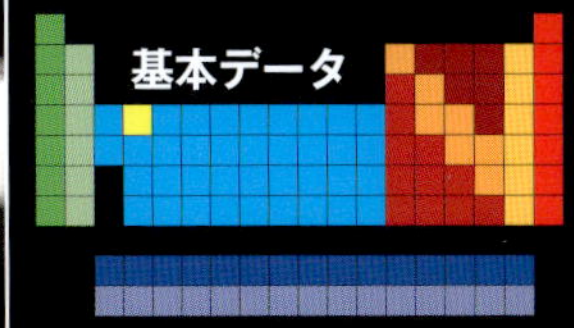

原子量
47.867
密度
4.507
原子半径
176 pm
結晶構造

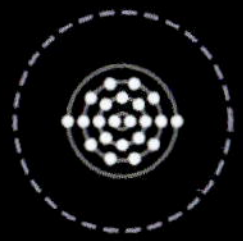

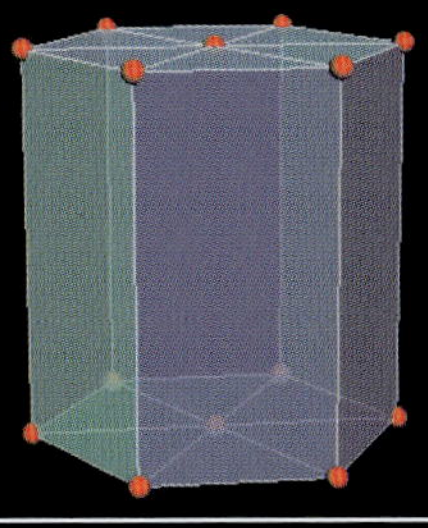

▶ 著者が純度 99.999 %の結晶チタンを機械加工して作った指輪。

▶ 金色の窒化チタンでコーティングした電気カミソリの刃。

▶ 純チタン製の人工股関節パーツ。

◀ 小型ジェットエンジンの吸入部分に使われる「ブリスク」という羽根付き動輪ディスク。チタン製。

◀ 左上から時計回りに、固体チタンからワイヤーカット加工で作った歯車、チタン製スピーカーコーン、指輪、ピアス。

▶ 本物と偽物のチタンのゴルフクラブ。ヒント：6061は標準的なアルミ合金の番号。

電子配置 / 原子発光スペクトル / 物質の状態(固相/液相/気相)

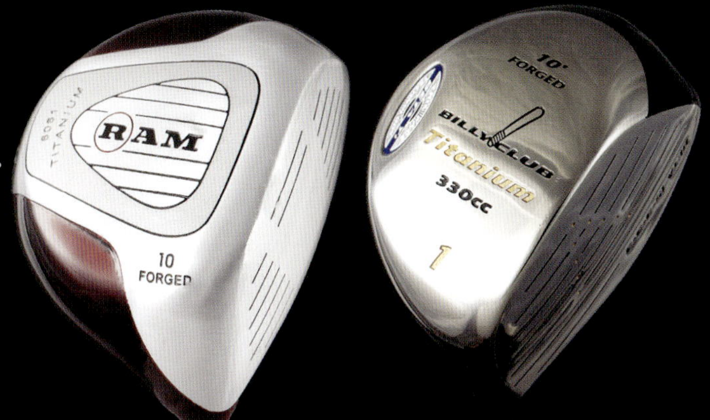

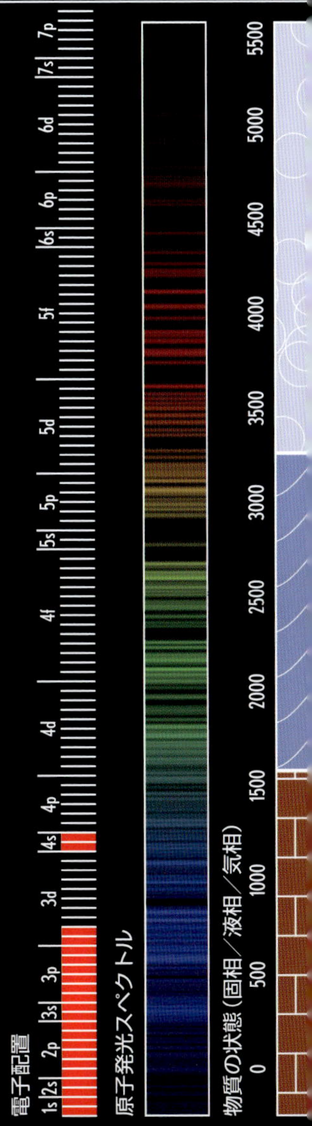

Titanium
チタン 22

▶ チタンビーズをびっしり埋め込んだ人工股関節パーツ。チタン製は再生した骨が付着しやすく、固定性が増す。

▶ドリルやフライス加工用の刃には、よく金色の窒化チタンコーティングが施される。

▼すべてがチタンでできたダイビングナイフ。錆びないし、チタンは低密度なので水中で落としても底まで沈んでいかない。

▶チタンのネックレス。陽極酸化処理で美しい色を出している。

▶純度99.999%の結晶チタン。ヨウ化チタンの熱分解で得られたもの。

▲二酸化チタンをアルミ粉末で還元して作った自家製チタン。

◀二酸化チタンは広く使われる白色顔料。

▶チタンの歯科用インプラント具。似たものが著者の口内にもある。

◀チタン製ハンマーは、実質よりイメージが売りもの。「14」はヘッドの重量が14オンスという意味（ハンマーのサイズはヘッド重量で表示される）。

▶チタンコーティングした電気めっき電極。

Vanadium

V

23

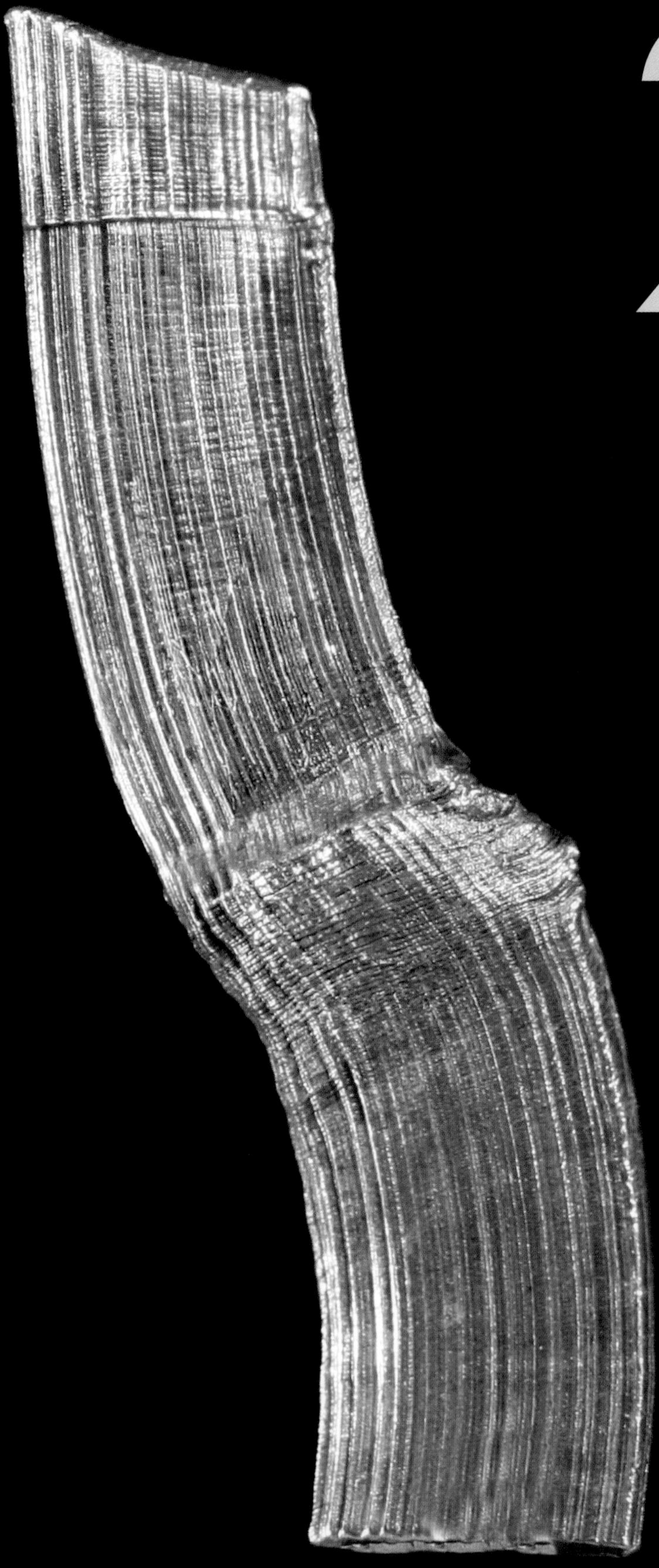

Vanadium
バナジウム

工具鋼と高速度鋼。ともに、鉄(26)合金の中でもとくに優れた硬度、強靱性、耐摩耗性を誇る仲間ですが、この特性を生むのに貢献しているのが、数パーセント添加されたバナジウム(炭化バナジウム)です。バナジウム鋼はチタン(22)よりはるかに硬いのです(ただ、チタンより重くなります)。

バナジウムの主な用途は合金鋼への添加なので、たいていはフェロバナジウムのマスター合金(97ページ参照)の形で流通し、鋳造前に炉内の鋼鉄に加えられます。純粋なバナジウムの融点は鉄よりはるかに上ですし、マスター合金は最終的にできあがる合金鋼よりずっとバナジウム含有率が高いのですが、溶けた鉄に入れると簡単に溶解します。

チタンのようにマーケティングに使える人気も知名度もないとはいえ、あなたもvanadiumと刻印された工具を見る機会があるはずです。バナジウムと記された工具は本当にバナジウム鋼でできていると信じてまず大丈夫です。今ではもっと硬いタングステンカーバイドの切削工具もありますが、バナジウムの高速度鋼はなおも産業用の機械加工分野で大活躍し、家庭の日曜大工でもドリルや加工機の刃、ソケットレンチ、ペンチなどの必需品になっています。

バナジウムは強い力と不屈の精神を本領とする一方で、優美な一面も持っています。一部のエメラルドの緑色は、不純物として含まれるバナジウムによるものです。他では剛腕で鳴らす元素が、ベリルと呼ばれるベリリウム・アルミニウム・ケイ酸塩の結晶にごくわずか加わることで、エメラルドの美しさが生まれるのです。

さて、バナジウムが「一部の」エメラルドの緑色の源だとすると、それ以外のエメラルドの緑色は？　答えは、すぐ隣のクロムです。

▲▼金物店の定番、クロムバナジウム鋼の工具。

▲エメラルドの一部は、バナジウムが緑色の源。

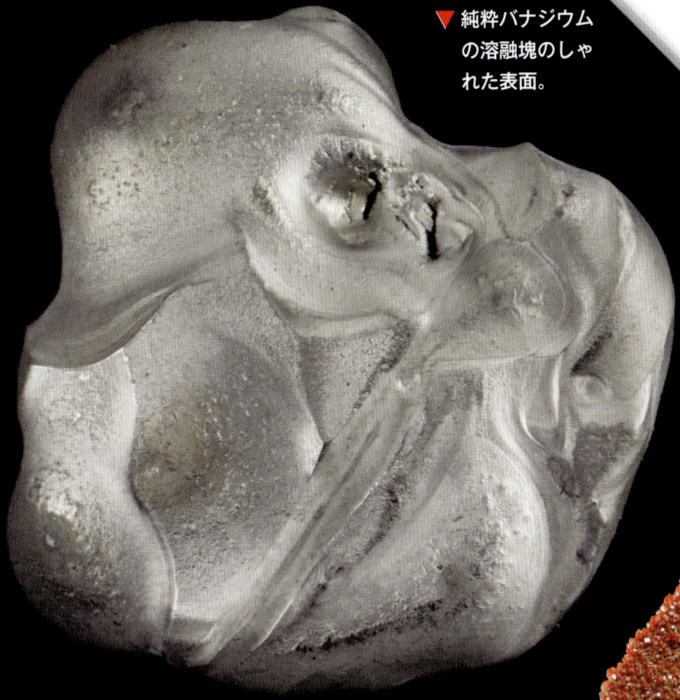

▼純粋バナジウムの溶融塊のしゃれた表面。

◀優美なバナジウム彫刻？　実は円柱状バナジウムから旋盤で削り出した小片。

▼褐鉛鉱（バナジン鉛鉱）$Pb_5(VO_4)_3Cl$。米国アリゾナ州アパッチ鉱山産。

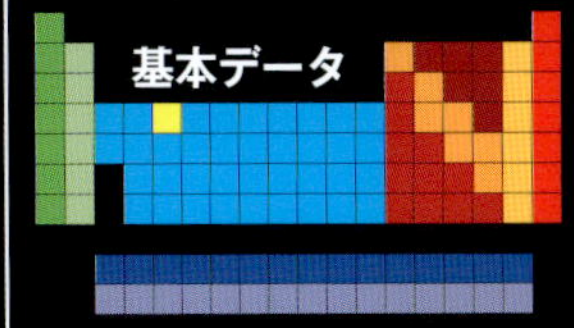

原子量
50.9415
密度
6.110
原子半径
171 pm

結晶構造

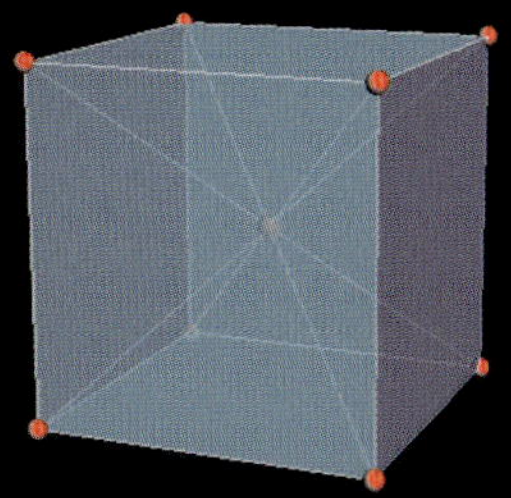

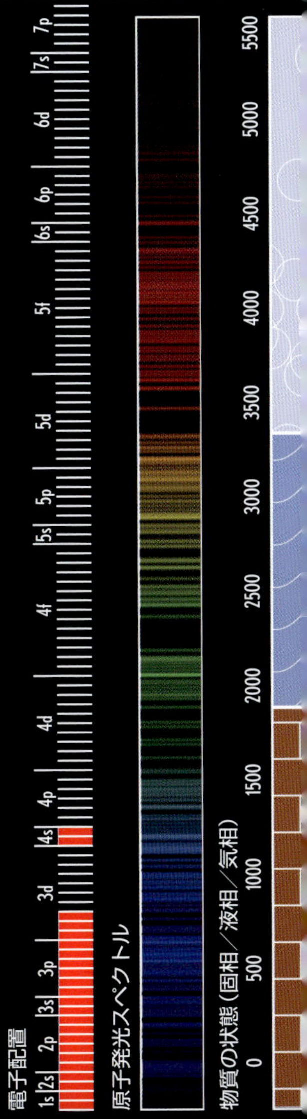

Chromium

Cr

24

Chromium
クロム

自動車業界の1950年代と60年代はクロム時代で、まばゆく輝くクロムが車の頭からお尻までを飾っていました（使用量が一番多かったのは前後のバンパーです）。鏡のような光沢の秘密は、とても薄い金属クロムの層——鉄（26）、亜鉛（30）、真鍮、またはプラスチックなどの土台に電気めっきでニッケル（28）の層を作り、その上にニッケルより薄くクロムを電気めっきしたものです。

ほとんどの人にとっては、この顕微鏡レベルの薄さの層だけが、ふだん目にすることのできる純粋なクロムです。一方、鉄とニッケルの合金に混ぜられたクロムはステンレス鋼の決め手になる成分で、一部のステンレスには重量の4分の1も含まれています。また、バナジウム（23）ともよくタッグを組んで、クロムバナジウム鋼を作ります。金物屋に行けば、「Cr-V」の刻印があるモンキースパナやソケットレンチなどの工具が簡単に見つかるはずです。

見事な輝きと高い耐腐食性を持つクロムめっきですが、銀（47）の代わりに宝飾品に使われることはありません。理由はただひとつ、安すぎてありがたみがないからです。クロムが銀の代役を務める唯一の場面は銀色の食器でしょう。よほど気取った家庭でなければ、銀色食器はクロムが主体のステンレスです。

クロムは、「オキサイド・オブ・クロミウム（酸化クロム）」と呼ばれる鮮やかな緑の顔料として芸術家に愛されています（33番元素のヒ素が主原料のパリスグリーンと混同しないでください）。クロム顔料の歴史は、次のマンガンの顔料ほど古くはありません。なにしろマンガンは数万年前の洞窟壁画に使われた最古の顔料のひとつですから。

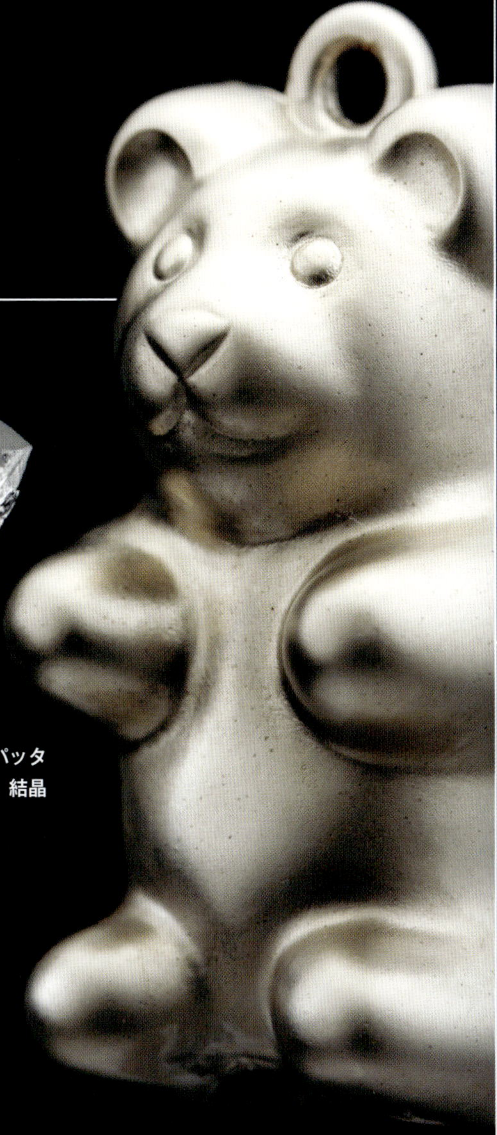

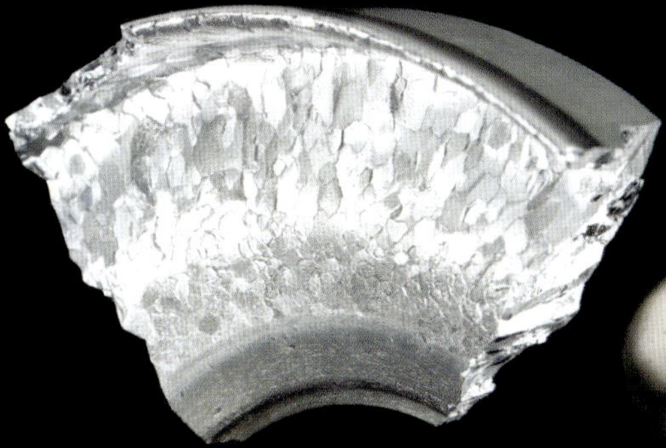

▶ 高純度の蒸着用スパッタリングターゲット。結晶構造が見える。

◀ 誇らしげに化学成分を記したクロムバナジウム合金のソケットレンチ。

▶ クロムめっきができないものはない。

▶ 塗料や絵の具や釉薬に使われる顔料、オキサイド・オブ・クロミウム。

▲ 蒸着で作った超高純度のクロム結晶。

◀ 厚い板ができるまでクロムめっきを続けた結果できたもの。電解採取と呼ばれるこの方法で溶液から高純度のクロムが取り出される。

▶ 一般的なステンレス鋼は20%ほどクロムを含む。

基本データ

原子量
51.9961
密度
7.140
原子半径
166 pm
結晶構造

電子配置
原子発光スペクトル
物質の状態（固相／液相／気相）

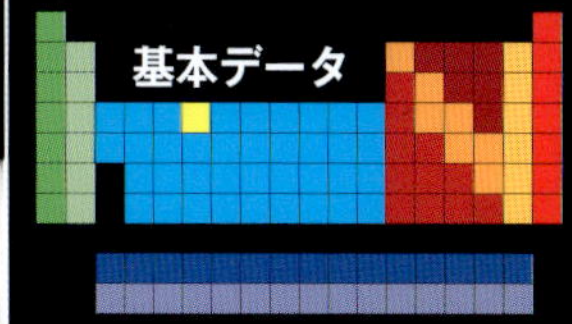

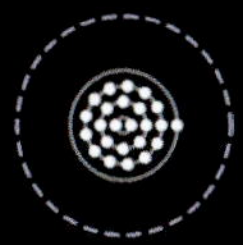

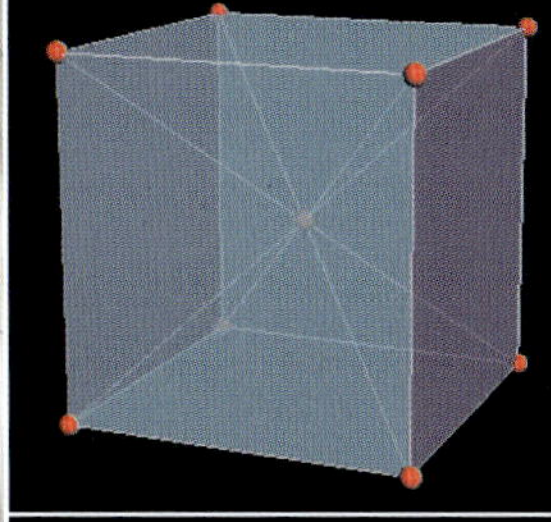

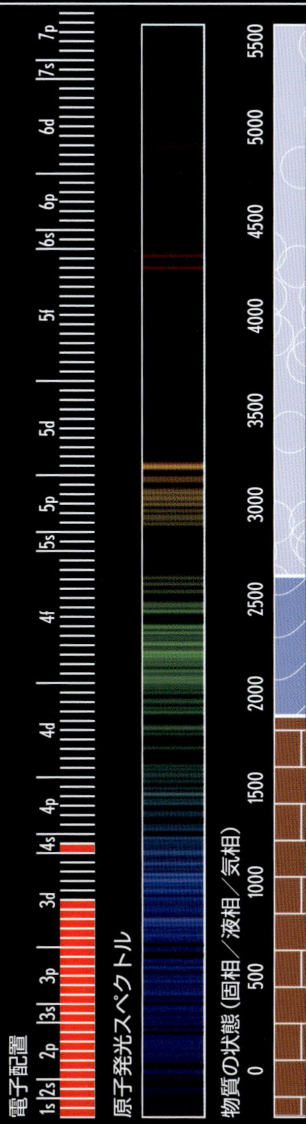

Manganese

Mn 25

Manganese
マンガン

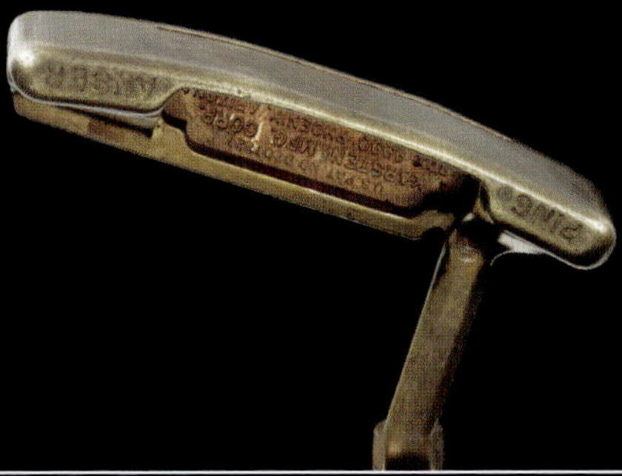

▲ゴルフのパター。ブロンズにマンガンを混ぜてもスコアアップには役立たない（ゴルフクラブに使われる他の珍しい元素も同じこと）。

黒い酸化マンガンは赤い酸化鉄と並んで最も古くから知られた顔料で、１万7000年以上前の洞窟壁画にも使われました。しかしマンガンの一番面白いエピソードといえば、もっと最近の事件が思い出されます。

1970年代半ば、深海マンガン団塊資源がもたらす莫大な利益についての話題が世間をにぎわしました。奇行でも知られた大富豪ハワード・ヒューズは、特殊深海作業船「ヒューズ・グローマー・エクスプローラー」を建造してハワイ北西の海底探査とマンガン団塊の採掘に乗り出します。

ところがなんと、これは全部偽装工作でした。時はまさに冷戦下、CIAと手を組んだヒューズは、ある策略に一枚かんだのです。真の目的は、沈没したソ連の弾道ミサイル潜水艦K-129の引き揚げでした。CIAは、太平洋のそんな場所で深海探査をすればたちまち疑われるのがわかっていましたから、よほどの陰謀マニアでもない限りだれも作り話だと疑わないほどに大がかりで細部まで練り上げた鉄壁のシナリオを作ったのです（結局はスクープされましたが）。

海底には実際にマンガン団塊があります。もっとも、いまだにだれもそれで儲けてはいませんし、今後もたぶん同じです。CIAもたいした収穫は得られませんでした。K-129は引き揚げ途中のトラブルで艦首側の半分しか回収できなかったので、暗号表などの機密は手に入らず、魚雷数発と乗組員６名の遺体だけが発見されました（遺体は軍葬の礼にのっとって水葬されました）。

おっと、マンガンはとても役に立つ金属で、主な用途は合金だということをちゃんと書いておかないといけませんね。合金を作る相棒は、次に出てくる鉄です。

▲酸化マンガンを黒色顔料として使ったアンティークタイル。

▼著者はこの華麗な菱マンガン鉱（炭酸マンガン）の結晶を鉱物商に渡し、格下の鉱物数百個と交換した。

◀表面の粗いこのマンガンの平板は、電気めっきを利用してマンガン溶液から取り出した。電流は最も抵抗の小さい部分を通るため、自然に表面が粟粒状になる。

▶マンガン鋼は、このカミソリのように鋭い刃を作れるのが強み。

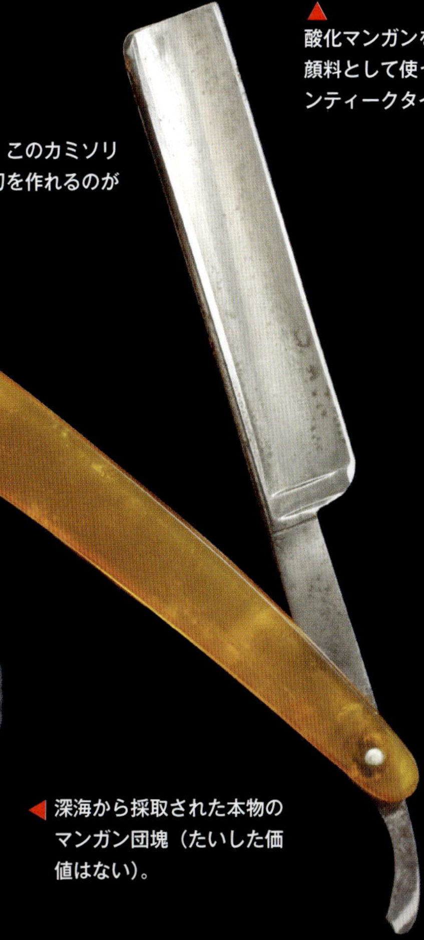

◀深海から採取された本物のマンガン団塊（たいした価値はない）。

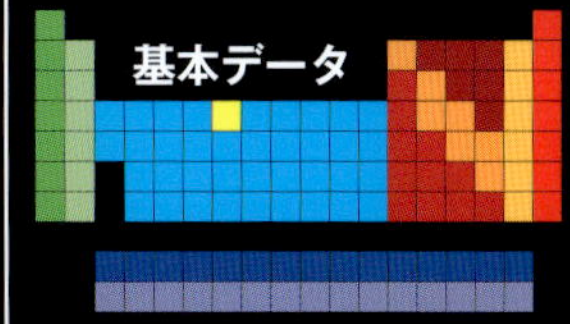

原子量
54.938044
密度
7.470
原子半径
161 pm

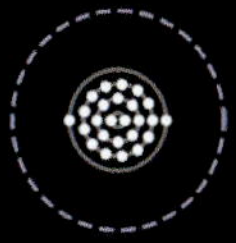

結晶構造

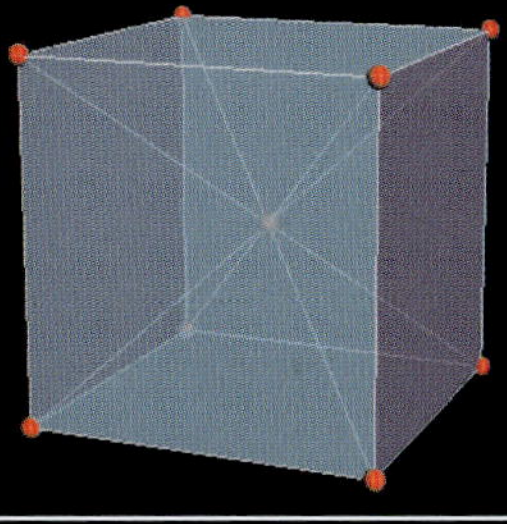

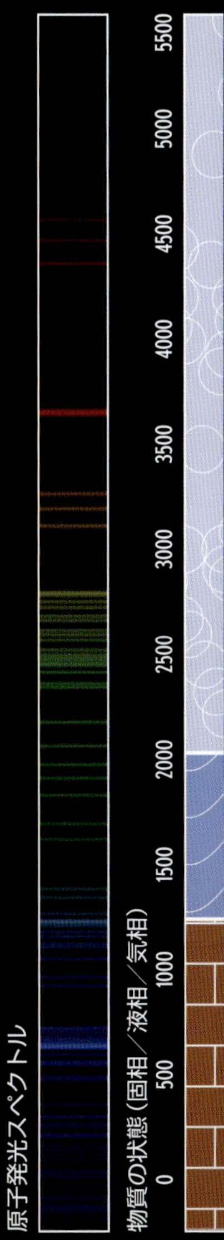

Iron

Fe

26

Iron
鉄

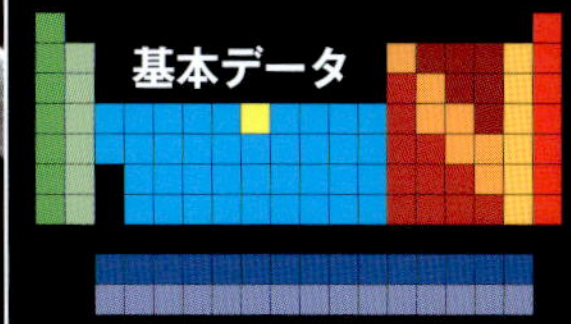

原子量
55.845
密度
7.874
原子半径
156 pm

結晶構造

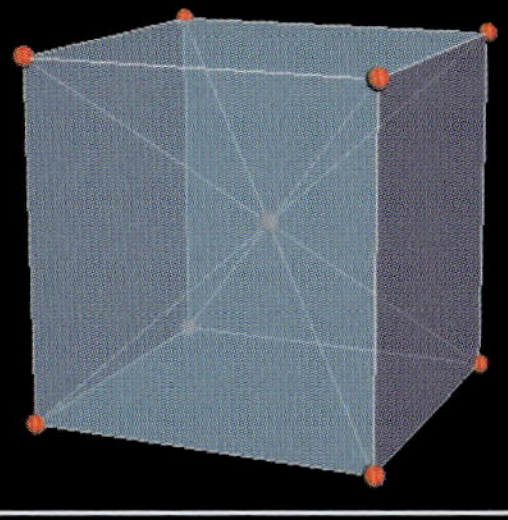

鉄は、先史時代の名前に使われている唯一の元素です（鉄器時代の他は石器時代と青銅器時代で、それぞれ多様な化合物の混合物と合金）。鉄はそれだけの名誉に値します。主要な道具の材料に基づいて時代の名前を付けるなら、鉄の右に出るものはありません。考えようによっては、今だって鉄器時代です。

アルミニウム(13)やチタン(22)を「軽量でより強い」と表現したり「耐腐食性が高い」と言ったりする場合、比較の基準になっているのは鉄です。今に至るも、鉄こそが（ステンレス鋼という形でですが）産業用金属の代名詞なのです。ものすごく巨大なものや、本当に強固なものを作ろうとしたら、使われるのは鉄です（空を飛ぶものの場合だけは別で、軽さが決め手になりますから、値は張っても軽い金属が選ばれます）。

鉄は錆びやすい――これは化学の神の最大の落ち度のひとつで、その対策に毎年莫大なコストがかかっています。しかし鉄そのものは低コストで、驚くほど多様な合金を作れるうえ、それらの合金の性質を超高硬度から特段の引張り強度、優れた振動減衰性まで自在に調節できるなど、山ほどの長所があります。溶解、鋳造、機械加工、鍛造《たんぞう》、冷間加工、焼き入れ、焼き戻し、焼きなまし、延伸《えんしん》などがいずれも容易で、どんな形や性質にもできるという点で、鉄は他の追随を許しません。

金属としての鉄があまりに活躍しているため、多くの生命体が鉄原子なしでは生きられないことの方はつい忘れられがちです。タンパク質の一種であるヘモグロビンに含まれる鉄原子は、血中で酸素を運ぶ大役を担っています。鉄は、体内の微量成分のうちの最重要元素のひとつなのです。

多くの酵素の中には、金属イオンが含まれています。ヘモグロビンは鉄ですが、植物の葉緑素の場合はマグネシウム(12)で、イカやタコの青い血液では銅(29)です。そして、ビタミンB_{12}の中心になっているのが次のコバルトです。

▲工具といえば鉄。しかしこの中国製品ほど驚異的な万能工具も珍しい。

◀一昔前の鉄製U字型磁石。現代の磁石よりも磁力が弱い。

▼鋳鉄《ちゅうてつ》製コンロのセールスマンが持ち歩いたキュートなサンプル模型。実際に鋳鉄で作られている。

◀中世の蹄鉄《ていてつ》。何世紀もの間に徐々に錆びて、でこぼこができている。

◀食品加工業で使われるステンレスメッシュ手袋。

▲セントルイス・ゲートウェイ・アーチのトラム用ケーブル。

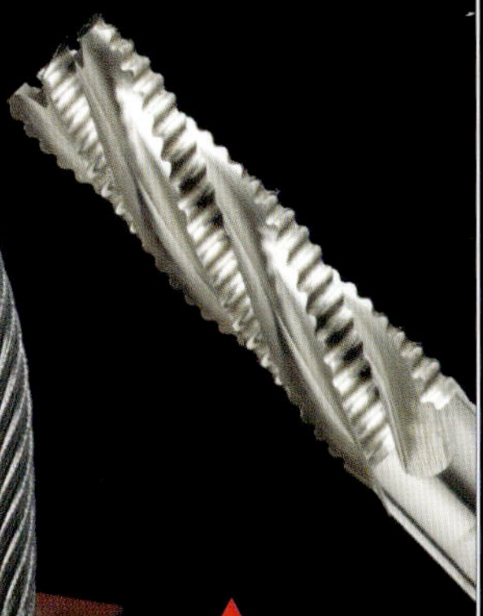

▲高速度鋼のフライス用ドリルビット。

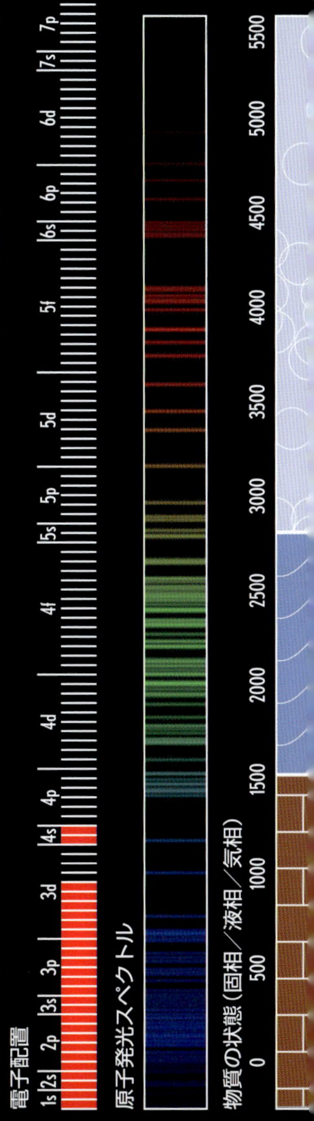

Iron 鉄
26

▶直径2.5インチ（6.35㎝）のこの鉄球は、南北戦争中に大砲から発射された無数の散弾砲弾のひとつ。発射の１世紀後にペンシルベニア州の森で発見された。

▲鉄製の寛永通宝。鉄の硬貨は錆びるのが難点。

▼隕鉄《いんてつ》。内部の結晶構造が見えるようスライスして磨かれている。

▲4インチ（10.2㎝）ナット用の巨大な鉄製スパナ。

▲50ポンド（約22.7kg）の鉄でできた計量用おもり。

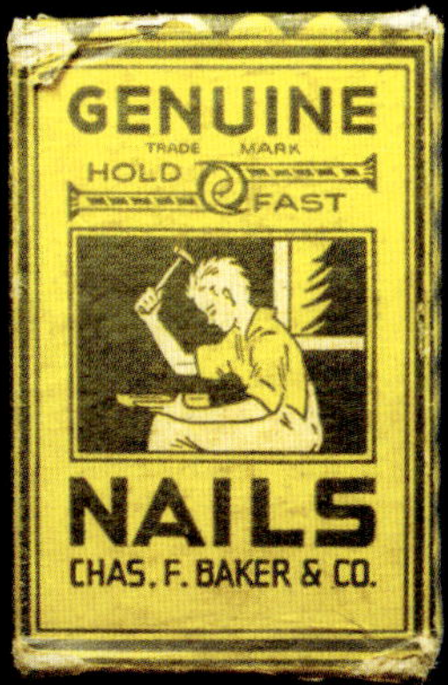

▲かつて鉄釘は手作りの貴重品で、焼け跡から注意深く回収された。今は安い大量生産の鋼の釘が手に入る。

▶アンモナイト化石をかたどった黄鉄鉱（硫化鉄）。黄鉄鉱は金色ゆえにfool's gold（愚者の黄金）とも呼ばれる。

▶鋳鉄の調理器具。重いが頑丈。

Cobalt

Co

27

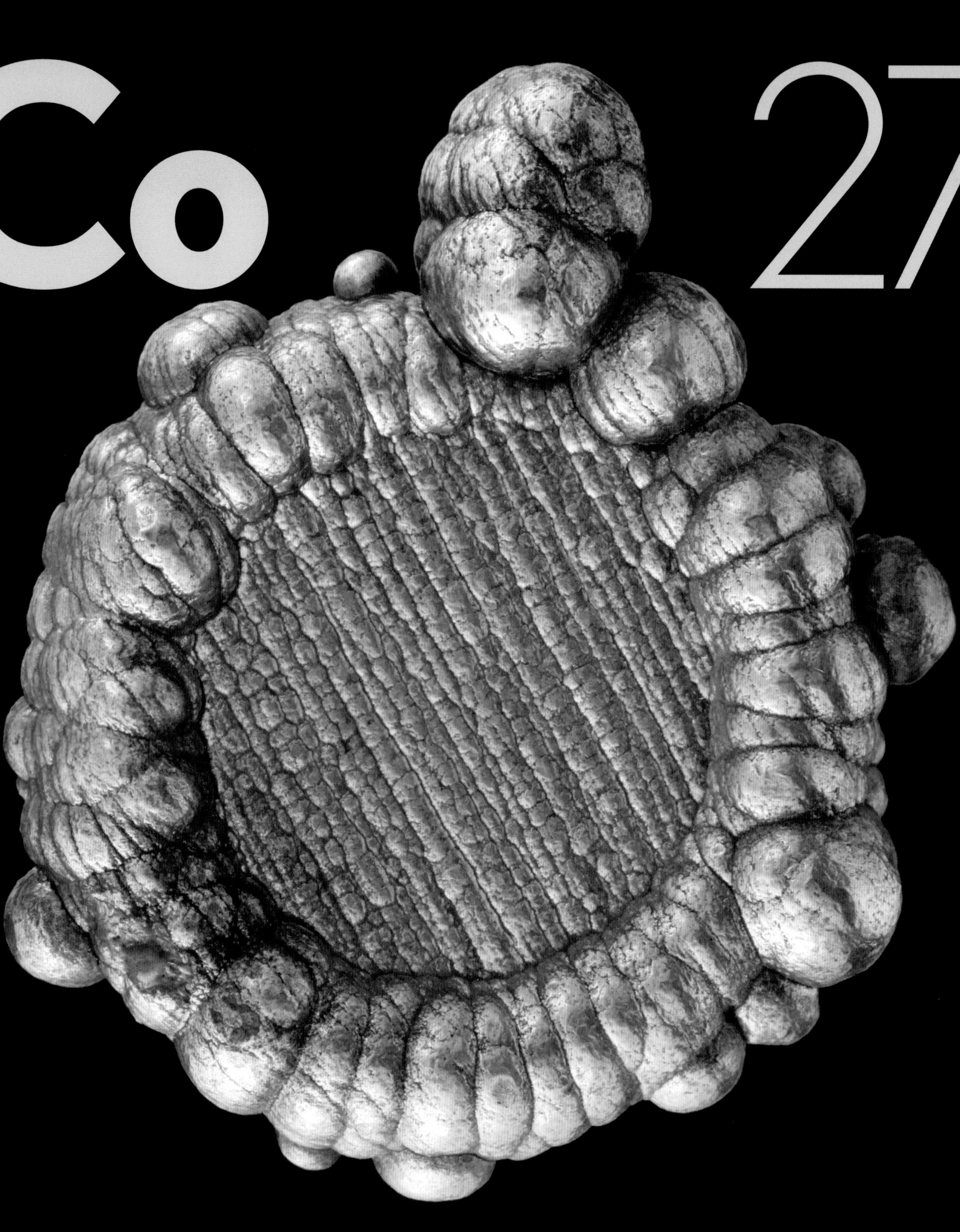

Cobalt
コバルト

▲コバルトとアルミニウムの酸化物であるコバルトブルーは重要な顔料。

◀コバルトガラスの電話線用絶縁体。

▲電解採取したコバルト塊。

他の人はどうかわかりませんが、私にとってコバルトはどこか不安をかき立てる元素です。私だけでなく多くの人が、コバルトと聞くと核爆発に伴う放射性降下物を連想するはずです。ただ、放射性なのはコバルト60（^{60}Co）という同位体だけです。^{60}Coは1950年代の大気圏内核実験で降った死の灰の成分で、強い放射能がありますが、普通のコバルトにはまったく放射能はありません。

実際、コバルトは至極普通の金属で、外見はニッケル(28)に似ており、周期表のご近所仲間の多くと同様に合金鋼を作る材料になります。コバルト鋼は最も硬く最も強靭な合金のひとつなので、ドリルやフライス盤の刃としてよく見かけます。

ガラス小物が好きな人なら、深いブルーのコバルトガラスをご存じでしょう。このガラスには、瓶から絶縁体までさまざまな用途があります。なぜかはわかりませんが、昔の電話線、電線、鉄道信号などに使われたガラス製絶縁体は熱心なコレクターが多く、eBay（イーベイ）のネットオークションで目玉が飛び出るほどの値がつきます。

コバルトガラスの青は、ガラスに添加された微量のコバルト化合物によるものです。コバルトガラスは、安い瓶や異常な高値の絶縁体とはまた別の重要な役割も果たします。分光測定の際にナトリウム(11)の強烈な黄色の輝線が邪魔をすることがあるのですが、コバルトブルーのフィルターを通すとナトリウムの光だけが選択的にブロックされ、他の色の光は通り抜けるのです。

コバルトとその隣のニッケルは化学的性質がとてもよく似ているのに、世間での人気はニッケルの方がずっと上です。なぜなら、ニッケルは米国人のポケットによく入っているからです。

◀ボタン形のコバルト。電気めっきを長時間して得られる。

▶コバルト鋼はドリルの刃として広く使われる。

▲珍しいコバルトブルーのガラス製碍子《がいし》（絶縁体）。

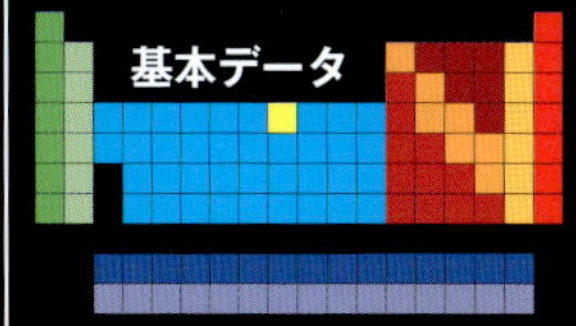

原子量
58.933194
密度
8.9
原子半径
152 pm
結晶構造

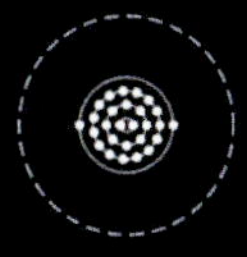

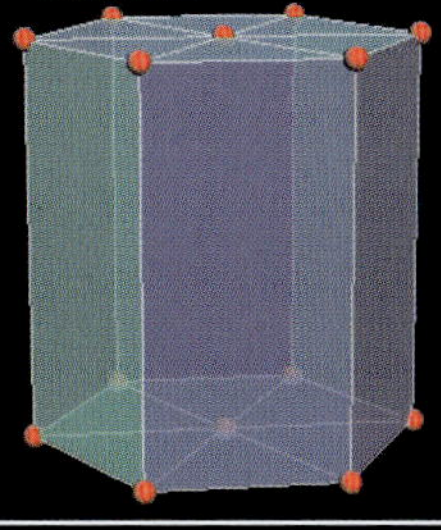

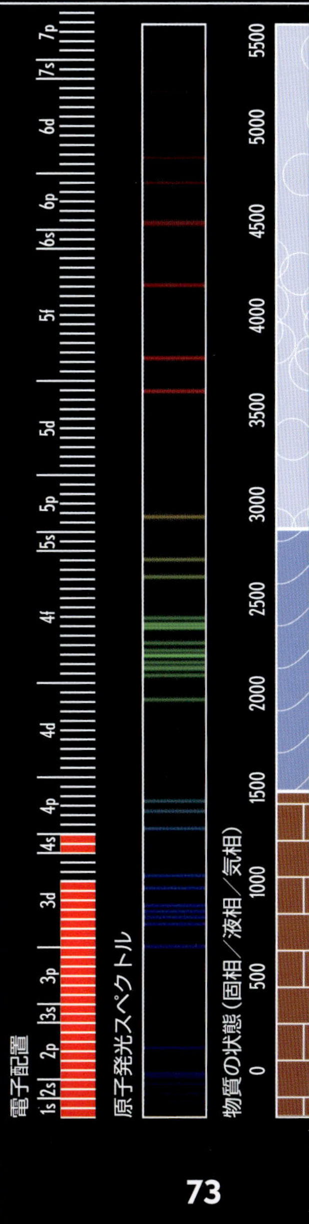

Nickel

Ni 28

Nickel
ニッケル

　ニッケルは硬貨によく使われます。米国の5セント硬貨が「ニッケル」と呼ばれることからもわかるように、ニッケルは元素名であると同時に俗称ではお金の単位にもなっています。でも、その程度の話題を提供しても、5セントの価値もありませんね。

　純粋なニッケルは日常生活のあちこちで見られます。鉄(26)の錆防止や、黄色い真鍮の外見を銀色にするために、ニッケルめっきがよく行われるからです。大量のニッケルが自動車のバンパーのめっきに使われています。価値あるニッケルは、バンパーを飾るまでは武装警備員を置いた特別な倉庫に保管されています。バンパー1本あたりの使用量は約1ポンド（450g程度）で、価格は5～25ドル（ニッケル相場により変動）です。

　ときには、ニッケル層の上に、それより薄いクロム(24)のめっきが重ねられることもあります。実用品にはニッケルめっきのみで十分です。クロム層は見た目をより美しく鏡のようにするだけで、防錆効果はすべてニッケル層の仕事です。

　ニッケルはステンレス鋼の成分としても使われ、ジェットエンジンの材料となるニッケル鉄超合金では肝心要の役割を担います。この超合金は、ジェットエンジンの排気のような極度の高温下でも高い強度を失わない優れものなのです。エンジンのうち、もう少し低温の部分には軽いチタン(22)が使われますが、地獄のように苛酷な場面にはニッケル鉄合金が選ばれます。

　米国の「ニッケル」硬貨には、実際は25%程度しかニッケルが含まれていません。残りは何かといえば、歴史上最もよくコインになってきた金属、すなわち銅です。

▼ ニッケルめっきのドールハウス用はかり。アンティーク品。

▶ ニッケル水素電池。リチウム電池の登場で出番が減少。

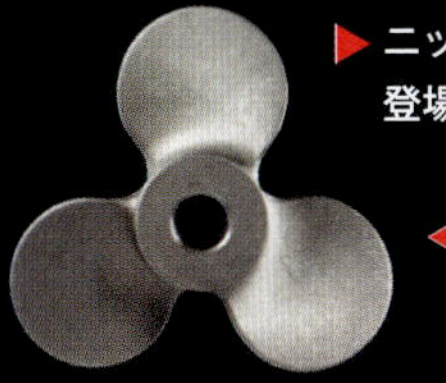

◀ ケミカルミキサーのプロペラ。ニッケル合金製。

◀ このようなニッケルクロムの塊は、電気めっきのラックの絶縁不良部にできる。いわば、めっき業界の"美しき嫌われ者"。

◀ 四角くカットした電解採取ニッケルの塊。電気めっきの陽極に使われる。

▶ ニッケルめっきを施した手錠。適切にめっきするとここまで美しく光る。

基本データ

原子量
58.6934
密度
8.908
原子半径
149 pm
結晶構造

電子配置

原子発光スペクトル

物質の状態（固相／液相／気相）

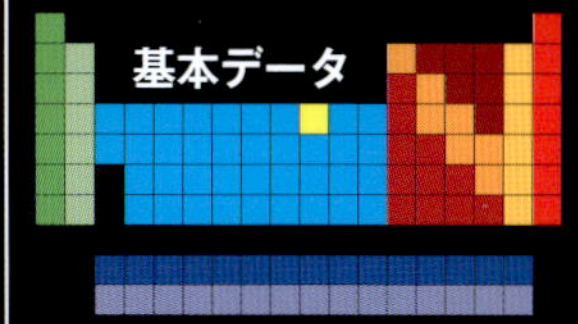

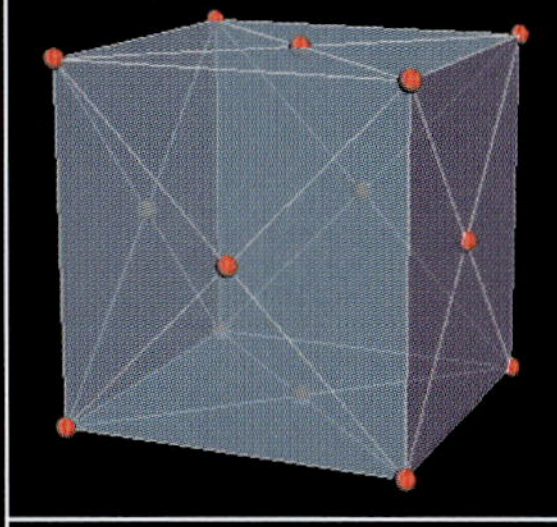

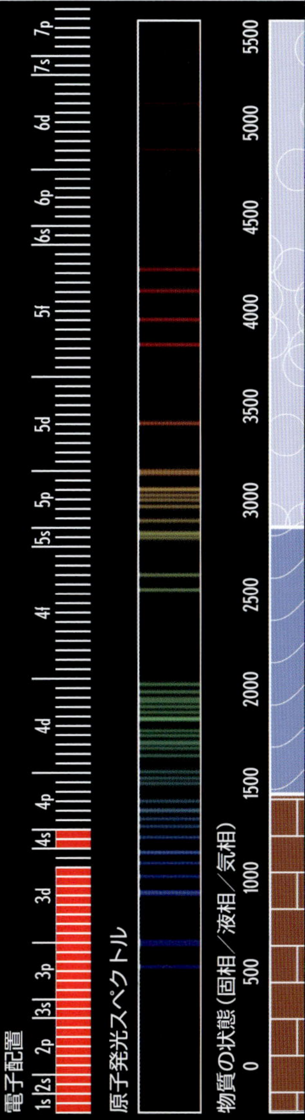

Copper

Cu 29

Copper
銅

◀ 銅の合金である真鍮は、古代から現在まで装身具に使われてきた。

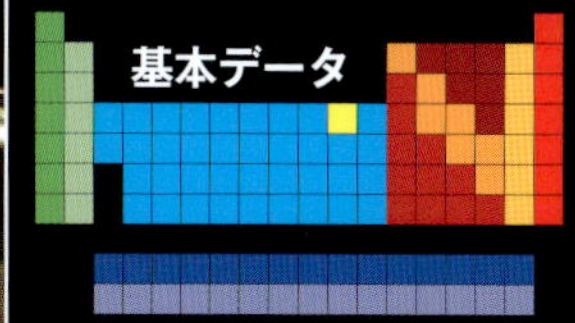

原子量
63.546
密度
8.920
原子半径
145 pm
結晶構造

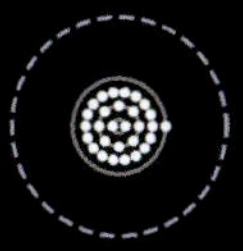

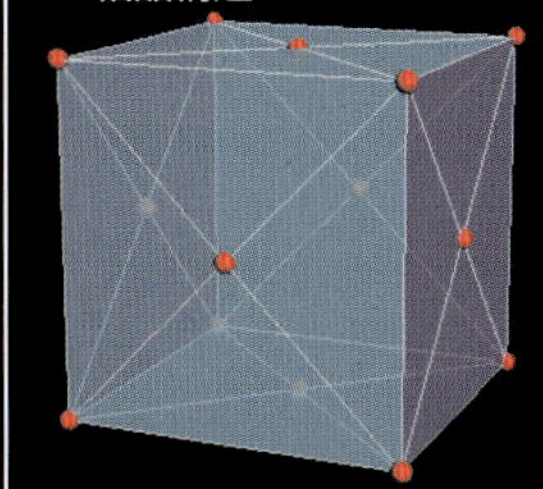

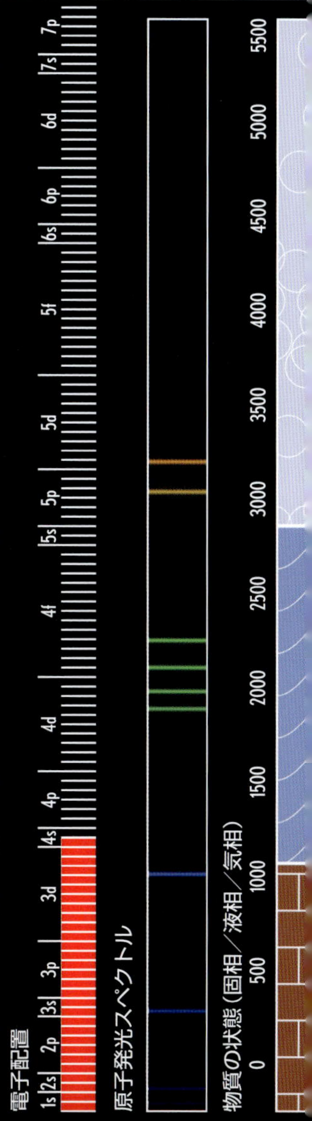

銅は、まったくたいした奴です。すばらしいの一語に尽きます。他の多くの元素はどこかに弱点があります――万能だけれど毒性があったり、ほとんど完璧なのに水に触れると爆発したり。ところが銅には欠点がありません。どこをとっても優秀です。

やろうと思えば銅を毒にすることもできますが、特別な手間が必要です。たとえば大量の硫酸銅を飲み込んだり、銅の容器に長期間保管しておいた酸性の食品を毎日食べ続けたりしなければいけません。銅製品にずっと触れていても、めったに害はありません。それどころか銅には抗菌性があって、医療機関でドアノブなど感染を媒介しやすい場所に使われることもあります（ただし、銅のブレスレットに神秘的なヒーリングパワーがあるという説はもちろんナンセンスです）。

銅は手で持って使う工具や小型電動工具で加工できるくらいに軟らかい一方、合金にするとさまざまな用途に適した硬さになります。とくにスズ(50)と混ぜた青銅(ブロンズ)や亜鉛(30)と混ぜた真鍮が有名です。世界には銅が天然の金属の形で産出する場所も何ヵ所かあります。そのおかげで銅は最古の有用金属になり、「青銅器時代」の名称が生まれました(「青銅器時代」の方が「銅合金器時代」より響きがいいですね)。

銅は灰色っぽくない金属の中で唯一手頃な値段で手に入るのですが、考えてみればこれは驚くべきことです。金属元素は数あれど、セシウム(55)、金(79)、銅を除いて、すべての金属はいくらか銀灰色を帯びています。古代から銅が宝飾品に使われてきたのも当然です。ただ、銅にとって唯一不利なのは、時間が経つとくすんでくることです。金は永遠に輝きを失いません（そのかわり価格は銅の6000倍です）。セシウムは肌に触れたとたんに爆発するので装身具にできません。

銅には、古代の人々が知らなかった長所もあります。あらゆる金属のなかで２番目に導電性が高いのです。かつて青銅器文明を支えた銅は、今は大量の電線となって現代文明を支えています。

次の亜鉛は銅ほど美しくはありませんが、私の心の中では永遠に特別な意味を持ち続ける元素です。

▲ 著者が純銅で鋳造したミニチュアの「周期表テーブル」。

▶ 銅細工師は銅の一枚板から手作業でカップや水差しを作り出す。

◀ 銅の放熱板。CPUチップ用。

◀ 銅の電線を使い、ハーフパーシャン４イン１という編み方で組み上げたチェーン。

▶ ブロンズは世界中で美術や彫像に使われる。中国製の安いブロンズ置物。

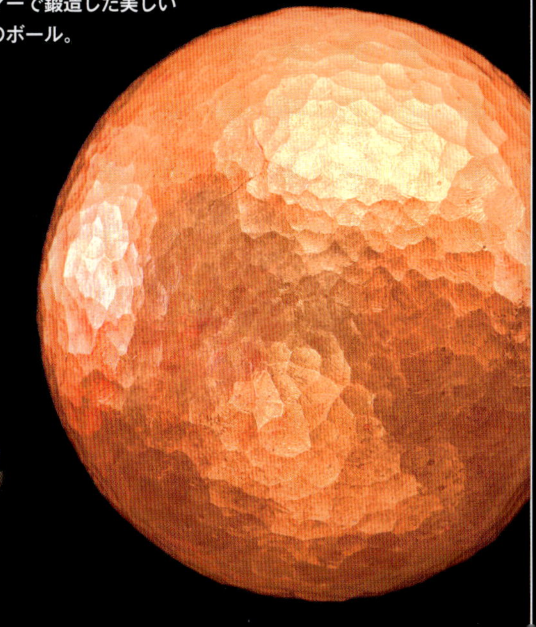

▶ ハンマーで鍛造した美しい純銅のボール。

Copper
29 銅

▲ 電解採取した銅塊。

▲日本の銅製大型記念メダル。

◀バーミューダの1セント貨。バーミューダでは豚は重要な動物。

◀400アンペアの電流を流す太い銅の電線。

◀はんだでつないだ銅管。銅のスクラップは高値で売れるため、よく廃ビルから盗まれる。

◀銅のピアス。金具も銅だが、まれにアレルギーを起こす人がいる。

▼近年の銅価格の上昇で、投資用に銅の延べ棒を売り出す会社も現われた。

Zinc

Zn 30

Zinc
亜鉛

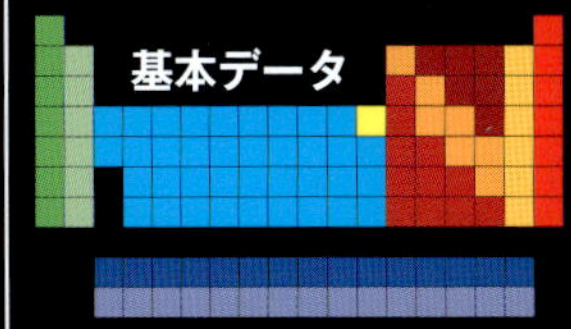

原子量
65.38
密度
7.140
原子半径
142 pm
結晶構造

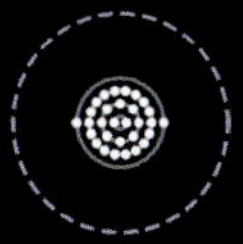

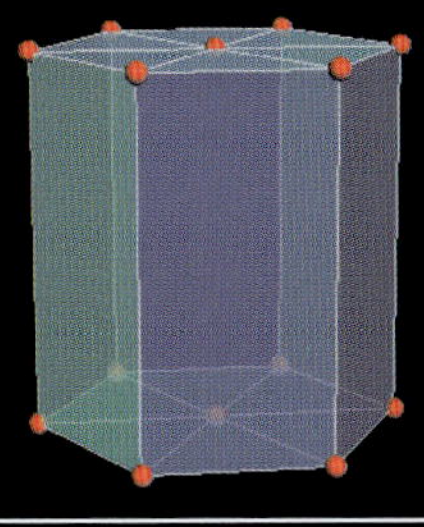

古代の人々が最初に鋳造に使った金属は、おそらく鉛(82)か、または青銅として知られる銅(29)合金だったとされています。けれども、私が最初に鋳造したのは亜鉛でした。一昔前の子どもは、鉛かスズ(50)の鋳造からスタートすることが多かったようです。スズはおもちゃの人形がプラスチック製になる前に使われていた材料で、私の父や祖父の若い頃には、家で「スズの兵隊さん」を鋳造するのはよくある趣味でした。

私が生まれたときには時代が変わっていました。台所のコンロで溶けるくらい融点が低くて私にも入手できる金属といったら、亜鉛だけだったのです（当初の原料は屋根の雨押さえの廃材、1983年以降は１セント硬貨）。鋳造用金属として亜鉛はとても実用的です。さほど強度を必要としない部品を低価格で手軽に鋳造するのに向いた合金（通称ポットメタル）の主成分として知られています。

1982年に１セント硬貨の材料が銅から亜鉛に変更された理由は簡単です。１セントの価値が下がって、含まれる銅の価格の方が額面より高いという看過《かんか》しがたい事態が生じたのです。ところが2008年頃になると、今度は亜鉛価格が上昇して硬貨中の亜鉛の価値が１セントを超えそうになり、材料をアルミに変えようかという話が真剣に取り沙汰されています（１セント硬貨自体を廃止する方がずっといい解決法でしょうね）。

亜鉛主体の安いポットメタルはだれにも尊敬されませんが、もっと辛い仕打ちを受けているのが亜鉛の犠牲陽極です。犠牲陽極というのは固体亜鉛の塊または厚板で、橋梁《きょうりょう》や鉄道線路や大型船の船体などの鋼鉄製構造物に電気的に接続されます。亜鉛の役目は身代わりの自己犠牲、つまり小さな電位差を作って鉄内部で生じる電流を引き受け、自らが徐々に分解されて溶け出すことで価値ある鉄(26)を錆びから守るというものです。亜鉛が持てる力をすべて使い果たすと、新しい犠牲陽極が無造作に取り付けられます。

さて、次のガリウムははるかに面白い元素です！（亜鉛よ、すまない、この本でも君に脚光を浴びさせてやれなかった……）

▲1982年以降の米国１セント硬貨。亜鉛の本体と銅めっき層。

▲一般の家庭用ボルトとナットはほとんどが亜鉛めっきされている。

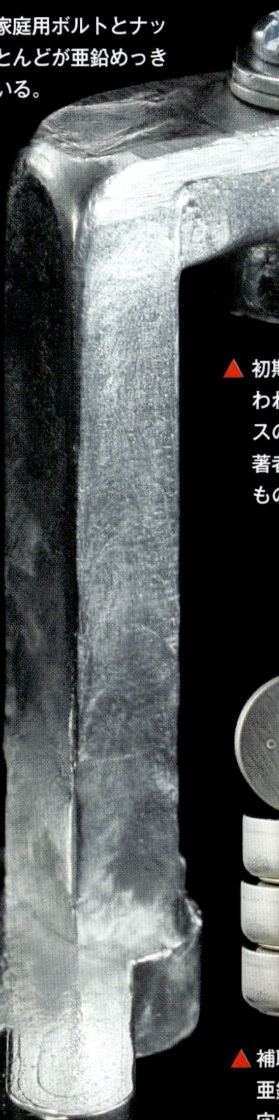

▲初期の電池で使われていたカラスの足型亜鉛を著者が再現したもの。

◀著者が少年時代に亜鉛で鋳造した作品。

◀スミソナイト（菱亜鉛鉱）。主成分は炭酸亜鉛。

◀亜鉛の犠牲陽極は、鋼鉄製タンク、レール、船体などの錆を防ぐ。亜鉛は鉄よりも酸化しやすいので、電気的に接続されると亜鉛が先に腐食する。

▲補聴器用の空気亜鉛電池。空気穴がある。

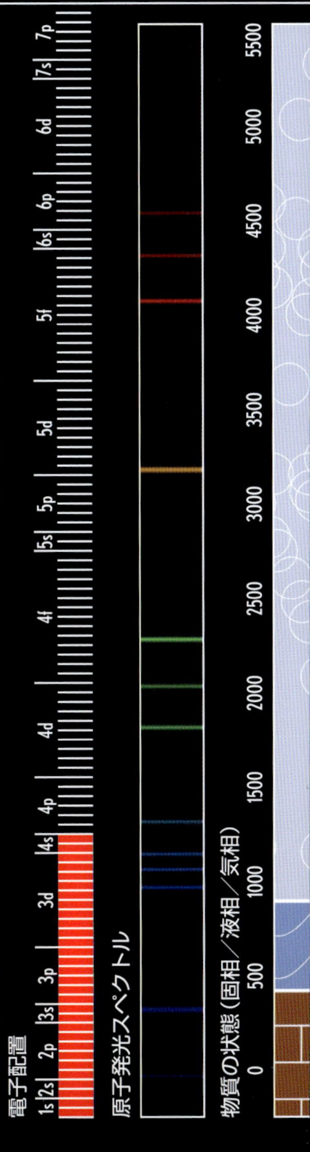

Gallium

Ga

31

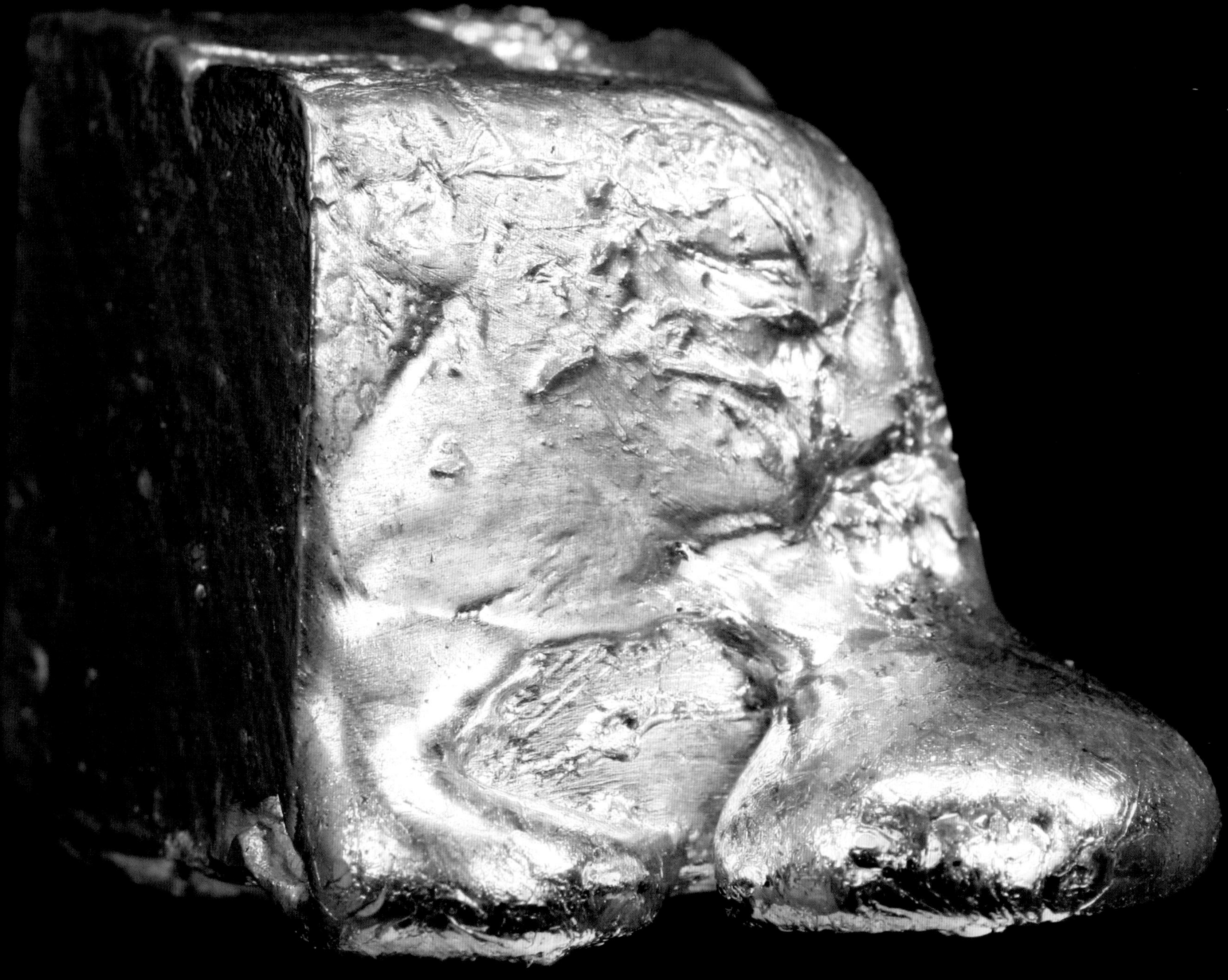

Gallium
ガリウム

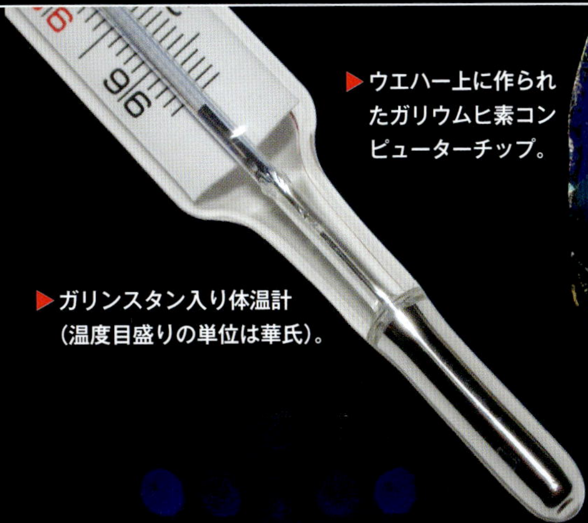

▶ガリンスタン入り体温計（温度目盛りの単位は華氏）。

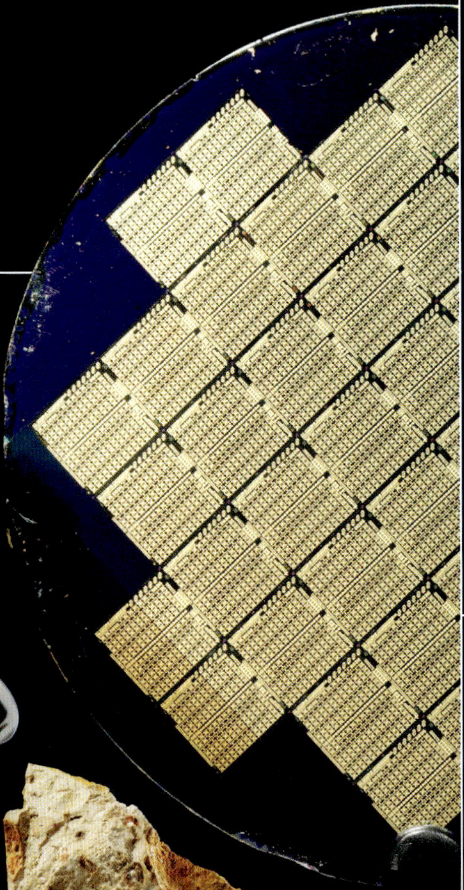

▶ウエハー上に作られたガリウムヒ素コンピューターチップ。

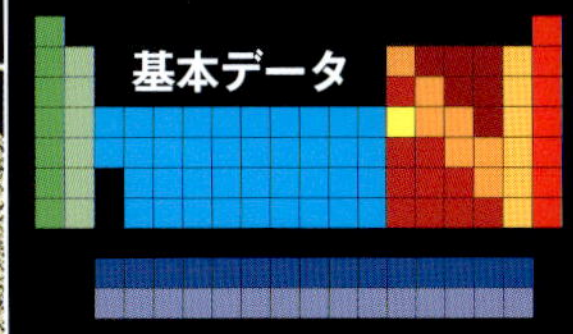

原子量
69.723
密度
5.904
原子半径
136 pm
結晶構造

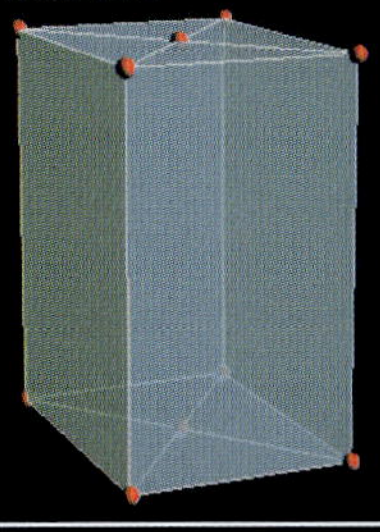

室温で液体の金属元素は水銀(80)だけだとよく言われますが、これは気候学的には偏《かたよ》った見方です。熱帯やその近くでエアコンもない場所なら、ガリウムとセシウム(55)も室温で液体になります。融点はそれぞれ29.76℃と28.44℃ですから。

アラスカでだって、手の中で暖めればガリウムは溶けます。とびきり不思議な経験ですが、うかつにやると後悔します。ガリウムに毒性はないとされていますが、手にこげ茶色のしみがつくのです。ガリウムで遊ぶときはビニール袋に入れるようお勧めします。

ガリウムは、ドイツの会社が特許を持つガリンスタンという合金の材料に使われています。ガリウム、インジウム(49)、ラテン語でスズ(50)をあらわすスタンヌムを組み合わせた名前のこの合金の融点は、－19℃。欧米で体温計を買って、中に水銀のような液体が入っていたら、それはたぶんガリンスタンです。近年、水銀体温計を禁止する国が増えていますからね。

現代社会でのガリウムの最も重要な用途は、半導体結晶です（周期表のオレンジ色斜線部の“半金属”やその近くの元素の多くが、半導体として使われます）。シリコン半導体は数ギガヘルツを超えると作動しなくなりますが、ガリウムヒ素集積回路はマイクロ波の周波数域の上限に近い250ギガヘルツでも機能します。

また、ほとんどのLED（発光ダイオード）にはガリウムヒ素、窒化ガリウム、インジウム窒化ガリウム、アルミニウム窒化ガリウムなど多様な形でガリウムが入っています。

とはいっても、半導体としてのガリウムは汎用性の面でケイ素(14)にかないませんし、歴史的意味合いでは両者と隣り合うゲルマニウムの方が上です。

◀ガリウムは室温より少し高い温度で溶ける。ガリウムの立方体をドライヤーで暖めたら、シュルレアリスム芸術のようになった。

▲ボーキサイト鉱石。アルミニウムの原料だが、不純物としてガリウムを含む。商業ベースでガリウムを取り出すことのできる一番の主要原料。

▶コンピューターチップ用の高純度ガリウム。

◀窒化ガリウムを使ったBlu-ray®（ブルーレイ）青紫色レーザーダイオード。

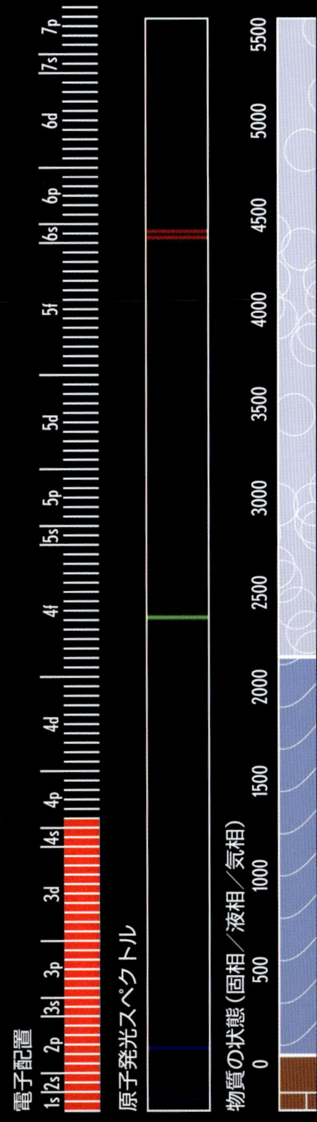

Germanium

Ge 32

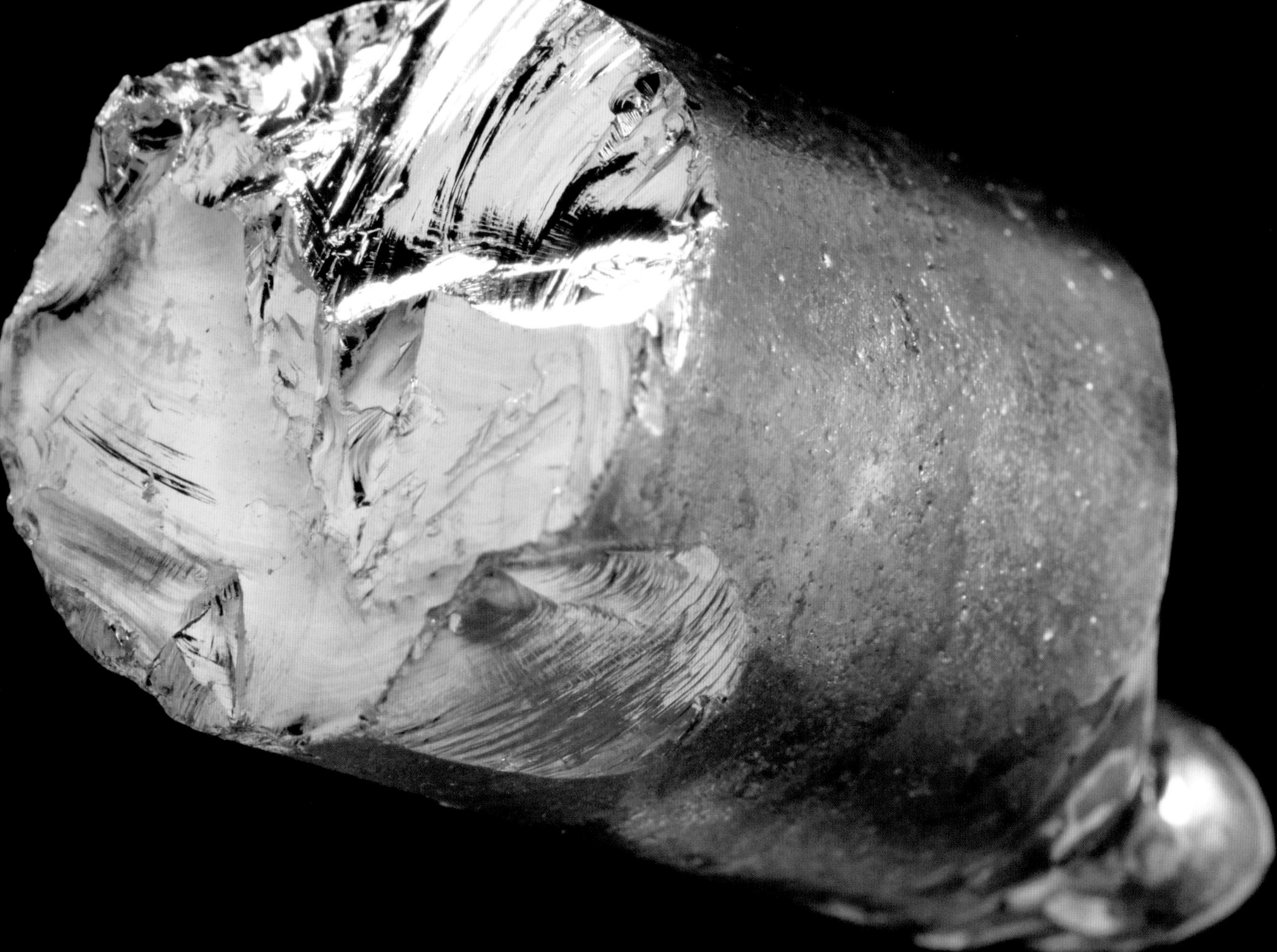

Germanium
ゲルマニウム

ゲルマニウムは現存する国の英語名（Germany＝ドイツ）を名前に含む４つの元素のひとつで、その中で唯一の安定した普通の元素です。残るフランシウム(87)、ポロニウム(84)、アメリシウム(95)はいずれも放射性で、発見時期がずっと遅く、自然界には検知できるほどの割合では存在しません。一番乗りは得というところですね。

1869年にドミトリー・メンデレーエフが元素を体系的に並べて現代の周期表のもとを発表したとき、彼は未発見の元素が存在すると確信した複数のスペースを、正々堂々と空けたままにしておきました。それから15年以上経って発見されたゲルマニウムは、メンデレーエフの予言したある元素とほとんど同じ特性を持っていたことから、そのスペースに収まります。このゲルマニウムの発見は、周期表が科学史上最大の発見として不動の評価を得るうえで大きく貢献しました。

ゲルマニウムは技術史上でも重要な役割を果たしています。最初のダイオードとトランジスタは、シリコン（ケイ素）ではなくゲルマニウムの半導体で作られました。シリコン製トランジスタにはゲルマニウムより優れた点が多いとはいえ、生産には非常に高純度のシリコンが必要です。それに対してゲルマニウム製トランジスタは、半導体時代が幕を開けた20世紀中頃の技術レベルで作れる程度の純度でもちゃんと機能します。

ゲルマニウムは今でも特殊な半導体に使われていますが、現代における主な用途は光ファイバーや赤外線光学関連です。ゲルマニウム製レンズは目で見ると完全に不透明なのに、目に見えない赤外線は透過させます。

ところで、日本ではあまたの気休め健康法と並んでゲルマニウム入浴剤が人気のようで、驚きです。驚きついでにもうひとつ。次の元素は悪名高い毒物ですが、健康に役立ってもいるのです――人間のではなく、ニワトリの健康にですが。

▲ゲルマニウムは可視光はとおさないが、赤外線はとおす。一見不透明なこのレンズは実はきわめて有用。

◀昔のゲルマニウムダイオード。

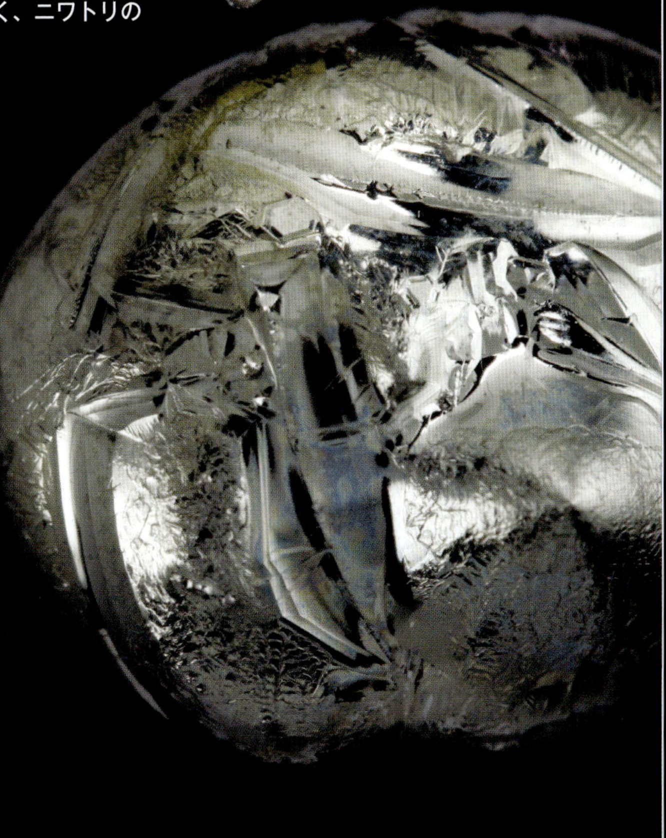

▼溶融したゲルマニウムは温度が下がるに従って表面に結晶を生じる。

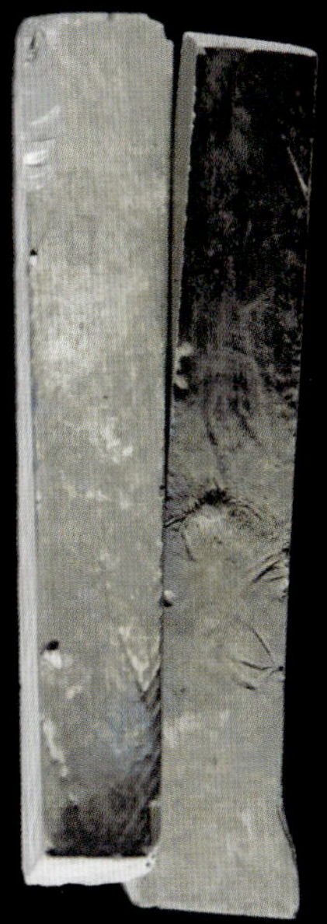

◀高純度ゲルマニウム結晶棒。

◀ゲルマニウムは棒状のインゴットで流通している。結晶の内部が見えるように割ったところ。

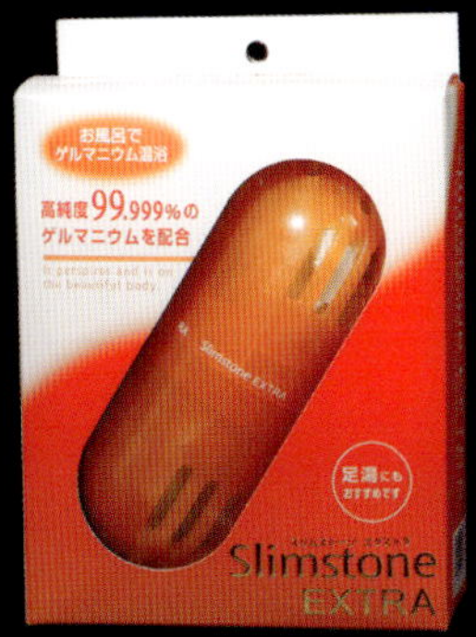

▶ゲルマニウム入りサプリメントと日本で売られている入浴剤。有効性の証明はない。

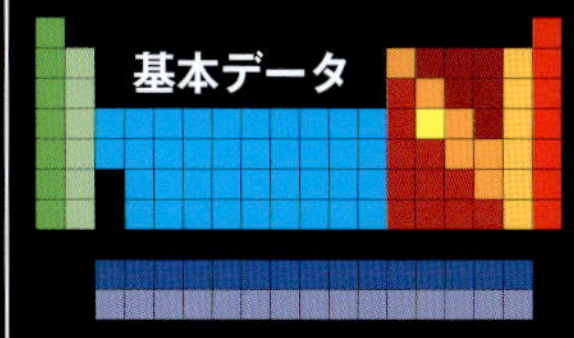

原子量
72.630
密度
5.323
原子半径
125 pm

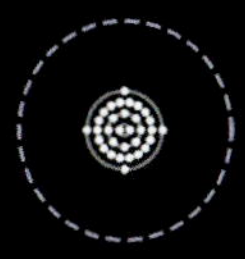

結晶構造

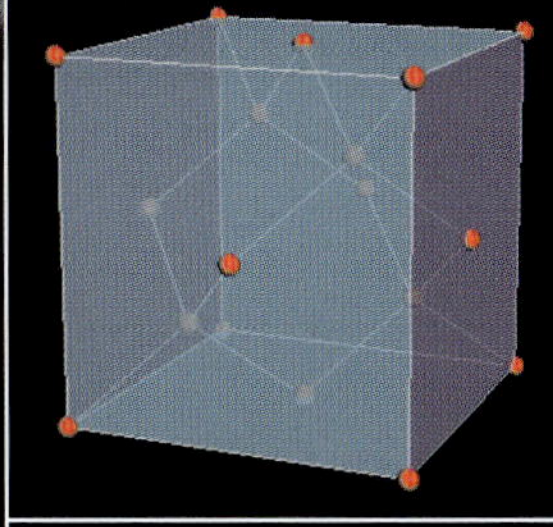

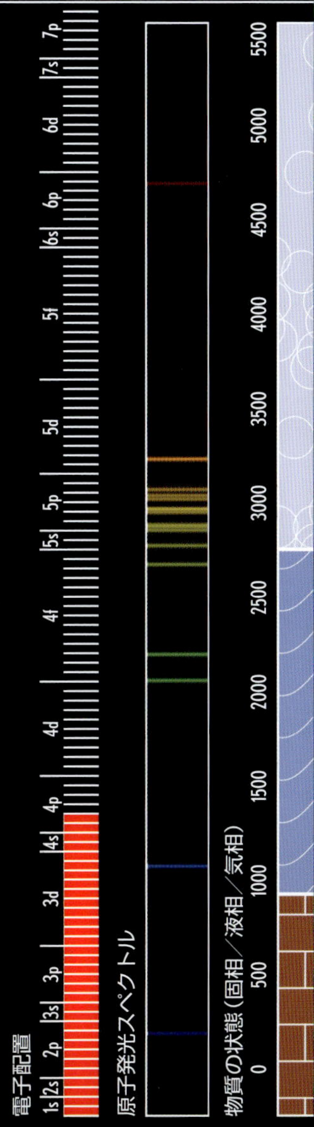

As

Arsenic

33

Arsenic
ヒ素

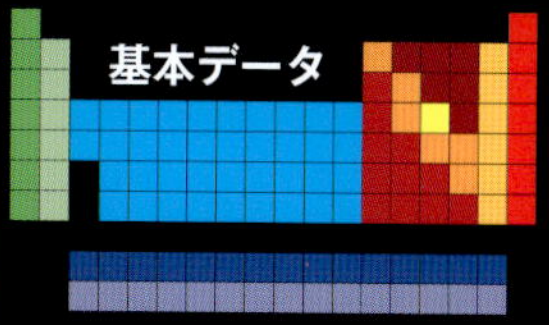

原子量
74.921595
密度
5.727
原子半径
114 pm
結晶構造

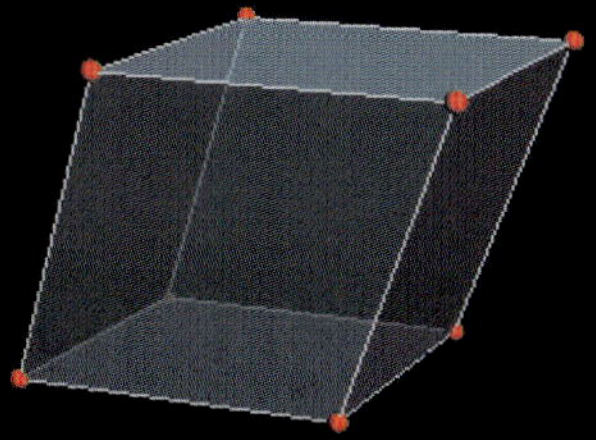

パリスグリーン(アセト亜ヒ酸銅)は、画家の顔料にもなればネズミ駆除用の毒にもなるという、なんとも珍しい物質です。

ヒ素＝毒物という連想があまりに強いので、食肉用のニワトリの餌にヒ素が配合されていると聞くとだれしも驚くことでしょう。実は、有機ヒ素化合物には純粋なヒ素ほど強い毒性がなく、ニワトリの成長を助けるとされています。ニワトリの健康には微量のヒ素が必要だという証拠もいくつか示されています(もしかすると人間でも同じかもしれません)。一方で、一定の条件下ではニワトリの餌中のヒ素が有毒な無機ヒ素に変わるかもしれないという話には、さもありなんとうなずく人が多いでしょう。一般論でいえば、「ニワトリに意図的にヒ素入りの餌を与える」という類《たぐい》の突飛なアイディアは、第一印象どおりに馬鹿げていることが多いものです。

ヒ素を顔料に使うという突飛なアイディアも、やはり第一印象が当たっていた例のひとつです。パリスグリーンという顔料はエメラルドグリーンとも呼ばれ、19世紀の人気色でした。ビクトリア朝の英国で偉大なる趣味人として知られたウィリアム・モリスが、新開発の合成顔料よりもパリスグリーンを壁紙に使うよう推奨したほどです。ところが、湿度の高い冬の英国の室内ではその壁紙にカビが生え、このカビの作用でヒ素が気体に変化して、住人が健康を損ねたり死んだりしました。壁紙の緑色が濃いほど、そして冬の湿度が高いほど、症状は重くなります。じめじめした気候は身体に悪いという説は、もしや緑の壁紙が原因で広まったのでしょうか？　乾燥した過ごしやすい地方に移ったら数ヵ月で健康状態が回復！　さてそれは快適な気候のおかげか、緑の壁紙のヒ素蒸気から離れたおかげか、どちらでしょう？　後者の可能性など思いもしなかった当時の人々は、前者だと結論しました。それに、海辺で1ヵ月ゆっくり休みなさいと言ってくれる医師に、だれが異議を唱えたりするでしょう。

きわめて微量のヒ素が必須栄養素であるかどうかの答えはまだ出ていません。けれども、次の元素は、栄養素と毒の両面を持つことがはっきりわかっています。

◀ 粒状の純ヒ素金属を詰めたガラスアンプル。

▲ パリスグリーンの名で知られるアセト亜ヒ酸銅(II)。顔料としても殺鼠剤としても役立つ。

▶ クロム・銅・ヒ素化合物系防腐剤で処理した木材。現在は使用禁止だが、まだあちこちにある。

◀ ヒ素入りの小さな缶を持ち歩く人の心境は著者にはわからない。

▶ 鶏冠石(As_4S_4)と石黄(As_2S_3)の混ざったもの。

▼ まるで空から見た都市のような、ガリウムヒ素半導体のマイクロ波増幅器。

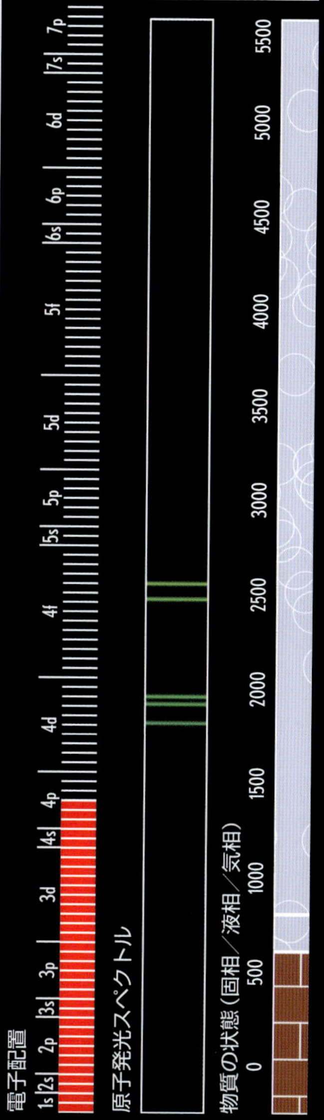

Selenium

Se

34

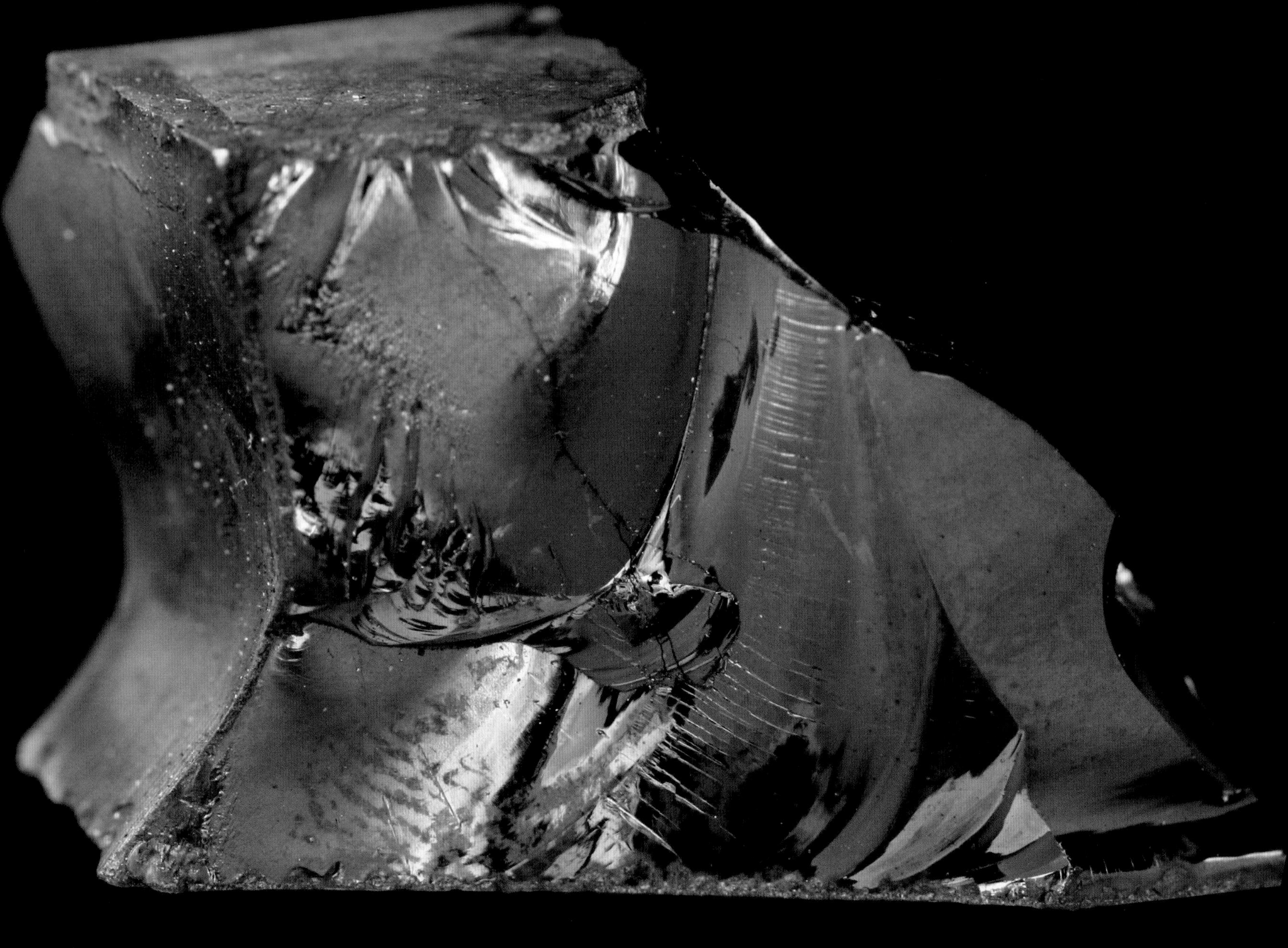

Selenium
セレン

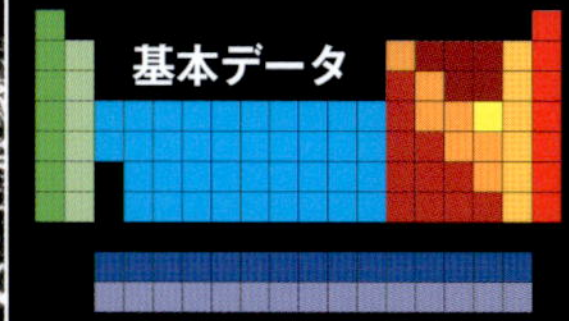

原子量
78.971
密度
4.819
原子半径
103 pm

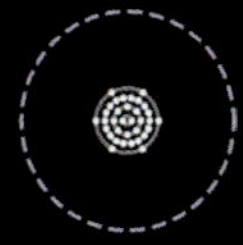

結晶構造

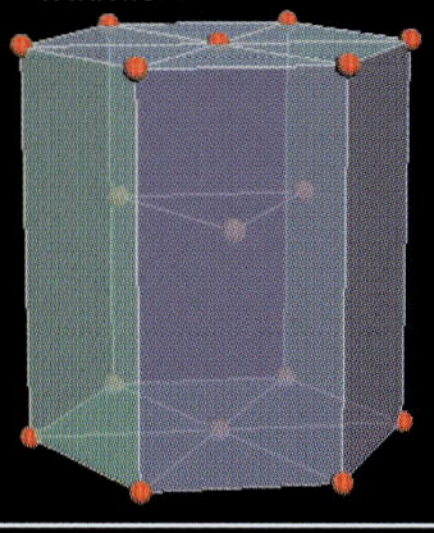

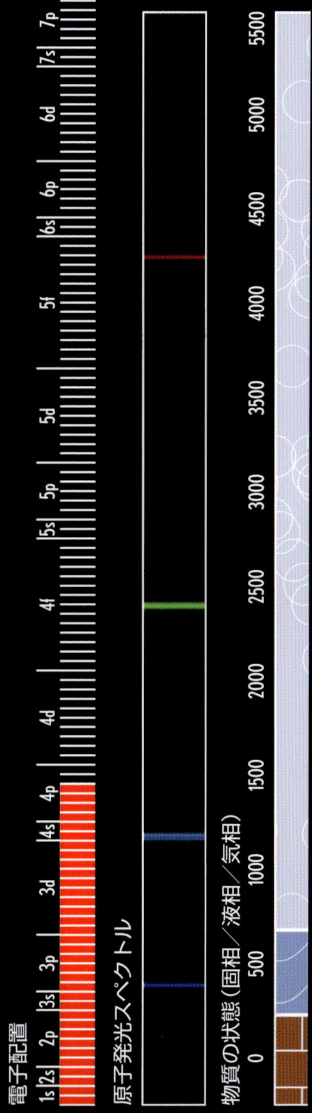

セレンは少量であれば必須栄養素ですが、多すぎれば毒です。量によって毒にも薬にもなる物質はかなりたくさんありますが、セレンの場合はとくにはっきりした直接的な影響があります。人間も動物も植物も、住んでいる場所の土壌中のセレン濃度が高すぎても低すぎても困るのです。

一部の植物（とくにロコ草と呼ばれる北米のマメ科植物）はセレンを多く必要とするらしく、ロコ草が旺盛に繁茂している場所は土中セレン濃度が高い、つまり家畜には危険な地域ということになります（セレン自体の毒性と、セレンとは無関係にロコ草に含まれる神経毒の両方が危険です）。

ロコ草中毒の家畜は脇に置いて、現代文明の利器《りき》の話をしましょう。注目すべきは、光に対するセレンの反応です。コピー機やレーザープリンターには感光ドラムが内蔵されていますが、このドラムは、暗闇では絶縁体なのに光が当たると電気を通す性質（光電効果）を持つセレン系感光体でコーティングされています。ドラム全体にまんべんなく静電気を帯電させて、次に原稿にあてた光で露光させます。原稿が明るい部分は感光体が導電性を持つので、静電気が失われます。暗い部分には静電気が残っています。そのドラムの上にとても粒子の細かい黒い粉（トナー）を乗せると、静電気のあるところだけにトナーがついて、原稿の写し絵ができます。ドラムに紙をあててトナーを紙に転写し、それから熱したローラーでトナーを溶かして紙に定着させます。なんと精緻な仕組みでしょう。コピー機はまさに驚異です。セレンのドラムが発明される前は、普通紙への鮮明なコピーなんて無理な話でした。

セレン露出計はかつて写真家の必需品でしたが、近年はデジタルカメラの普及で露出計を使う必要はなくなってきています。実質的にデジカメは数百万個の個別露出計（ピクセル）を備えているようなもので、個々のピクセルの露光結果が全体の画像として表示されます。露出計の数値を読み取るよりずっとわかりやすい形で、画像そのものが光の具合の良し悪しを教えてくれるというわけです。

セレンが終わると、再びハロゲン族に出会います。かろうじて液体の姿をした元素、臭素です。

◀ 純粋なセレン結晶を割ったかけら。

▲ セレンを鋳型の中で冷却すると面白い表面になる。

▲ セレンの釉薬で赤色をだした壺。

◀ （中）硫化セレン入り薬用シャンプー。

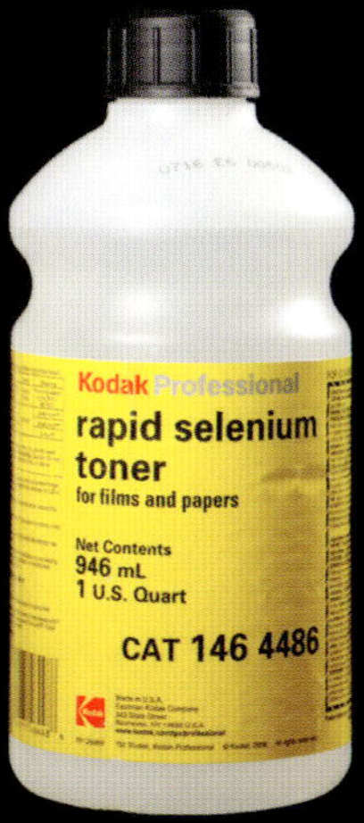

◀ （右）かつて写真の色調調整にいろいろな化学物質が使われたが、セレンもそのひとつ。

▼ セレン整流器。シリコンダイオードやゲルマニウムダイオードができる前に使われ、サイズもずっと大きかった。

▲ セレンを多く含むブラジルナッツ。

▼ セレン光電池は露出計に広く使われた。

Bromine

Br

35

Bromine
臭素

一般的に「室温」とされる温度領域で液体状態の安定元素は2つだけ、すなわち水銀(80)と臭素です。ただし、水銀は固体になるのが－38.8℃以下、沸騰するのは357℃と、どこでも確実に液状です。ところが臭素の沸点は59℃ですから、人間にとって快適な室温ではかろうじて液体の姿を保っていると言ってもいいでしょう。沸点が低いということは、室温で放置すると赤褐色の蒸気になって1分もたたないうちに蒸発してしまうということです。ちなみに、水銀も室温で徐々に蒸発します(水銀蒸気は人体に有害です)。

他のハロゲンと同様に、臭素もほとんど常にイオンの形でしか存在しません。イオン性塩になっているか、または幸運にもスパ(入浴施設)の湯船に入ってくつろいでいるか、そんなところです。水泳プールの殺菌には塩素が使われますが、熱いスパのお湯では臭素塩の方が高い殺菌効果を示します。

臭素が子どもと一緒にベッドに入っていることもあります。いや、あなたが想像するような臭い話ではありません。子ども用パジャマには有機臭素化合物、なかでもとくにテトラブロモビスフェノールAが難燃剤《なんねんざい》として添加されているのです。この物質の安全性を疑問視する向きもあるのですが、火だるまの子どもの身体から溶けて燃えるポリエステルが垂れ落ちる強烈なイメージが、批判を封じ込める方向に働いています。なお、難燃素材が嫌なら、ぴったりフィットした綿のパジャマを着る手もあります。綿は化繊ほどは燃えやすくありませんし、身体にぴったり触れていれば空気が繊維の裏まで行き渡りにくく、燃焼を維持できなくなるからです。

ハロゲンはよく化学処理剤として使われるので、こうした功罪をめぐるジレンマに悩まされます。でも、クリプトンはそんな苦労とは無縁です。

◀柑橘系風味の炭酸飲料には、乳化剤としてよく臭素化植物油が添加されている。油の分子に臭素原子を加えて比重を水と同じにすると、油が分離せず水と混ざりあう。

◀臭化銀鉱 Ag(I, Br)。ドイツ、デルンバッハのシェーネ・アウスジヒト鉱山産。

◀臭素は室温では液体だが、すぐに蒸発して赤褐色の気体になる。

▲臭化ナトリウム錠。スパの湯の殺菌に使われる。

▲テトラブロモビスフェノールAで難燃加工した子ども用パジャマ。

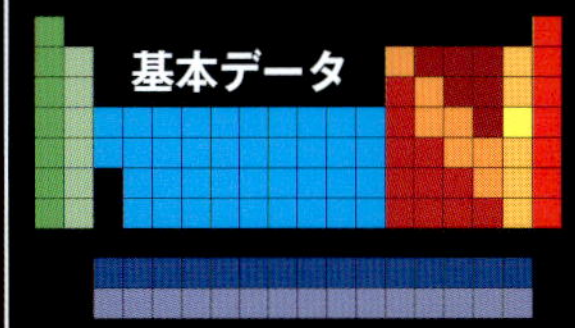

原子量
79.904
密度
3.120
原子半径
94 pm
結晶構造

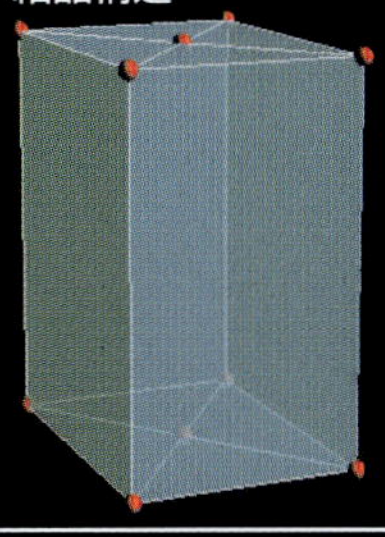

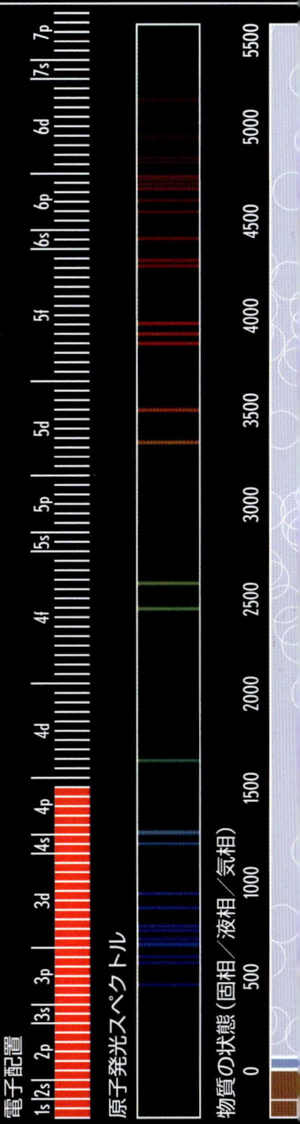

36

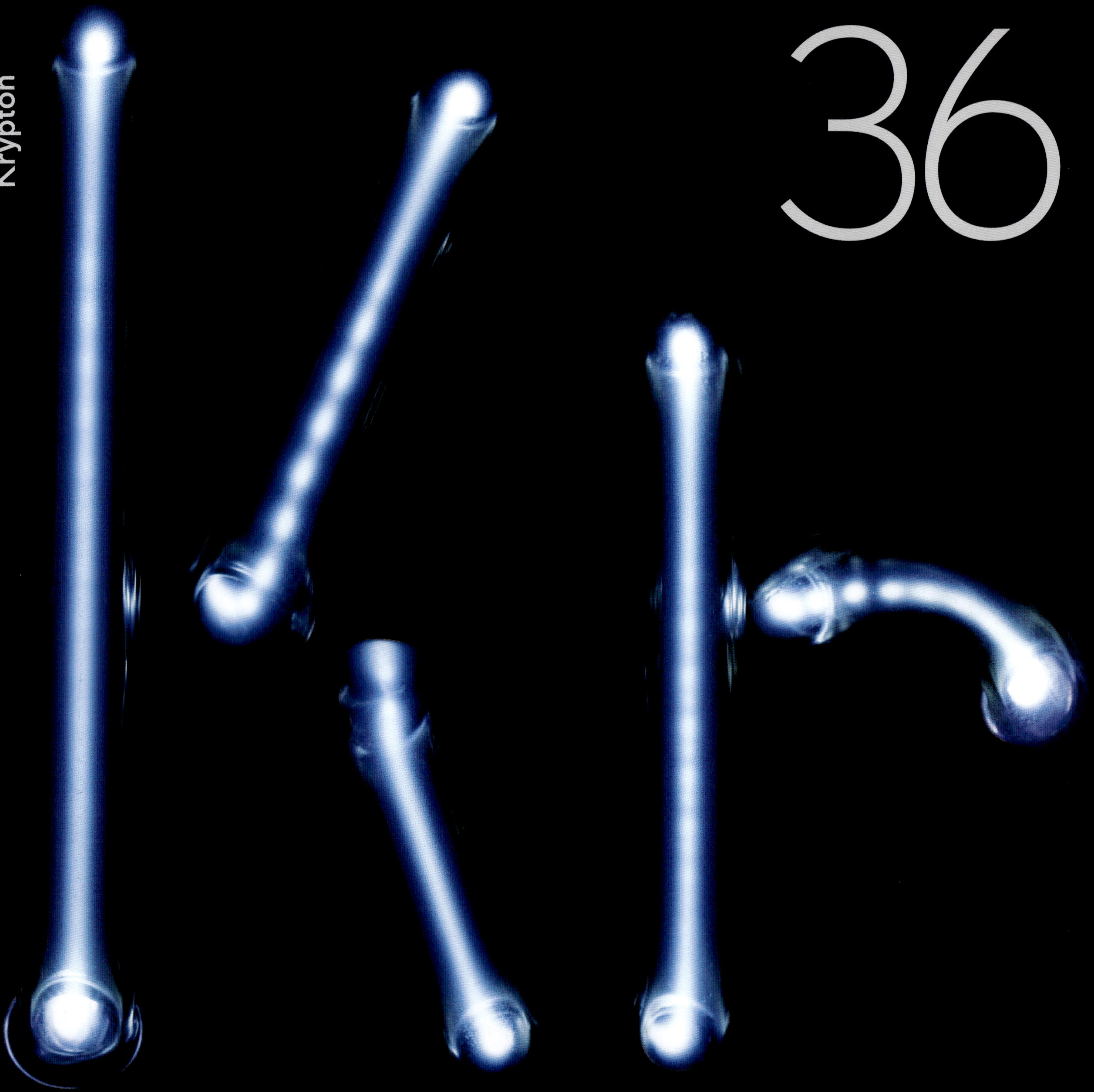

Krypton
クリプトン

クリプトンも他の希ガスと同じで、化学の本分たる結合生成に関わることをあくまで拒否します。希ガスのこうした頑固なまでの不活性は、なにかを世界から隔離して守りたい時に便利です。

クリプトンは、高効率電球の中でその仕事をしています。安い白熱電球にはアルゴン(18)か窒素(7)、またはその両方を混ぜた気体が封入されますが、分子量が大きいクリプトンを使うと、タングステン(74)製フィラメントの蒸発が減ります。それにより、電気エネルギーが熱ではなく光に変わる率が高めな(発光効率がより良い)高温でもフィラメントが長もちします。ただ、クリプトン電球の効率が高いといっても、早とちりは禁物です。最も高効率の白熱電球でさえ、電球型蛍光灯と比べれば同じ明るさで何倍もの電気を消費します。

クリプトンはネオン(10)と同様に、放電で励起《れいき》されると独特のスペクトル光を放出します。ネオンが目立つ橙赤色なのに対してクリプトンの光は青白く、写真のフラッシュに利用されたり、フィルターでさまざまな色の光に分けたりして使われます。

クリプトンのスペクトル線のうち１本は、1960年から83年まできわめて重要な任務を果たしていました。１メートルが「クリプトン86原子の電磁スペクトルの橙赤色輝線の真空中における波長の1 650 763.73倍に等しい長さ」と定義されていたからです(1983年からは、「１秒の299 792 458分の１の時間〈約３億分の１秒〉に光が真空中を伝わる距離」が１メートルの定義です)。

かつてメートルの長さがクリプトンで定義されていたとはいっても、実際に１メートルがそうやって測定されたことはほとんどありません。一方、時間(１秒)はセシウム(55)を使って定義されていますが、測定にはルビジウムがよく使われます。

▲ LED（発光ダイオード）が登場するまで高品質フラッシュとして使われたクリプトン電球。

◀ 純粋なクリプトンは無色透明の気体。これは、かつてクリプトンがとても高価だった時代のアンプルで、これでもかなりの量が入っている方だった。現在はもっと大容量のボンベで売られている。

◀ 他の希ガスと同じように、クリプトンも電流を通すと発光する。放電時に出る光の色は通常の印刷用インクでは再現不可能なので、この写真は「じかに見るとだいたいこんな感じ」という参考用のイメージ画像。

▶ 普通の白熱電球には窒素とアルゴンの混合気体が封入されているが、これはクリプトンを入れて効率を高くした電球。

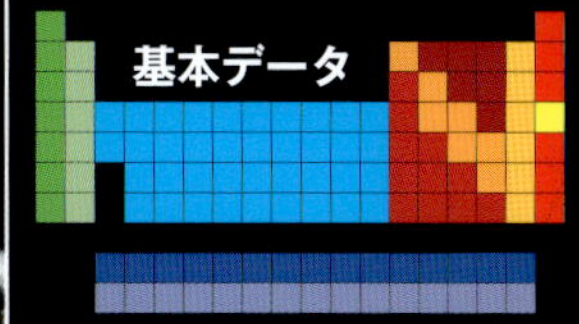

原子量
83.798
密度
0.00375
原子半径
88 pm

結晶構造

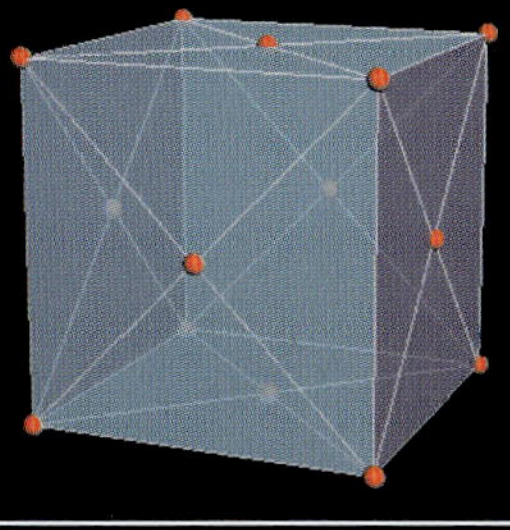

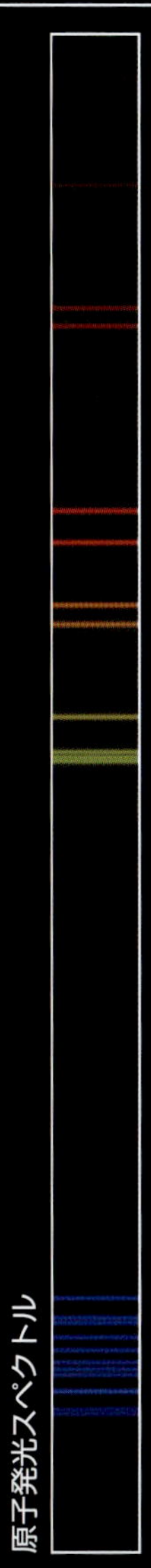

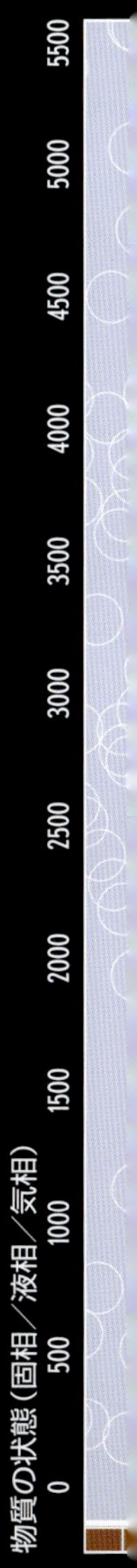

Rubidium

Rb

37

Rubidium
ルビジウム

ルビジウムはルビーとは無関係です。両方ともラテン語で赤を意味する「ルビドゥス」が語源ではありますが。ルビーの赤は、不純物のクロム(24)によって生まれます。ルビジウムが「赤」に由来する名を持つのは、発見されたきっかけが(他の多くの元素と同様に)、炎色反応のスペクトルに既知の元素では説明できない赤っぽい輝線が見られたことからです。ルビジウムそのものは全然赤くありません。銀色の軟らかい金属で、融点は39.3℃という低さです。

ルビジウムの用途は限られています。変わった例としては、赤いスペクトルの色を生かして、一部の花火で紫色を出すために使われます。その他の用途は、たいていルビジウムの高い蒸気圧に関係しています。

ルビジウム時計では、ほとんど見えないくらいの量のルビジウムを入れて密封した小さなガラスアンプル（エンドウマメから指先くらいのサイズ）を、加熱用コイルとマイクロ波コイルを組み合わせた装置の中に入れます。ヒーターでルビジウムを蒸発させて一定の温度に保ち、マイクロ波コイルで主スペクトル線の超微細遷移を正確に測定します。

ルビジウム原子時計は、有名なセシウム(55)の原子時計ほど正確ではありませんが、それでも驚異的な精度です。セシウム時計よりずっと小型で安いので、精度の高い時間と周波数の基準が必要とされる場所にはたいていこの時計があります。

「原子時計」と聞くと怖そうですが、原子爆弾よりむしろきわめて精巧なラジオに似ています。次のストロンチウムも、ルビジウムやコバルト(27)と同様、核爆発後の死の灰に不当に強く結びつけられている元素です。

▶人工的に合成したフッ化ルビジウムマンガン結晶($RbMnF_3$)。

▲ロンドン石・ローディス石系の鉱石 $(Cs, K, Rb)Al_4Be_4(B, Be)_{12}O_{28}$。マダガスカル、アンツィラベ市アンタンドロコンビ産。

▲ルビジウム時計のセル。全長1インチ（2.54㎝）以下。ルビジウム蒸気セル、加熱コイル、送受信アンテナが入っている。

◀反応性が極めて高いルビジウム1gを入れたアンプル。ガラスが割れたらたちまち発火する。

▶周波数標準器のルビジウム蒸気セル。

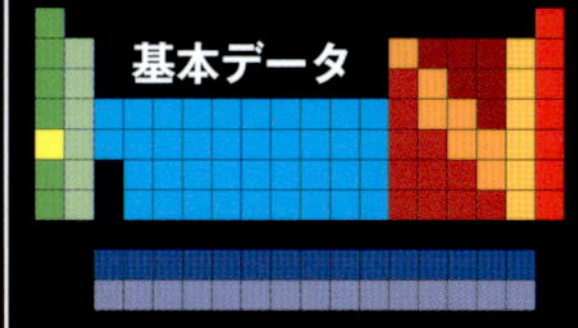

原子量
85.4678
密度
1.532
原子半径
265 pm

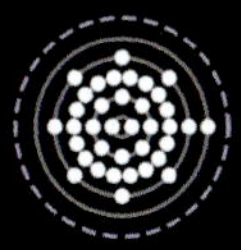

結晶構造

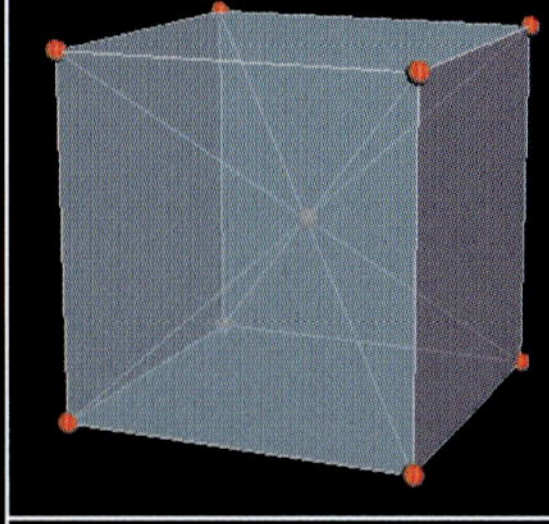

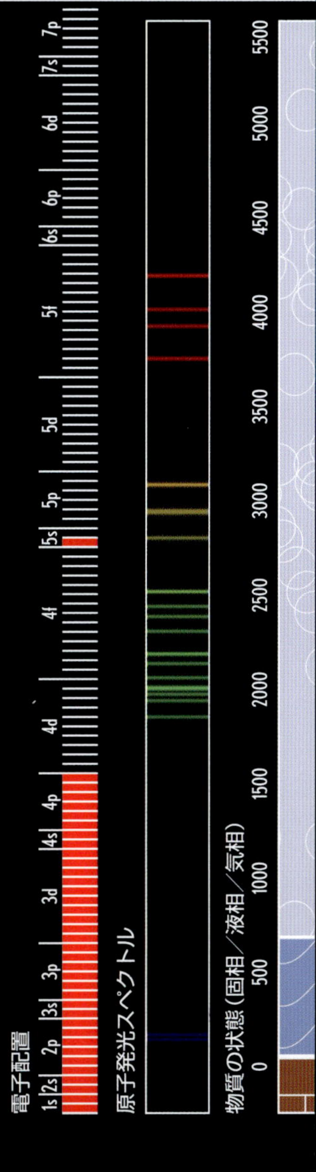

Strontium

Sr

38

Strontium
ストロンチウム

ストロンチウム家にとってみれば、核爆発後の降下物に含まれる異端児の同位体ストロンチウム90（^{90}Sr）のおかげで、一家の評判はガタ落ちです。普通のストロンチウムには放射能がなく、死の灰だといって非難されるいわれはまったくありません。

ストロンチウムといえば核爆弾や原発事故が持ち出されるのは、他に連想するものがほとんどないのも一因でしょう。用途のひとつに夜光塗料がありますが、なかには放射能を持つ塗料もあってイメージ改善には役立たず、それどころかここでも妙な連想のせいで誤解される始末です。アルミン酸ストロンチウム入りの際立って明るい塗料は、たしかに暗闇で光ります。けれどもそれはラジウム入り塗料のような放射壊変による発光ではなく、周囲の光を効率よく吸収し、その後数十分ないし数時間かけて放出しているからです。

鋳造用に広く使われるアルミニウム・ケイ素合金には、もろいという欠点がありますが、ごく少量のストロンチウムを添加すれば問題が解決されます。１回に生産する大量の合金に稀少元素を少しだけ添加するための最も良い方法は、専門業者にその稀少元素の含有率が高いマスター合金を作ってもらうことです。合金工場はマスター合金を買って適量を炉に投入するだけですみ、純粋な元素をあつかうことはありません。そのため、私のような元素コレクターにとってはもどかしいことに、ストロンチウム含有率が10－20%のマスター合金（それ自体ではなんの役にも立たない）は比較的簡単に手に入るのに、純粋なストロンチウムはめったに買えないのです。

まったく毛色の違う製品として、ストロンチウムを配合した錠剤がよく売られています。骨の成長を促進するという触れ込みです。周期表ですぐ上のカルシウム(20)と化学的性質が似ているストロンチウムはたしかに体内では骨に集まりやすく、死の灰の^{90}Srがとくに危険とされるのもそのためです。ある種のストロンチウム化合物が骨の代謝を高めるらしいという研究結果も見られますが、健康食品店で売られているタイプの製品に有効性があるのかどうか、きちんとした証明はありません。

次のイットリウムも人間にパワーを与えると称されていますが、そちらはまったくのナンセンスです。

▲チタン酸ストロンチウム。キュービックジルコニアが開発されるまでは模造ダイヤとして使われていた。

▲天青石（硫酸ストロンチウム）。

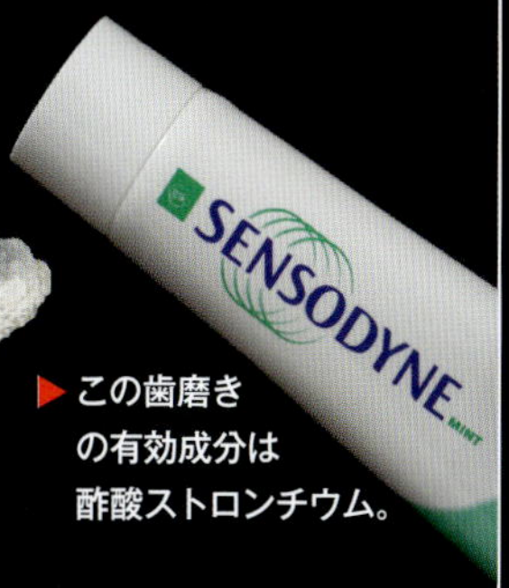

▶この歯磨きの有効成分は酢酸ストロンチウム。

◀明るさが強い粉末はユウロピウムを添加したアルミン酸ストロンチウムで、現在最も明るい夜光塗料。

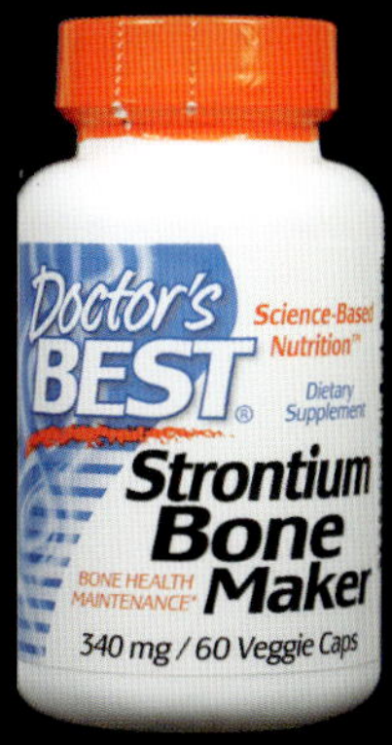

▲周期表でカルシウムと同じ列にあるストロンチウムは、体内で骨に集まりやすい。ストロンチウムの摂取による健康への効果は不明。
◀純粋なストロンチウム金属。鉱物油の中で保存されているが、わずかに酸化している。

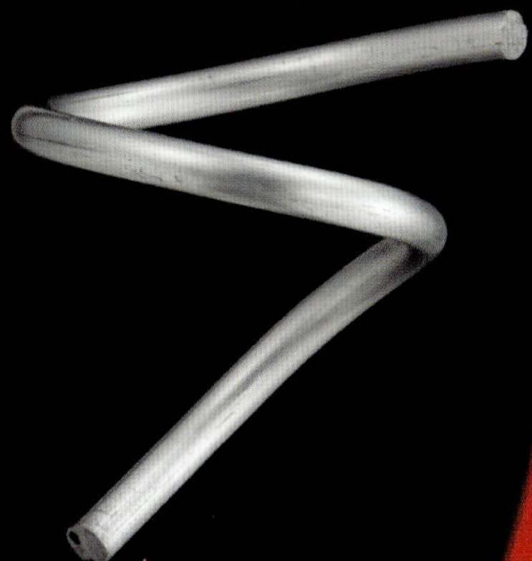

▲ストロンチウム・アルミニウムのマスター合金。ストロンチウムを約20%含む。曲げたとたんにそこがずっと硬くなるという不思議な性質を持つ。

基本データ

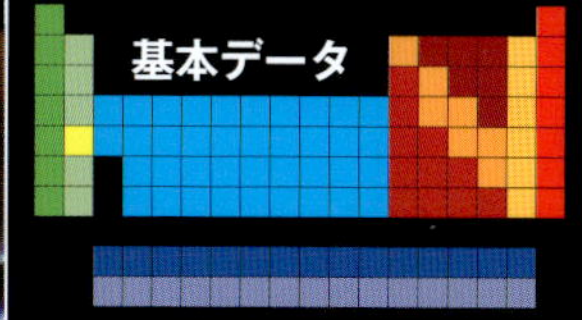

原子量
87.62
密度
2.630
原子半径
219 pm

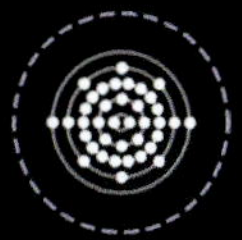

結晶構造

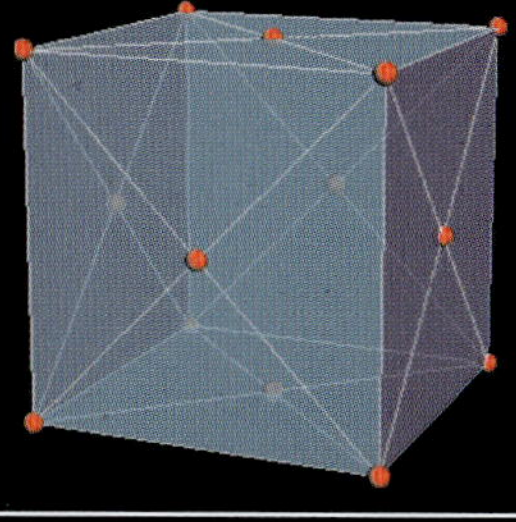

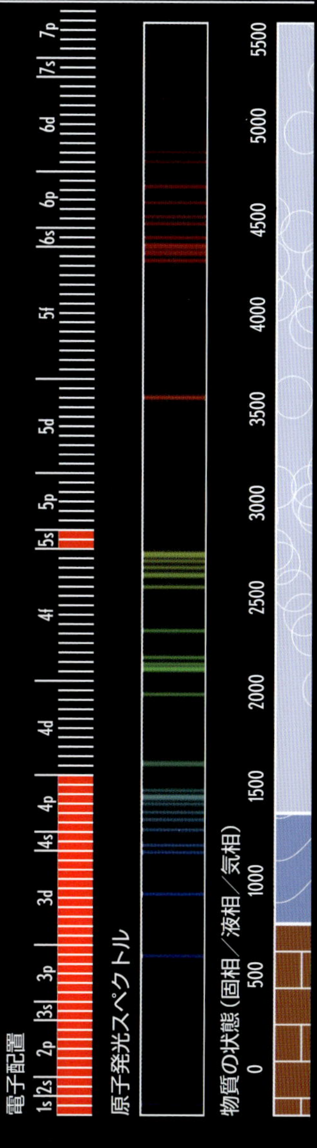

Yttrium

Y 39

Yttrium
イットリウム

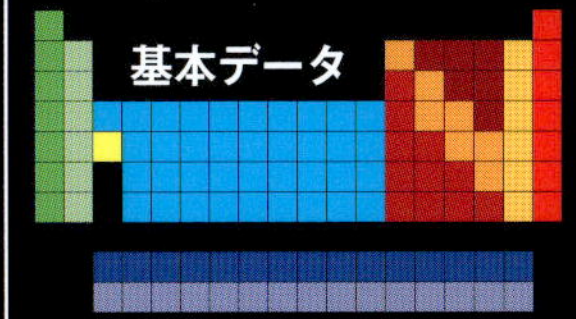

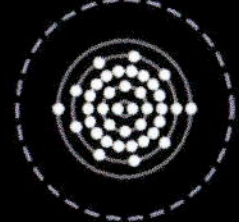

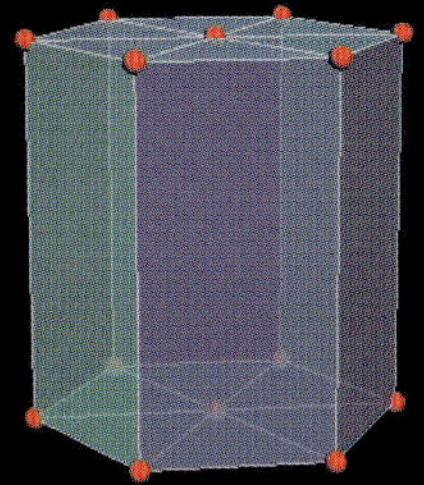

イットリウムはヒッピーに似ています。まず、スウェーデンというけっこう奔放な国の小村にちなんで名付けられています。次に、ニューエイジ運動の人たちに愛されています。彼らは、この元素を（とくにホタル石と組み合わせて）使うと、スピリチュアル領域と日常領域のコミュニケーションがうまくいくと考えています。ただ、本書は事実をあつかう本だからはっきり書きますが、イットリウムに人間の霊的状態を気にする能力はありません。イットリウムは元素であって、超次元エネルギー体ではないのです。ついでに言うと、ニューエイジの人たちが知らないだけで、ホタル石の結晶は人間を心底嫌っています。

少々きつかったでしょうか。でも実際、ある種のものに魔法じみた特性を見出したがる人たちには眉をひそめたくなります。それらはたしかに魔法のように魅力的ですが、彼らの目はその真の魅力についてはふしあなです。

魔法のように不思議なものを見たければ、ホタル石の中のイットリウムは忘れて、イットリウム・バリウム・銅酸化物（YBCOと略されます）のことを考えてください。これを液体窒素で冷却すると、超伝導体という常識を越えた物質になります。たとえば、冷却したYBCOのディスクの上に磁石をくっつけようとしてみましょう。つけられません。磁石はディスクの6ミリほど上で空中に浮いたまま静止します。黒魔術でない証拠に、だれがやっても同じ結果になります。魔術とテクノロジーの差は簡単です。常にそれがうまくいけばテクノロジー、そうでない場合には魔術と呼ばれてゆがんだ愛され方をします。

イットリウム・アルミニウム・ガーネット（YAG）結晶も魔法のように驚異的な物質で、強力なパルスレーザーの中核部品になります。このレーザー装置は完璧にまっすぐそろった光線ビームを作れるので、月に向けて発射すると、反射して戻ってきたレーザー光を見ることができます。ただし、月面で反射するのではなく、アポロ宇宙船が月に設置したキャッツアイと呼ばれるレーザー反射器に当たって帰ってくるのですが。

こんなふうにイットリウムは少々奇人変人的な雰囲気を漂わせています。うってかわって、ジルコニウムは真面目一筋です。

▶ YAG（イットリウム・アルミニウム・ガーネット）レーザー用人造結晶。

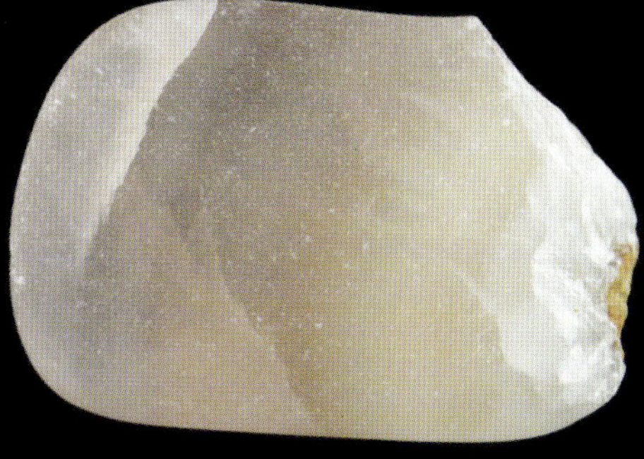

▲ 微量のイットリウムが含まれているという触れ込みのホタル石。

▼ イットリウム金属を鋳造した指状の塊。

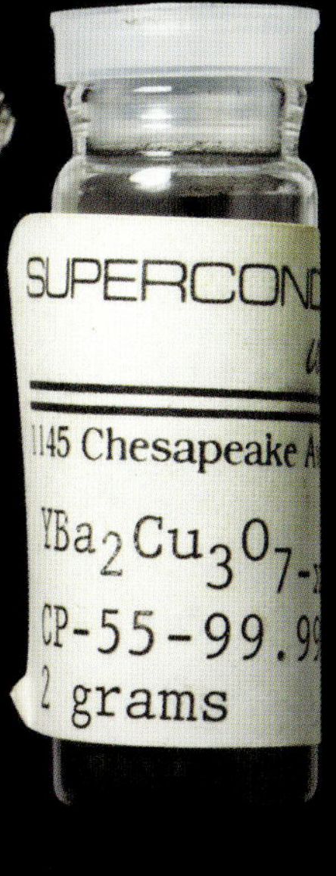

◀ 超伝導体を作るイットリウム・バリウム・銅酸化物の粉。

▼ イットリウムはエンジン点火プラグの寿命を延ばすためにも使われる。

▲ 販売されているイットリウムのインゴットの一部。
◀ イットリウム金属の大きなインゴットから切り出した一片。

基本データ

原子量
88.90584
密度
4.472
原子半径
212 pm
結晶構造

電子配置
原子発光スペクトル
物質の状態（固相/液相/気相）

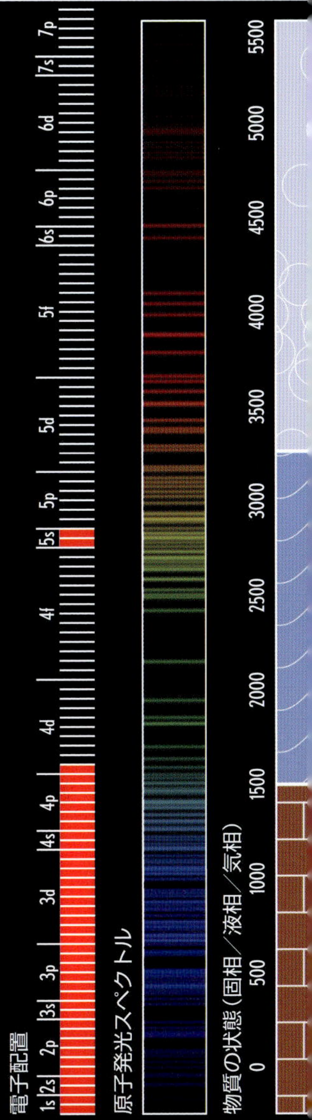

Zr 40

Zirconium
ジルコニウム

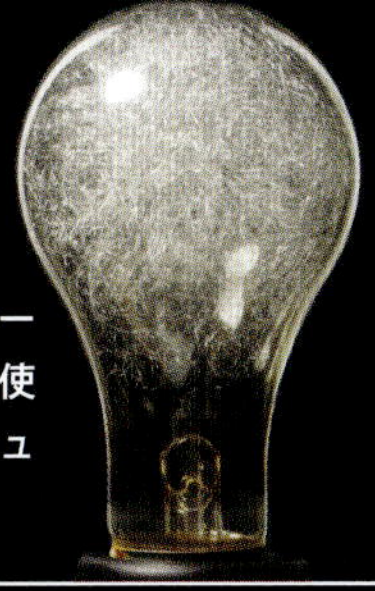

▶ジルコニウムウールを使った昔の使い捨てフラッシュランプ。

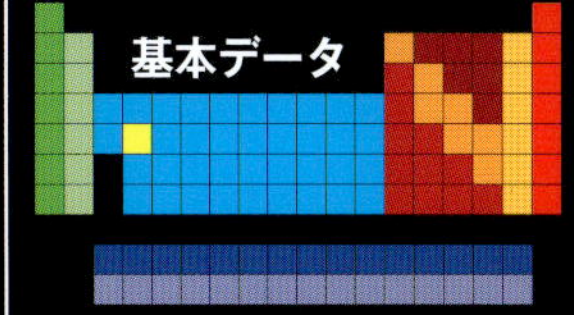

原子量
91.224
密度
6.511
原子半径
206 pm
結晶構造

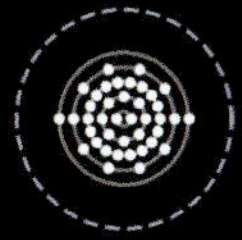

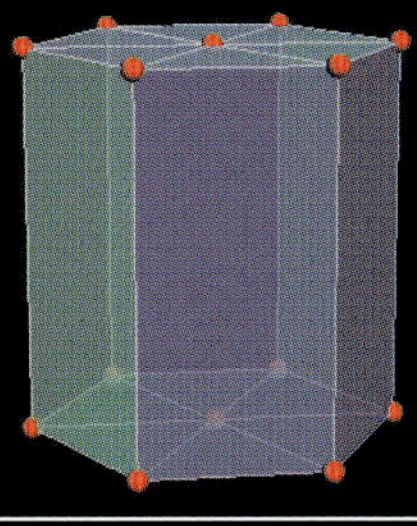

ジルコニウムはタフで硬い金属で、これが関わるとなんでもタフで硬くて研磨力があるものになります。高純度ジルコニウムの管は原子炉内で燃料ペレット容器として使われます。原子炉の運転に必要な中性子を透過させる性質と、作動中の原子炉内の苛酷な環境に耐える強さを兼ね備えているからです。

他にも男性的な用途として、高腐食性物質の化学反応用容器、焼夷弾、曳光弾《えいこうだん》があります。酸化ジルコニウムの形では、研削盤の砥《と》石車《しくるま》や、石油掘削装置(リグ)、大型土木機械、悪路用バイクなどの溶接部分の粗研磨に使う特殊なサンドペーパーに使われます。

ちょっと待った。武骨で男っぽい人がたいていそうであるように、ジルコニウムにも隠れた優しさがあります。一番よく見かける模造ダイヤは、キュービックジルコニア（CZ）の名で知られる立方晶形態の二酸化ジルコニウムなのです。世界中のショッピングモールやアクセサリーショップのショーケースが、無数の二酸化ジルコニウムで埋まっています（安い装飾用でも硬度はきわめて高く、硬度計の頂点近くに位置します)。

もうそろそろCZを模造ダイヤと考えるのはやめにして、ダイヤモンドを法外な値段のCZ亜種だと考えはじめるべきではないでしょうか。美しさにほとんど差はありません。要は、シンプルな無色透明の岩石にべらぼうな金額を払ったことからくる気持ちの問題です。たとえエンゲージリング選びの場面でも、ジルコニウムのように堅実な元素を冷静かつ現実的に評価してあげるべきでしょう（まずあなたからどうぞ)。

装身具を買う場合、キュービックジルコニアは合理的な選択です。でも、自慢好きな王妃ニオベ(ニオブ)が相手なら、やはり旧習を墨守《ぼくしゅ》した方がいいでしょうね。

◀純ジルコニウムの結晶棒。ヨウ化ジルコニウムを熱分解して作られた。

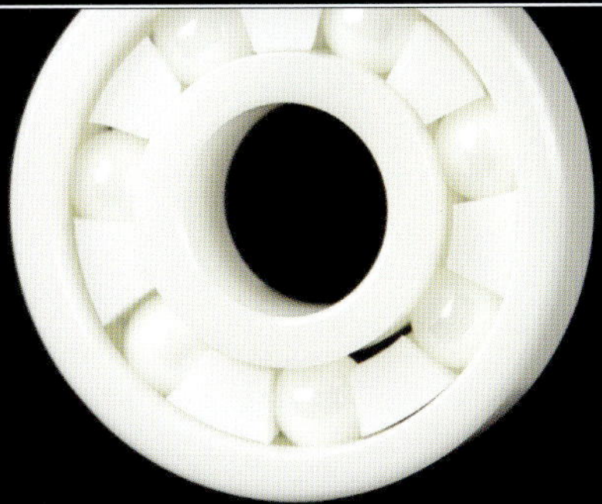

▲超高硬度で低摩擦のジルコニアセラミックス製ボールベアリング。

◀ジルコニウム製の実験用るつぼ。プラチナ製よりずっと安い。

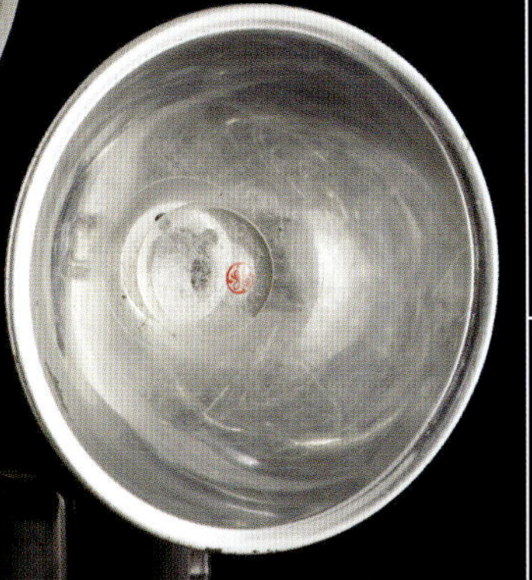

▶古き良きコダックのカメラ。ケイ素の代わりに銀やジルコニウムなどの元素が使われていた時代の製品。

▶ジルコニアのセラミック包丁。驚くほど鋭い切れ味だが、刃欠けしやすい。

▼ジルコニア（ZrO_2）は重要な工業用研磨材。これは溶接工が使うフラップホイールという研磨具。

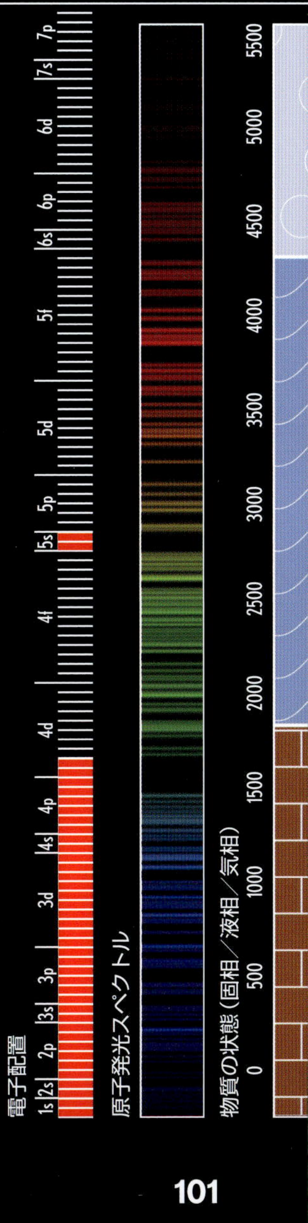

Niobium

Nb

41

Niobium
ニオブ

ニオブの名前の由来であるギリシャ神話のニオベは、タンタロスの娘でゼウスの孫にあたります。周期表を見てください。ニオブの真下の元素は、タンタロスにちなむタンタル（73）です。その下の105番元素がゼウシウムでないのがなんとも残念です。105番が1997年にドブニウムと命名された際、候補にあがった案の中にゼウシウムはありませんでした。ああ古典の教養は失われり。

ニオベはアルテミスとアポロンに子どもを全員殺されて悲しみに暮れました。私はFBIにニオブ製の品物１点を押収されて悲しみに暮れています。私が時代遅れのミサイル部品（ニオブ超合金のノズルを備えたロケットエンジン）だと思っていたものは、空軍基地から盗まれて軍が血眼《ちまなこ》で捜していた最先端技術部品だったのです。いやはや、eBay（イーベイ）のオークションにはなんでもありです。

ロケットエンジンノズルがニオブ合金で作られるのは、この合金が高温でも優れた耐腐食性を持つからです。また、ニオブは陽極酸化処理が美しく仕上がるため、装身具やコインに広く使われます。表面にできた透明な酸化物の層で光が回折し、虹のように多彩な色になります。耐腐食性、きれいな色、神話に由来する名前の三拍子がそろったニオブは、ボディーピアスにもってこいです。というわけで、純粋なニオブはショッピングモールで簡単に買えます（ボディーピアスをあつかう類《たぐい》の店に入る勇気があればの話ですが）。もしボディーピアスが体内で行方不明になって病院に行ったら、あなたは大量のニオブに取り囲まれることになるでしょう。MRI（磁気共鳴画像装置）の内部に強力な磁場を作るのに、ニオブ・チタン超伝導ワイヤーのコイルが使われているからです。MRIは体内の紛失物の位置を調べるのにも役立ちます。〔これは著者のジョークです。MRIに金属は禁物。155ページのホルミウムを参照〕。

次のモリブデンは強さの点ではニオブとの共通点がたくさんあります。しかし、ロマンティックな要素はまったくなしです。

▶ニオブは陽極酸化で多彩な色にできる。

▲FBIに押収されたニオブ合金のロケットエンジンノズル。

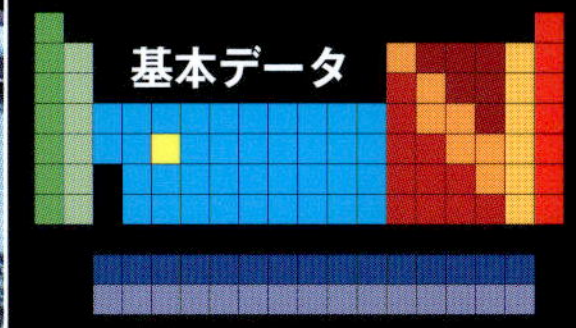

原子量
92.90637
密度
8.570
原子半径
198 pm

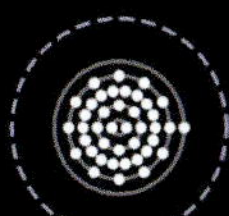

結晶構造

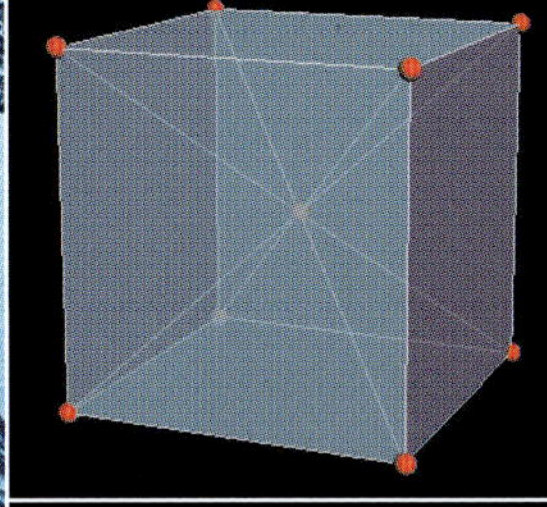

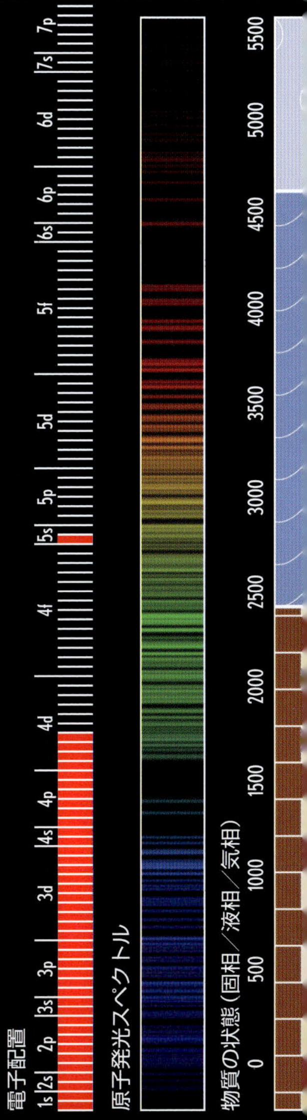

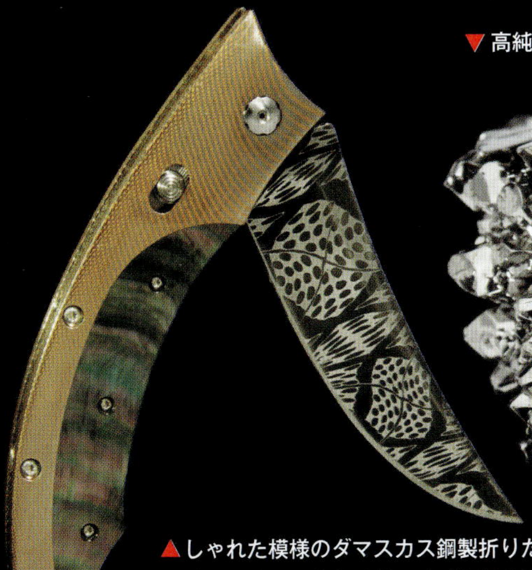

▲しゃれた模様のダマスカス鋼製折りたたみナイフ。持ち手がニオブと銅を組み合わせた素材でできている。

▼高純度ニオブ結晶棒。

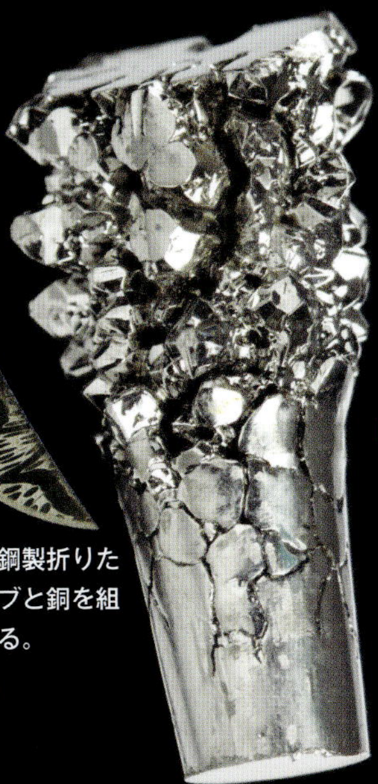

◀純度ファイブナイン（99.999％）のニオブ結晶。旧ソ連製。

▲パイロクロア（黄緑石）鉱石 $(Ca, Na)_2Nb_2O_6(OH, F)$。

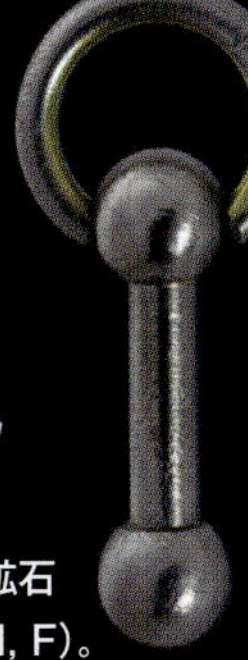

◀ニオブ製ボディーピアス。

▶ニオブの厚板。陽極酸化で出せる色の幅広さがよくわかる。

Molybdenum

Mo

42

Molybdenum
モリブデン

▲モリブデン鉛鉱（$PbMoO_4$。）米国アリゾナ州レッドクラウド鉱山産。

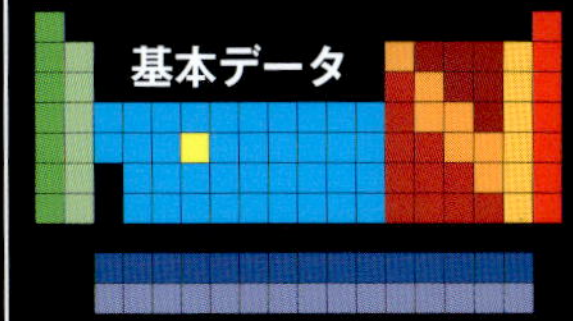

原子量
95.95
密度
10.280
原子半径
190 pm

結晶構造

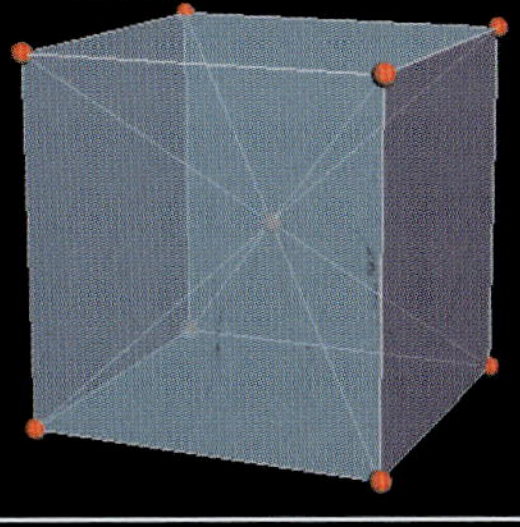

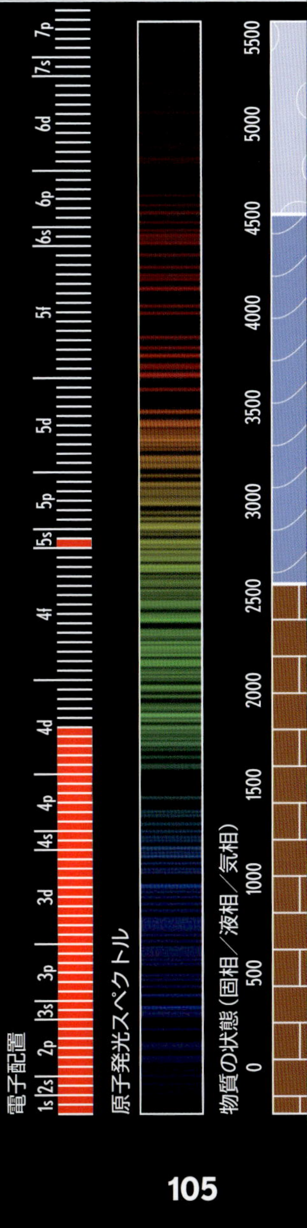

モリブデンは、徹頭徹尾、産業用の金属です。主に合金鋼に配合されて、高い強度と耐熱性を生み出します。とりわけ有名なのがMシリーズ高速度工具鋼です（Mはもちろんモリブデンの頭文字）。

純モリブデンにはめったにお目にかかる機会がありませんが、高温下で長期間大きな応力に耐えなければならない部分、たとえば圧力容器などに使われています。ただ、モリブデンが高温でも強度を失わないとはいっても、およそ500℃を超えると急速に酸化するため、極度に苛酷な環境には不向きです。

二硫化モリブデンはとびきり優れた超高圧潤滑剤です。乾燥粉末でも、油やグリースと混ぜた場合でも、苛烈な高圧と高温に耐えて立派に使命を果たします。

モリブデンは、隣のテクネチウム（43）と非常に直接的な形でつながっています。病院の画像診断でテクネチウムの同位体であるテクネチウム99m（^{99m}Tc）が必要な時、^{99m}Tcはその場で作られます。半減期が6時間しかないので、作り置きできないのです。どうやって作るかというと、専用装置にもっと寿命が長いモリブデン99（^{99}Mo）というモリブデンの同位体を充填し、これが崩壊して^{99m}Tcになるのを利用します。生成した^{99m}Tcを取り出すプロセスを「ミルキング（乳搾り）」というので、装置自体はモリブデンのmolyと乳牛のcowを組み合わせて「モリー・カウ（牝牛のモリー）」の俗称で呼ばれます。愛らしい名前ですが、強い放射能を持っています。これで作られるテクネチウムは医療用放射性物質の中で最も強力なもののひとつだ――という話は、次のページに譲りましょう。

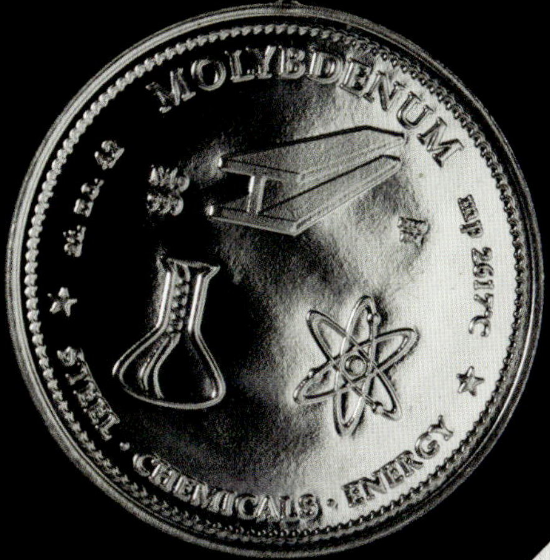

▲あるモリブデン鉱山の記念メダル。モリブデンが硬貨に使われることは少ない。

▲モリブデンのボルトとナット。割れた面は全然金属らしくない。

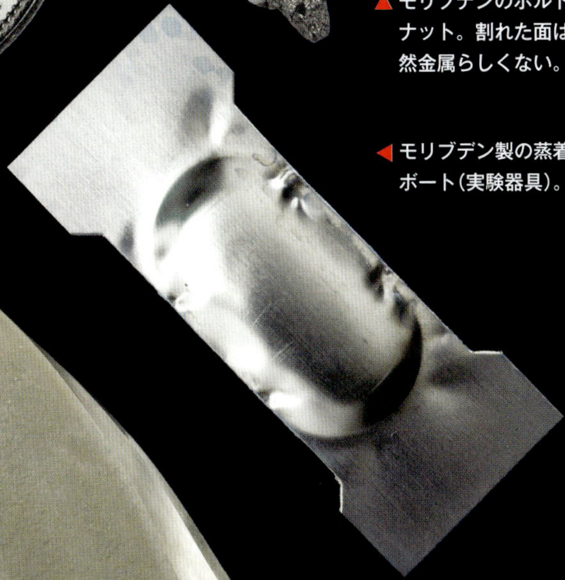

◀モリブデン製の蒸着用ボート（実験器具）。

◀モリブデン鋼は工作機械に広く使われる。

◀モリブデン鋼は高強度の合金としてあちこちに使われるが、この写真のような純モリブデンの大きな棒はめったに見る機会がない。

▶二硫化モリブデン入りグリース。高温高圧下でも機械をなめらかに動かす。

Technetium

Tc

43

Technetium
テクネチウム

放射性元素と安定元素の間には、はっきりした境界線があります。ビスマス(83)の手前までは安定元素、その先が放射性元素。ところが、テクネチウムとプロメチウム(61)だけは場違いな例外です。周期表の中で最も安定した働き者の集団である第５周期遷移金属の真ん中に位置していながら、テクネチウムはまったく奇妙な放射性のはぐれ者、のどにひっかかった小骨のような存在なのです。

さて、のどの小骨ではなくあなたの手の骨が痛くなり、骨癌を疑って病院に行ったとしましょう。するとあなたは、半減期がとても短い放射性元素､テクネチウム99m (^{99m}Tc)を注射されます。^{99m}Tcは骨の代謝が盛んな部位に集まりやすく、ガンマ線カメラを使うと骨の画像が得られます。

非常に放能が強い^{99m}Tcを注射器に入れて運ぶ際には、鉛(82)かタングステン(74)で厳重におおった容器に入れ、小型の特殊カートを使います。それでもかなりの放射線が通り抜けるため、カートのハンドルはものすごく長く作られています。

検査室に入ってきた医師が、注射器を入れた装置からできるだけ遠ざかっていようとするのを見たら、あなたの恐怖感はさらに増すでしょう。けれども、あなたが^{99m}Tcを注射されるのは人生でせいぜい一度なのに対して、医師たちは毎日のようにそれをあつかって被曝しているので、蓄積を避けようと最大限の注意を払っているのです。

テクネチウムは天然には存在せず、初めて人工的に作られた元素だったため、ギリシャ語の「テクノス（人工）」にちなんで名付けられました（もっとも、ある種のピッチブレンド鉱石中にごく微量が存在することが1962年に発見されています）。さて、次のルテニウムで再び安定元素に戻ります。こんど放射性元素に出会うのは17個先です。

▲ 鉛製の筒型容器と特殊カート。^{99m}Tcの薬剤を運ぶ際に使われる。

基本データ

原子量
[99]
密度
11.5
原子半径
183 pm

結晶構造

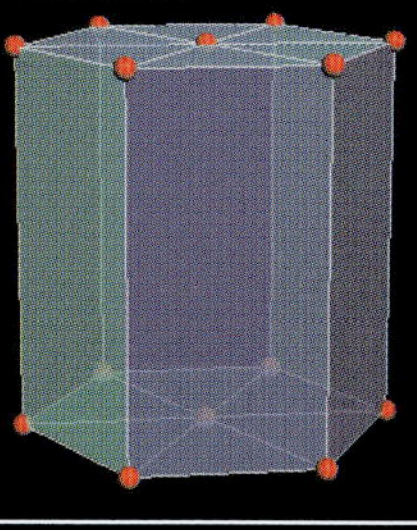

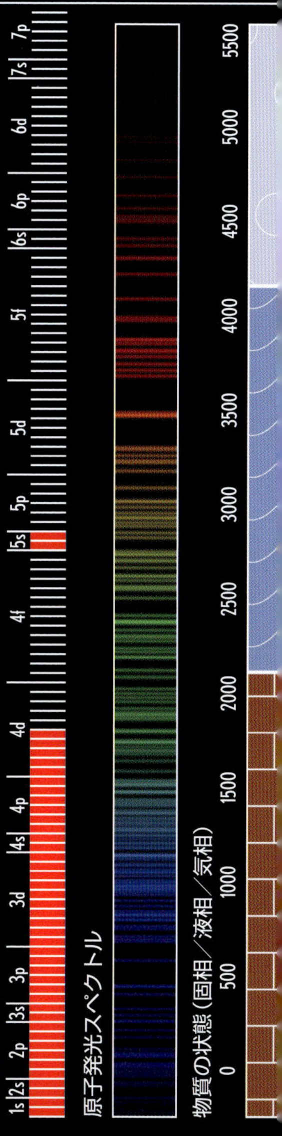

▲ テクネチウムは天然には存在しないと思われていたが、1962年にアフリカ産ピッチブレンド（酸化ウラン）の中でごく微量が発見された。

◀ 銅の基板に電気めっきで付着させた純テクネチウムの薄い被膜。

▼ ^{99m}Tcを注射された患者のガンマ線画像。骨の代謝が大きい部分に^{99m}Tcが集まっている。

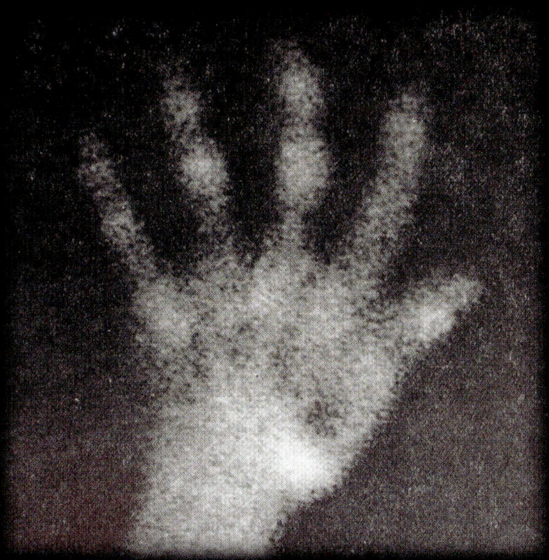

▶ 無菌食塩水。テクネチウム発生装置から^{99m}Tcを流し出すために使う

▶ 医学検査用テクネチウム発生装置。^{99}Moが崩壊して^{99m}Tcができる。

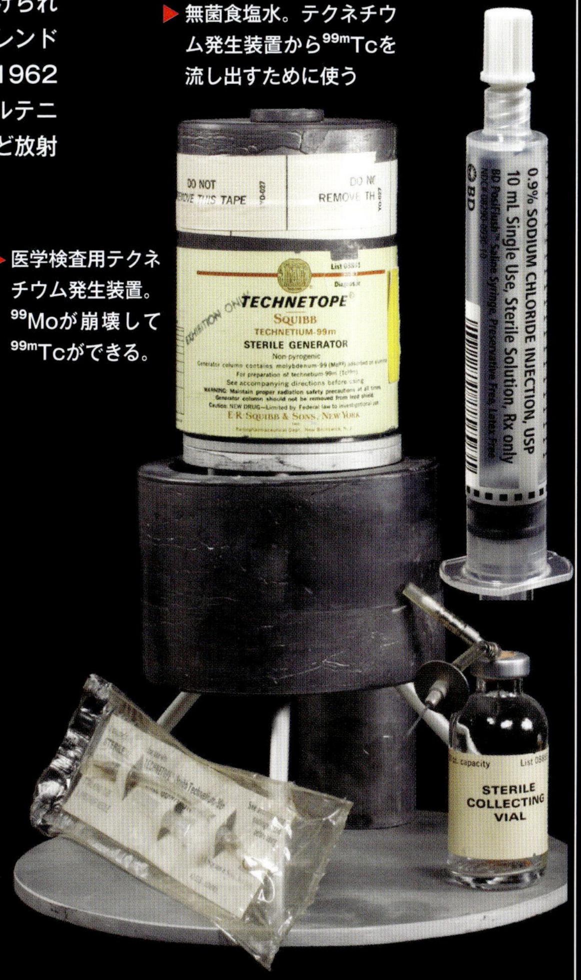

Ruthenium

Ru

44

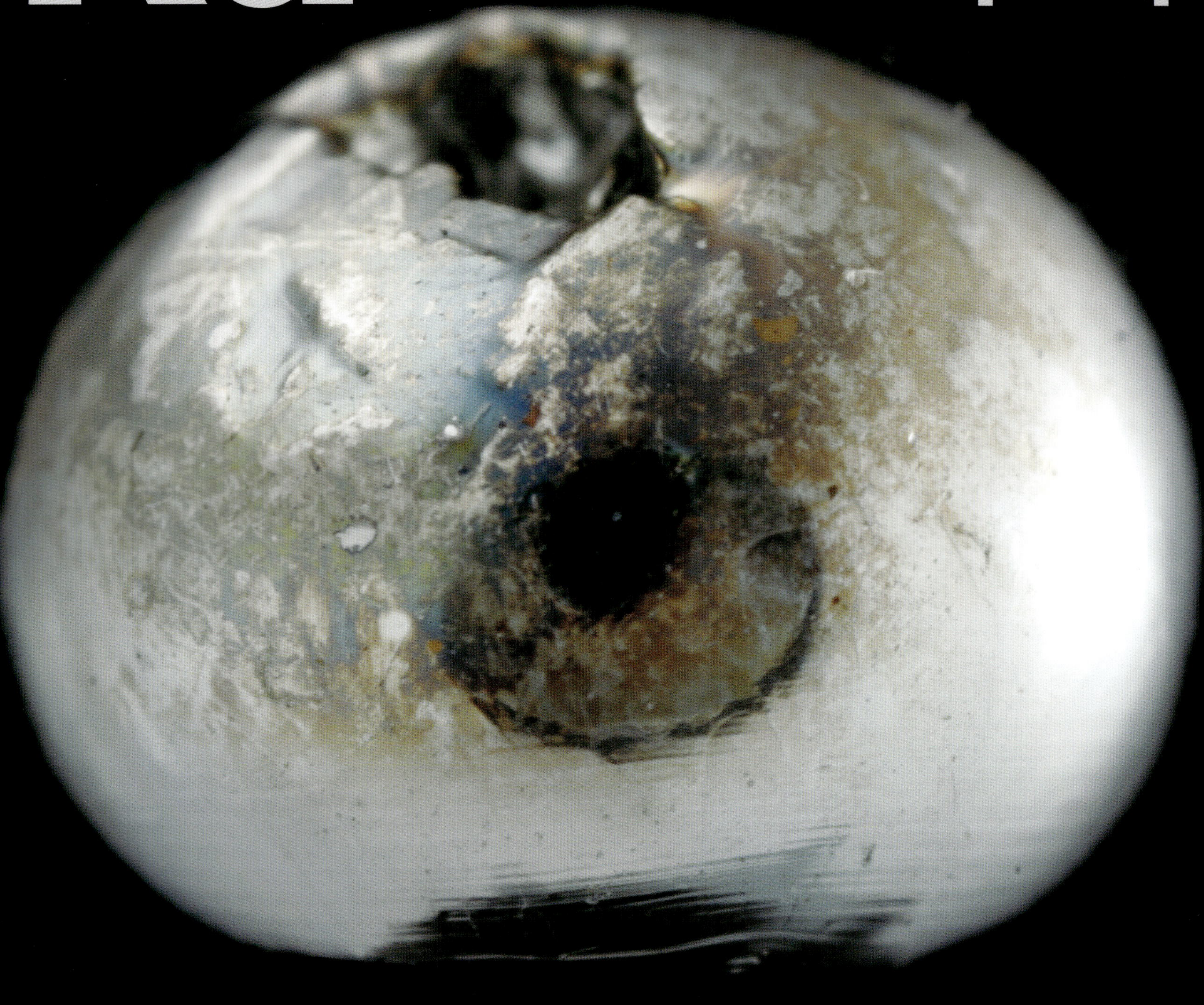

Ruthenium
ルテニウム

中世には今のロシア西部、ウクライナ、ベラルーシのあたりはルーシ（ラテン名ルテニア）と呼ばれていました。ロシア西部で発見されたことにちなんで発見者カール・クラウスが命名したルテニウムは、ゲルマニウムに先んじて国名をもらった最初の元素と言うこともできます。しかし「ルーシ」は現在の国家のどれとも一致しないため、私はこれを「現存する国の名前」を持つ元素というカテゴリーには含めていません。

ルテニウムは貴金属です。本書で貴金属が出てくるのは初めてですね。この元素は白金族の末端メンバーで、白金族というのは、鉱石中で白金(78)と共存し、性質の面でも白金との共通性を多く持つ元素グループです。貴金属に分類されるだけあって、ルテニウムに一番出会いやすい場所は宝飾品店です。薄くめっきして、ピューター（スズを主成分とする合金）に似たダークグレーの光沢を出すためによく使われます。ルテニウムはたいへん高価なのですが、耐腐食性が高いのでめっきを非常に薄くできます。製品全体に中程度の価格のピューターを使うよりも、安い卑金属に薄くルテニウムめっきをした方が経済的なのです。

けれども、他の白金族と同様、ルテニウムの一番の用途は触媒と合金材料です。ルテニウムの非常に特殊な用途として、コストが高くてもかまわない高性能タービンブレード用の単結晶超合金があります。

さて、ルテニウムめっきが装身具に黒っぽい光沢を与えるのに対して、次のロジウムは明るい輝きを生むことで知られています。

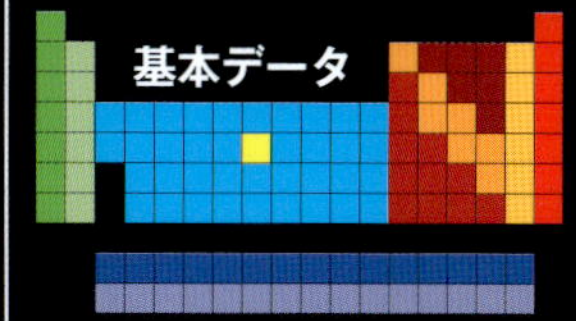

原子量
101.07
密度
12.370
原子半径
178 pm
結晶構造

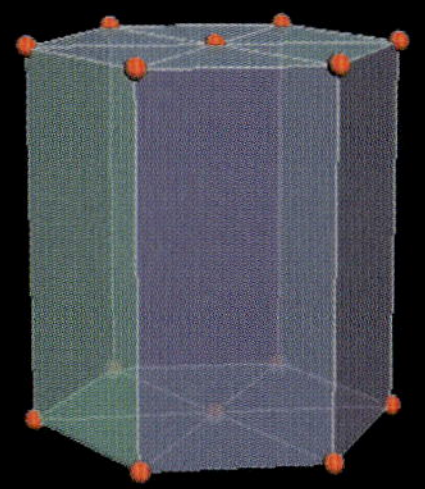

▲ 塩化ルテニウムは鮮やかな赤。

▼ ルテニウムを使った太陽電池の試作品。

◀ ボタン形のルテニウム。粉末をアルゴンアーク炉で溶解させて作った。この方法が最も簡便でうまくいく。

▶ 安い装身具で黒っぽい金属光沢を出したい場合、ルテニウムめっきがよく使われる。

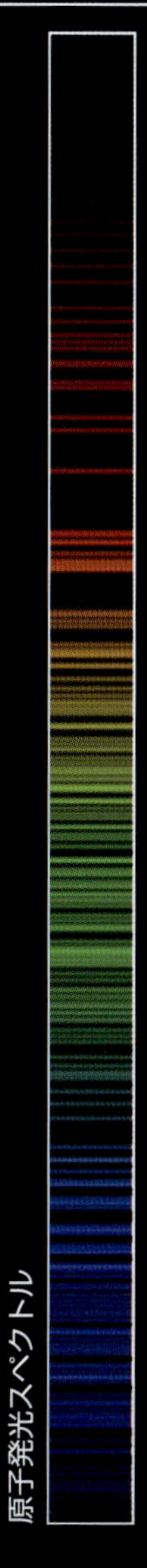

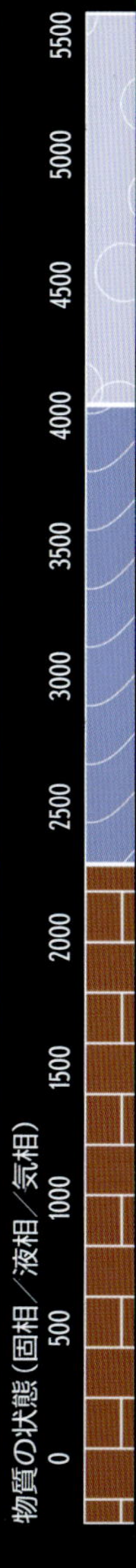

Rhodium

Rh

45

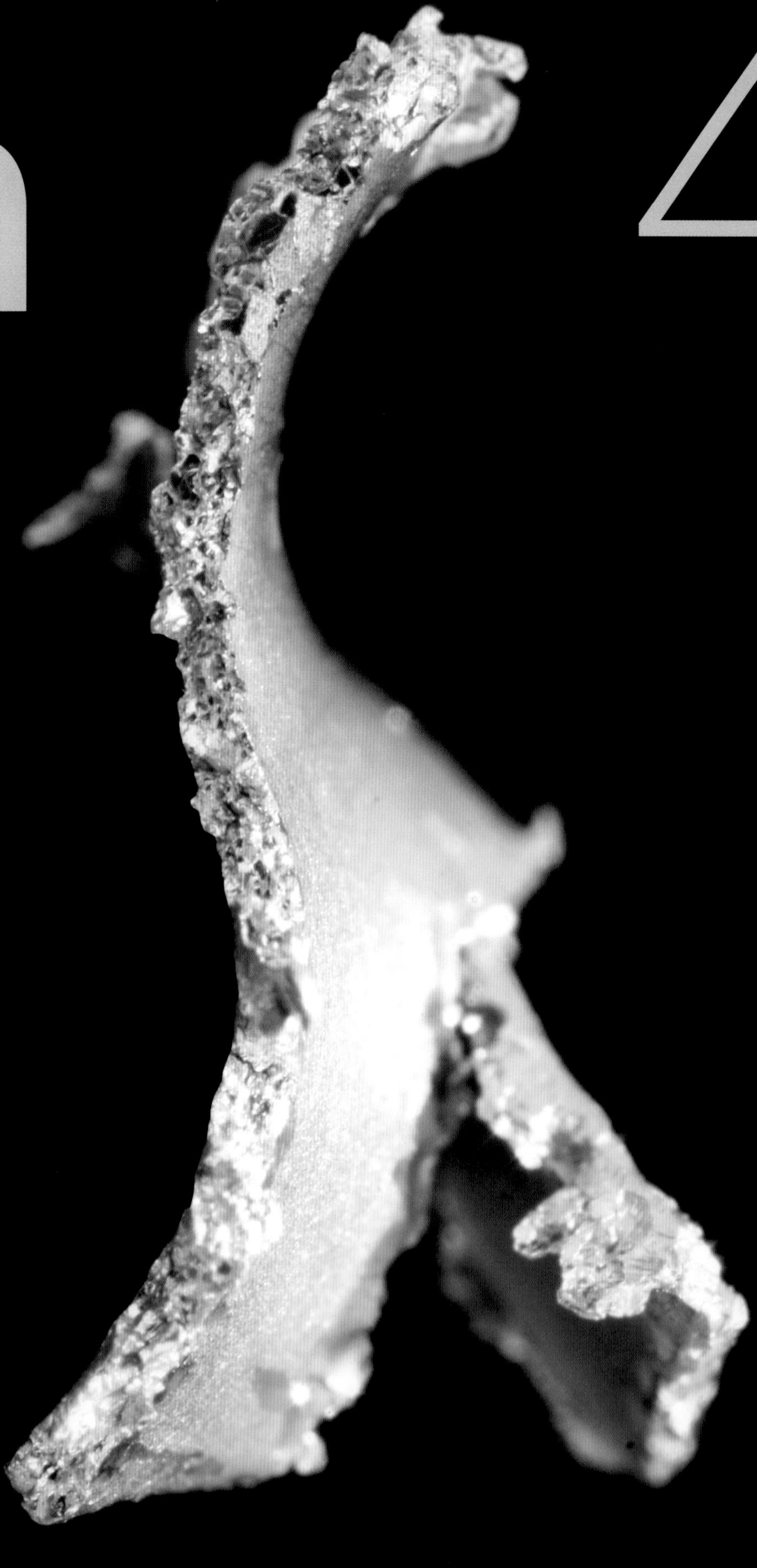

Rhodium
ロジウム

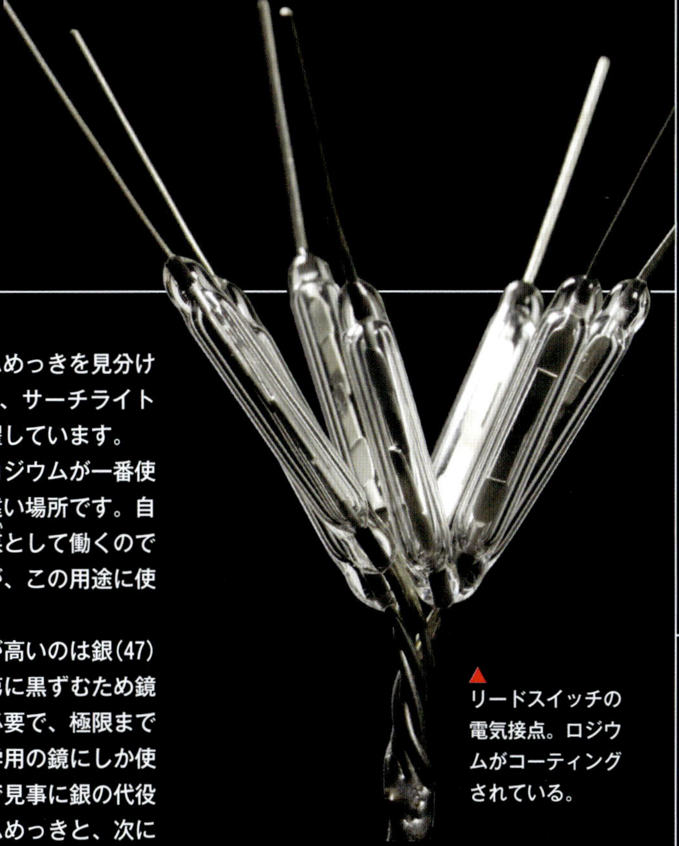

▲リードスイッチの電気接点。ロジウムがコーティングされている。

ロジウムは価格変動が極端に激しいことで有名です。もしあなたが2004年1月にロジウムを1ポンド買って2008年6月に売ったとすれば、投資額の22倍が懐に入ったことでしょう。5000ドルが4年で11万ドルに！　けれども、2008年6月に5000ドル分のロジウムを買って5ヵ月後に売ったら、380ドルでしか売れません。ロジウムを甘く見ると大やけどをします。

この暴騰や暴落は、ひとつには投機筋の思惑買いのせいですが、もうひとつは、（白金族の下位メンバーの例に漏れず）ロジウムの供給量が白金(78)の生産量に完全に連動するという事実によります。ロジウムは白金鉱石に少量含まれているので、白金がたくさん掘り出されるほど、ロジウムもたくさん得られます。しかし、ロジウムの需要が増えて供給が不足しても、不純物であるロジウムのためだけに白金鉱石の採掘量を増やすのはとても割に合いません。

ロジウムは、美しい輝きでも知られています。安いアクセサリーで銀かプラチナのような見かけのものは、ロジウムめっきの場合がかなりあります。ミクロン単位の厚さのロジウム被膜は、プラチナよりも光反射率が高いのです（実際、プロの鑑定士は「あまりに輝きすぎている」ことでロジウムめっきを見分けます）。この輝きを生かして、サーチライトの鏡面コーティングでも活躍しています。

けれども、悲しいかな、ロジウムが一番使われているのは光輝とは縁遠い場所です。自動車の排ガス浄化装置で触媒《しょくばい》として働くのです（世界の貴金属の相当量が、この用途に使われています）。

ロジウムより光の反射率が高いのは銀(47)だけです。銀は空気中で次第に黒ずむため鏡にするには変色防止加工が必要で、極限まで高い反射率が求められる科学用の鏡にしか使われません。装身具の世界で見事に銀の代役を務めているのが、ロジウムめっきと、次に出てくるパラジウムめっきです。

▼極めて薄いロジウムめっきで、安いアクセサリーがプラチナのように輝く。

◀ロジウム箔の破れ面。内部の粒状構造が見える。

◀本物の手錠はニッケルめっきだが、このカフスボタンはロジウムめっきで本物より輝く。

基本データ

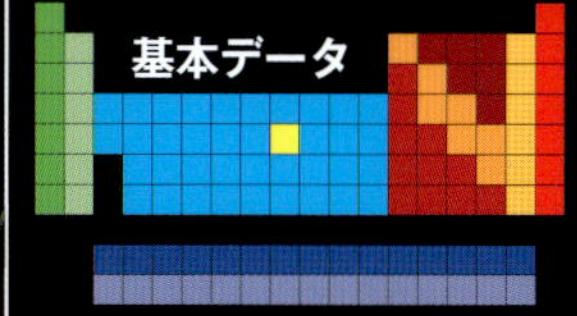

原子量
102.90550
密度
12.450
原子半径
173 pm

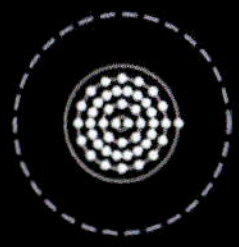

結晶構造

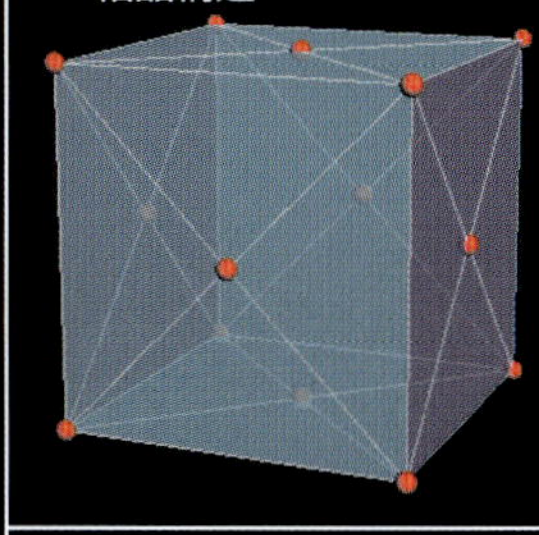

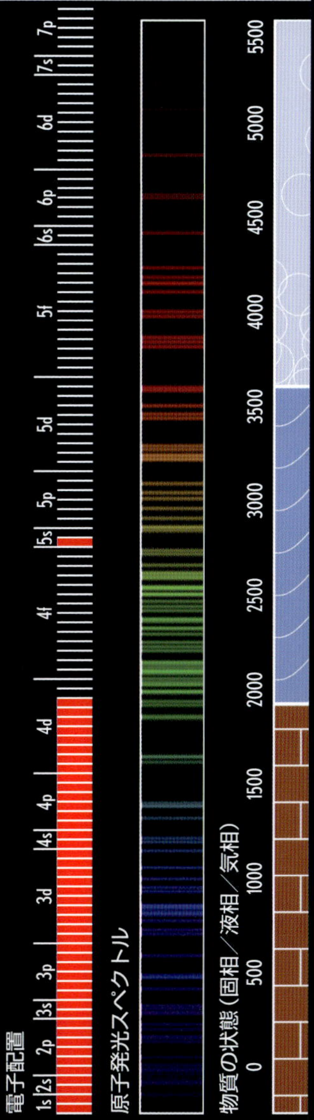

Palladium

Pd

46

Palladium
パラジウム

金箔《きんぱく》はよくご存じでしょう。古代からさまざまなものに貼られてきた、金(79)の薄いシートです。パラジウムも金箔と同じように顕微鏡レベルの薄さにたたきのばすことができ、その箔は銀(47)のイミテーションに使われます。パラジウムは銀のおよそ20倍も高価なのですが、銀と違って変色しないのです。箔の厚さは原子1000個分程度ですから、本物の銀箔を貼って、黒ずんだからと銀磨きを使ったら、全部取れてしまいます。

固体パラジウムは装身具にも使われますが、ロジウム(45)同様、主要な用途は自動車の排ガス浄化装置の触媒です。この装置は、排ガスに含まれる微量の燃え残り燃料を完全に燃焼させることで都会のスモッグを減らします。仕組みはこうです。パラジウムの微粒子（しばしば白金族の他の金属と混合されます）を蒸着させた蜂の巣状のセラミックスに、熱いエンジン排気を通します。すると、触媒である微粒子の表面で通常の燃焼よりずっと低い温度で燃え残りと酸素の結合が起き、燃料が二酸化炭素と水に分解されるのです。

炎を出さずに燃焼させるとはまるで手品のようですが、パラジウムの性質でもっと驚きなのは、気体の水素を大量に吸収する驚異的な能力を持っていることです。固体パラジウムの塊は、外からまったく圧力をかけなくても、自分の体積の約900倍の水素を吸収します。気体水素が固体金属に吸い込まれて消え失せる——いったい水素はどこへ行ったのでしょう？　水素は、パラジウム原子の結晶格子の間にもぐりこむことができるのです。パラジウムがもっと安ければ、パラジウムメッシュをつめたタンクを作って、高い圧力をかけることなく大量の水素を貯蔵することができるでしょうに。そう、ご想像のように、もっとずっと低コストでこのパラジウムと似た働きをする希土類合金はできないかと、日々研究が続けられています。

パラジウムは銀のイミテーションに使われます。でも、どんなことがあろうと、銀は銀、本物は本物です。

▲貴金属取引で使われるパラジウム。これはコイン状。

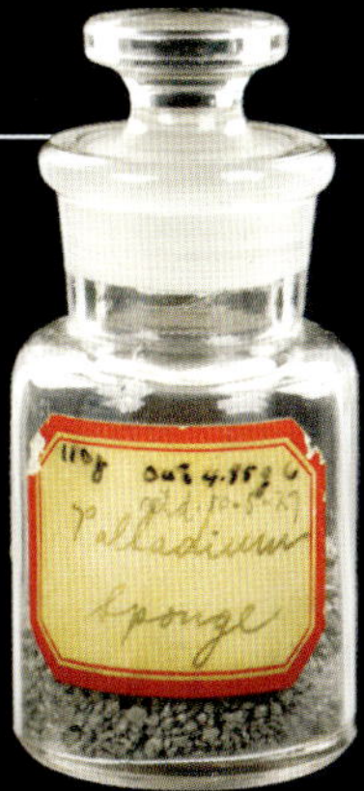
▲古いパラジウムの試料（微粉末）。

▶天然に産出するパラジウム金属。

▼珍品。パラジウム箔を使ったトンガのコイン形切手。

▶自動車用の触媒コンバーター。

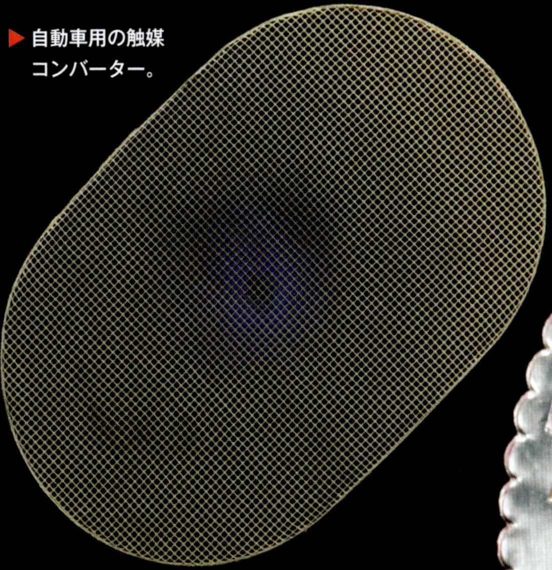
◀純パラジウムの愛らしいひとかけら。

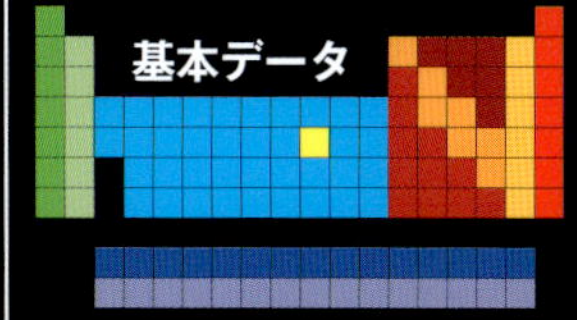

原子量
106.42
密度
12.023
原子半径
169 pm
結晶構造

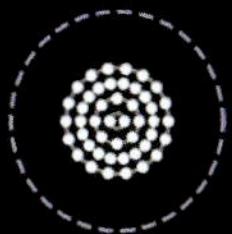

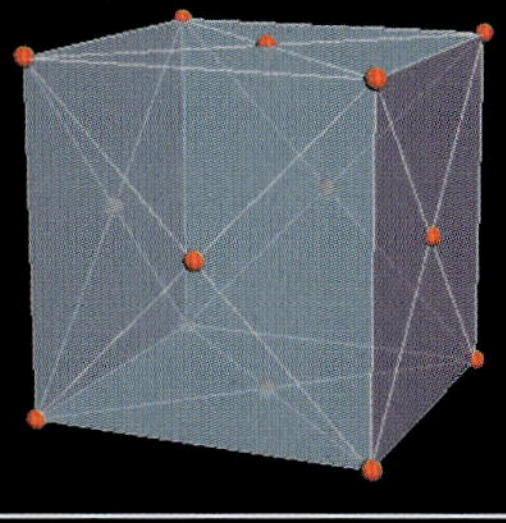

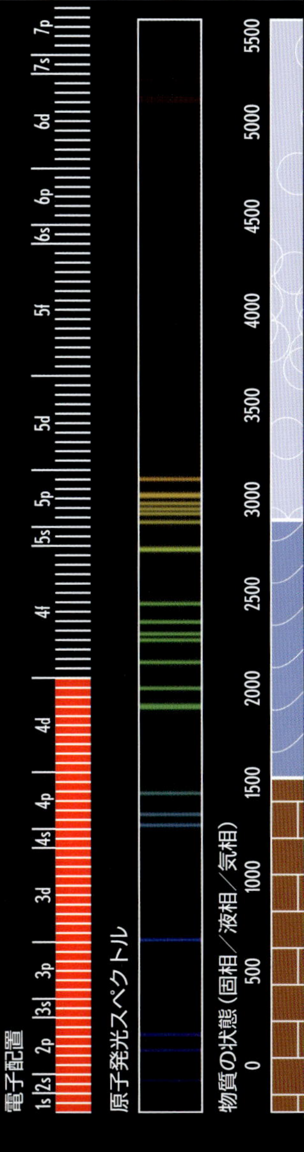

Silver

Ag 47

Silver
銀

銀の最大の問題は、黒ずんでくることです。王や皇帝のための金属としては大きな欠点です。とはいえ、銀は古代から栄光や富と分かちがたく結びついてきた金属。あなただって、銀磨き人を雇えるくらいお金持ちなら、変色を気にする必要はありません。

銀と金(79)はよくペアで出てきますが、どう見ても銀の方が一段下です。歴史的には、たいてい、銀は金の20分の１くらいの価格で取引されてきました（20世紀には100分の１になりましたが）。この価格差のために、銀は貨幣金属になりました。金は日常的に使うには高価すぎます。銀貨は3000年近くの長きにわたって一般に流通し、金貨の方は、庶民にとっては高嶺《たかね》の花でありつづけました。

けれども、銀が常に金の後塵《こうじん》を拝しているとは言えません。実を言うと、金には元素中でナンバーワンの特性がひとつもありません——耐腐食性が最高なわけでも、最も硬いわけでも、最も高価なわけでもないのです。ところが銀には２つの勲章があります。すべての元素の中で最高の導電性と最高の光反射率を持っているのです。

できうる限り最高の反射率を必要とする鏡を作るなら、銀に匹敵する材料はありません（もちろん変色防止策は必要です）。導電性に関しては、一部の電気製品に銀が使われることがありますが、銀よりも導電性が10％低いだけで価格は格段に安い銅(29)には太刀打ちできません。なお、電気接点にはよく金が使われます。金は導電性が最高とはいえなくともかなり良好で、なにより絶対に変色したり酸化したりしない、つまり導電性が劣化しないからです。

では、高みに座る高貴な銀のもとを去り、下層階級ともいうべきカドミウムまで下りていくことにしましょう。

▲銀はさほど高価ではないので、大きめのインゴット（10あるいは100トロイオンスなど）での取引が多い。１トロイオンスは約31g。

◀銀繊維を使い、大事な部分への電磁波の影響を防ぐという触れ込みのトランクス。

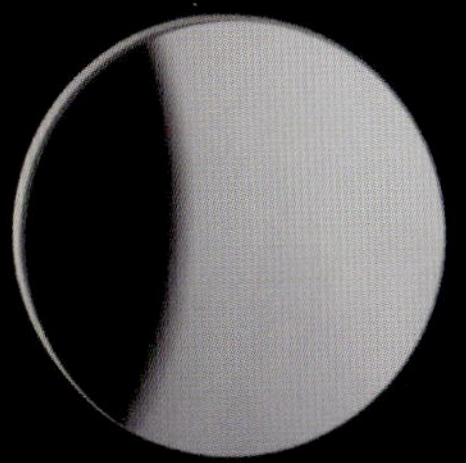

▲左上から時計回りに、銀の実験部品、ペンダント、放射線を照射された10セント貨、表面反射鏡。

▶銀を配合して熱伝導性を高めた放熱グリス。

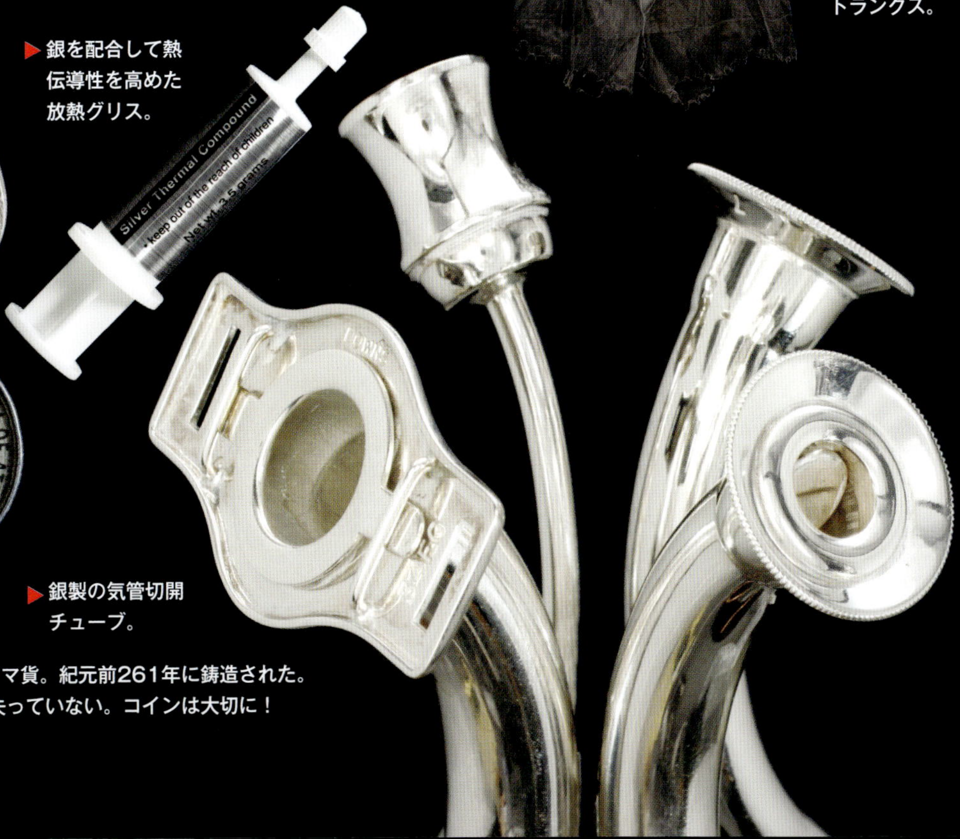

▶銀製の気管切開チューブ。

◀アレクサンドロス（大王）の名が記された４ドラクマ貨。紀元前261年に鋳造された。信じられないほど古いコインだが、今でも価値を失っていない。コインは大切に！

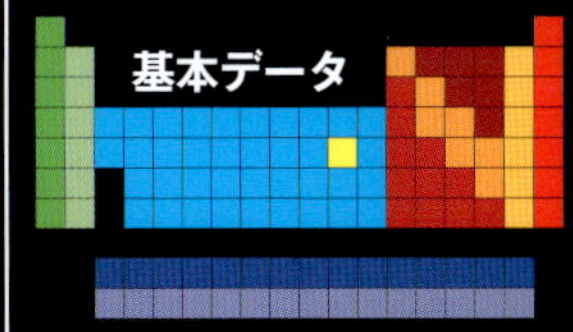

基本データ

原子量
107.8682
密度
10.490
原子半径
165 pm

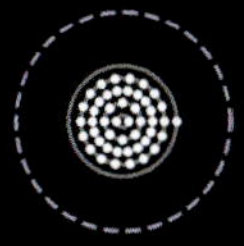

結晶構造

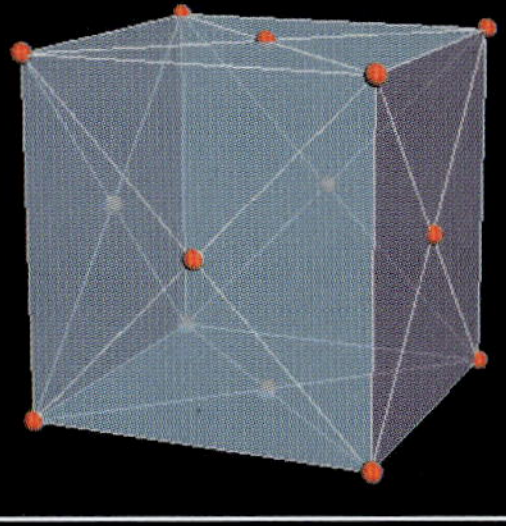

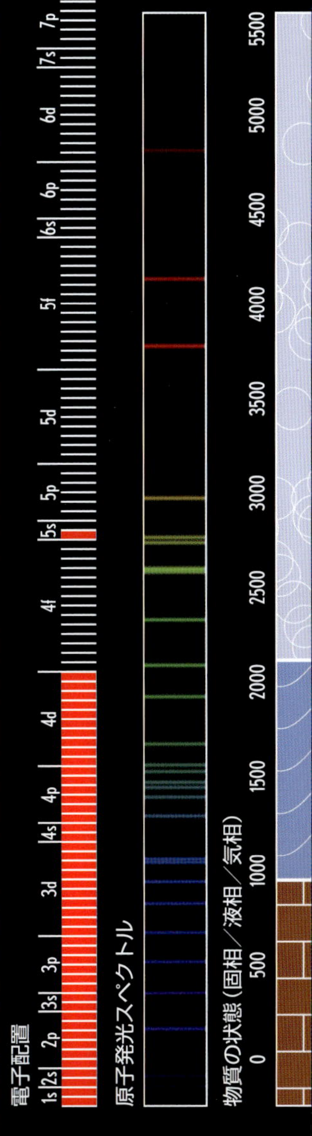

電子配置
原子発光スペクトル
物質の状態（固相／液相／気相）
0
500
1000
1500
2000
2500
3000
3500
4000
4500
5000
5500

Cadmium

Cd 48

Cadmium
カドミウム

カドミウムはニッケルカドミウム電池で有名です。もっとも、近年では軽量、強力、低毒性のニッケル水素電池やリチウムイオン電池の普及が進み、ニカド電池は減りつつあります。残念ながら、カドミウムは鉛(82)や水銀(80)と同じく、環境にも人体にも蓄積して長期にわたる害を与える元素です〔日本ではイタイイタイ病の原因物質として知られています〕。使い終わったニカド電池をゴミと一緒に捨ててはならず、正しい回収場所に持っていってリサイクルしないといけないのはそのためです。

カドミウムがたくさん使われているもうひとつの場所は固定用金具のカドミウムめっきで、近年は航空機用が中心です。家庭用の金具なら一般的な亜鉛(30)のめっきで十分ですが、あるボルトが錆びないことや、そのボルトと接触する部品が腐蝕されないことが何よりも優先される場面では、カドミウムが持つ特性が重宝されます(たとえば、あなたが乗る飛行機の脚を取り付けるボルトなどがそうですね)。

カドミウムがスポットライトを浴びる用途としては、印象派の画家たちに愛された鮮やかな黄色顔料カドミウムイエローがあります。クロード・モネは、絵の具は何を使っているのかとたずねられて、「私が使うのは鉛白、カドミウムイエロー、バーミリオン(朱)、マダー(茜)、コバルトブルー、クロムグリーン。それだけだ」と答えたとされます。ひとつのコメントに４つの元素名――画家にしては上出来です！　バーミリオンは硫化水銀(II)ですから、モネのお気に入りは毒性顔料のオンパレード。足りないのはパリスグリーンだけです(33番元素のヒ素の項を参照)。

安心してください、次に出てくるのはもっとずっと温厚な元素です。

◀カドミウムめっきしたブレーキのローター。

▶菊ナット。カドミウムをめっきした後に重クロム酸塩で処理すると金色になる。

◀放射線シールド用のカドミウム箔。

▼ニッケルカドミウム充電池。

▶カドミウムイエロー。成分は硫化カドミウム。

◀硫カドミウム鉱。天然の硫化カドミウム結晶。

◀著者が固体カドミウムで鋳造した魚。特に用途はなし。

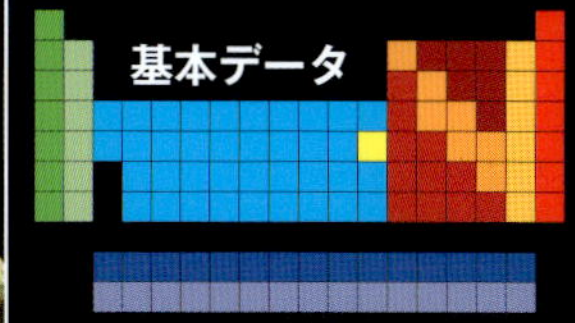

原子量
112.414
密度
8.650
原子半径
161 pm

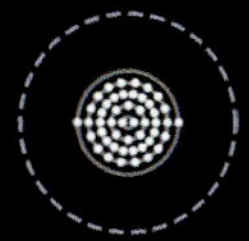

結晶構造

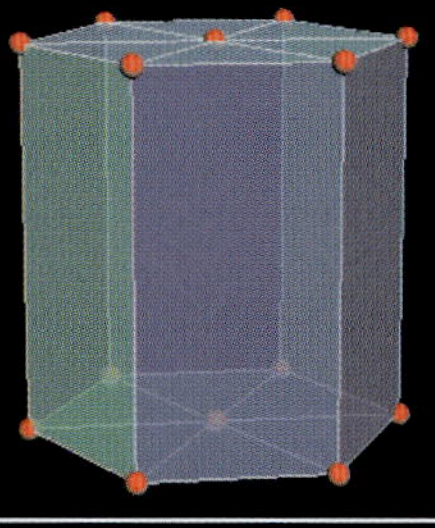

電子配置

原子発光スペクトル

物質の状態(固相／液相／気相)

Indium

In

49

Indium
インジウム

インジウムの名前の由来は、インドでも、インディアナ州でも、他のどんな場所でもありません。この元素の存在を示した最初の証拠が、強いインディゴ(藍色)の発光スペクトルだったことによります。1924年までは、純粋な形で取り出されたインジウムは全世界で1gだけと言われていましたが、今や毎年数百トンが生産されてテレビやコンピューターの液晶ディスプレイに使われています。

液晶ディスプレイに使われるのは、スズ(50)と組み合わさった酸化インジウムスズ(ITO)という透明な導電物質です。透明なので、他のピクセルの光を遮《さえぎ》らずに個々のピクセルに信号を伝えることができます。

純粋なインジウムも優れた導体ですが、透明ではなく、銀色で軟らかくてとても面白い金属です。純粋形態のインジウムは、爪でへこませたりポケットナイフで削り取ったりできるくらい軟らかいのです。今のところ、金属インジウムの毒性は報告されていません。これは元素で遊ぼうとするときには大きなメリットです。

インジウムはガラスを濡らす(ガラスにはじかれない)金属という非常に珍しい性質を持ち、きわめて高い真空度が求められる装置でパッキンに利用されます。目指す真空度からいって、ゴムパッキンでは絶望的なまでに孔だらけで用をなさないからです。

インジウムには隣のスズと共通の、興味深い特性があります。どちらも、それで作った棒を曲げると「泣く」、つまり、内部結晶が壊れて原子が並び直すときにひび割れのような音を出すのです。スズの泣き声を聞いたことのある人はごく少数で、インジウムの泣き声はもっと貴重な経験です。

▲インジウムをあつかう会社の襟章。自社の事業への誇りがよくわかる。

▲液晶画面に使われている酸化インジウムスズ(ITO)は、透明で見えないところがポイント。

◀純インジウムはほとんどの場合1kgの延べ棒で販売される。これはその約半分。軟らかいので、この程度の延べ棒はナイフで半分に切れる(それなりに力は必要)。

◀非常に珍しい鉱石、ヤノママイト $In(AsO_4)\cdot 2H_2O$。ブラジル、ゴイアス州ペリキト鉱山産。

▲インジウム線。はんだより軟らかい。

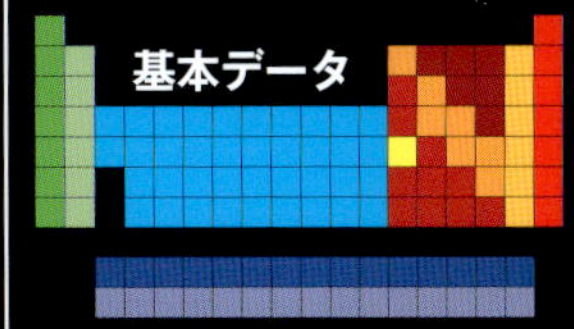

原子量
114.818
密度
7.310
原子半径
156 pm
結晶構造

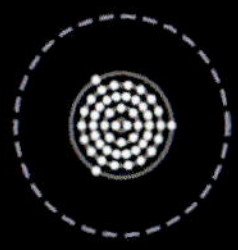

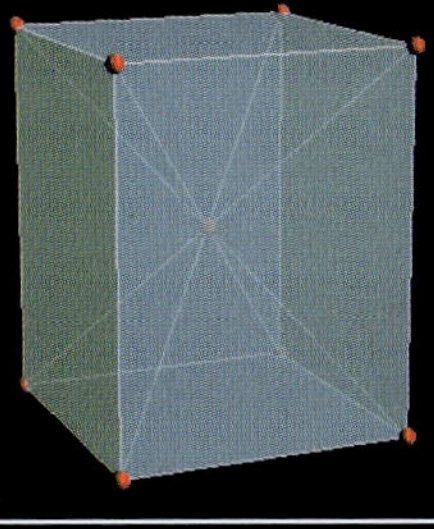

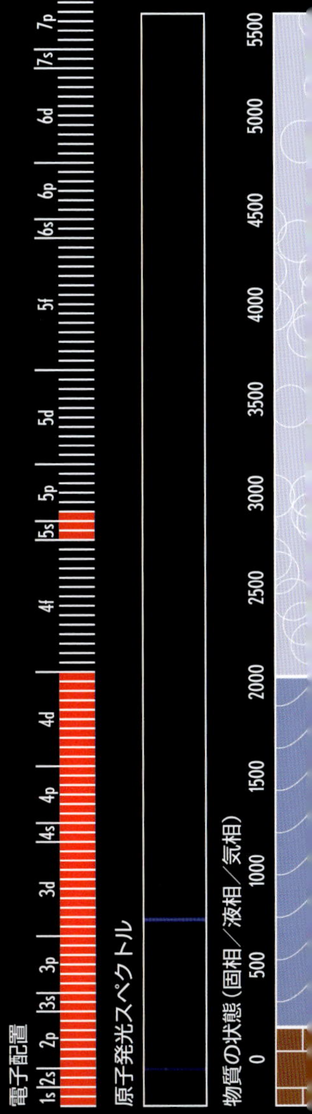

Tin

Sn 50

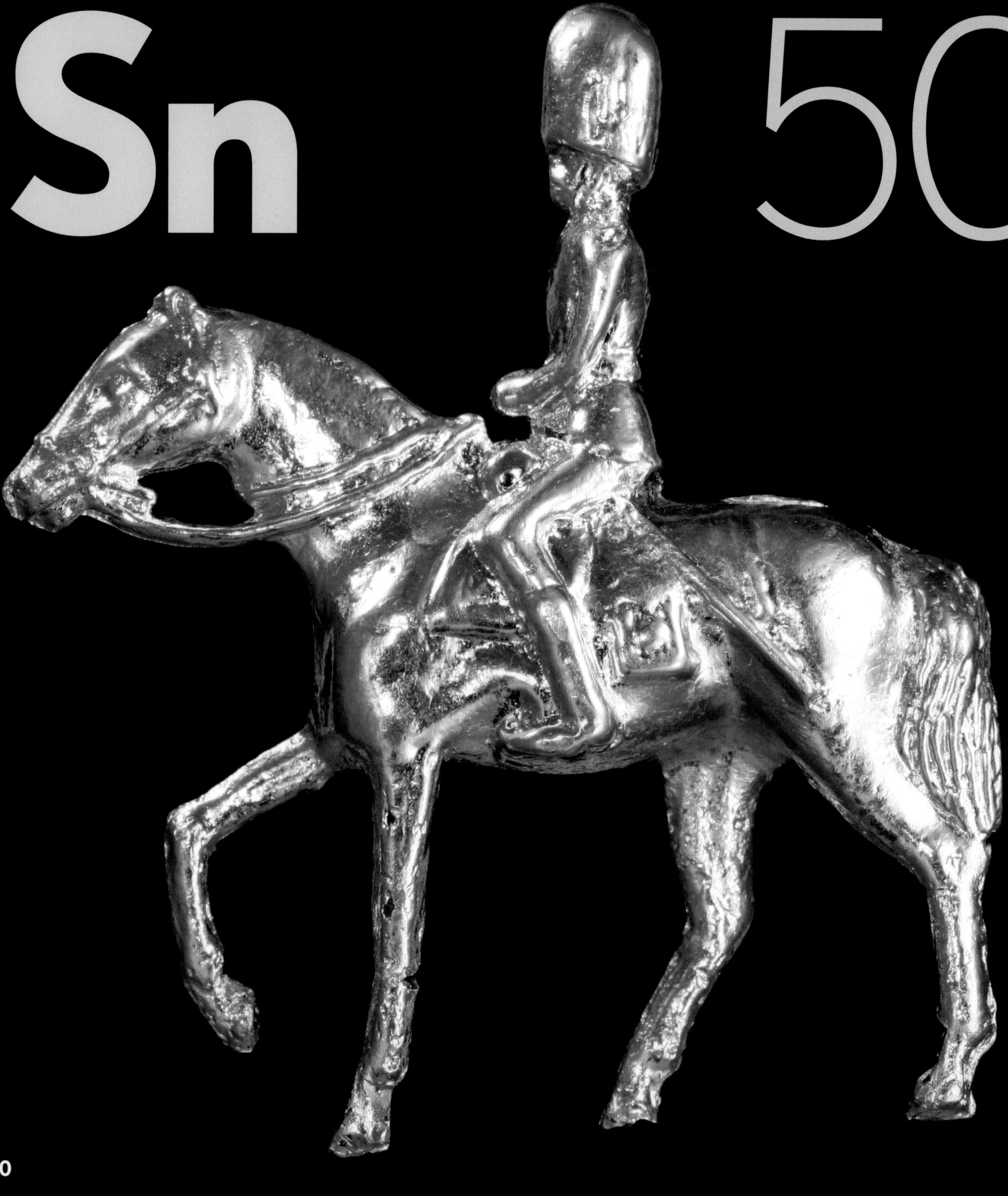

Tin
スズ

▶ 金属スズの表面にできた灰色のスズ同素体（スズペスト）。

おお、スズ！　なんと愛おしい元素でしょう。ほとんど無害、永遠に銀色に輝き、融かしやすく、細工の細かい鋳型で鋳造でき、値段もそんなに高くない――それ以上を望むなんて贅沢《ぜいたく》というものです。

子どものおもちゃの「スズの兵隊さん」が純粋なスズで作られることはまずありません。鉛(82)の方が安くて溶かしやすいので、たいていは鉛アンチモンかスズ鉛の合金が材料です。もっとも、近頃はおもちゃの兵隊といえばプラスチック製ですね。製品の安全性という点では大きな進歩です。今の時代、子どものおもちゃに鉛を使うなんて、鉛の風船と同じくらいありえない話でしょう。

英語ではtin can（スズ缶）やtin roof（スズ屋根）のようにtin（スズ）の名を持つ品物がいろいろありますが、それらの多くはスズ製ではありません〔大半が、日本ではブリキと呼ばれるスズめっきした鋼〕。それどころか金属薄板ならなんでもtinと呼ばれる始末で、スクラップ工場で巨大な電磁石が持ち上げている金属板までそう言われます。本物のスズは磁石につかないというのに。

スズで鋳造された硬貨もわずかながらありました。しかしスズは、ある特性のため、貨幣には不向きです。冬の極寒にあたったスズは、何ヵ月もかけて徐々に銀色の金属から暗灰色の粉に変身するのです。錆び、酸化、化学変化のいずれでもありません。結晶構造（同素形）が通常の金属形態から灰色スズという立方晶系結晶に変わるだけです。かつてヨーロッパの長い冬にオルガンのパイプでこれが起こり、スズペストと呼ばれました。

自分のお金が灰色の粉になってしまったら、あなたには次の元素アンチモンの名前がアンチ・マネーに見えるかもしれませんね。

▲ スズでできたカップ。

▶ 鉛フリーはんだは成分中のスズの割合が高い。

▲ 鋳造用のスズのインゴット。

▲ スズ石（酸化スズ）。ボリビア、ラ・パス市、ビロコ鉱山産。

◀ 昔の「スズの兵隊さん」はスズ鉛合金製が多いが、これは純度99.99%のスズ製。

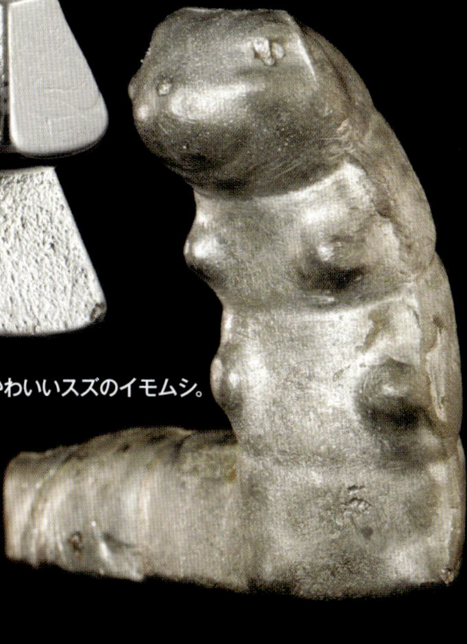

▶ かわいいスズのイモムシ。

基本データ

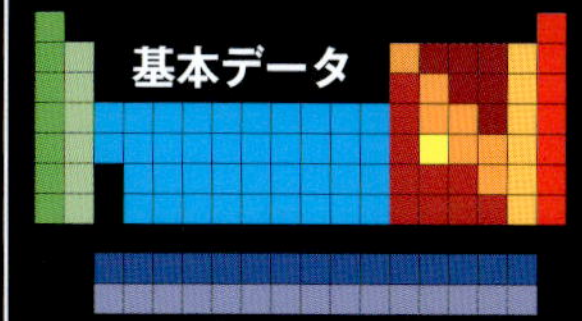

原子量
118.710
密度
7.310
原子半径
145 pm

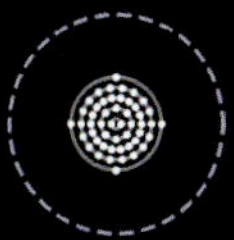

結晶構造

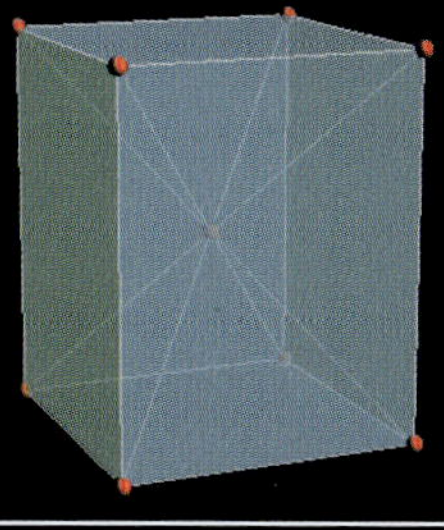

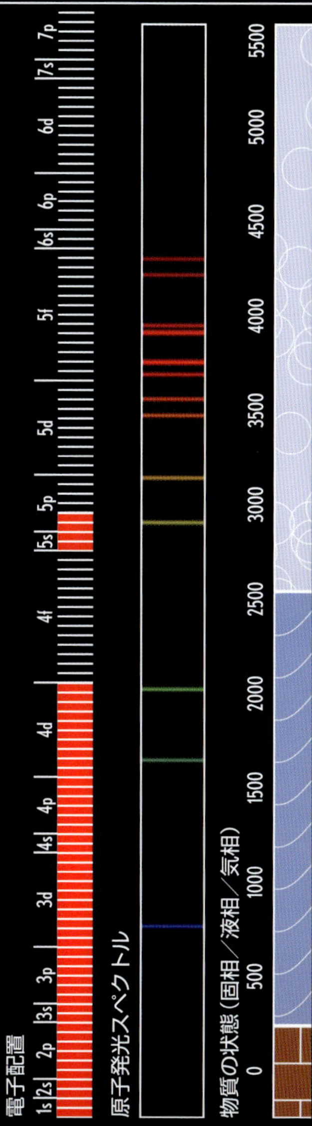

Antimony

Sb

51

Antimony
アンチモン

アンチモン（antimony）はマネーの敵（anti-money）ではありません。アンチモンは典型的な半金属──つまり、見かけは金属ですが、普通の金属よりもろく、より結晶性が高い元素です。

鉛(82)にアンチモンを加えると、鉛だけよりずっと硬くなります。鉛、スズ(50)、アンチモンを適切な割合で混ぜた合金は、溶けた状態から固体になるときにわずかに膨張するという特性を示します。ヨハンネス・グーテンベルクは手彫りの鋳型にこの合金を流し込んで、硬くて何度でも使え、凝固時の膨張によって鋳型の隅々にまで金属がいきわたるため欠けもない印刷用活字を作りました。組み替え可能な活字の誕生です。それから650年、今や写真平版やコンピューターの時代で活版印刷は過去のものになりつつあります。しかし現代の先端技術も、グーテンベルクが始めたアンチモンの賢い利用によって書物が世界に普及し、学問が発展しなかったら、決して開発されなかったことでしょう。

同じ鉛アンチモン合金でも、すたれつつある印刷原板と違って現役バリバリの製品もあります。たとえば銃弾。銃弾は鉛玉とよく言われますが、純粋な鉛は軟らかすぎるので、アンチモンを加えて硬い弾丸用合金を作ります。自動車用の鉛蓄電池にも、アンチモンで硬度を上げた鉛の電極が使われています。

ここで、たぶんまだだれも報告していないアンチモンの愛すべき特性をお教えしましょう。アンチモンの塊は、鋳造後に冷めていく際、小さな音で美しいメロディーを聞かせてくれるのです。温度が下がる過程で内部の結晶が壊れたり横滑りしたりして、内側から塊をはじき、チベットの鉦《かね》のような響きを生み出しているのに違いありません。冷却時に時折カシャとかピチッといった音を出す金属は他にもありますが、最近鋳造したアンチモン棒ほど美しい音色を聞いたのは初めてでした。

アンチモンは冷めるときに音楽を奏で、テルルは名前そのものが音楽的です。

▶純アンチモンのスパッタリングターゲット（真空蒸着用の金属素材）。錬金術師が好んだ星状アンチモン結晶に似ている。

▲内部結晶が見えるように鋳造アンチモンの塊を半分に割ったところ。冷める過程でこの結晶が妙《たえ》なる音楽を奏でる。

▲アンチモン製のゴブレットに入れておいたワインは嘔吐を誘発する（ただしこれは合金製）。アンチモンは医療にも使われた。

◀割れた結晶の美しい塊。アンチモンはこのような形で売られる。

▲スズの例と同様、「アンチモンのおもちゃ」の多くはスズ、アンチモン、鉛の合金。

◀アンチモン製の獅子《しし》形香《がたこう》炉《ろ》。これが手に入ったのはeBayのおかげ。

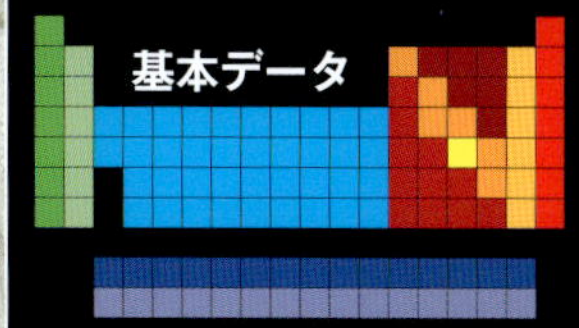

原子量
121.760
密度
6.697
原子半径
133 pm
結晶構造

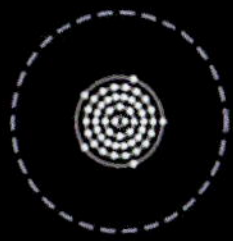

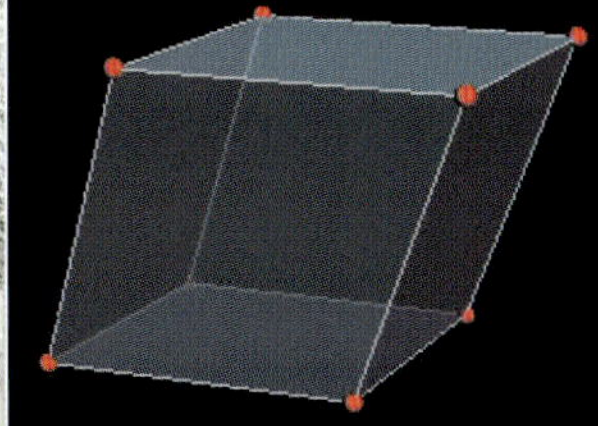

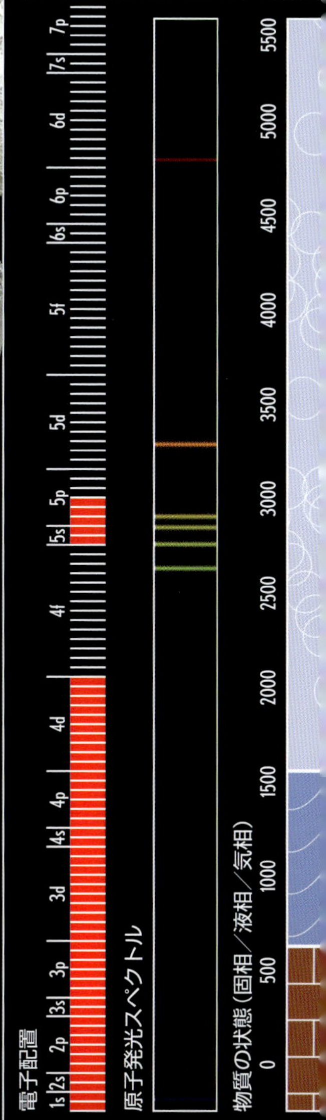

Te 52

Tellurium
テルル

テルルは最も美しい名前を持つ元素だと思います。地球を意味するラテン語の「テルス」が語源で、他のどんな元素にも優る詩情をたたえています。この名前には私の個人的な思い入れもあります。ある企業がウルフラムというタイトルのコンピューターゲームの発売を企画し、私のソフトウェア会社（ウルフラム・リサーチ）と商標でもめそうになったことがあるのですが、そのとき私はゲームの名前を「テルル」にした方がずっといいと提案して事態を丸く収めました。

テルルはしゃれた名前としゃれた結晶構造を持っていますが、実際にこれに出会うとしゃれにならないことが起こります。微量でも体内に入ったが最後、腐ったニンニクの臭いが数週間抜けないのです。そのせいか、当初テルルの研究はあまり行われませんでした。

こういう問題点を持ち、最も稀少な元素のひとつ（地殻に含まれる量が少ない方から数えて８番目か９番目）であるにもかかわらず、テルルには数多くの重要な用途があります。DVD-RWや書き換え型ブルーレイディスクの記録層にはテルル化合物が使われており、レーザーの熱で反射状態を切り替えて書き込みと消去ができる仕組みになっています。

多くの人が使う記録用ディスク、太陽電池、実験用メモリーチップに、埋蔵量がわずかなテルルが使われる――ここからテルル価格の急騰《きゅうとう》を予想する人々もいます。しかし一方で、DVDとブルーレイはオンラインムービーの追撃を受け、テルルを使わない太陽電池も存在し、さらに、メモリーチップの主力がテルルの相転移メモリー、カーボンナノチューブメモリー、今後出てくる新発明のどれになるのかも不明です。テルル相場の急騰も下落も、どの程度現実性があるのか疑問ですね。

残念ながら次のヨウ素についても、私の話はおよそ投資の役には立たないと思います。

▲テルル化ビスマスは熱電クーラーに使われる。これは清涼飲料１缶だけを冷やす装置から取り出したもの。

▶カラベラス鉱。金とテルルの化合物。

▲CD-RWやDVD-RWディスクの書き換え可能な記録層にはテルル化合物が使われている。

◀テルルは純粋な形で使われることはめったにないが、このようなすらりとした美しい結晶で流通する。

▼このように美しい結晶表面が、溶融テルルが冷えて固まるときにできる。

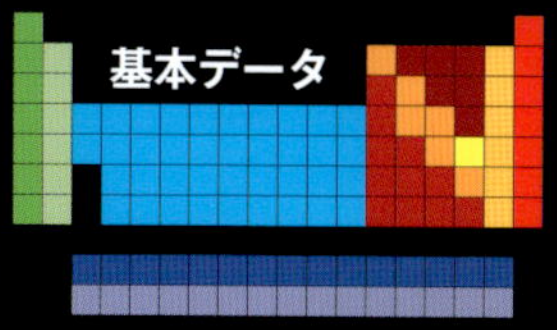

基本データ

原子量
127.60
密度
6.240
原子半径
123 pm

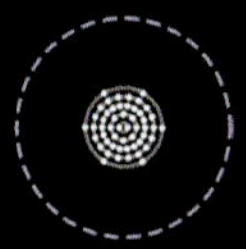

結晶構造

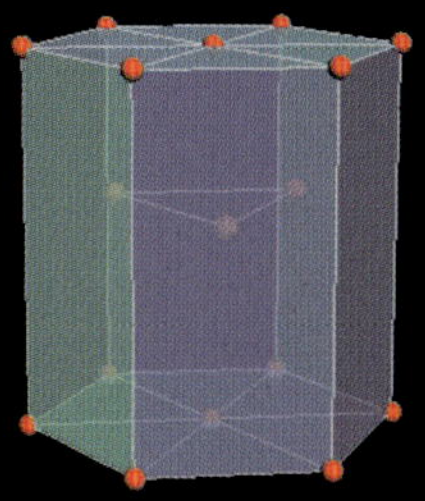

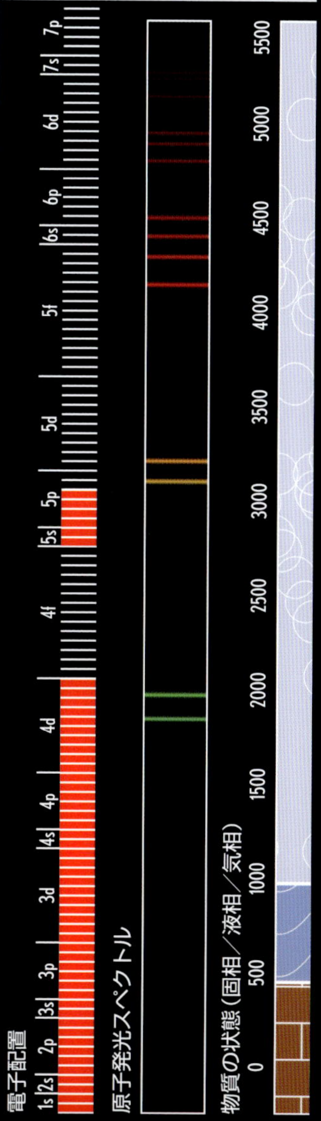

Iodine

I

53

Iodine
ヨウ素

ハロゲン族は、下にいくほどだんだん温和になっていきます。獰猛なフッ素(9)、荒くれ者の塩素(17)、かろうじて液体の臭素(35)——そしてヨウ素は比較的性格が良く、馬の蹄の病気の治療に使われるほどです。

ヨウ素は室温で固体ですが、臭素と似て、かろうじて固体でいるだけです。ゆっくり加熱すると114℃で溶け、すぐに蒸発して、きれいな紫色の濃密な蒸気になります。

私は煙と蒸気の違いをヨウ素に教わりました。煙は光を反射する微粒子の集まりなので、黒い背景の前で横から光をあてれば写真に写ります。一方、蒸気は（たとえ色つきの蒸気でも）黒い背景の前で写真に撮ることは不可能です。横から光をあてても、そこには光を反射するほどの大きさの粒子は存在せず、目には見えない分子があるだけだからです。蒸気を見やすくする唯一の方法は、明るい色の背景の前で、蒸気を通り抜けてくる光が蒸気分子に吸収されるのを利用することです。黒い背景に映えるヨウ素蒸気の写真を撮ろうとして、私はずいぶん時間をむだにしました。

一昔前まで、ヨウ素をアルコールに数パーセント溶かしたヨードチンキが広く消毒に使われていました（傷にしみるのはアルコールで、ヨウ素ではありません）。今でも限られた目的には使われます。周期表の同じ列の上方に位置する塩素や臭素と同様、ヨウ素も微生物に化学攻撃を仕掛けて殺すので、耐性菌は生まれません。菌に抗生物質が効かなくなっても、ハロゲン族はいつでも私たちを——少なくとも馬を——助けてくれます。

ハロゲンの次は例によって希ガスですが、キセノンは最も"らしくない"希ガスです。

◀ ヨウ素は加熱すると美しい紫の蒸気になる。写真撮影の際、皿の裏側から照明をあてた。

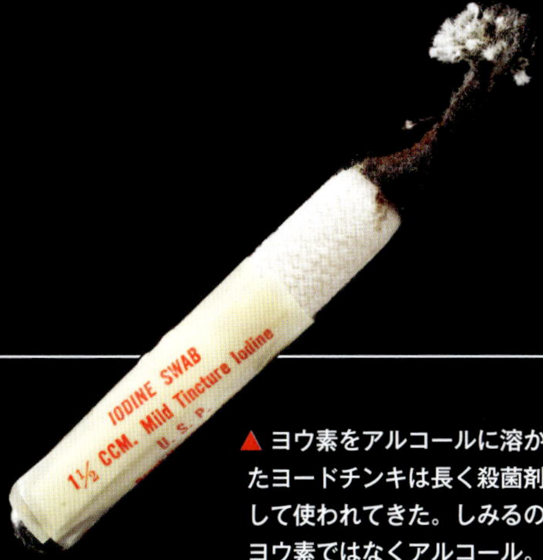

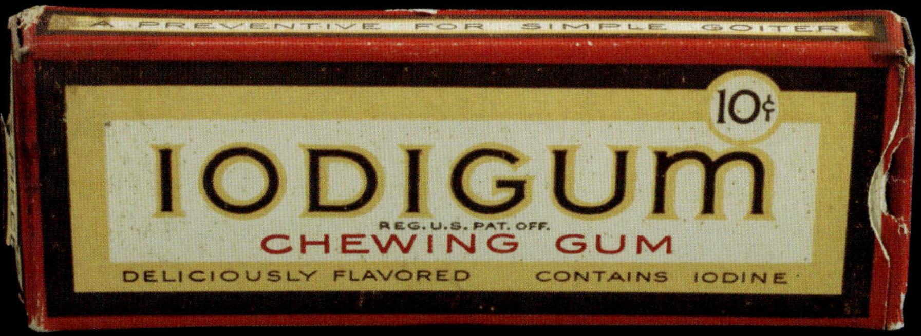

▼ ヨウ素不足は甲状腺疾患の原因になるが、米国では食塩へのヨウ素添加で甲状腺の病気が減り、ヨードガムは不要になった。

▲ ヨウ素をアルコールに溶かしたヨードチンキは長く殺菌剤として使われてきた。しみるのはヨウ素ではなくアルコール。

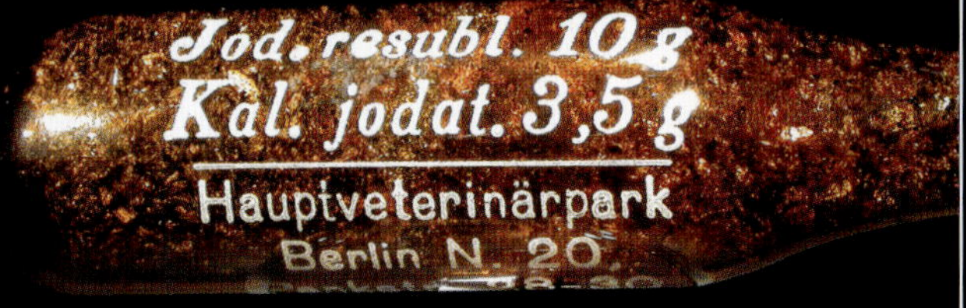

▲ 獣医師が使う殺菌用ヨード剤。

◀（左と下）ヨードチンキの瓶はコレクターに人気。

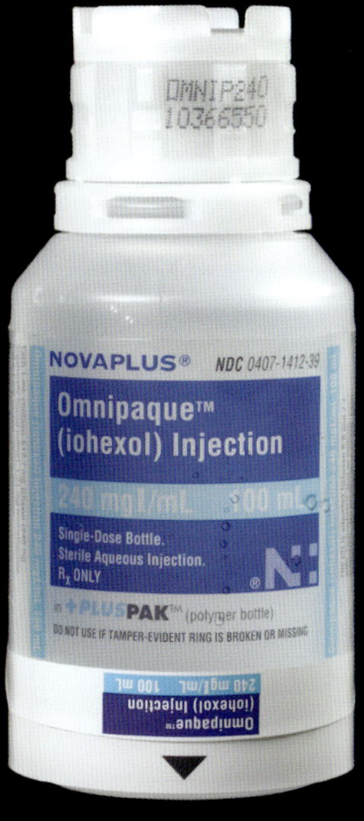

▶ ヨウ素を含む造影剤。心臓のCTスキャンに使う。

基本データ

原子量
126.90447
密度
4.940
原子半径
115 pm
結晶構造

電子配置
原子発光スペクトル
物質の状態（固相／液相／気相）

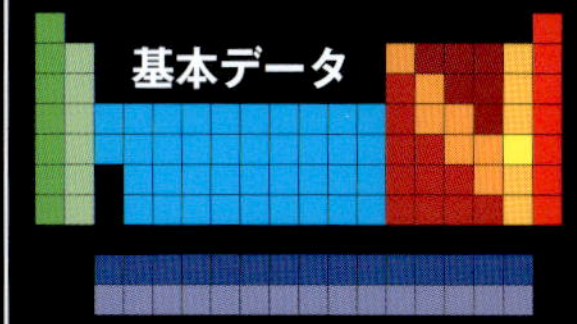

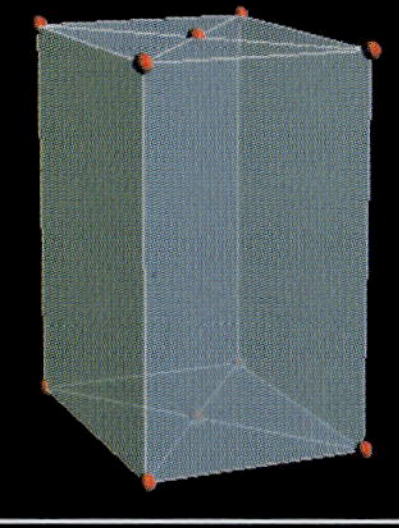

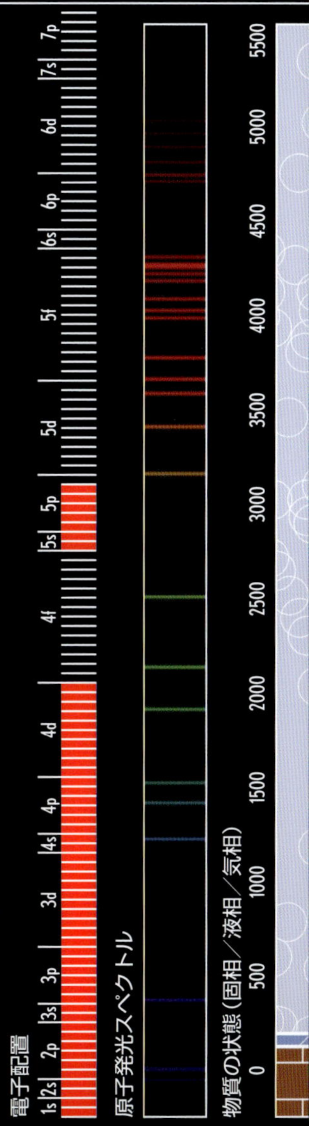

54

Xenon
キセノン

ほとんどの実用的用途においては、キセノンは希ガスらしく振舞います。周期表の同じ縦の列に並ぶ他の気体と同様、不活性で他の物質と反応しません。最も高価でもあります。けれども、とんでもないことに、1962年にキセノンは普通の元素と化合した現場を押さえられてしまったのです。

それ以来、何十種類ものキセノン化合物が発見され、合成されました。たいていはフッ素(9)が一枚かんでいます。たとえば二フッ化キセノンはどこの研究所の商品カタログにも載っていて、注文するとありふれた瓶に入って届きます。ショックとしか言いようがありません。希ガスにあるまじきふるまいです。

この軽率な行為にさえ目をつぶれば、キセノンの用途の大部分は希ガスならではの不活性を利用したものと言えます。熱伝導性が低いキセノンを白熱電球に封入すれば、フィラメントをより高温でより明るく光らせることができます。しかし、キセノンが真に輝くのはアーク灯に使われた時です。

映画の映写機やステージのスポットライトの一番の課題は、平行な光線を作ることです。それには、非常に小さくて強力な光源からの光をパラボラ型の鏡面に反射させる方法が使われます。パラボラの焦点に置く光源が小さければ小さいほど、平行に近い光線が得られます。アイマックスの映写機では、巨大スクリーンに映像を写すためにとびきり明るい15キロワットのキセノンショートアークランプが使われています。この電球に充塡《じゅうてん》されたキセノンは超高圧なので、万一の破裂に備えて特殊なケースの中で保管され、あつかうときは防護服を着る必要があります。

これほど大げさではありませんが、一部の高級乗用車の新型ヘッドライトにキセノンのメタルハライドランプが採用されています。そう、夜の道路であなたの目を眩《くら》ませる、あの癪《しゃく》にさわる光です。

希ガスの次にひかえるのはもちろんアルカリ金属。アルカリ金属の中で最も反応性の高いセシウムが登場します。

▲ヘッドライト用ランプ。キセノン白熱電球の光を高価なキセノンメタルハライドランプの光に見せかけるために、青いフィルムで覆ってある。

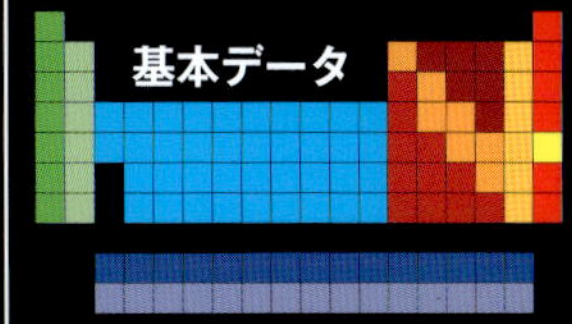

基本データ

原子量
131.293
密度
0.0059
原子半径
108 pm
結晶構造

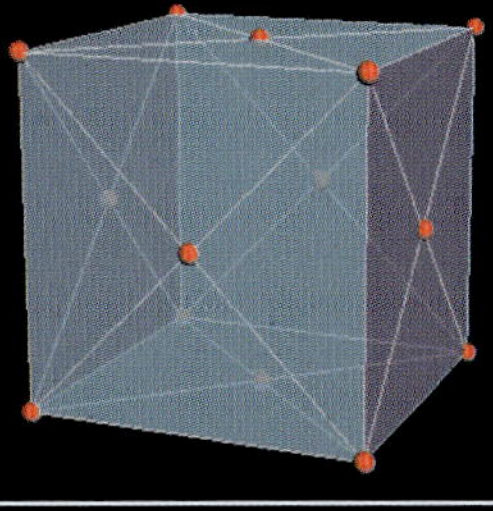

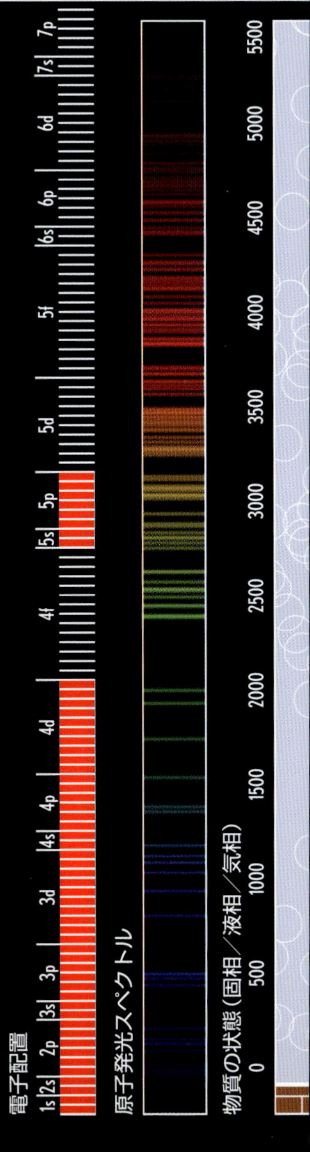

▶映写機用キセノンショートアークランプ。

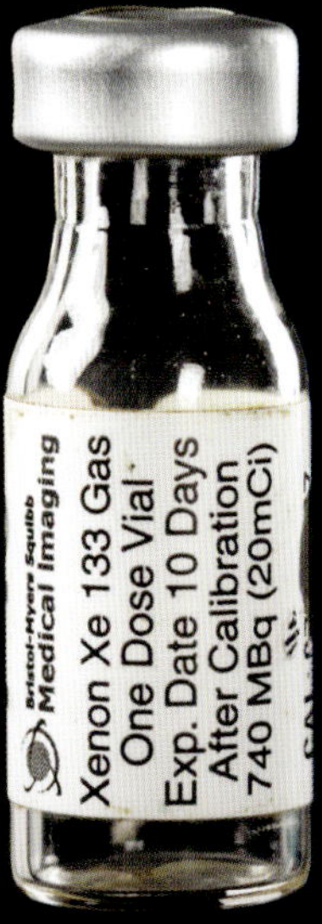

◀放射性のキセノン133。吸入して肺機能を調べる検査に使われる。

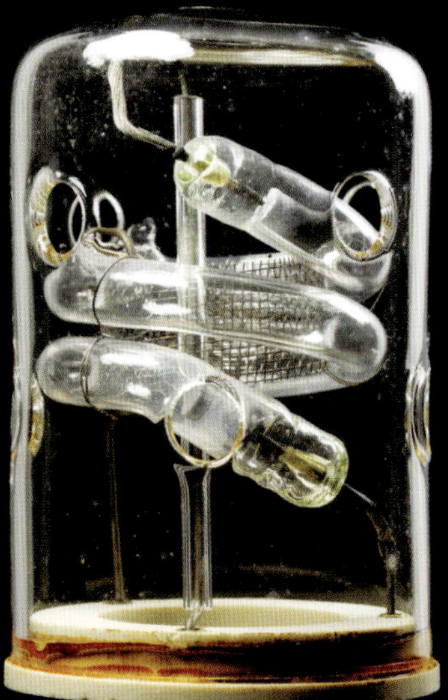

▶スタジオカメラマンが使う強力なキセノンフラッシュチューブ。

◀管の中のキセノンを高圧放電で励起《れいき》させると、きれいな紫色の光を放つ。

▶キセノンメタルハライドのヘッドライト。

Cesium

Cs

55

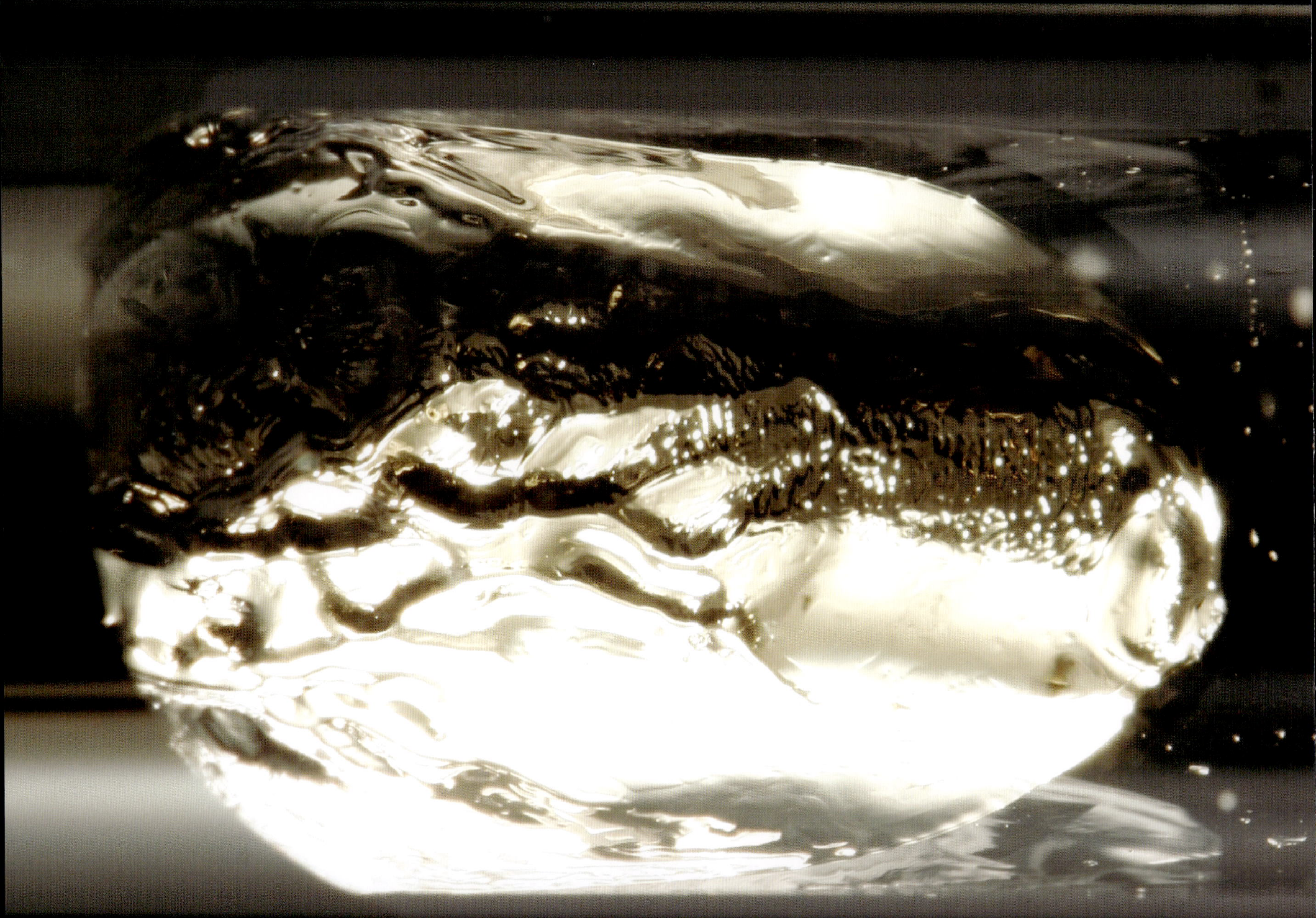

Cesium
セシウム

セシウムは、アルカリ金属の中で最も反応性が高いことで知られています。ボウルに水を入れてセシウムをひとかけら投げ込むと、一瞬にして爆発が起こり、水が一面に飛び散ります。とはいえ、アルカリ金属のうちでセシウムの爆発が最も華々しいとは言えません。ナトリウム(11)は水中に投じられてから爆発まで少し時間がかかりますが、その間に水素(1)のガスがもくもくと湧き出し、発火するや、セシウムをはるかにしのぐ大爆発が起こります。私がそう言い切れるのは、アルカリ金属を1種類ずつ水に放り込んで爆発させる番組を数日がかりで撮ったことがあるからです。セシウムの爆発をあつかったイギリスのあるテレビ番組の偽装をあばくのが目的でした（その番組は、セシウムが期待したほど派手に爆発しなかったので、爆発力を「改善する」ためにダイナマイトを使ったのです）。

しかし、セシウムの本領は爆発ではなく、計時にあります。現在、1秒の長さの公式定義は次のようになっています。「秒は、セシウム133の原子の基底状態の2つの超微細準位の間の遷移に対応する放射の周期の91億9263万1770倍に等しい時間である」。この規格を実際に実現するには、だいたいその周波数(約9.1ギガヘルツ)の信号をセシウム原子の集団に放射します。どれだけの信号が原子に吸収されるかを観察しながら周波数を調整していって、目標の数値に近づけます。最も多く信号が吸収された時、信号は完璧に遷移エネルギーのレベルに達したことになり、周波数は定義上は正確に9.19263177000000……ギガヘルツになっています――もしもセシウム原子が完全に孤立した状態で、原子に影響を及ぼす電場、磁場、重力などの乱れがなければの話ですが。

広く使われている協定世界時（UTC、国際協定による世界標準時）の基礎になる国際原子時は、世界各地のセシウム原子時計300個を同期させて維持されています。一番精度が高いのはセシウムファウンテン原子時計で、レーザーを使って数百万個の孤立セシウム原子を真空チャンバー内に投げ上げ、自由落下する原子で測定を行うので、外界からの影響をほぼゼロに抑えることができます。仮にアメリカのコロラド州ボウルダーにあるセシウムファウンテン原子時計「NIST-F1」が恐竜時代からあったとすると、7000万年後の現在でも誤差は1秒未満です。

さて、それでは浮遊するセシウム原子に別れを告げて、名前そのものが「重い」という意味を持つ元素へ移りましょう。

◀アンプルの中のセシウムは、手で1分ほどあたためると溶解して美しい金色の液体になる。もしアンプルが手の中で割れたら、発火して大変なことに。

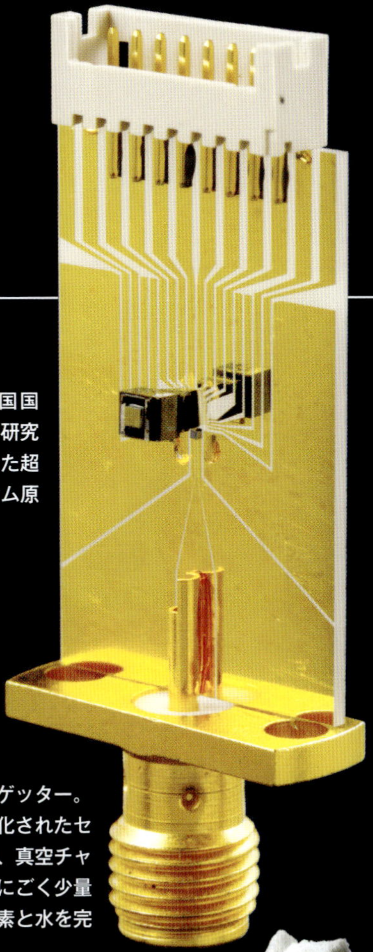

▶NIST（米国国立標準技術研究所）が作った超小型セシウム原子時計。

▼セシウムゲッター。熱で活性化されたセシウムが、真空チャンバー内にごく少量残った酸素と水を完全除去。

▶油井掘削に使われるギ酸セシウムの粉末。

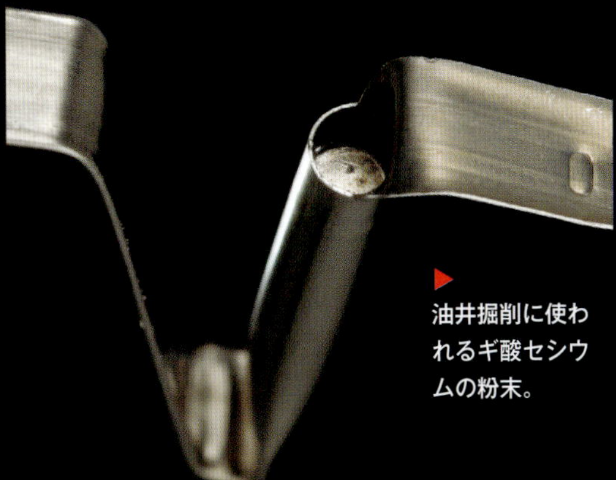

▼イギリスの国立物理学研究所のセシウムファウンテン原子時計基部にある真空チャンバー。

▼ギ酸セシウムの高濃度溶液。比重が大きいのでマグネシウムの金属片が浮く。この溶液は油井掘削の際に岩石片の除去に使われる。

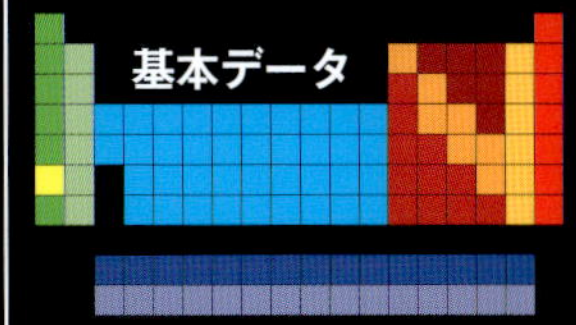

原子量
132.90545196
密度
1.879
原子半径
298 pm

結晶構造

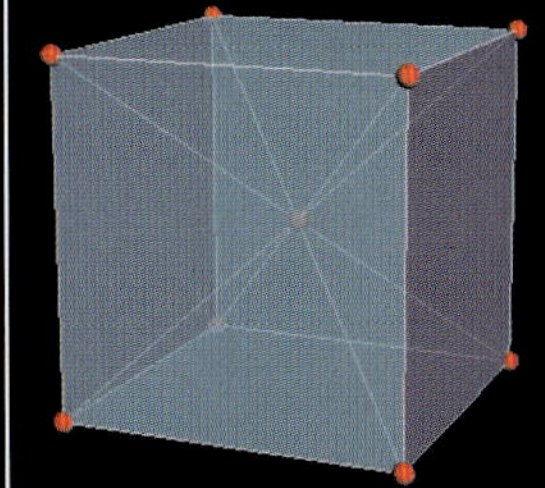

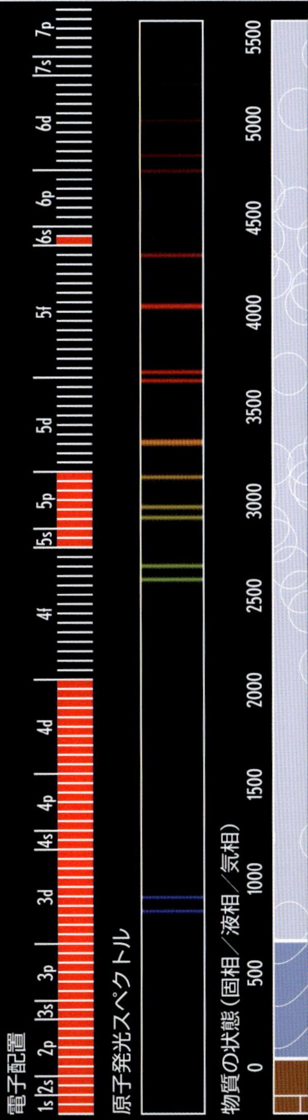

Barium

Ba 56

Barium
バリウム

ギリシャ語で「重い」を意味する「バリス」から名付けられたバリウムですが、特に重いわけではありません。実は、軽量で知られるチタン（22）より低密度です。しかし、純粋なバリウムはたいして重くないのに、化合物は大半が重いのが特徴です。バリウムの用途の多くは、化合物の懸濁液《けんだくえき》の密度を利用します。

その一例が油井の掘削です。ドリルで掘削しながら、硫酸バリウムの「泥」を穴に注入します。破砕した岩石屑を、それより比重が重いこの液体で浮き上がらせ、穴から取り除くわけです。硫酸バリウム溶液は、決して日の当たらない場所の冒険にも赴《おもむ》きます。硫酸バリウムはX線を通さないので医学検査の造影剤に使われるのです。消化管のどこを撮影するかによって、口から飲むか、反対側から注入されるかします。X線で撮影すれば、消化器のくびれや曲がりが丸見えです。

純粋なバリウムは酸素（8）と急速に反応して、ほとんど使いみちのないものに変化します。逆に言えば、これは酸素を消滅させたいときに大助かりです。旧式の真空管はたいてい、ガラス管の内側に銀色のバリウムを蒸着させてあります。微量の酸素、水蒸気、二酸化炭素、窒素（7）が製造時に真空管内に残っていたり、年月とともにガラスの接合部からもぐり込んだりしても、バリウムが反応して除去してくれます（これをゲッターといいます）。同様のバリウムゲッターは、真空を利用する各種装置や電球の中でも、酸素や水蒸気を完全除去するために働いています。

真空管が時代遅れになった今、バリウムの用途の花形はYBCO（イットリウム・バリウム・銅酸化物）の超伝導体（39番元素イットリウムの項を参照）です。超伝導の磁力による空中浮遊はさておいて、次のランタノイドに進みましょう。ランタノイドは多彩な磁気特性で知られるグループです。

▲ほとんどすべての真空管にはバリウムゲッターまたはその仲間が使われている。この真空管もガラスの内側にバリウムの薄い膜が蒸着されている。

◀他の多くの元素と同様に、純粋なバリウムも光沢のある金属。

◀バリウムゲッターを輸送する際は密閉した缶に入れて酸素との反応を防ぐ。

◀消化管造影に使う硫酸バリウム。口または肛門から体内に入れる。

▶重晶石（硫酸バリウム）。ペルー、ワンカベリカ県フルカニ鉱山産。

基本データ

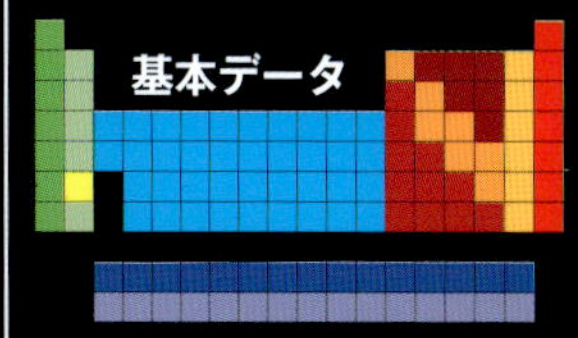

原子量
137.327
密度
3.510
原子半径
253 pm
結晶構造

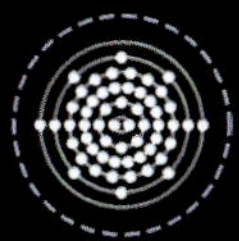

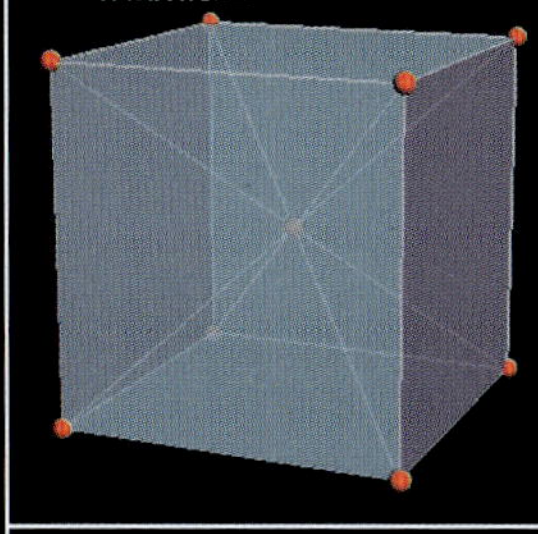

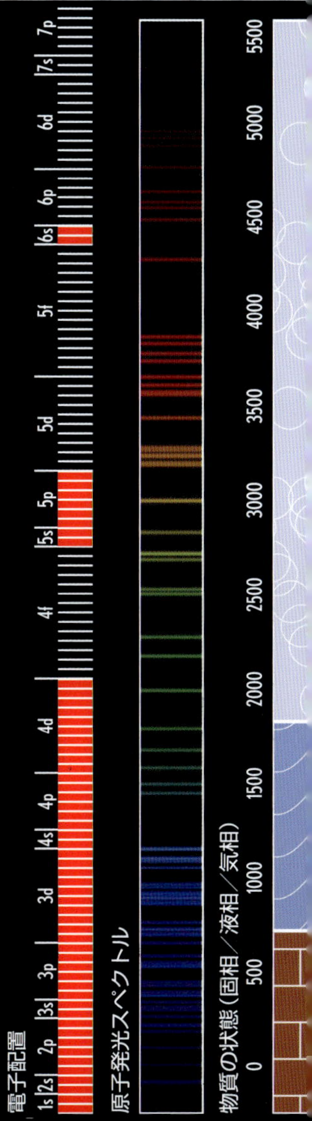

Lanthanum

La

57

Lanthanum
ランタン

ランタンは、ランタノイド系列と呼ばれる希土類のトップバッターです。周期表の下によく２段の枠で別に配置されている元素グループがありますが、その上段がランタノイドです。ランタノイドはどの元素も化学的性質がほぼ同じで、すべてが同じ鉱石中に一緒に存在します。そのため過去には、化学者がひとつの元素だと思っていたものが実は複数の元素の混合物だと判明するまでに長い年月がかかった、というエピソードもありました。

ランタノイドの仲間同士の主な違いは磁気特性です。ネオジム(60)のように最強の磁石を作るものもあれば、テルビウム(65)のように磁場の大きさによって形が変化する合金になるものもあります。

ランタン自体は、希土類の中で最も豊富に存在する元素のひとつです（「希土類」は名前から想像するほど希《まれ》ではありません）。絶対にランタンでなければだめという用途はあまりなく、たとえばライターの「発火石」は、実際は鉄とミッシュメタルの合金です。ミッシュメタル（ドイツ語で混合金属の意）とは、ランタン、セリウム(58)、少量のプラセオジム(59)、ネオジムの混合物で、組成はその日使った鉱石によってまちまちなため、正確な合金ではありません。多くの用途ではランタノイド同士が多少入れ替わっても影響はありませんから、コストをかけて個別に分離する意味がないのです。

希土類酸化物は耐熱性が高く、高温で明るく発光するので、ランタン（元素ではなくキャンプなどで使う灯《あか》り）のマントルと呼ばれる発光体部分になります。

「希土類」の名に反して、ランタンは地殻中に鉛(82)の３倍も含まれています。セリウムに至ってはランタンのさらに倍近くあります。

▲キャンプ用ランタン（照明具）の中で明るく光る酸化ランタン製マントル。

◀純粋なランタンのインゴットの破断面。

▲ミッシュメタルのブロック。ランタンとセリウムが主成分。映画などで火花を散らす際に使われる。

▲バストネス石、(La, Ce)(F, CO_3)。

▲ミッシュメタルのブロックを砥石車《といしぐるま》に当てると、シャワーのように火花が散る。

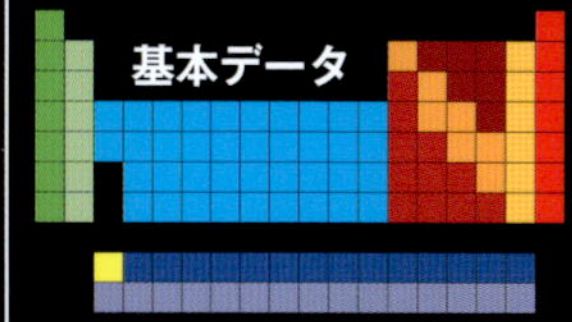

基本データ

原子量
138.90547
密度
6.146
原子半径
195 pm
結晶構造

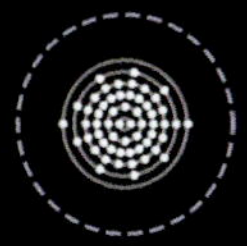

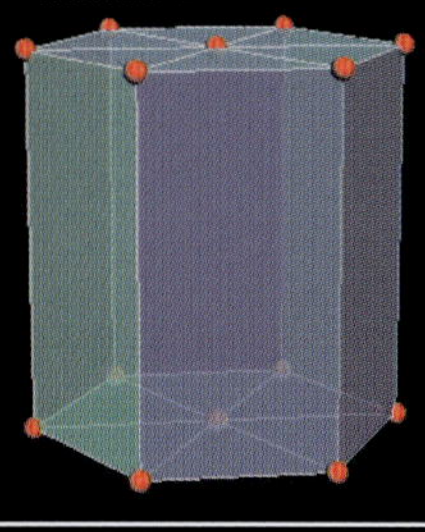

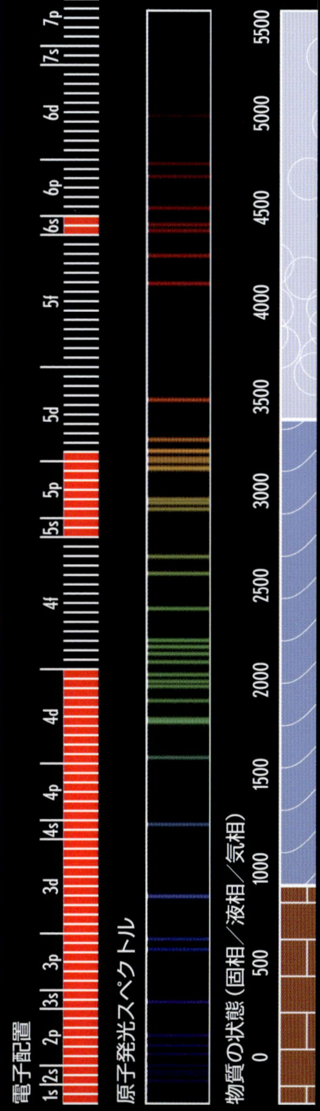

Cerium

Ce

58

Cerium
セリウム

セリウムは地球上に銅(29)と同じくらい豊富に存在し、値段も高くありません。とくに、ガラス用の研磨剤として広く使われる酸化セリウムはお手頃価格です。

セリウム金属には自然発火性があり、ひっかいたり激しくこすったりすると発火します。といっても金属の塊が炎上するのではなく、激しく火花が飛び散る、つまり削られて散った金属屑が燃えるのです。ライターの「発火石」に使われるのも当然です。セリウムの強すぎる発火性を抑えるため、ライターの石は鉄(26)との合金です。ランタン(57)の項で説明したミッシュメタル（ランタンとセリウムの混合物）の大きな塊は、映画撮影現場で特殊効果に使われ、たとえば自動車がコンクリートで激しく車体をこする場面で派手な火花を散らしてみせます。

私のお気に入りの収集品のひとつに、セリウム入りキャンプファイヤー・スターターがあります。要はライターの発火石を大きくしてプラスチックの柄をつけたものですが、ナイフの背で強くこするとあふれんばかりに火花のシャワーが飛び出して、乾いた火口《ほくち》に簡単に火がつきます。もっとも私は着火用には使わず、火花を眺めて楽しんでいます。

また、セリウムはアルミニウム(13)やマグネシウム(12)の合金に少量加えたり、タングステン(74)と一緒に溶接棒に入れたりもします。

次のプラセオジムは用途の点ではぱっとしませんが、英語で書いたときの横幅はそれを補って余りある存在感です。

▶ミセライト鉱石、$K(CaCe)_6Si_8O_{22}(OH,F)_2$。カナダ、ケベック州ヴィルデュ、キパワ産。

▲酸化セリウム粉末はガラス研磨剤としてよく使われる。

▶直径0.5インチ（約1.3㎝）のセリウム・ランタン・鉄合金。ライターの石の大きいものと思えばよい。鋼《はがね》の刃物でこすると火花のシャワーが見られる。

◀純粋なセリウムのインゴットのかけら。希土類では最も安いもののひとつ。

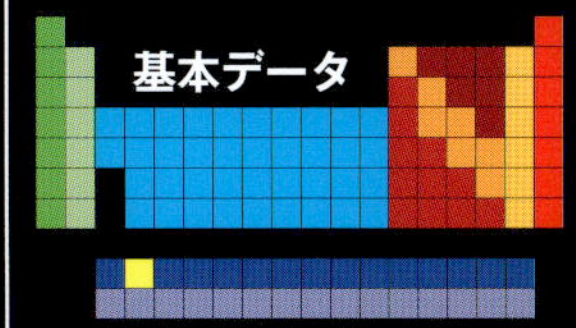

原子量
140.116
密度
6.689
原子半径
158 pm

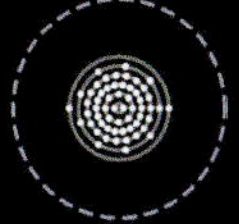

結晶構造

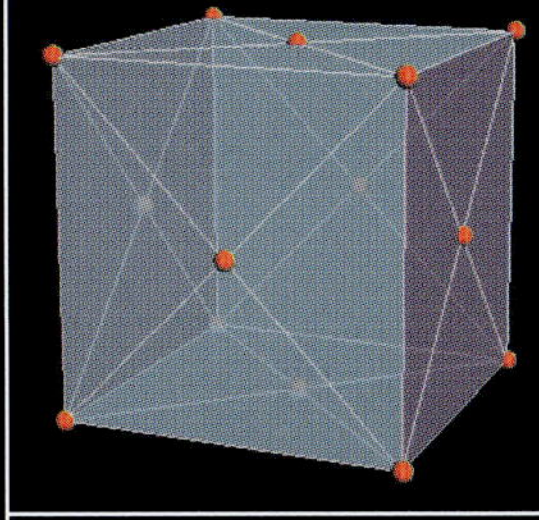

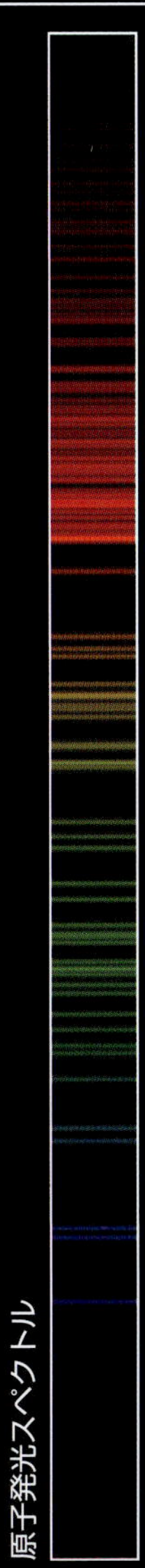

Praseodymium

Pr 59

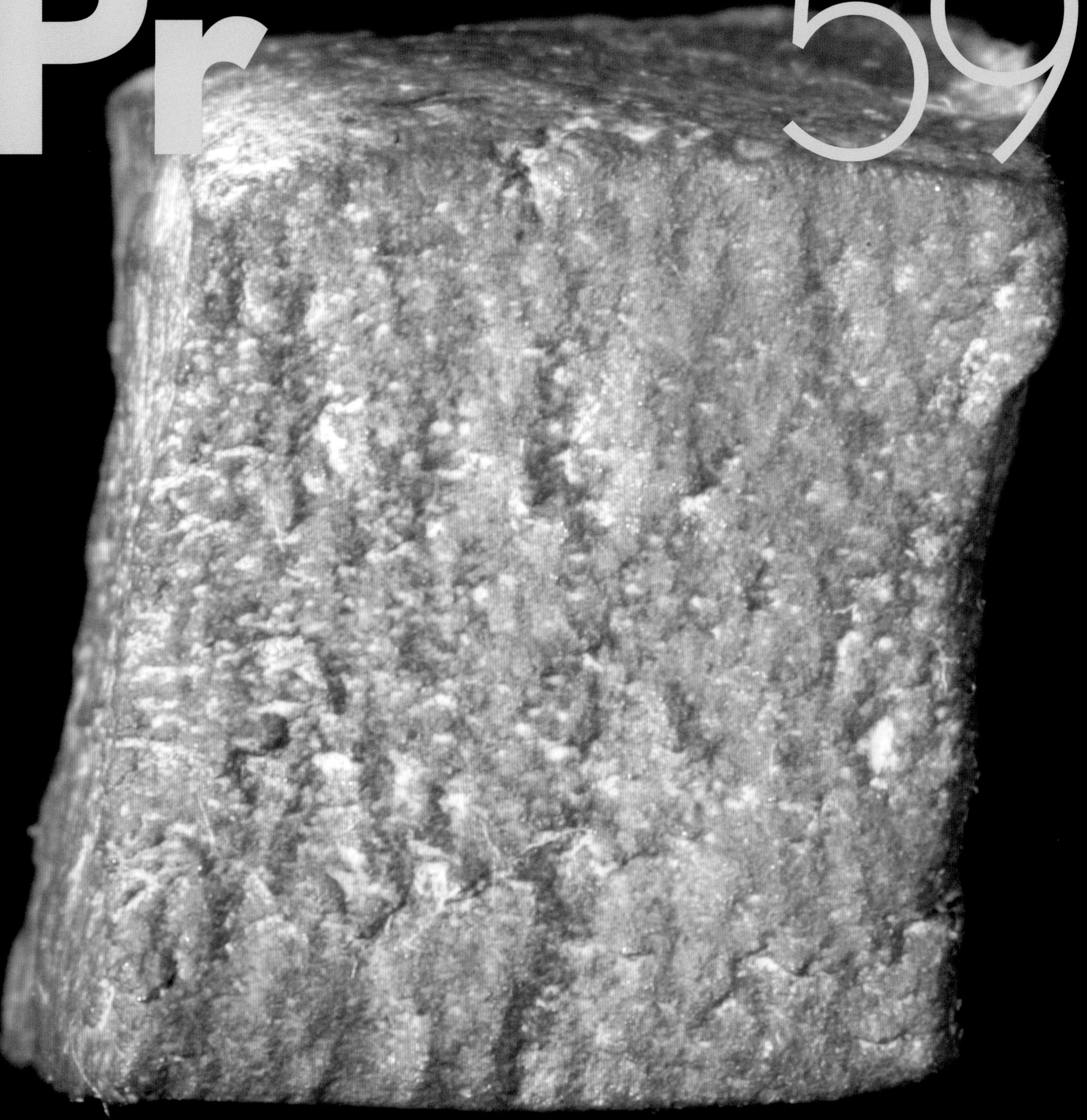

Praseodymium
プラセオジム

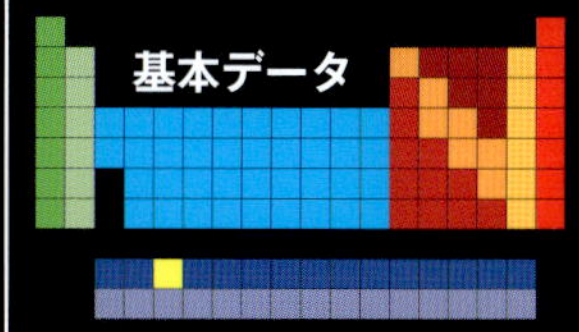

原子量
140.90766
密度
6.640
原子半径
247 pm
結晶構造

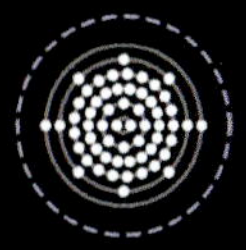

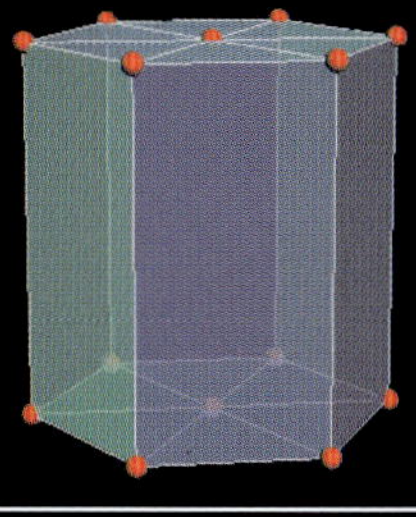

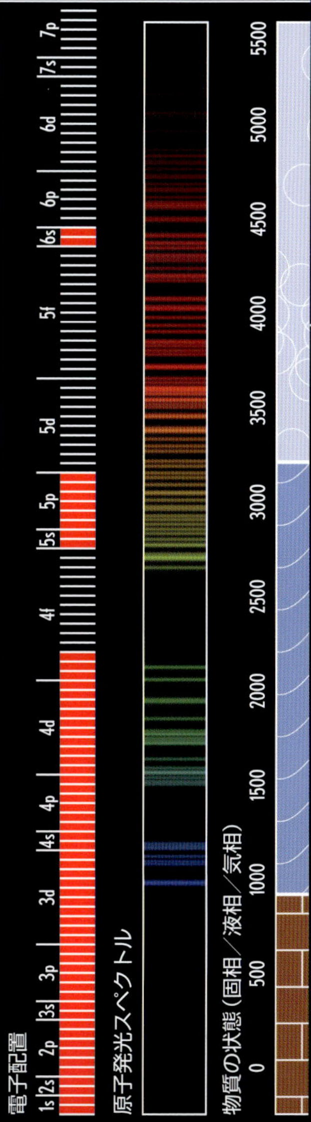

プラセオジムは英語ではpraseodymiumと書きます。全部の元素名を英語で板に彫るときには、この名前が最大の難関です。一番横幅を取る名前なのです（文字数では104番のrutherfordiumの方が上ですが、mが1個なので全体の幅はさほどではありません）。数年前に私が作ったような木製の周期表テーブル（235ページ参照）をあなたも作ろうと思い立ち、木板に元素名を彫るプランを採用したら、この事実を身をもって体験できます。もっとも、そんな計画をお持ちでない方にとってはこの情報は無用の長物ですね。

希土類の多くは、実際にはそれほど稀《まれ》ではありません。希土類と名付けられたのは、分離が難しいからです。希土類の分離に現在使われている溶媒抽出法は、互いに混じり合わない2種類の液体（水と油のような関係）に対する希土類化合物の溶解度がわずかに違うことを利用します。ほんの小さな溶解度の差でも、向流系を作って連続的に何度も抽出を繰り返すうちに分離度が上がり、ついには片方の相にある物質がほぼ純粋な形で取り出されます。

向流式溶媒抽出法の開発で希土類の入手しやすさは飛躍的に向上し、各元素単体の生産コストも劇的に下がりました。大量の希土類が手頃な値段で使えるようになると、新たな使い途が研究されます。なかには、それなりの成功を収める用途も出てきました。

たとえば、プラセオジムの特殊用途として、“ジジミウム”眼鏡があります。「ジジミウム」は、昔プラセオジムやネオジム（60）など複数の希土類元素の混合物が単一元素だと思われていたときの名前です。吹きガラス職人がこの眼鏡をかけると、作業がしやすくなります。プラセオジムとネオジムを混ぜたガラスのレンズは薄いブルーで、これは光のうち黄色の波長だけを吸収するからです。吸収されるその波長は、高温のソーダ石灰ガラスから発せられるナトリウムによる黄色の明るい輝線と一致します。そのため、ジジミウムレンズ越しであればガラスを融点まで熱する炎を直視できるのです。ぼんやりした青い炎と、熱いガラスが発するかすかな赤橙色の光が見えるだけです。でも、眼鏡を外したらたちまち刺すように眩しい黄色の光が目に飛び込み、思わず顔をそむけます。

地味なプラセオジムの隣のネオジムは、あなたの家にもあるかもしれない有名元素です。陽子1個の差でこれほど違うとは！

◀ 純粋なプラセオジムの塊。わずかに酸化している。

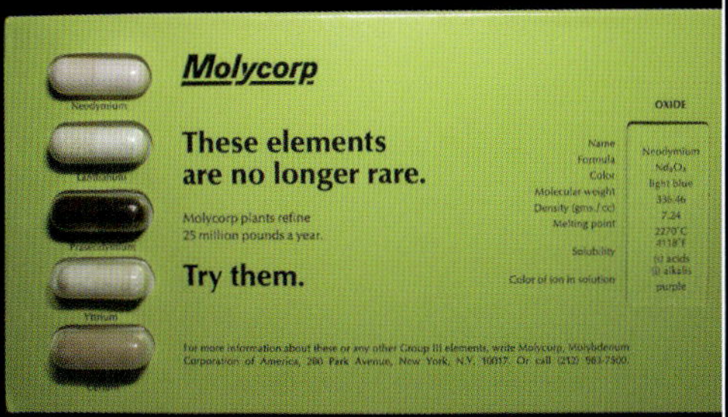

▲ 希土類大幅値下げの宣伝用に配布されたサンプルセット。宣伝文句は「もはや『希』ではない」。

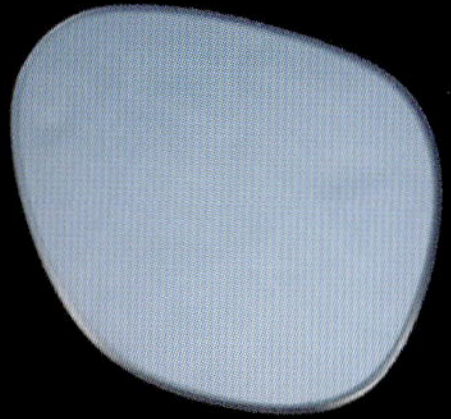

▶ 吹きガラス職人が使うジジミウム眼鏡のレンズ。

◀ キュービックジルコニアをベースにした人造ペリドットの色を出しているのはプラセオジム。

▼ 炭素アーク灯の電極棒。映画撮影用に昼光色を出せるよう、芯の部分にプラセオジムが添加されている。

▼ プラセオジムを含む青色フィルターは、効率の良くない黄色い光の白熱電球を、もっと非効率的な昼光スペクトル電球に変身させる。

Neodymium

Nd

60

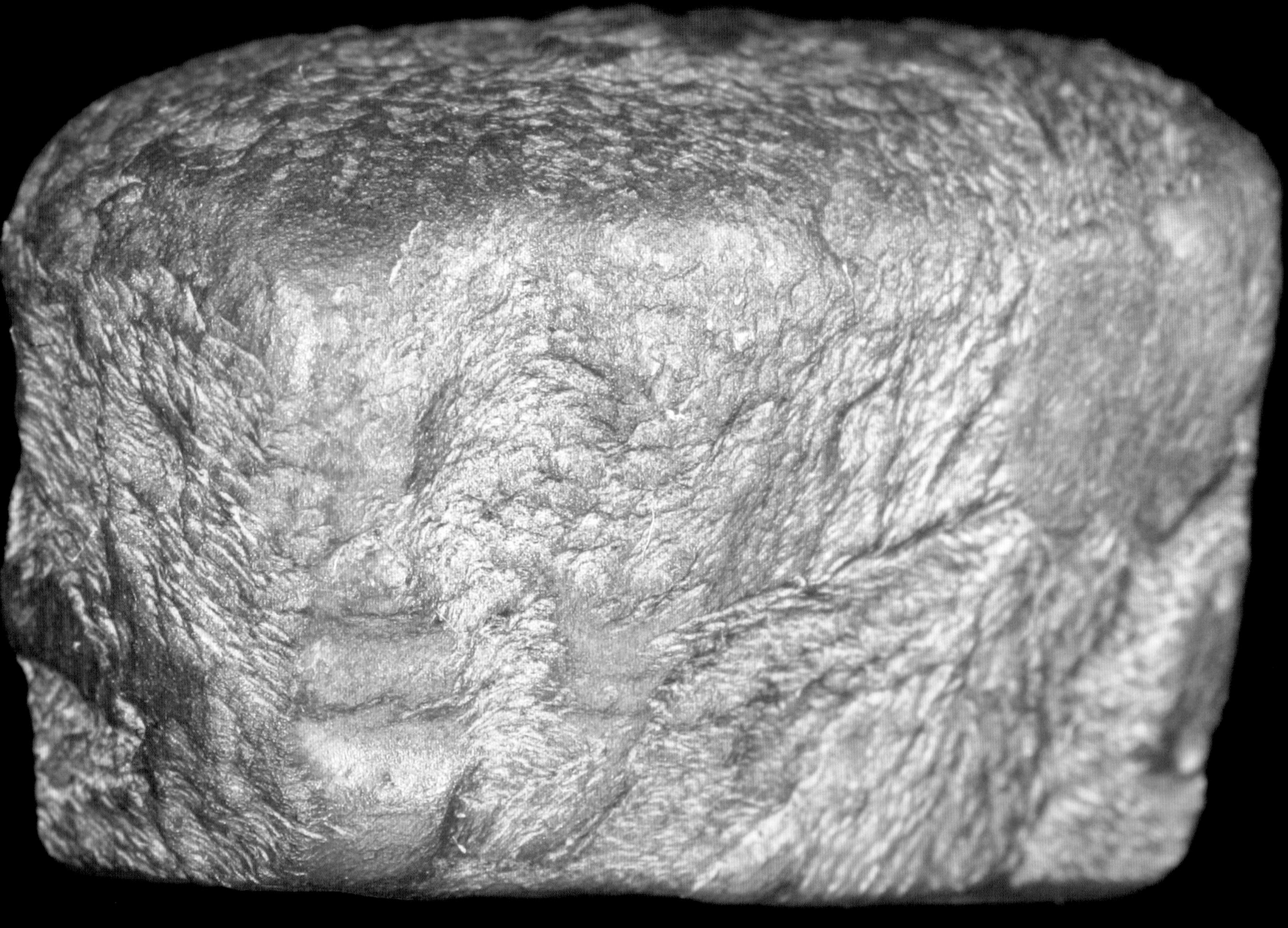

Neodymium
ネオジム

ネオジムは希土類ランタノイド系列で最も知名度が高い元素で、それはひとえにネオジム磁石（実際はネオジム・鉄・ホウ素の合金）のおかげです〔日本では「ネオジウム磁石」とも呼ばれます〕。

ネオジム磁石は簡単に手に入る最強の永久磁石で、そこいらに置いておくと強すぎて危険です――とくに２個以上ある時には。30㎝以上離れていても、２個の磁石は互いに相手を目指してジャンプします。そのときに１個をあなたが手に持っていたら、一大事！ 小さな磁石でも、当たった衝撃でみみずばれができます。差し渡し数インチ（１インチは約2.5㎝）の大型なら、指または手全体を大怪我します。小さいネオジム磁石を１個飲み込むのは、さほど問題になりません。出てくるまで待てばよろしい。しかし、数時間の間隔をおいて２個飲んでしまったら、すぐに救急車を呼んでください。腸のこっちとあっちで互いの存在に気付いた磁石は、当然くっつこうとします。腸に穴があいて命に関わります。

あいだに人体組織をはさんでもくっつく性質は、マグネットピアスに利用されています。これなら、ピアス穴をあけなくてもピアスをしているように見えます。

ネオジムをガラスに混ぜると、この元素の光学特性が顔を出します。愚かしくもガラスにネオジムを含むタイプの白熱電球では、黄色い光が吸収されて白さが増し、昼光色に近くなります。「愚かしくも」と言ったのは、ただでさえ単位エネルギーあたりの発光効率が悪い白熱電球の効率がさらに低下するからです。賢い選択は、昼光色の小型蛍光灯（電球型蛍光灯など）を使うことです。これなら数倍効率が良いうえ、ユウロピウム(63)蛍光体のおかげで光の色も快適です。

ネオジムガラスはレーザー材料にも使われ、フラッシュランプで注入した強力なエネルギーの光パルスを増幅する役目を果たします。光といえば、次の元素プロメチウムは外部からの手助けなしで発光できます。

▲ネオジム磁石を使った強力小型モーター。

▲ネオジム磁石は軽量高音質ヘッドホンの決め手。

▶オイルフィルターに搭載された強力磁石が金属片を捕捉する。

◀純粋なネオジム金属。

▲ネオジム磁石が磁力でつながった、芯糸なしのブレスレット。

▲ピアス穴をあけなくても、小さなネオジム磁石が耳飾りを固定する。

▶小型モーターの内部ではネオジム磁石のリングがこのように配置されている。

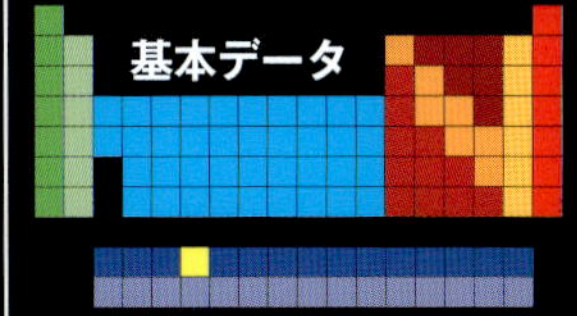

基本データ

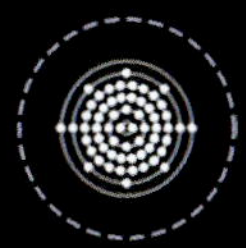

原子量
144.242
密度
7.010
原子半径
206 pm
結晶構造

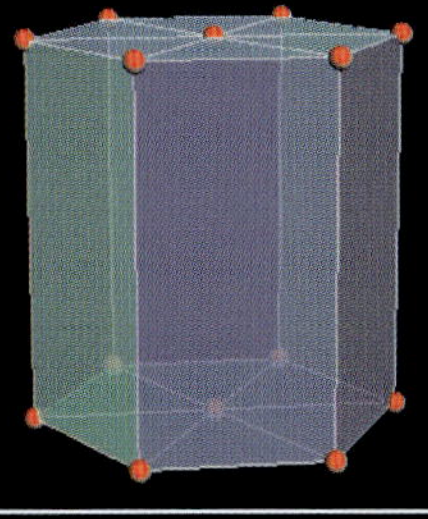

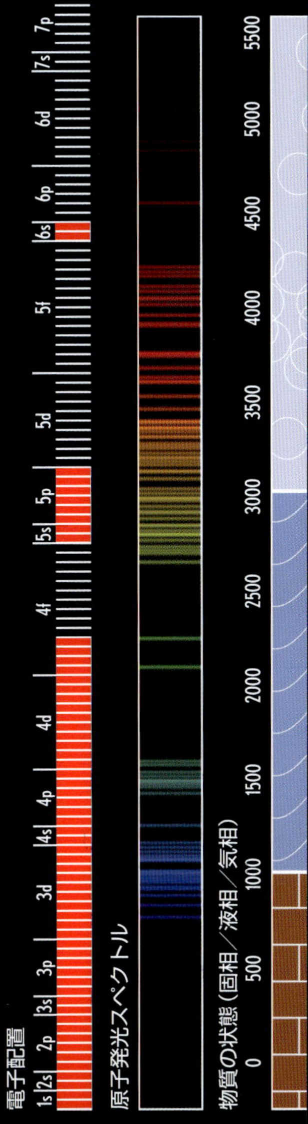

Promethium

Pm

61

Promethium
プロメチウム

▲ 電球型蛍光灯用のグロー放電管に封入された微量のプロメチウムが、中の気体を電離した状態に保つ。

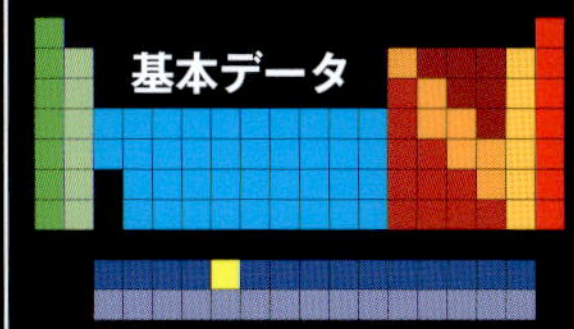

原子量
[145]
密度
7.264
原子半径
205 pm
結晶構造

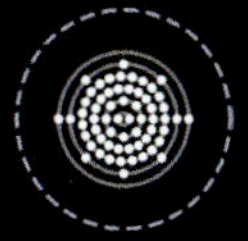

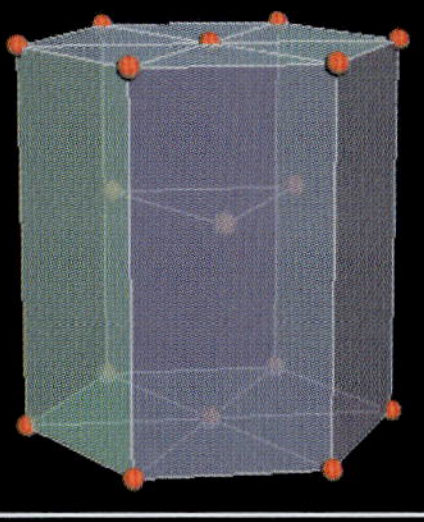

プロメチウムとテクネチウム(43)は、ビスマス(83)より若い原子番号の元素は安定だという一般則の例外です。原子核に陽子と中性子がどのように収まっているかについてはいろいろな要因が組み合わさって決まるので説明が難しいのですが、このふたつの原子核では陽子と中性子が安定した配置になれないのです。つまり、放射性同位体だけがあって安定同位体が存在しません。

テクネチウムには医療用造影剤という面白い利用法がありますが、プロメチウムにはあまり用途がありません。ただ、かつて短期間、輝ける時代がありました。ラジウム(88)夜光塗料の使用中止からトリチウム(三重水素)発光体の実用化まで、プロメチウムを硫化亜鉛(30)の蛍光体と混ぜて時計の文字盤や針を光らせるのに使ったのです。現在まで残っている製品はほとんどなく、あっても光りません。使われた同位体のプロメチウム147(^{147}Pm)の半減期は2.6年です。

プロメチウムが水素(1)の同位体であるトリチウムに取って代わられたのは、トリチウムの方がずっと安全だからです。トリチウムの放射線は封入されたガラス管を透過せず、もしガラスが割れても、水素やヘリウム(2)と同じく空気より軽いトリチウムはたちまち上空へ昇っていきます。ところがプロメチウムやラジウムは重いので、はがれ落ちてあちこちに入り込む可能性があり、壊れたときの後片付けは面倒で高くつきます。

次のサマリウムからは再び安定元素で、それが21個続きます。

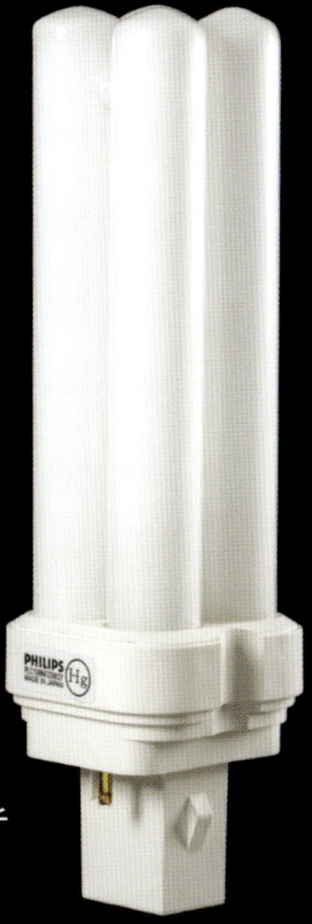

◀ プロメチウム夜光ボタン。ダイビングウォッチに使えなくなった夜光塗料の在庫で作られた。

◀ プロメチウムのグロー放電管を使った珍しいタイプの小型蛍光灯。

▲ 文字盤にプロメチウム入り夜光塗料を使った羅針盤。プロメチウム入り塗料はラジウムの使用中止からトリチウムの実用化までの短期間に使われた。

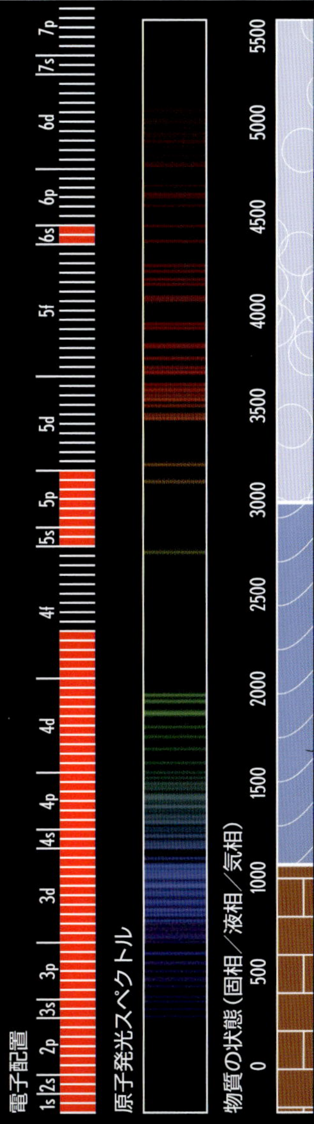

Samarium

Sm

62

Samarium
サマリウム

サマリウムは、聖書にも出てくるサマリアという地名からではなく、鉱物のサマルスキー石の中から発見されたことで名付けられました。石の名前の由来は、発見者のロシア人ワシリー・サマルスキー＝ブィホベッツです（彼の先祖をたどれば昔のサマリアに関係があるかもしれません）。1879年に発見されたサマリウムは、人名に関係のある元素名の最初の例と言えなくもないかもしれません。しかし、サマルスキーの業績を称《たた》えての命名ではなく、先に名付けられていた鉱物名を介しての間接的な命名なので、本書ではこれを人名にちなむ元素名とは数えません。ちなみに、純粋に人の名前が付いた元素で最も古いのは1944年発見のキュリウム(96)です。

現在利用できる最強の磁石はネオジム・鉄・ホウ素合金製ですが、高温では磁性を失います。そこへいくとサマリウム・コバルト磁石は、ネオジム磁石が使えない高温下でもちゃんと働きます。なぜかこの磁石は、しゃれたエレキギターのピックアップに好んで使われます。ギターを炎の中に放り込みでもしない限り差が出ないのに、どうしてわざわざこれを使うのか、ちっともわかりません。

磁石以外のサマリウムの用途は、ポツポツといったところでしょう。多くの元素と同じく、化学試薬、医薬品（この場合はサマリウムの放射性同位体）、研究用（たとえばサマリウムの新たな利用法の研究など）に使われます。その他にたいした用途はありません――と書くと、どこかでだれかがきっと「いや、これこれの点では非常に重要な元素だ」と文句を言うでしょうが、まあそれはよくある話です。

次のユウロピウムについては、状況はもっと「明るい」と言うことができます。

▲ 純粋なサマリウムで作られたコイン。ほぼすべての実用元素を網羅したコインシリーズの１枚。

▶ サマリウム・コバルト磁石。ネオジム磁石ほど強力ではないが、高温でも磁力を失わない。

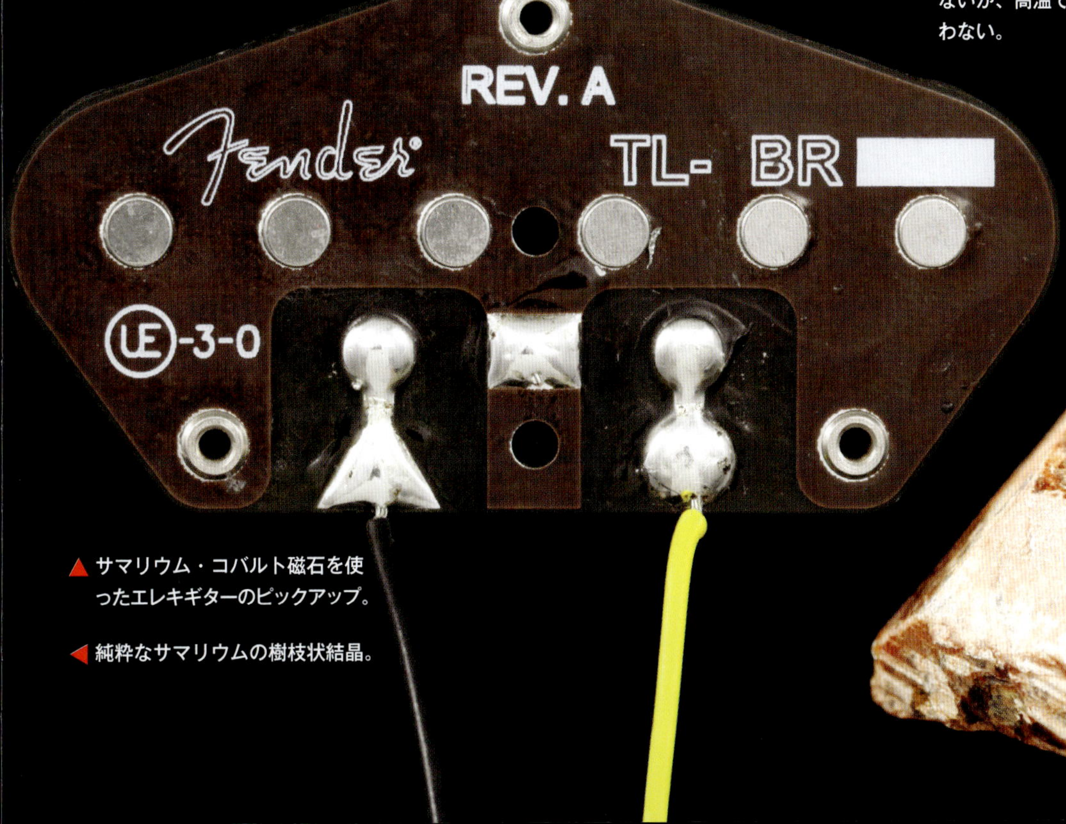

▲ サマリウム・コバルト磁石を使ったエレキギターのピックアップ。

◀ 純粋なサマリウムの樹枝状結晶。

▼ モナズ石（モナザイト）。ほとんどの種類の希土類をいくらかずつ含んでいる。

基本データ

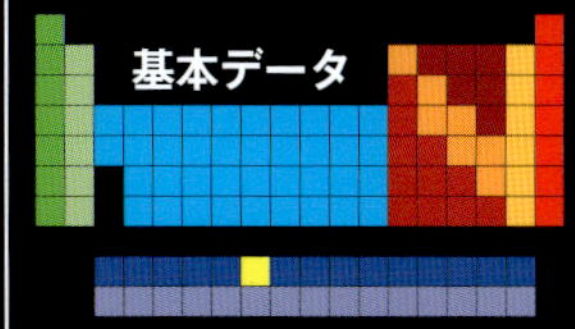

原子量
150.36
密度
7.353
原子半径
238 pm

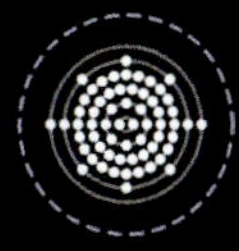

結晶構造

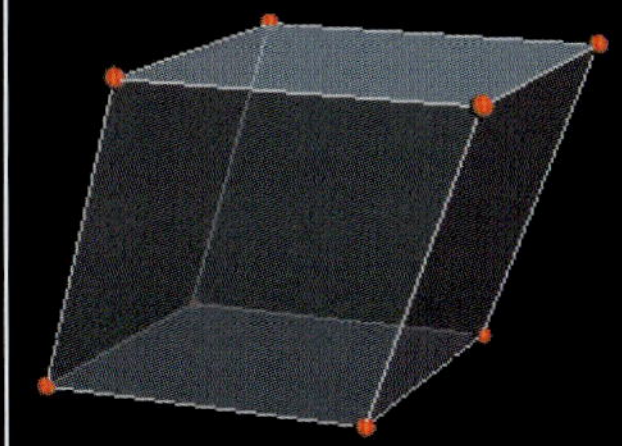

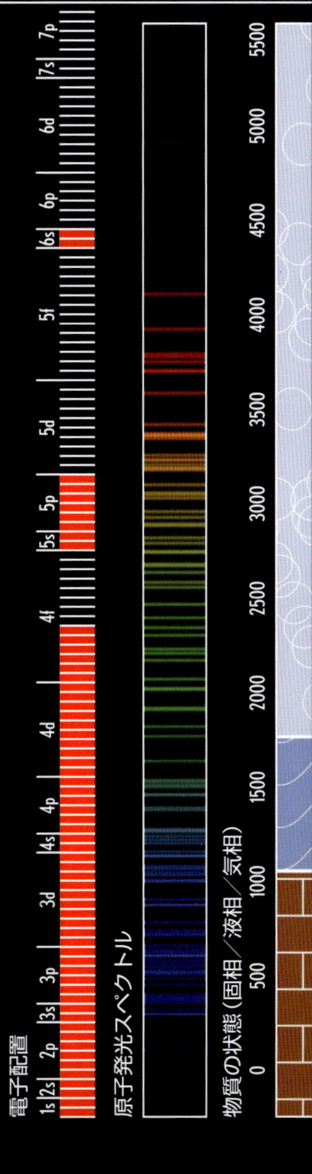

Europium

Eu

63

Europium
ユウロピウム

ユウロピウムはヨーロッパ大陸にちなんで名付けられました。ルテニウム(44)と同じく、地域名ではあっても国名ではありませんから、私はこれを現存の国名を含む4元素、つまりゲルマニウム(32)、ポロニウム(84)、フランシウム(87)、アメリシウム(95)の仲間には含めません。

ユウロピウムの用途は、希土類にしては珍しく、磁気特性ではなく発光性の利用が中心です。夜光塗料に使われるのです。強い光を短時間あてた後に数十分間とても明るく光る塗料や、何時間もほのかに光り続ける塗料など、いろいろなタイプがあります。

今や滅びつつあるブラウン管式カラーテレビの発光面にも、ユウロピウムが使われています。じきに歴史上の存在になるであろうこのブラウン管ディスプレイは、いわば巨大な真空管で、電子の集束ビームを数千ボルトで加速して正面の壁(つまり画面)の内側に配された赤、緑、青の小さな点(ドット)に照射して、映像を作り出します。各ドットが出す光の色は、そこに含まれている元素や分子によって決まります。初期のカラーテレビでは、明るい赤が出る蛍光体がなかったために画面での赤色の再現が難しく、他の2色をわざと暗くして色のバランスを取っていました。そこへユウロピウムを使った赤い蛍光体が登場します。カラーテレビは急に明るく色鮮やかになり、世界中の子どもたちの精神を堕落させるのに大きく貢献しました。

電球型などの小型蛍光灯でもユウロピウムは活躍しています。エジソン以来のおそろしく効率の悪い白熱電球から私たちを解放してくれたこのコンパクトな蛍光灯は、心地よい色の光を出すための蛍光体にユウロピウムを含んでいます。私自身、電球型蛍光灯の明るくきれいな昼光色に慣れすぎて、今では薄暗く黄色い白熱電球の光には陰鬱な感じを覚えるほどです。

次のガドリニウムからは、磁気特性を主に利用する希土類に戻ります。これまたずいぶん毛色の違う使いみちが出てきます。

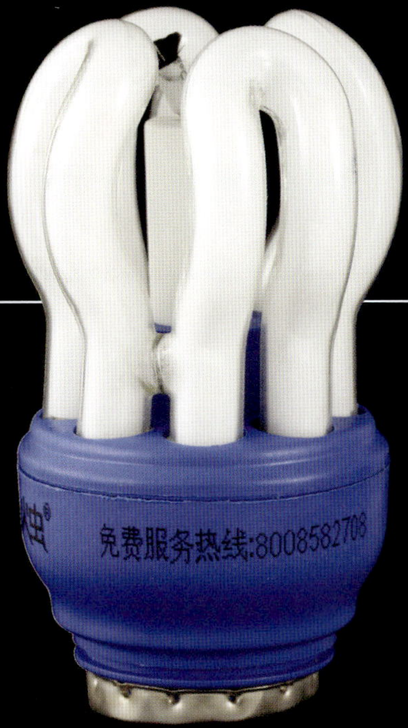

▲ほとんどすべての電球型蛍光灯が、心地よい色の光を出すためにユウロピウム蛍光体を使っている。

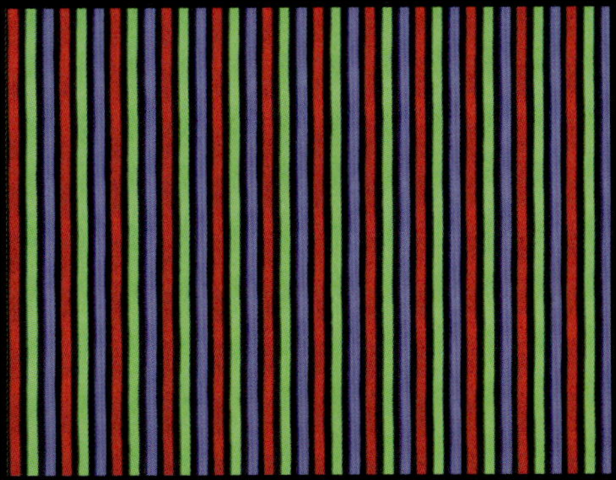

▲ブラウン管カラーテレビの赤い色はユウロピウム蛍光体による。

▼モナザイトの砂。ほとんどの希土類を含有する。

▼中国で見つけた、爪切りと小型電球型蛍光灯のセット。どうしてこの2つがペアなのか不思議。

▶2ワットの小型蛍光灯。ほとんど電力を使わずに光を生み出す。

◀純粋なユウロピウムは、たとえオイルに浸けて保存しても時間がたつと酸化する。

基本データ

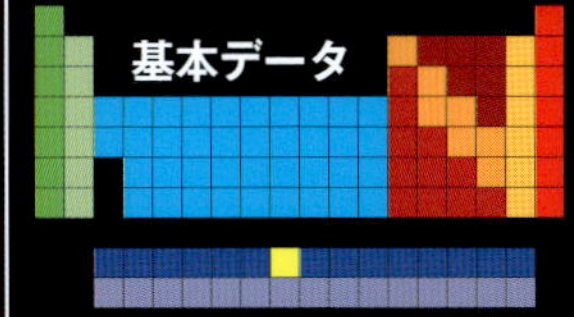

原子量
151.964
密度
5.244
原子半径
231 pm
結晶構造

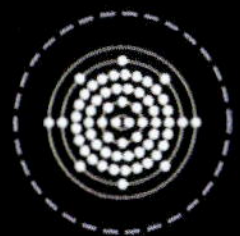

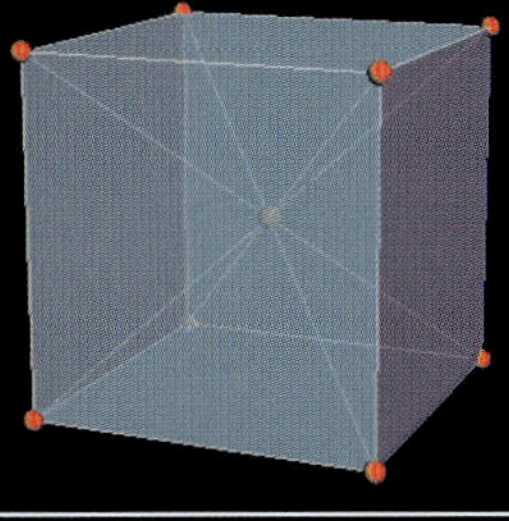

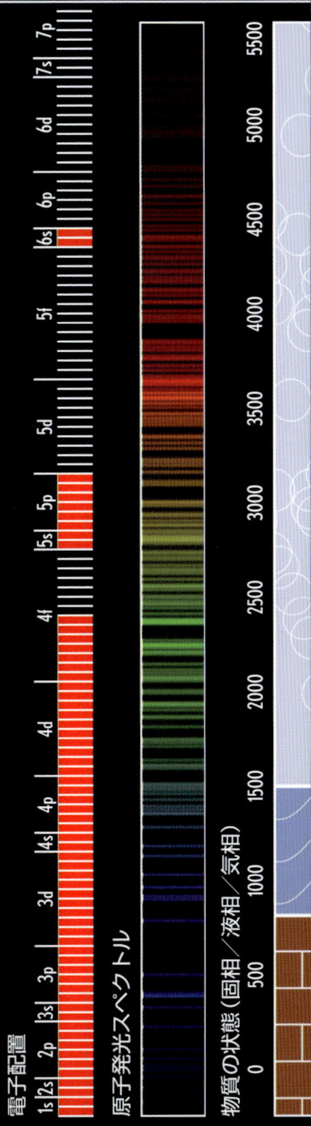

Gadolinium

Gd

64

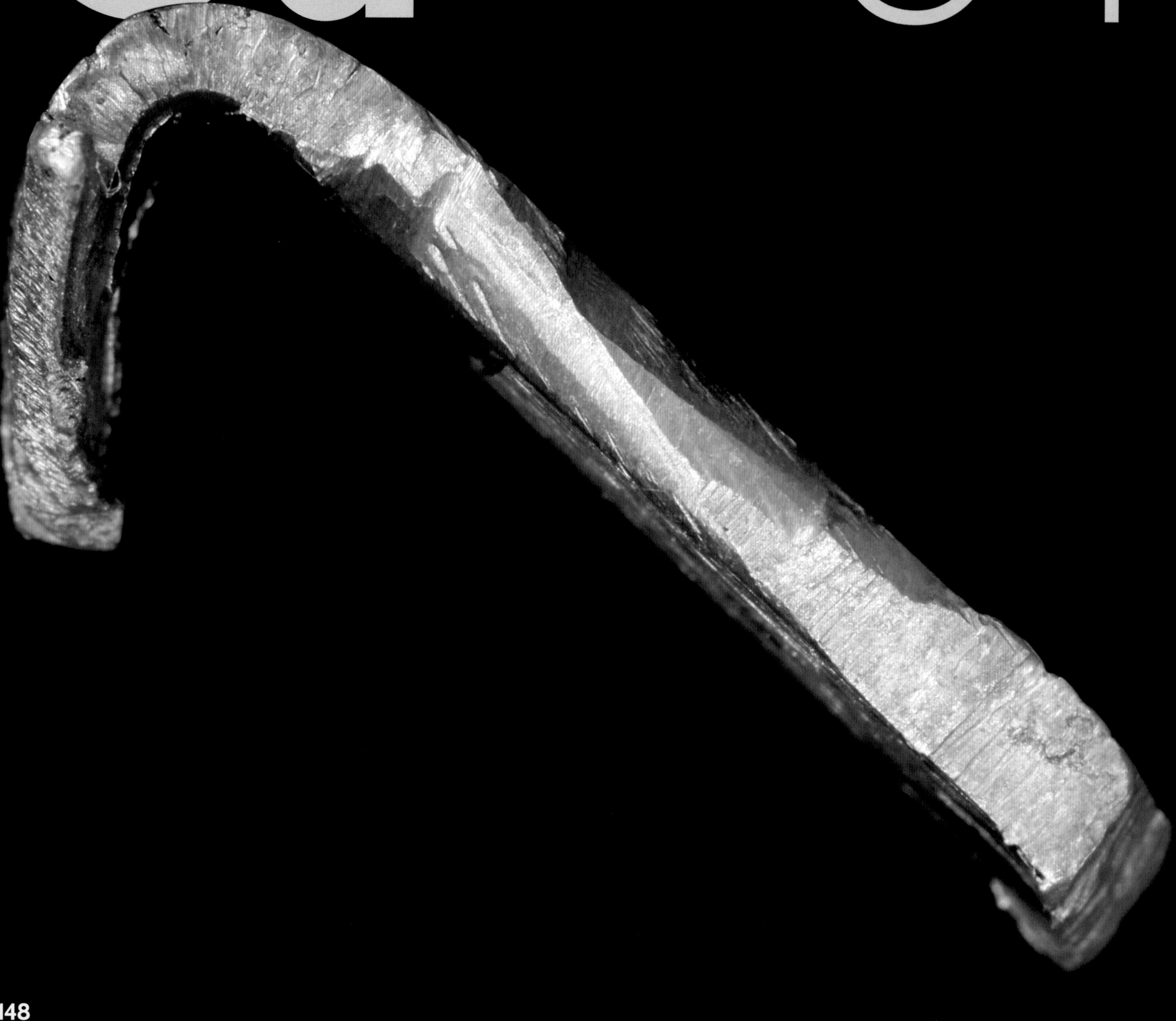

Gadolinium
ガドリニウム

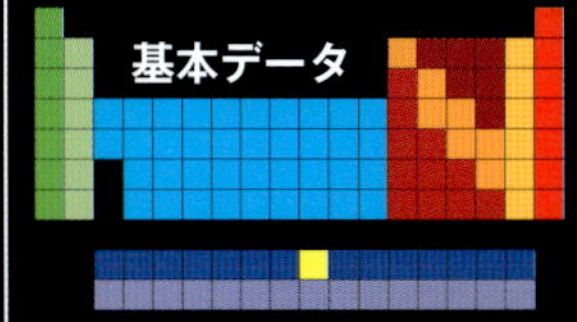

原子量
157.25
密度
7.901
原子半径
233 pm
結晶構造

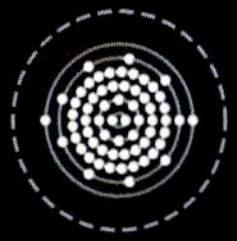

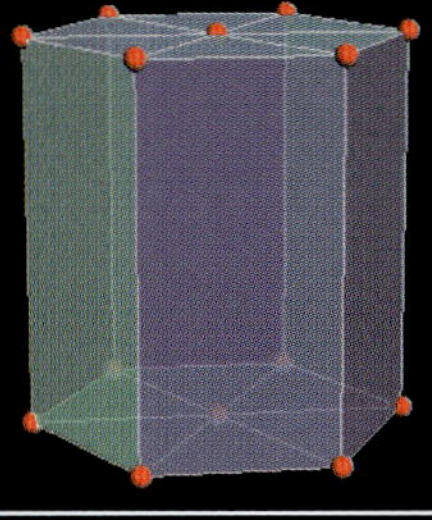

ガドリニウムの化合物は常磁性を強く示します。常磁性というのは、磁場に置くと、磁場の方向に弱く磁化する性質です。この特性ゆえに、ガドリニウムは人間に注射されます。というのも、ガドリニウムの主な用途のひとつは、MRI検査の造影剤なのです。硫酸バリウム(56)が消化管のX線検査で使われるのと同じようなものと思ってください。

X線は身体の軟組織を透過してしまいますが、X線を通さない硫酸バリウムを消化管内に入れると、消化管の様子が詳しくわかります。一方、ガドリニウムはMRI内の磁場に強く反応するので、血管内にガドリニウムの化合物であるガドペンテト酸ジメグルミンを注入すると、血液のある部分だけがMRIに写ります。これによって、MRIは体内で血管のどこから出血しているかを3次元画像で正確に特定したり、血液の流れが悪かったりつまったりしている場所(狭窄《きょうさく》や閉塞)の位置を示したりできるのです。

次にお話しするのは、まだ商業的には利用されていない現象です。ガドリニウムのキュリー点は19℃で、ちょうど室温くらい。これは、キュリー点とはなにかを説明するのにうってつけです。キュリー点は、物質が強磁性（磁石にくっつく）から常磁性（磁石にくっつかない）へと変化する温度のことです。氷水で冷やしたガドリニウムの塊は磁石にくっつきますが、温度を上げると磁石からとれて落ちてしまいます。

希土類には不思議な磁気特性がいろいろあって、キュリー点での磁性の変化はそのほんの一例です。磁場の中に入ると形が変化するテルビウムに比べたら、たいしたことはありません。

▲純ガドリニウムで作ったコイン。作られた理由は、ただ「作れるから」。

◀MRI検査では、画像にコントラストを付けたり、血管や病巣を強調して撮影するためにガドリニウム造影剤が使われることがある。

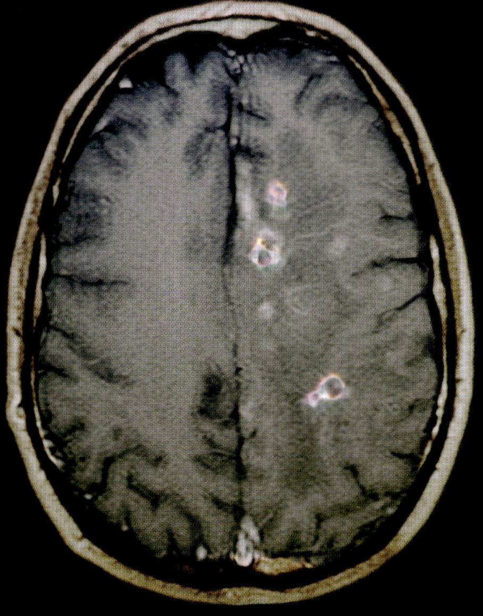

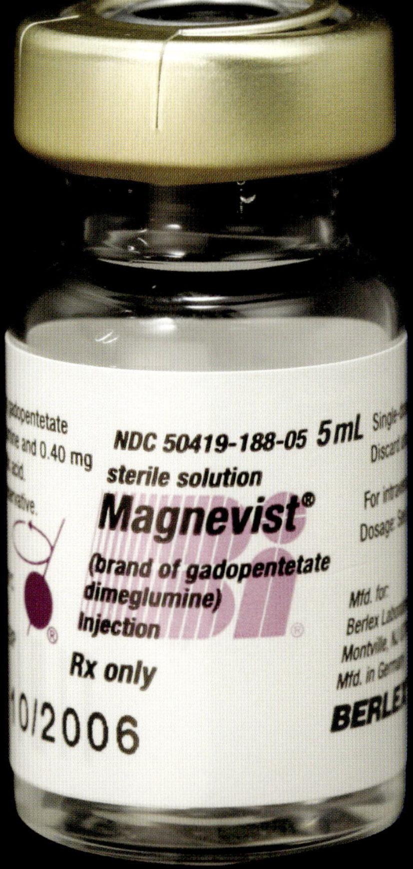

◀純粋なガドリニウム。フックの形にして希土類の外見にバリエーションを加えてある——とはいっても、灰色の金属であることに変わりはない。

▶MRI用ガドリニウム造影剤の入った小瓶。

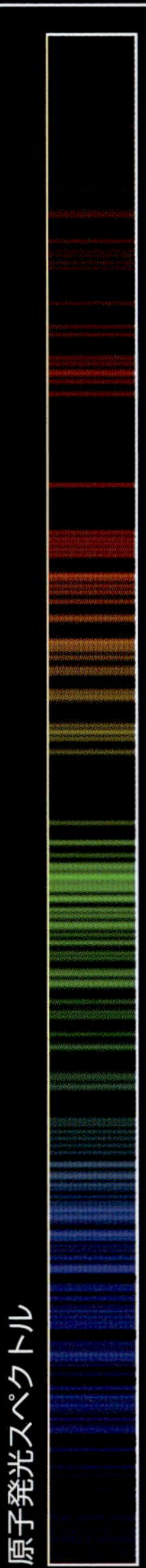

Terbium

Tb

65

Terbium テルビウム

テルビウムには、磁場の中に入ると形が変わるという特殊な性質があります。テルビウムを含む特定の合金（テルフェノール）では、さらにこの性質が強くなります。これで作った棒を磁場の中に置くと、磁力の方向や大きさに応じて、瞬時にほんの少し伸び縮みします。あまり役に立ちそうにない？　いやいや、これであらゆる硬い物体の表面をスピーカーに変えることができるのです。

テルフェノールの棒の片側を木のテーブルの表面に押しつけ、棒の周囲にオーディオ信号に合わせて強さが変わるように磁場を作ってやります（棒に導線を巻きつけて、スピーカーのコイルになるようにします）。すると、棒が伸縮してそれが振動としてテーブル全体に伝わり、天板の全面から音が発生します。ちょうど、スピーカーのコーンと同じ役割を天板がするのです。

普通のスピーカーをテーブルに押しつけても同じじゃないかって？　それをしても、スピーカーの音が小さくなるだけです。これは、インピーダンス整合の問題です。普通のスピーカーは、小さな力で少し離れたところにある軽いコーンを振動させます。けれども、硬くて質量の大きいテーブルの天板を動かすには至近距離で大きな力を与えなければなりません。普通のスピーカーの磁石とコイルではそれは無理です。テルフェノール棒は、硬いものならなんでもスピーカーにしてしまえる数少ない方法のひとつです。そして、まさにその目的のために、テルフェノールを使った専用装置が（しかもそれほど高くない値段で）売られています！

ああ、次のジスプロシウムにもこれくらい幅広い用途があればいいのに。

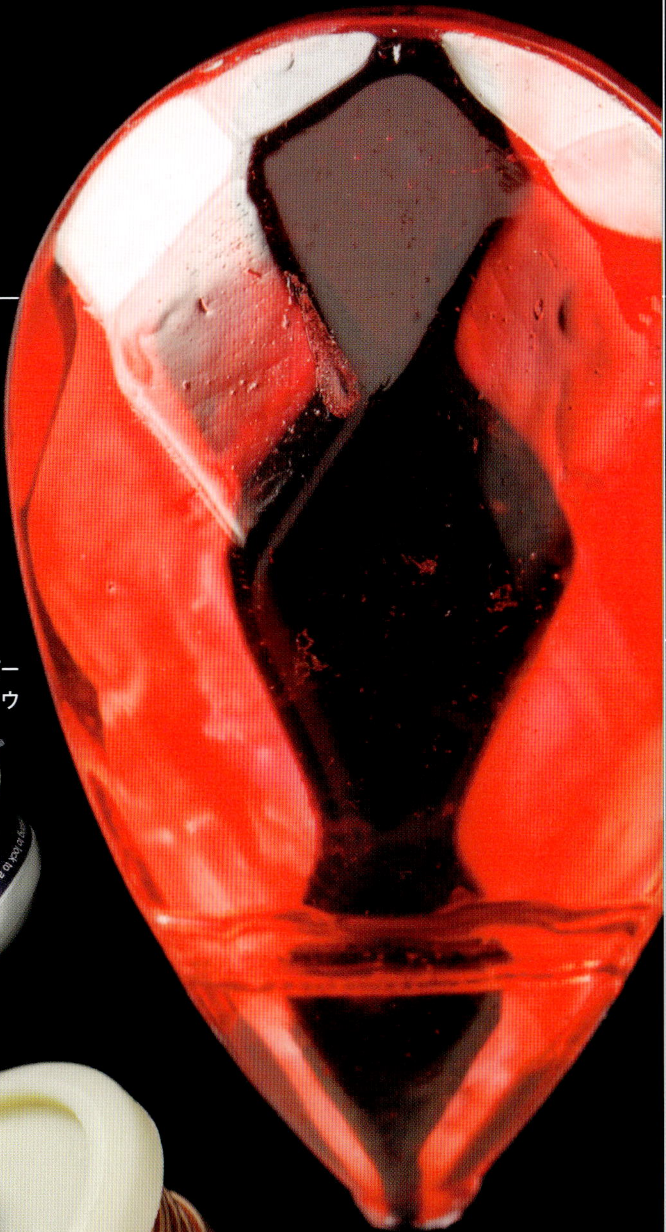

▶テルビウムを添加した装飾用の赤いガラス。

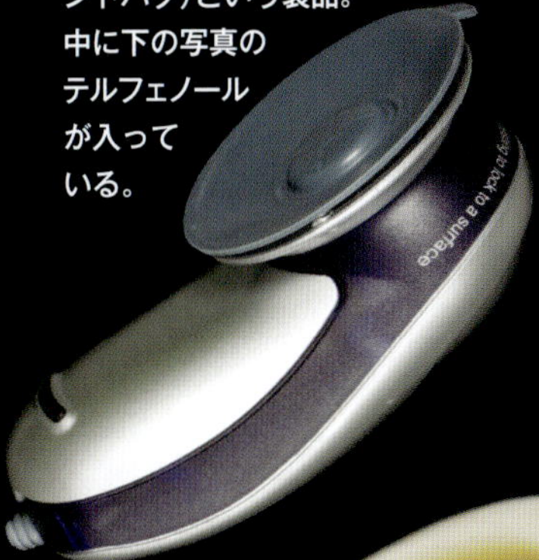

▼くっつけるだけで窓も机もスピーカーにできるSoundBug（サウンドバグ）という製品。中に下の写真のテルフェノールが入っている。

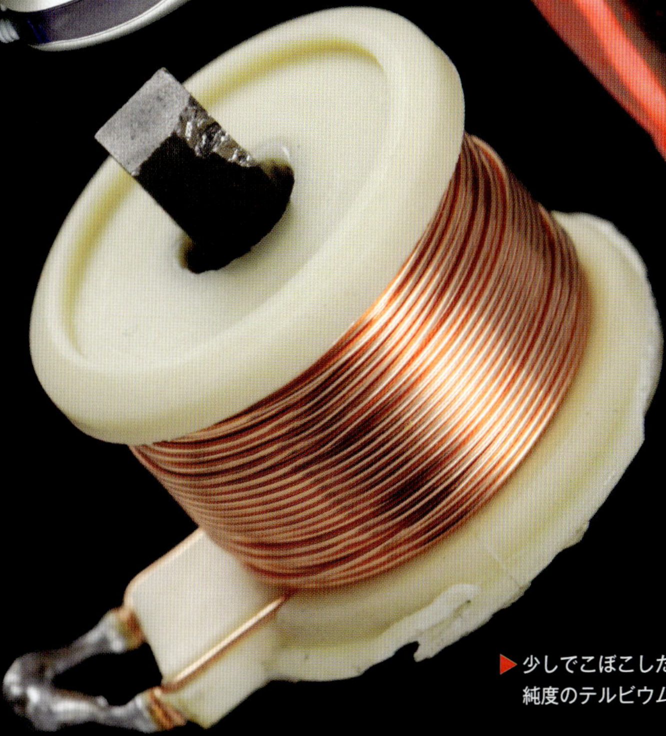

▶テルフェノール合金に銅線コイルを巻いたもの。硬い物体の表面を音響装置に変える。

◀純粋なテルビウムのひとかけら。

▶少しでこぼこした高純度のテルビウム棒。

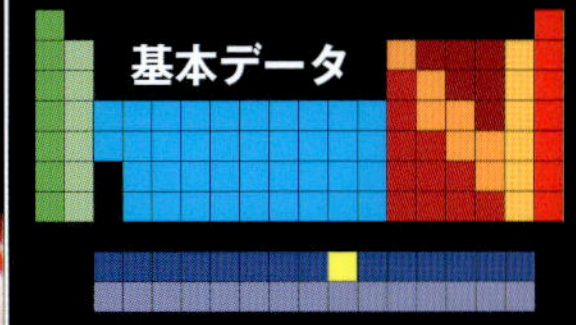

基本データ

原子量
158.92535
密度
8.219
原子半径
225 pm
結晶構造

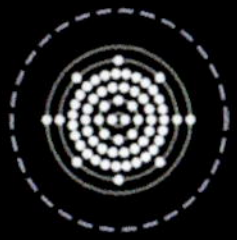

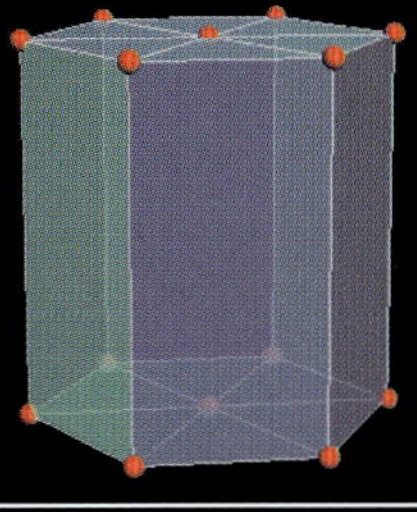

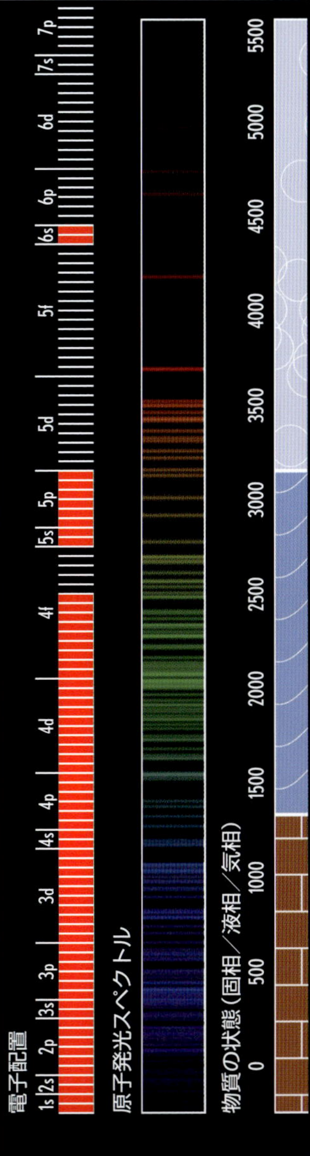

Dysprosium

Dy

66

Dysprosium
ジスプロシウム

ジスプロシウムに幅広い用途がないといっても、使われていないわけではありません。テルビウム(65)の項に出てきたテルフェノールという合金に少し含まれ、ネオジム(60)で説明したネオジム・鉄・ホウ素磁石にまぎれ込み、他にもあれやこれやに微量が混じっています。しかし、ジスプロシウム独自の面白い用途を探そうとすると、この元素は名前どおりの態度をとります――ギリシャ語の「ディスプロシトス」は「近づきがたい」という意味です。

普通、元素の名前をグーグルで検索すると、その元素を使った自社製品を紹介する企業のサイトや、その元素の興味深い特性を研究した学術論文などがたくさん出てきます。ところが「dysprosium」の検索では、周期表の各元素を説明するサイトのジスプロシウムのページ(つまり、「一応これも元素だから説明しなきゃ」という感じで作られたページ)ばかりが並び、それ以外のものが出てくるのはようやく4ページ目になってからです。

けれども、ジスプロシウムに重要な役目が全然ないと考えるのは大間違いです！　それを知っている人たちが、情報を公開する必要を感じていないだけです。インターネットや書物や学術論文の中とは違う次元に、企業秘密として隠されたまったく別の私的な知識の領域があります。ジスプロシウムは、たとえばヨウ化ジスプロシウムや臭化ジスプロシウムという塩の形で、高輝度放電ランプの光の赤色領域に貴重なスペクトル線を出すために広く使われています。間違いなくあなたは、これまでにジスプロシウムを使った照明の下でかなりの時間を過ごしてきたはずです。また、ジスプロシウムはネオジム・鉄・ホウ素磁石(ネオジム磁石)の耐熱性を高めるための重要な添加剤として使われています。しかし、ジスプロシウムは非常に希少な元素ですので、耐熱性を維持しながらその使用量を削減する方法が開発され実用化されています。

さて、これから出てくるホルミウムとエルビウムは、地味なジスプロシウムとツリウムのあいだで明るく目立っている元素です。

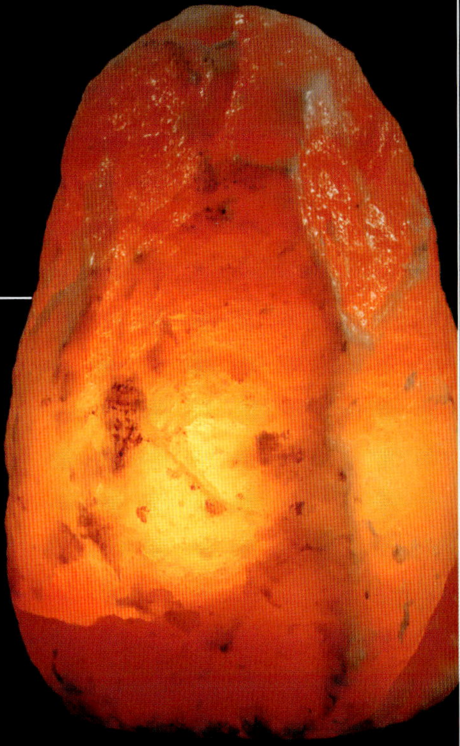

▲ヒマラヤの岩塩はしばしば「数多くの微量元素を含んでいるので普通の塩より健康に良い」という謳《うた》い文句で販売され、含有元素のリストにジスプロシウムも載っている（ジスプロシウムは食べると健康に良くないので、謳い文句が正しいかは疑問）。大きな塊で売られる場合もあり、この写真の岩塩は中をくりぬいてランプにしてある。

◀純ジスプロシウムで作られたコイン。世界には物好きが結構いる。

▶ホローカソードランプ。内部に封入された元素ごとに特徴的なスペクトルを出す。ほとんどの元素についてこのランプがあるので、地味な希土類のページで掲載する写真が足りないときにたいへん重宝する。

◀純粋なジスプロシウムの樹枝状結晶。

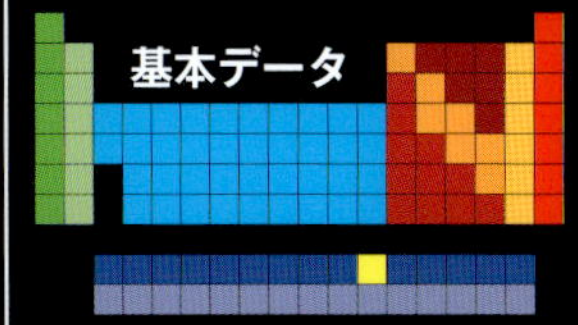

原子量
162.500
密度
8.551
原子半径
228 pm

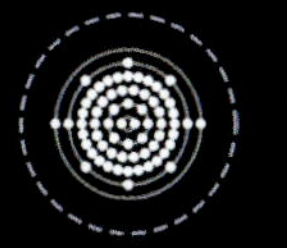

結晶構造

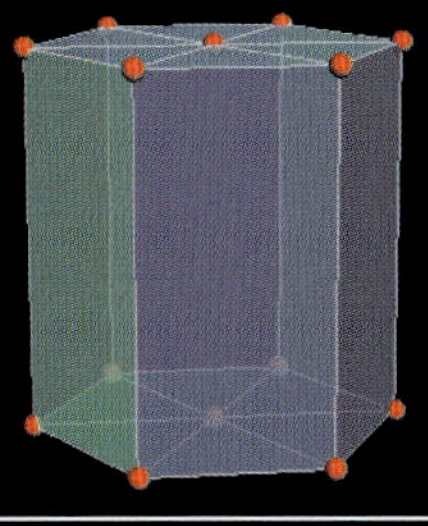

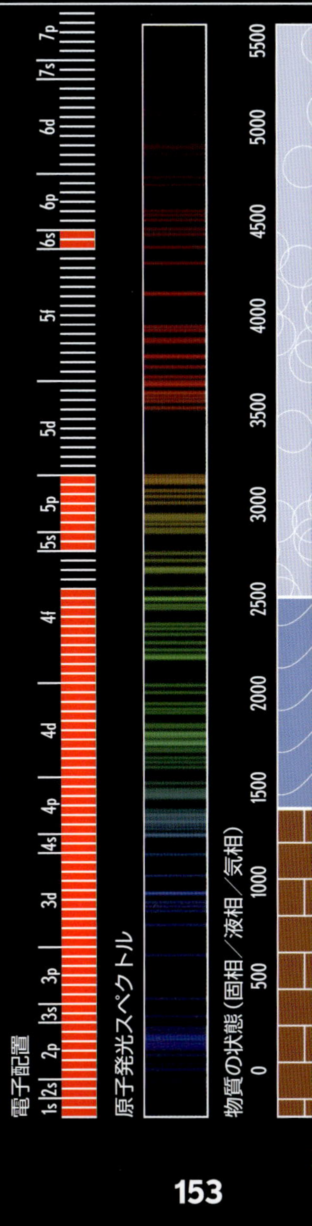

Holmium

Ho 67

Holmium
ホルミウム

ホルミウムは、人間から特に熱いラブコールを受ける希土類元素です。希土類はどれも何かしら独特の磁気特性を持っていますが、ホルミウムは特に重要な「磁気モーメント」が最大だからです。

簡単に言うと、ホルミウムを磁場の中に置くとホルミウムの原子が磁場の向きにそって並び、磁界を集中させて磁力線を束ね、それによってその周辺の磁場が強くなるということです。あなたも自分の磁石の端にホルミウムでできた小さな塊（磁極片と呼ばれます）をくっつければ、磁石をより強力にできます。

このホルミウムの極磁片が、医療用検査機MRIに使われています。MRIは強力な磁場で人体に含まれる水素原子の向きを変化させ、原子核のスピンの様子を測定して体内の様子を調べる装置です。あまりに強い磁石を使うので、金属製のものを近づけないように細心の注意が払われます。そうそう、以前私がMRI検査を受けたとき、検査技師はまず私の目のX線撮影をすべきだと主張しました。わけがわからずにいると、問診票の「最近、溶接や金工をしたか」という質問に私が「はい」と答えたからだと言われました。彼らが心配したのは、微小な金属が私のまぶたの裏に残っていて、MRIの強力な磁場の中でそれが暴れ出して眼球を傷つけることだったのです（ご承知のとおり、検査前のこの種の質問は、過去にまさにその事態がだれかの身に起こったから問診項目に入っています）。

医療器具といえば、外科用レーザーメスにはホルミウムを添加したYAG（イットリウム・アルミニウム・ガーネット）の固体レーザーを使ったものがあります。ガラスや結晶素材に混じった微量のホルミウムが色中心（不純物が特定の波長の光を吸収したり出したりしてレーザーに特定の色を与える）を作り、そこに光エネルギーが蓄えられて、レーザーパルスの形で放出されます。

希土類の磁気特性の活用ではホルミウムがナンバーワン。そして、光学特性で頂点に立つのが次のエルビウムです。

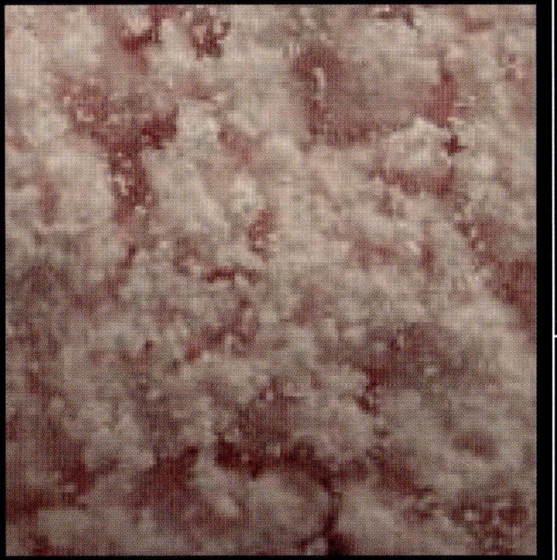

▲高輝度放電照明ではホルミウムのスペクトルも利用される。その際に使われるのがこの塩化ホルミウム。

▼MRI検査装置は磁界集束にホルミウムの磁極片を使う。

▲純粋なホルミウムのコイン。

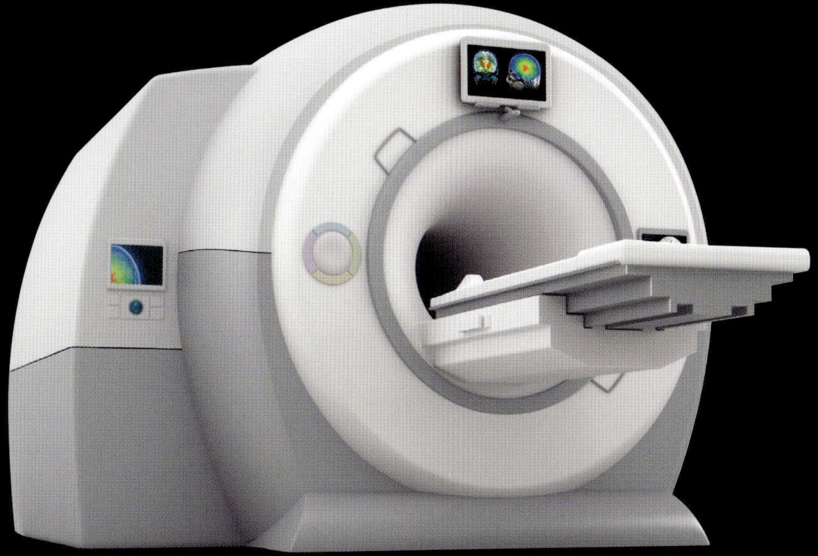

◀純粋なホルミウム金属の多結晶の表面。

基本データ

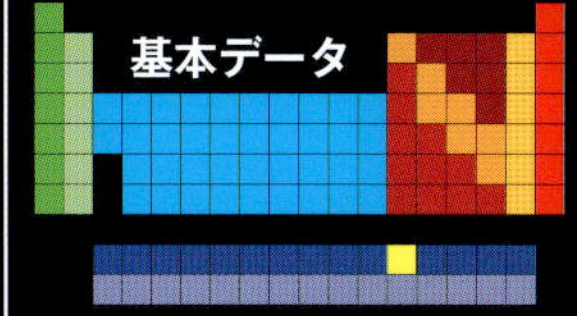

原子量
164.93033
密度
8.795
原子半径
226 pm

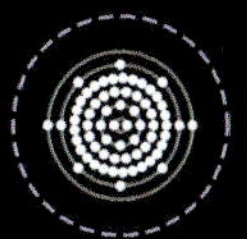

結晶構造

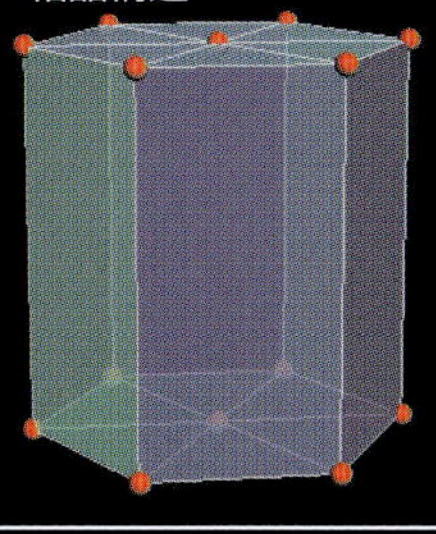

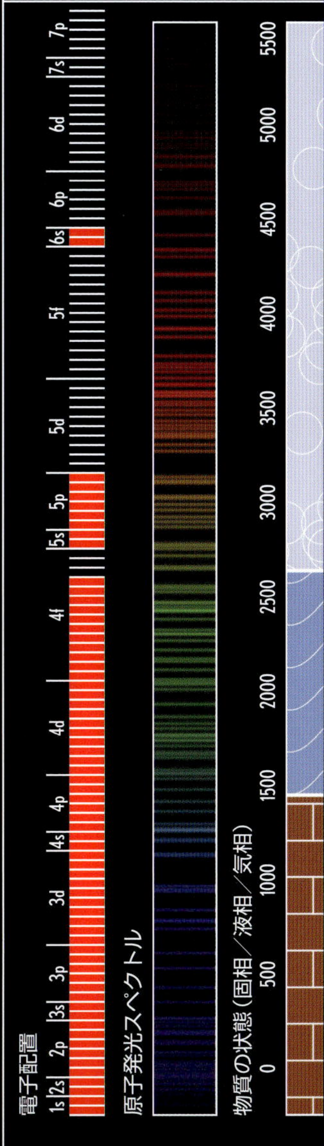

Erbium

Er

68

Erbium
エルビウム

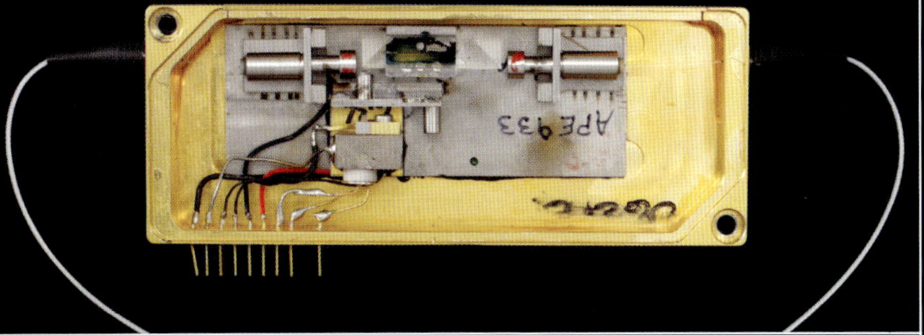

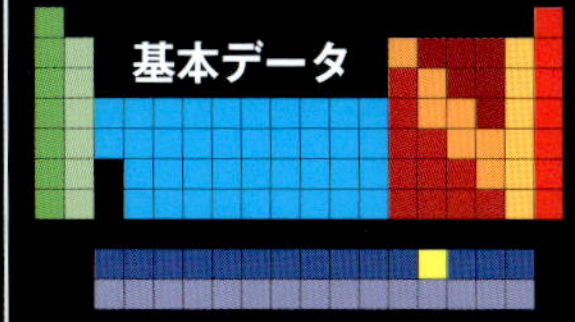

原子量
167.259
密度
9.066
原子半径
226 pm

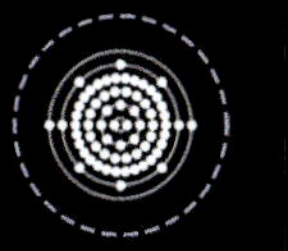

結晶構造

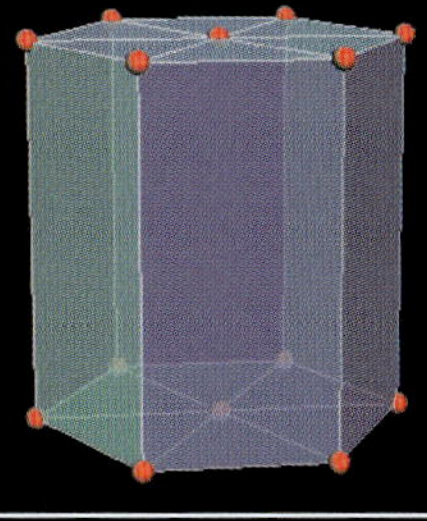

エルビウムは、現代の通信システムの屋台骨を支える重責を担っています。この元素のおかげで、光ファイバーケーブルの中で光パルスを(電気信号に変換せずに！)増幅できるからです。光ファイバーを通ってきた弱い光パルスが、微量のエルビウムを含むグラスファイバー部分を通り抜けると、出てきたときにはずっと明るくなっています。増幅は完全にファイバーの中で起こります。途中になにか装置があるわけではありません。ただ、入ったときより強くなって出てくるのです。

言うまでもありませんが、入口より出口でのエネルギーの方が大きい場合、必ず増えた分のエネルギーがどこかから供給されています（違う説明をする人がいたら、それはあなたになにかを売りつけようとしている人で、その品物がなんであれ買ってはいけません）。

エルビウムドープ光ファイバー増幅器と呼ばれるこの仕組みを機能させるには、まずエルビウム入りファイバーにレーザーでエネルギーを注入します。エネルギーは、エルビウムの電子をよりエネルギーの高い励起状態にした形で蓄えられます。そこを適切な波長の光パルスが通り抜けると、それが引き金となって電子は基底状態に戻り、ためてあったエネルギーを光にして放出するのです。

このプロセスを誘導放出といい、レーザーも同じ原理を利用しています（laser〈レーザー〉は light amplification by stimulated emission of radiation〈輻射の誘導放出による光増幅〉の略です)。ここで大事なのは、この原理で放出される光が必ず「引き金」の光と同じ方向に進むことです。ですから、光ファイバーにレーザー光を注入する向きは、光パルスの進行方向と同じでなければいけません。

レーザーとそれに関連する光学機器は世界のあちこちでなくてはならぬ働きをしていますから、レーザーは史上屈指の発明品といえます。それだけに次のツリウムとの落差が大きく、ツリウムはひどく割を食うのです。

▲レーザー励起エルビウムドープ高性能導波路型光増幅器。

▶この美しいガラス棒のピンク色は添加されたエルビウムによる。

▼固体の純粋なエルビウム。

▼研究用に作られた魅惑的なビスマス・テルル・エルビウム合金。

◀固体のエルビウムインゴット。内部結晶構造がわかるように割ってある。

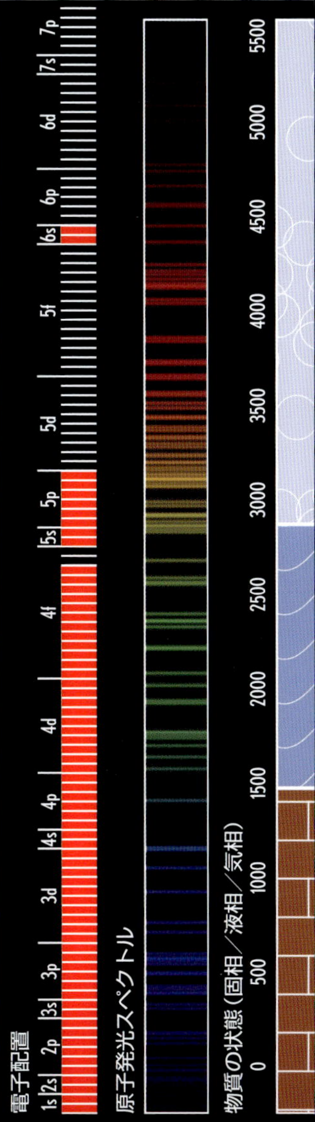

Thulium

Tm

69

Thulium
ツリウム

『元素の百科事典』の著者で元素の権威であるジョン・エムズリーは、私と一緒にラジオ番組に出演したとき、ツリウムを「一番どうでもいい元素」と呼びました。ずいぶんと容赦ない言い方です。だれかツリウムの弁護に立ち上がる人はいないでしょうか？　私はご遠慮します。ツリウムは単に希土類のひとつで、化学的には他の元素と代替可能、存在する量は仲間に比べてずっとわずかです。もちろん、ツリウムでもランタン(57)やセリウム(58)並みに高品質のライターの石を作れるでしょうが、ツリウムの方がはるかに高価で精錬が難しいのに、何を好きこのんでそんなことを？

けれども、その元素がどんなに冴《さ》えなくても、どれほど「まったくの役立たず」と呼びたくなるような代物でも、どこかに味方はいるものです。そんなツリウム支援者と、私はさっき昼食を共にしました。

その友人はティムといって、高輝度アーク灯を設計しています。アーク灯を作る際は、管の中に元素の混合物を添加して発光スペクトル(つまり光の色)を調整します。たとえば、スカンジウム(21)は心地よい白色光を出すのに適した幅広いスペクトル域で人気です。

ツリウムの本領は、他のどんな元素も出せない緑色の輝線を、広い幅で出すことです。だから、たとえ世界のほとんどの人がツリウムの名前すら聞いたことがなくても、世界中の照明灯設計者はツリウムがないと困るのです(「ツリウムって元素の中で一番役に立たないよね」と私が言ったときにティムがどんな顔をしたか、みなさんにお見せできなくて残念です)。

ツリウムは1879年に発見された後もずっと、めったにお目にかからない元素、他のランタノイドから分離するのが非常に難しい元素でした。産業用に販売されはじめたのは発見から80年近くたった後のことで、あらゆるランタノイドを分離する新しい効率的な手法が開発されたからでした。プラセオジム(59)の項で出てきた溶媒抽出法は、元素を高純度でまとまった量分離できます。イオン交換法だと、非常にコストはかかりますが、さらに純粋に近い試料が得られます。

現在ツリウムの需要はアーク灯に必要な少量だけで、生産量が少なくても販売価格は妥当ですが、いつの日かツリウムをもっと大量に必要とする新しい用途が開発されたら、天井知らずの高騰が起きるでしょう。

さて、次のイッテルビウムが放つ光は、ツリウムとはまったくタイプが違います。

▲ツリウムは、メタルハライドランプのスペクトルの緑色部分を出すのに欠かせない。

▶ツリウム金属を溶かした塊。

◀臭化ツリウム。高輝度放電灯にはこの形で使われる。

◀純粋なツリウムの結晶。

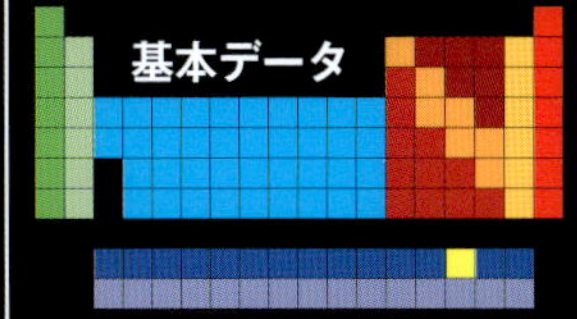

原子量
168.93422
密度
9.321
原子半径
222 pm
結晶構造

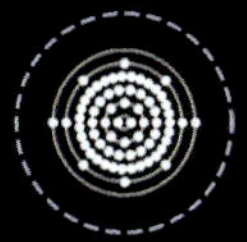

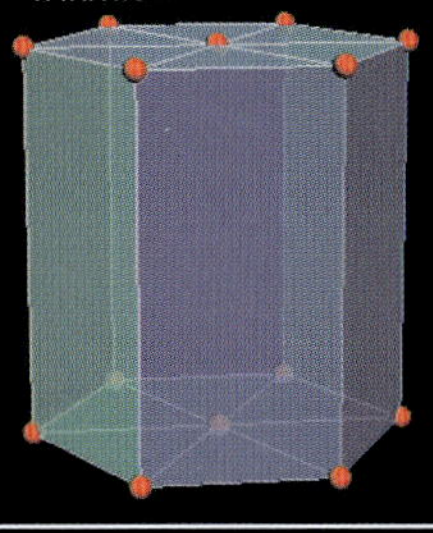

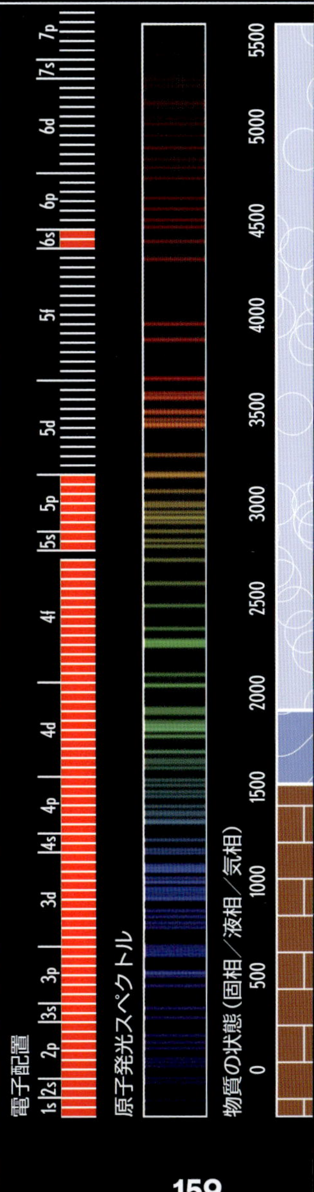

Ytterbium

Yb

70

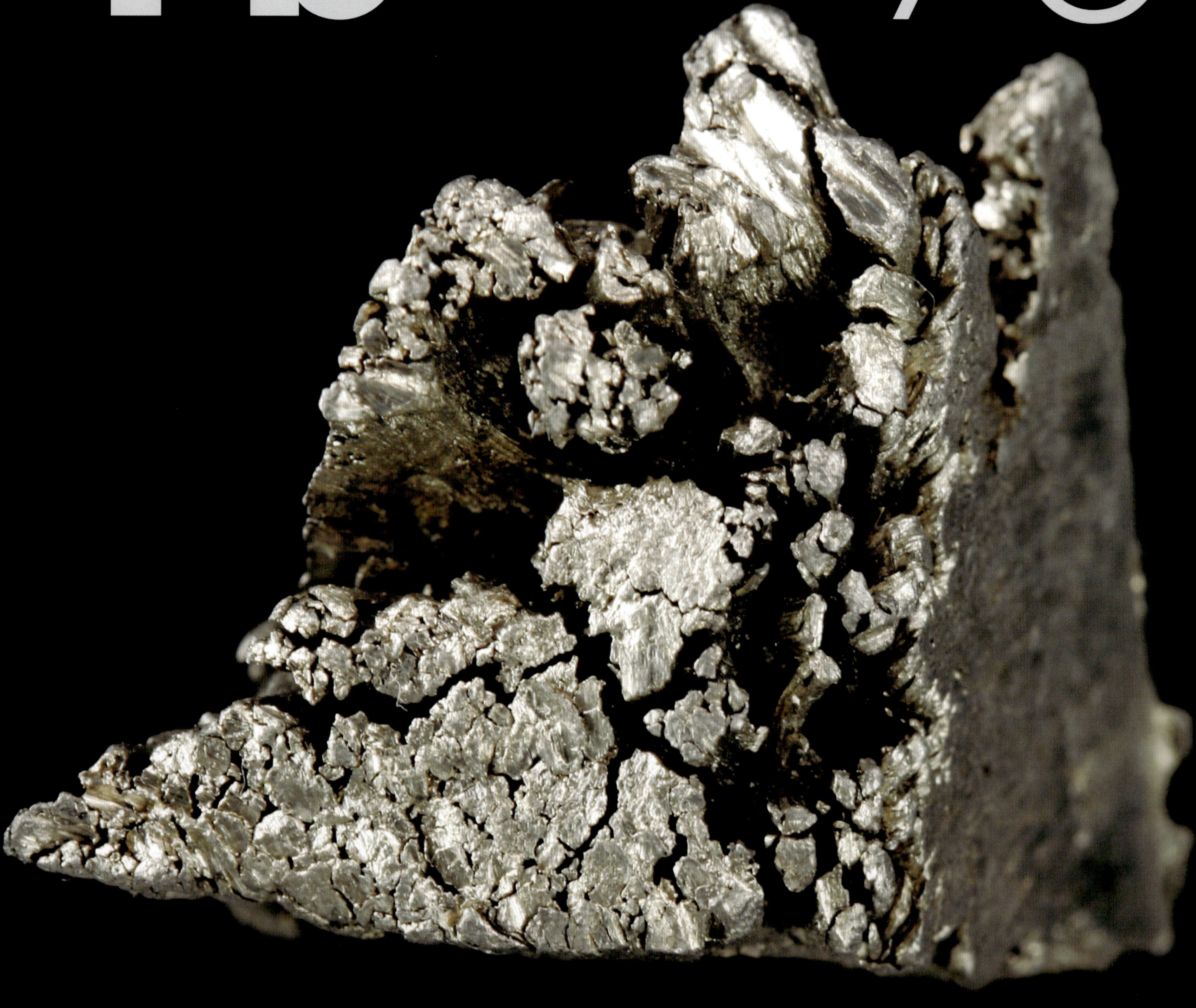

Ytterbium
イッテルビウム

カリフォルニア州バークレー、ロシアのドゥブナ、ドイツのダルムシュタットの3都市がその名にちなんだ元素名を獲得するには、巨大な粒子加速器で人工元素を作り出し、熾烈な研究競争に勝ち抜く必要がありました。

バークリウム(97)、ドブニウム(105)、ダームスタチウム(110)の3つとも、実験で作られた哀れなほど短命の元素です。だから、スウェーデンの小村イッテルビーが4つもの素敵な安定元素の名前になっていて、しかも単にそこが産地だったから命名された、と聞いたら憮然とするでしょう。イットリウム(39)、テルビウム(65)、エルビウム(68)、イッテルビウムは、全部イッテルビー近くの鉱山の鉱石から発見されたのです！

イッテルビウムの花形用途はレーザー材料への添加です。光ファイバー増幅器でのエルビウムの働きと同じような原理で、イッテルビウムは、YAGレーザーでエネルギーを蓄え再放出する「色中心」となり、レーザー光に独特の色を与えます。

世の中には、「その装置の存在に畏敬の念を覚えて立ちつくす人間でなければ、装置の仕組みを理解することはできない」ほど奥深く複雑なものがいくつかありますが、私にとってレーザーはいまだにそのひとつです。

レーザーのキャビティ（共振空洞）内部では、無数の原子が、量子レベルでしか起こりえない完璧さで互いの行動を調整しています。すべての光子が同一の波長で、しかも他の光子と完全に同調して、単一のコヒーレント光線となって進むのです。単なる焦点の合った光ではなく、全然違う種類の光、難解な量子力学の法則でしか説明できない光です。

レーザーの原理を手短に説明できたらどんなにいいか！　実際は、微積分を数年と物理学を半年か1年勉強して、やっと理解への入口に立てるくらいです。それでも、ついに答えが得られたときには、その深遠さと美しさとリアルさにすべての苦労が吹っ飛びます。高等数学を学ぶべき理由のひとつは、こういう深遠な答えに到達できるからです。宇宙の秘密が記された言語、それが数学であり、数学の理解を通じて知への扉は開かれます。だから宿題はちゃんとやりましょう。オーケー？　いつかありがたみがわかります。

これでやっとルテチウムにたどりつけます。（別の意味で）ありがたいことです。

◀ イッテルビウムで作られたコイン。

▲ 照明用ランプに使われる高純度の臭化イッテルビウム。

▶ ゼノタイム（リン酸イットリウム）、(YbY)PO₄。

◀ 純粋なイッテルビウムの樹枝状結晶を割ったもの。

基本データ
原子量
173.054
密度
6.570
原子半径
222 pm
結晶構造

電子配置
原子発光スペクトル
物質の状態（固相／液相／気相）

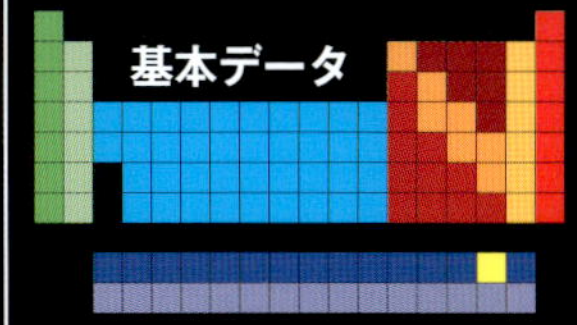

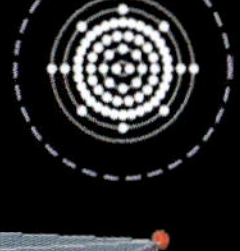

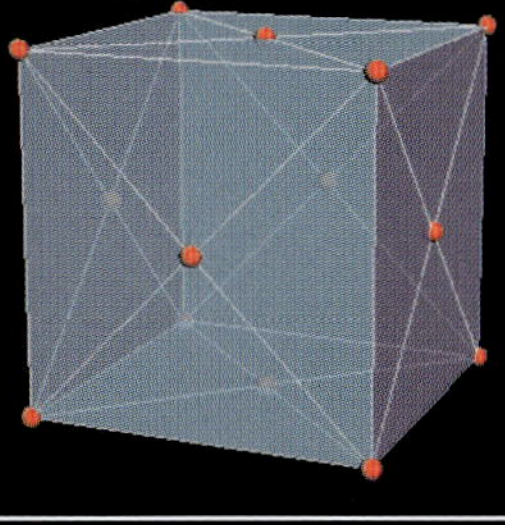

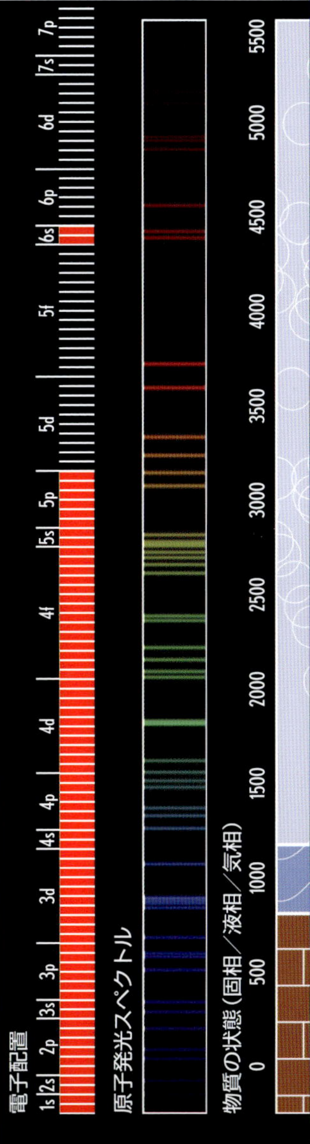

Lutetium

Lu

71

Lutetium
ルテチウム

希土類ランタノイド系列の最後に登場するルテチウムの最もありがたい点は、最後だからここでランタノイドにおさらばできることです。次からはダイナミックで変化に富む第６周期遷移金属へ、密度の極致（76, 77）、温度の頂点（74）、至上のロマンス（79）へと戻れます。とはいえ、このページはまだ希土類の領域。ルテチウムは他の仲間と比べてとくに目立つ存在ではありません。

あなたはきっと疑問に思っていることでしょう。なぜランタノイドはどれもよく似ていて、多くの面で互いに代替がきくのだろう？混合物が長いこと単一元素の純粋な試料だと思われていたくらいそっくりだなんて、不思議じゃないか？

原子の中にある電子は、「殻」に配置されています。量子力学の摩訶不思議なところは、電子が特定の位置に存在していると考えるのを許さないことです。電子はむしろ「確率の雲」に似ています（専門用語では確率分布と呼ばれています）。けれども、化学を理解するための方便として、電子には原子核に近いところを居場所にしているものもあれば、もっと外側の殻に存在しているものもある、と想像してかまいません。

ふだん私たちが「化学」と呼ぶのは、電子が入るそれらの殻のうち一番外側の殻が紡《つむ》ぐ物語です。最外殻に入っている電子の数が同じ元素同士は、互いに似た化学特性を持つ傾向があります。これこそが周期表の形を決めている根本原理です。同じ縦列に並ぶ元素は、最外殻電子（「価電子」と呼ばれます）を同じ数だけ持っています。

周期表のほとんどの部分では、ある元素から次の元素へ行くたびに価電子が１個増え、独自の特性が現われます。ところが、ランタノイドでは増えた電子は内側の殻に入っていきます。57番から71番までの希土類はすべて最外殻にある「6s」軌道が埋まっていて、もっと内側の殻にある「4f」軌道の電子数が異なっています。この場合、4f軌道の電子は化学特性にわずかしか影響しません。

ただ実際の化学はそれほど単純ではなく、たとえばガドリニウムでは4f軌道のかわりに5d軌道に電子が１個入って、仲間たちとやや異なる独特の化学特性と磁気特性を生み出します。本書のページ右端欄にある電子配置グラフを順々に見ていくと、他にも順番どおりとは思えない例がいくつか見つかるでしょう。

要するに、ランタノイドは最外殻の電子の数がみな同じなので化学特性が似ているのです。けれども磁気特性の方はまったく別の法則に従っていて、最外殻だけでなく原子が持つすべての電子が関係します。こうしてランタノイドは、化学特性で差が出ないぶんを磁気特性で埋め合わせているのです。

ところで、ルテチウムは最も高価な元素だとか、最も高価な希土類だといった記述を目にすることがあるかもしれませんが、それは過去の話です。ルテチウムは今でも安くはありませんが、現代の分離技術のおかげでそれなりの量が生産され、目の玉が飛び出るほどの金額を払わなくても買えるようになりました。純粋なルテチウムの買い手の中には元素コレクターがかなりいると言われても、なるほどそうかもね、という感じです。

ルテチウムについて他に言うべきことはあまりありませんから、ハフニウムへと進みましょう。

▲ユークセン石、(Y, Ca, Ce, Lu, U, Th)$(Nb, Ta, Ti)_2O_6$。

▲ある元素の引き取り手がないときには、照明業界が救いの手をさしのべる。この臭化ルテチウムは高輝度放電ランプ用で、最高水準の純度で作られている。

▶純ルテチウムのコイン。20～30年ほど前ならとても手が出ない贅沢品だったが、今では実用価格で買える。いや、何の役にも立たないから実用価格という表現はおかしいが、とにかくそれほど高価ではない。

◀純粋なルテチウムを切った小片。

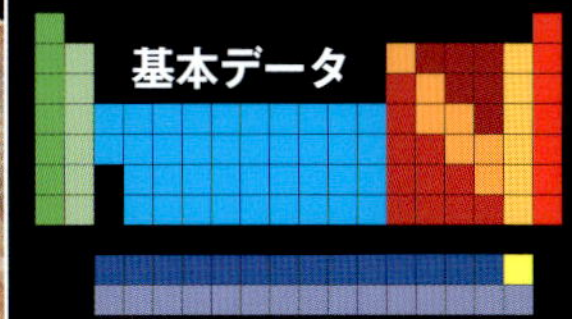

原子量
174.9668
密度
9.841
原子半径
217 pm
結晶構造

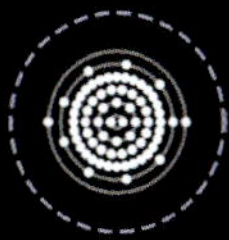

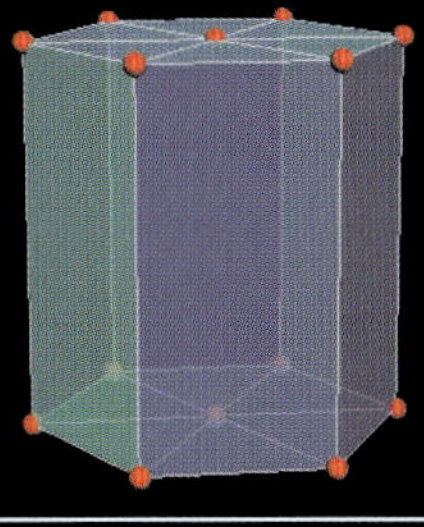

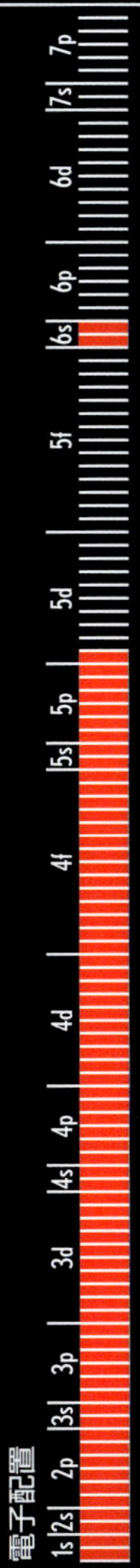

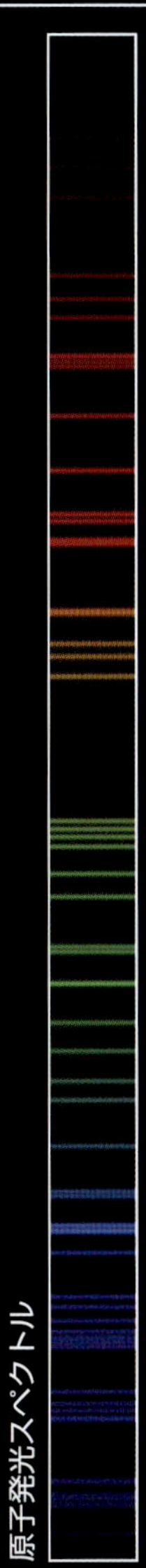

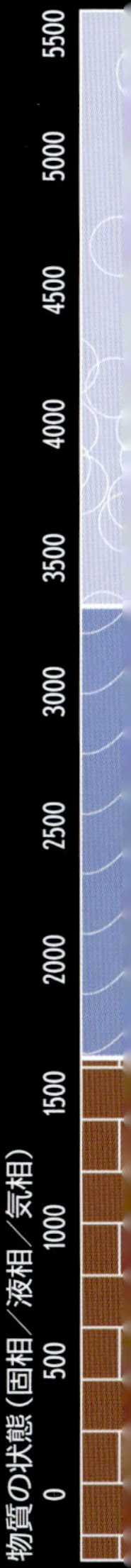

Hafnium
Hf
72

Hafnium
ハフニウム

ハフニウムはスペシャリストです。ひとつのことにとても秀《ひい》でています。

かつて鋼鉄の切断には酸素アセチレンバーナーが必要で、バーナーの根元は圧搾《あっさく》ガスがつまった重たいボンベ（危険物）２本とホースでつながっていました。今はプラズマトーチがあり、普通の120ボルト電源コンセントと空気さえあれば作動します。

プラズマトーチの内部には、空気圧搾装置、制御用電子部品、銅の電極に純ハフニウムの小さなボタンを埋め込んだものが入っています。トリガーを引くと電子部品がハフニウムボタンからアークを発生させ、そのアークプラズマを圧搾空気流がトーチ先端から噴出させて、切断したい金属にぶつけます。プラズマで高温に熱せられた鋼鉄は空気中で燃焼します。圧搾空気の中の酸素が鋼と反応して、鋼を燃焼させるのです。つまり、切断作業の大部分はトーチから噴出する圧搾空気流が担っていて、アーク自体は鋼を切断する仕事はせず、鋼の燃焼を維持するための熱を供給するだけです。

なぜトーチ先端部にハフニウムが埋め込まれているのでしょう？　ハフニウムは融点が高く、高温での耐腐食性がきわめて優れていて、アークの条件下でも長時間耐えられるからです。とはいえ、融点と耐腐食性が両方とも高い金属なら他にもあります。ハフニウムの強みは空気中に電子を放出しやすい点です。電気スパークが金属表面から空中へ飛び出すときには、電子をジャンプさせるために一定量のエネルギーを必要とします。ハフニウムはその必要エネルギーが最も少なく、そのため、電極ボタンを低い温度で保ちながら高温のアークを出せるのです。

さて、プラズマトーチの中で電流を制御している電子回路には、間違いなくタンタルのコンデンサーが使われているはずです。

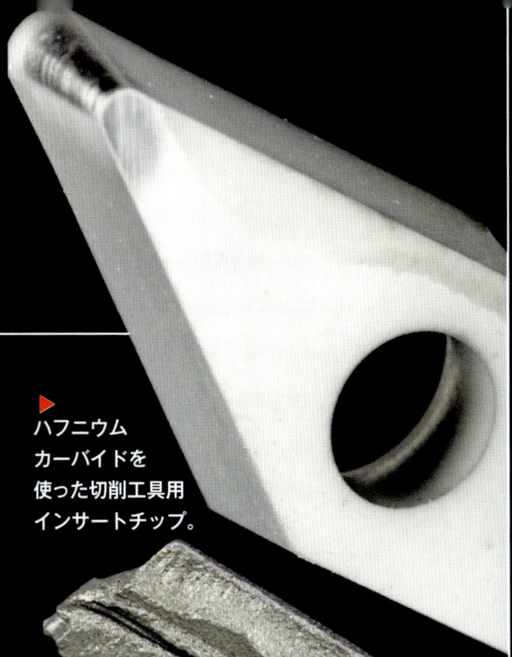

▶ハフニウムカーバイドを使った切削工具用インサートチップ。

▲純粋なハフニウム金属。

▶高純度ハフニウム結晶。

▲ハフノン鉱（Hf, Zr）(SiO_4)。

▶ハフニウムは陽極酸化で美しい色にできる（『スタートレック』のミスター・スポックのメダル）。

▲ハフニウムボタンから放出されたプラズマが鋼鉄を燃焼させ、火花のシャワーに変身させる。

◀ロシア製の大きな高純度ハフニウム結晶棒の割れ面。この棒は四ヨウ化ハフニウム蒸気を熱線上で分解するるファン・アルケル法という方法で作られた。

▼プラズマトーチの銅製チップ中央に埋め込まれたハフニウムボタン。

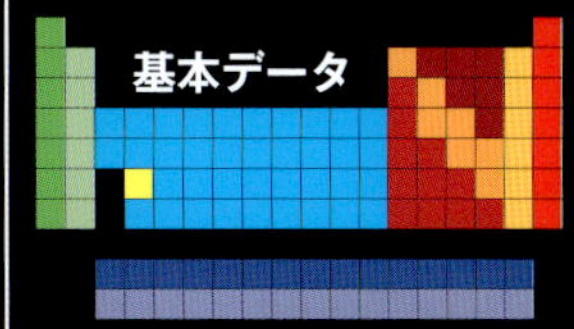

原子量
178.49
密度
13.310
原子半径
208 pm

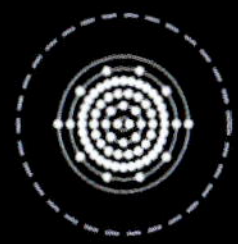

結晶構造

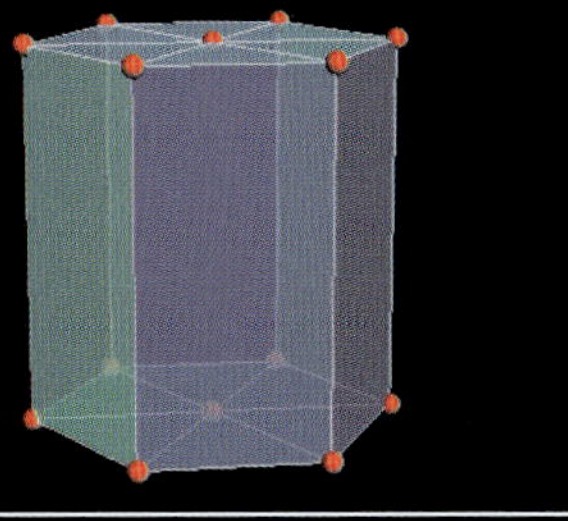

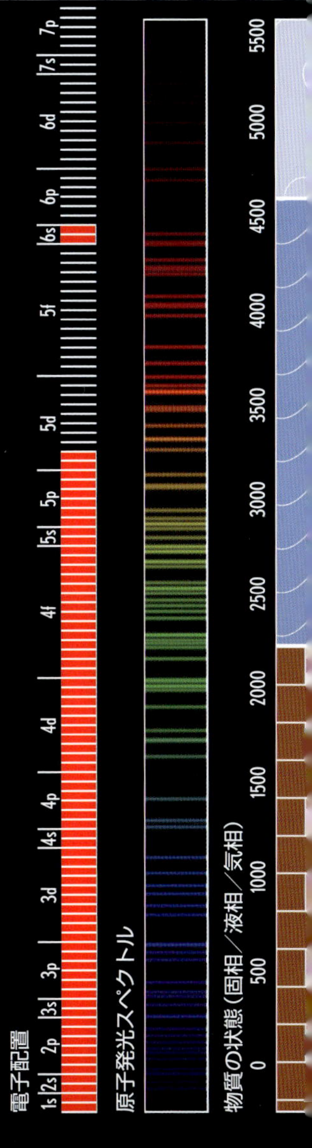

Tantalum

Ta

73

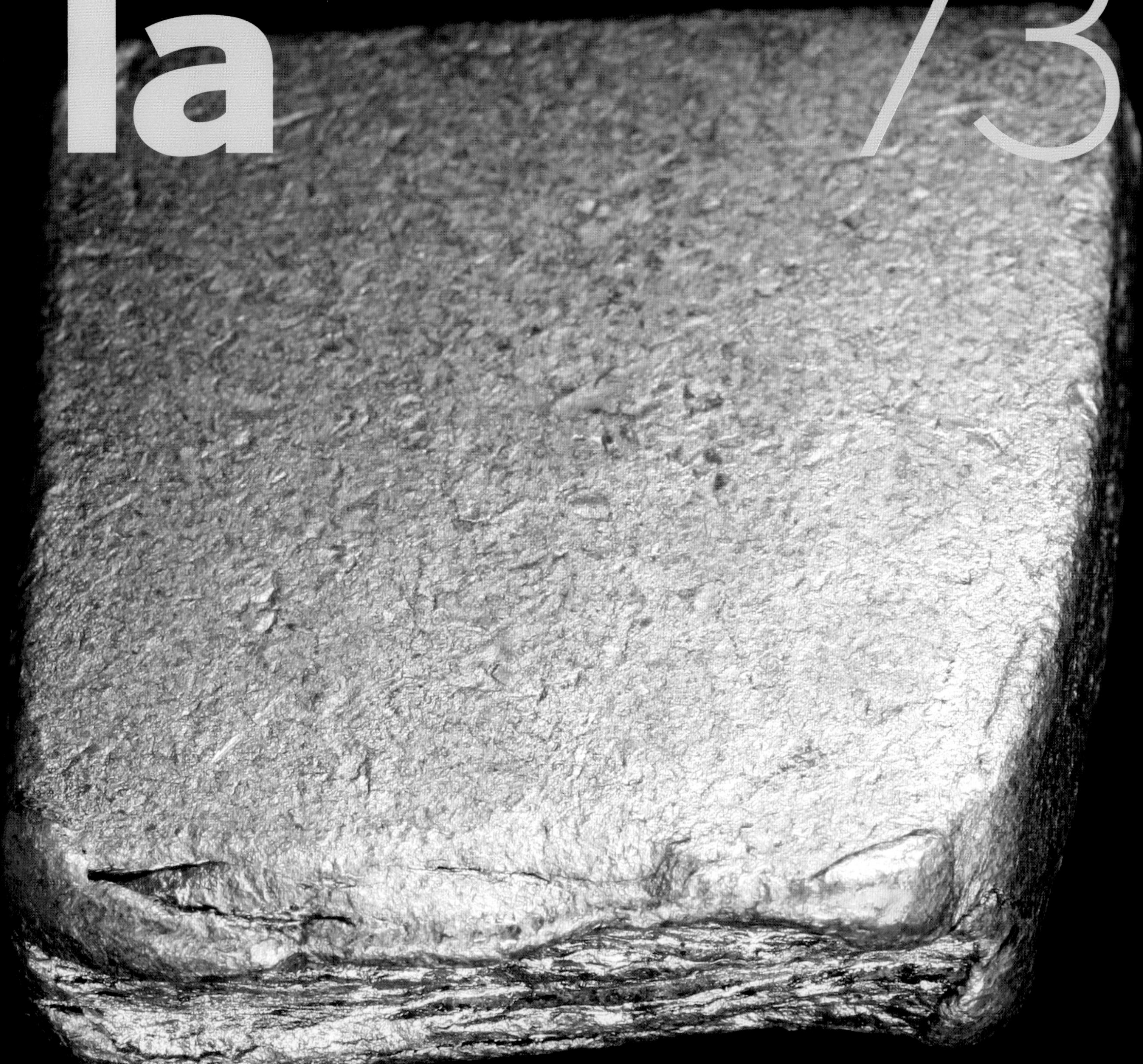

Tantalum
タンタル

▶昔使われたタンタルフィラメント電球。

不買運動が起きたことがある元素は2つあり、タンタルはそのひとつです。もうひとつは炭素（6）――正確には炭素でできたダイヤモンド――で、第三世界のダイヤ鉱山がしばしばそこを支配する武装勢力の資金源になっているからという理由です。タンタルの場合は同様の理由に加えて、採掘地がゴリラの生息域と重なっているという事情も挙げられています。ゲリラ紛争の資金のためにタンタルが掘られ、ゴリラはどんどん減っています。

どこにあるかよくわからないタンタルをどうやってボイコットすればいいのでしょう？ 携帯電話です！ タンタルは、知名度の低さとは裏腹に、あなたの身の回りのあちこちに存在します。携帯電話だけでなくコンピューター、しゃべる人形、医療機器、ラジオ、コンピューターゲームなど、デジタル装置を内蔵したほとんどすべての製品にはタンタルコンデンサーが使われています。タンタルコンデンサーは、小型、大容量、優れた高周波応答性の点で他のコンデンサーにまさります。デジタル回路は高周波の電気的ノイズがたくさん発生し、それが電源系統や信号系統を通って別の回路へ流れ出しやすいのですが、タンタルコンデンサーはノイズが悪さをする前に効率的に吸収し減衰させてくれます。

ですから、タンタルをボイコットしようとすると対象製品は……うーむ、1982年以降に開発された製品はあまりに膨大です。

もしタングステン（74）が存在しなかったら、電球もボイコットしなければいけないところでした。初期の白熱電球には、タンタル製フィラメントを使ったものもあったからです。なにしろ、豪華客船タイタニック号が売りものにした数々の「最先端の技術と設備」の中に、タンタルフィラメント電球も含まれていたくらいです。この電球はそれまでの炭素フィラメント電球よりずっと信頼性が高かったので、タイタニックの常夜灯は文字どおり一晩中つけっぱなしても平気でした。

初期の電球のフィラメント材料はかなり多彩で、炭素、タンタル、オスミウム（76）、さらには白金（78）までありましたが、タングステン線の製造が可能になるとそれ以外の材料はすべて駆逐されました。白熱電球のフィラメントとしては最高の（そして最後の）素材、それがタングステンです。

▲タンタル粉体をプレス成形したコンデンサー・コア。

◀タンタルの重くて厚い板。これで何千個ものコンデンサーができる。

▶タンタルコンデンサー。

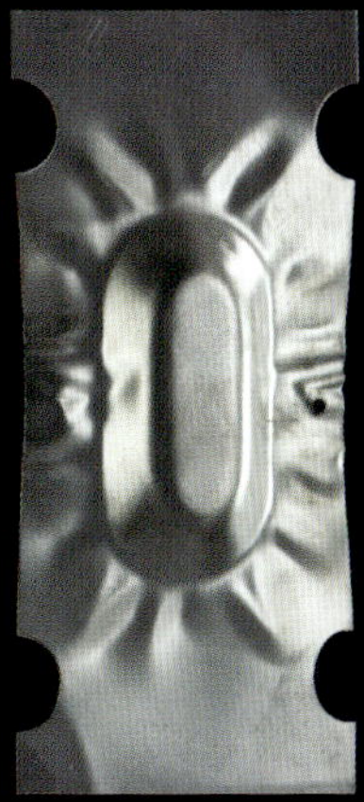

▲タンタルの蒸着用ボート。

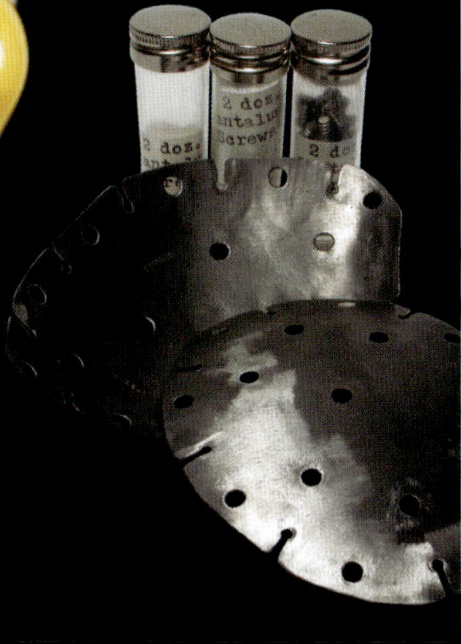

▼頭蓋骨形成術に使われるタンタル製プレート。

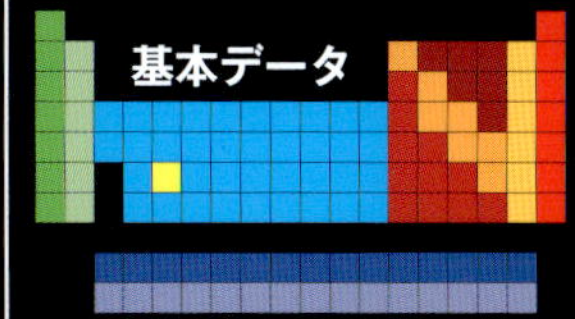

原子量
180.94788
密度
16.650
原子半径
200 pm
結晶構造

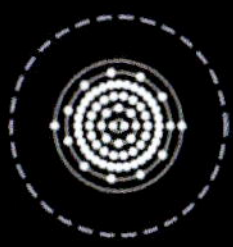

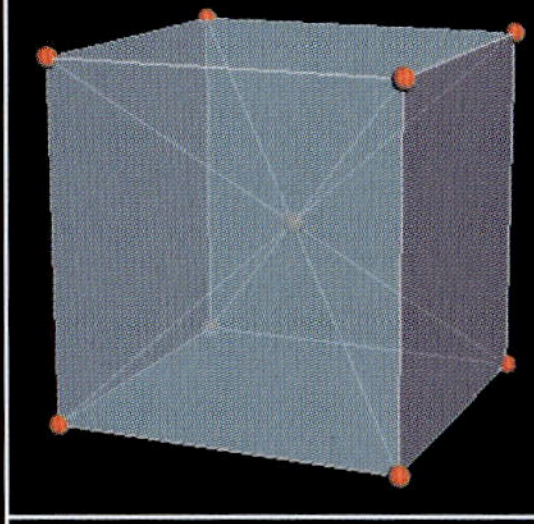

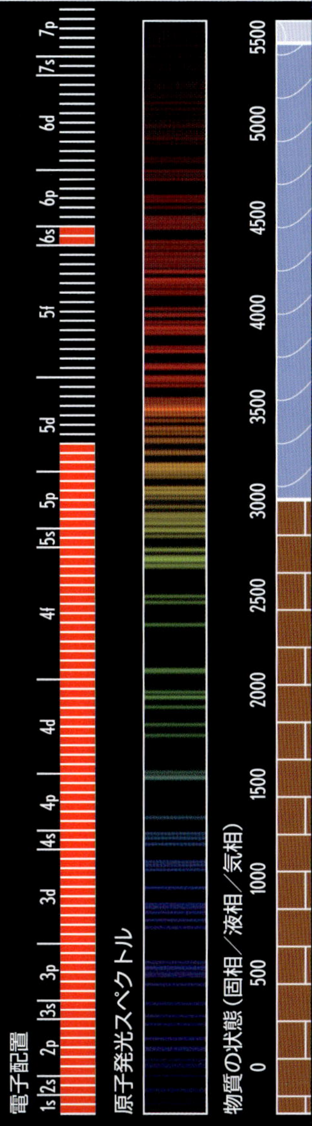

W 74

Tungsten
タングステン

▶散弾銃の散弾。タングステン製は多くの点で鉛の散弾より優れ、環境にも優しい。

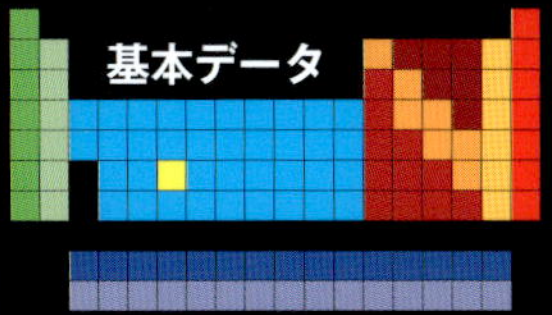

原子量
183.84
密度
19.250
原子半径
193 pm

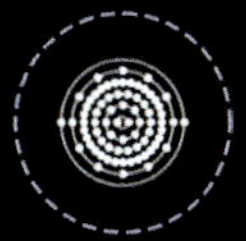

結晶構造

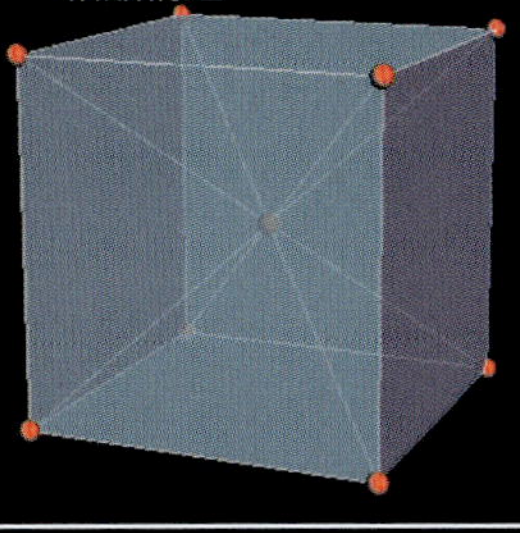

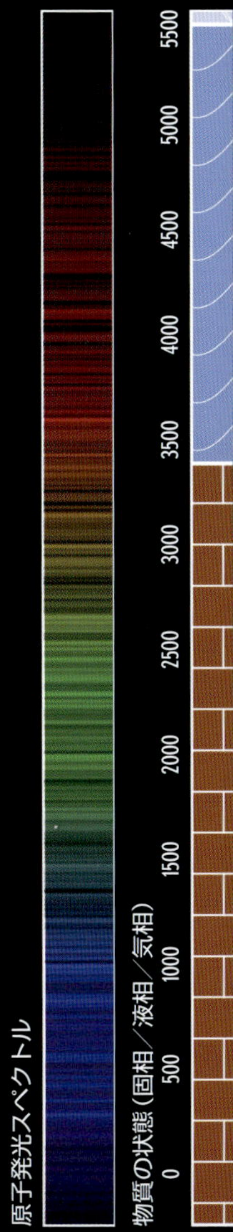

タングステンといえばだれもが白熱電球を思い浮かべます。白熱電球は、極めて細い金属線に電気を通して高温にすることで黄色く光らせます。タングステンは耐熱性が最高で価格も安いため、この用途には最適です。

しかし、最適ではあっても、およそ最良とは言えません。一般的な白熱電球は嘆かわしいほど非効率的で、使用する電力のわずか10％しか可視光に変換せず、残る90％は熱や赤外線放射になってしまいます。「照明器具」ではなく「たまたま副産物として光を出す電熱器」と呼んでもいいくらいです。鶏小屋の暖房用ならともかく、照明用としては無駄が多すぎます。

明るさが欲しければ、今では電球よりはるかに優れた電球型蛍光灯が売られています。白熱電球の数倍高い発光効率で、10～20倍も長寿命。もしあなたの家でまだ白熱電球を使っているのなら、地球環境のために今すぐ蛍光灯に取り替えましょう！　２ドルの電球型蛍光灯を１個取り付けて消費電力を減らすだけで、年間450kg以上の二酸化炭素排出が削減されます。それに、黄色くて陰気なタングステンの光と違い、蛍光灯は光の色もさわやかです。

タングステンをフィラメントに使い続けるのは問題ですが、別の分野ではタングステンカーバイド（炭化タングステン）という超硬合金が大活躍しています。この合金はダイヤモンドより頑丈（耐破壊性が高い）で鋼鉄よりもずっと硬く、いろいろな素材を機械加工する工具にうってつけです。鋭利さが求められる切削工具などの用途に広く使われ、すばらしく役立っています。

タングステンから金（79）までの金属はどれも非常に密度が高く、オスミウム（76）とイリジウム（77）は全元素中で最も高密度です。タングステンはそれらと比べてやや密度は低いものの、値段が約100分の１なので、小さくて重いことが求められる用途、たとえば釣り合いおもりや魚釣り用のおもり、ダーツ（投げ矢）のボディー、犬の耳の矯正用おもり（冗談ではなく本当）、砲丸投げの砲丸などにもよく使われます。

次のレニウムからは高価な金属の領域に踏み込みます。そして、金属の頂点に立つ金への道をたどりましょう。

▲切削用インサートチップ。最もよく使われる素材はタングステンカーバイド。

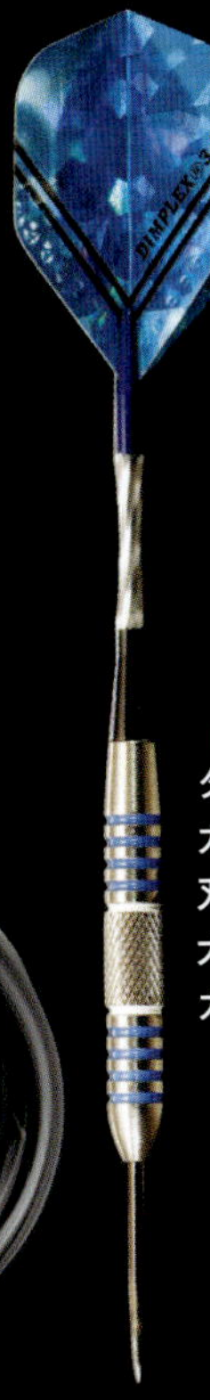

◀ダーツの矢。タングステンの密度の高さを生かしたコンパクトな空気力学設計のおもりが使われている。

▶タングステンカーバイドを刃先に使った大型の溝切りカッター。

▶昔のタングステンフィラメント電球。

◀白熱電球のタングステンフィラメント。もうじき過去の遺物になるはず。

Tungsten《タングステン》
74

▲人気上昇中、ファセットカットを施したタングステンカーバイドの指輪。指から抜けなくなったら、従来の工具では切断できない。医療現場では「強力プライヤーではさんで割る」という新手法が開発された。

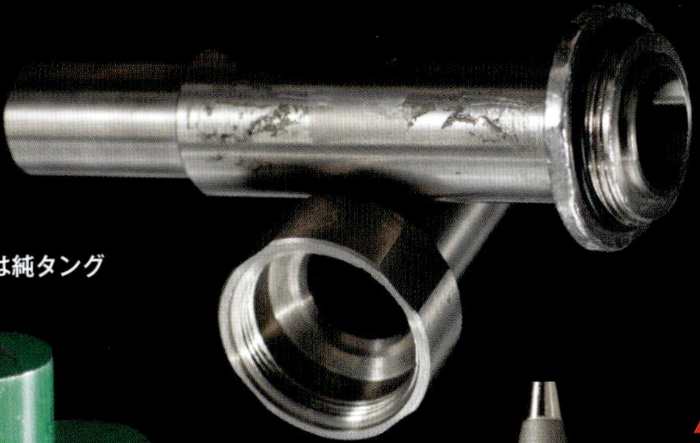

▶タングステンは鉛と同じく放射線の遮蔽《しゃへい》に使われる。放射性の薬品を入れた注射器を保管するための筒。

▼TIG溶接用電極。緑色は純タングステンのしるし。

▲タングステンは密度が金とわずかしか違わないため、タングステンの塊に金めっきをすると純金との見分けが難しい。

▲帯域精製法で精製した非常に純度の高いタングステン単結晶。

◀固体タングステンを使ったペン。手に持つとずっしり重い。

▼カービン銃用の徹甲弾《てっこうだん》。タングステン製。

▼タングステンカーバイド製の４枚刃ガラスドリル。

▶タングステンカーバイド製の彫刻用回転式工具の先端。

Rhenium

Re

75

Rhenium
レニウム

　レニウムは安定元素の中では最後に発見されました。1925年、ドイツでのことです。しかしそれより早い1908年に、日本で小川正孝がこの元素を発見していたとされます。彼が自分の発見を「43番元素」として発表しさえしなければ、75番元素の名前はレニウムではなくニッポニウムになっていたでしょう。

　周期表の同じ縦列に入っている元素は、多くの化学特性を共有しています。ですから、マンガン(25)によく似ていてもっと重い元素を見つけた小川が、マンガンのすぐ下で当時まだ空欄だった43番の元素だと思ったのも無理からぬことです。残念なことに、彼は考え違いをしていました。本物の43番元素であるテクネチウムは放射性で、天然には存在しません——しかし1908年当時それを知っている人はいませんでした。

　レニウムの発見から、一定の量の生産が可能になるまでにも、長い年月が必要でした。今でもレニウムは生産量が非常に少なく、そのためとても高価です。1トロイオンス（約31g）が数百ドル（数万円）します。

　レニウムの最大の用途は、ジェット戦闘機エンジンのタービンブレード用ニッケル鉄超合金への添加です。最新鋭タービンブレードの素材となるこの最新の単結晶超合金には、レニウムが約6％含まれています。高性能ジェット戦闘機の年間生産数などたかが知れているのに、世界のレニウム年間総生産量の4分の3がそこに使われています。

　昔の使い捨ての写真用フラッシュバルブにはたいていジルコニウム(40)ウールがつまっていますが、昔の広告には、ジルコニウムはそっちのけで「レニウム点火装置」を誇らしげに謳っているものがあります。たぶん、他のフラッシュに多い撃発式点火装置ではなく、電気式（タングステン・レニウム線）点火装置を採用していることを売り込みたかったのでしょう。ちなみに撃発式の例は、ある年代より上の人々には懐かしいコダック・インスタマチックカメラのGE製マジキューブ・フラッシュです。マジキューブは電池が不要で、シャッターリリースに接続された連結棒が接点をたたくことで機械的に点火します。レニウムの点火装置は電気信号で作動します。

　懐かしい道具といえば万年筆もそうですね。万年筆には、次のオスミウムとその次のイリジウムが両方使われています。

◀ 純粋なレニウム1ポンド（約450g）。市場価格にもよるが、非常に高価な品。

▶ レニウム粉末をプレス成形したボタン。これをアルゴンアーク溶解炉で溶かしてビーズ（小さな丸い塊）にする。

◀ レニウム鉱（硫化レニウム）の鉱石。

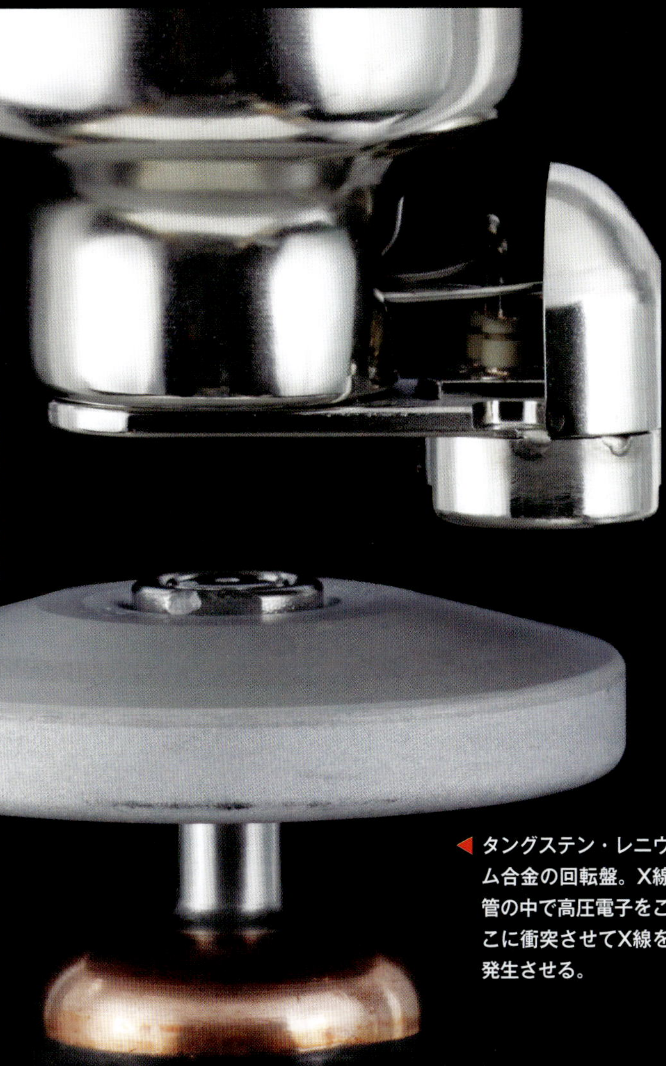

▼ 細長く切ったレニウム箔。質量分析計の蒸発用フィラメントとして使われる。

▶ タングステン・レニウム合金の回転盤。X線管の中で高圧電子をここに衝突させてX線を発生させる。

基本データ

原子量
186.207
密度
21.020
原子半径
188 pm
結晶構造

電子配置
原子発光スペクトル
物質の状態（固相／液相／気相）

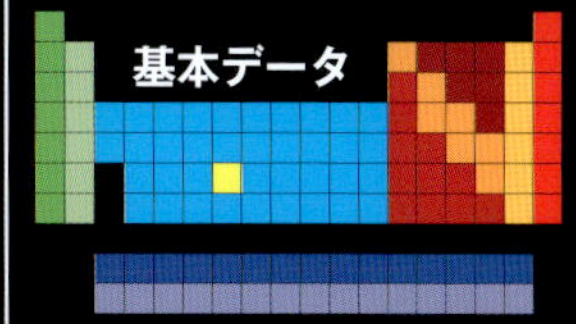

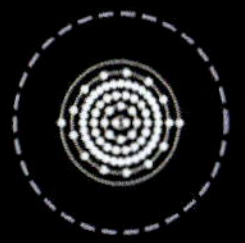

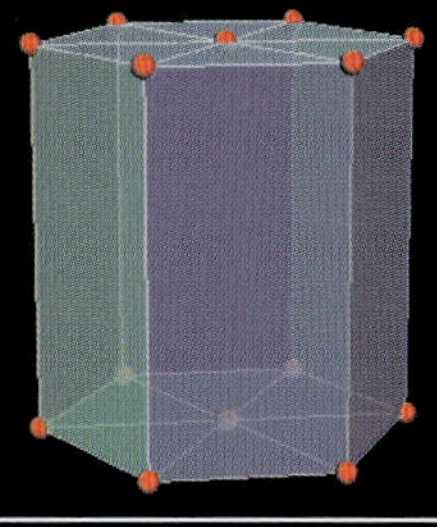

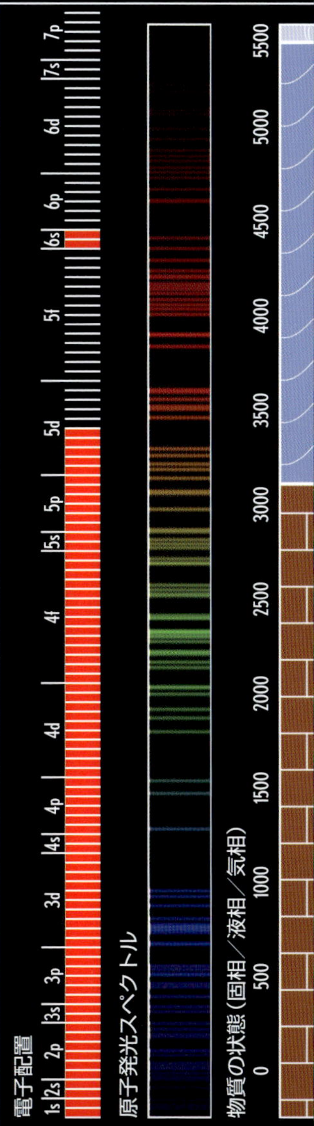

Osmium

Os

76

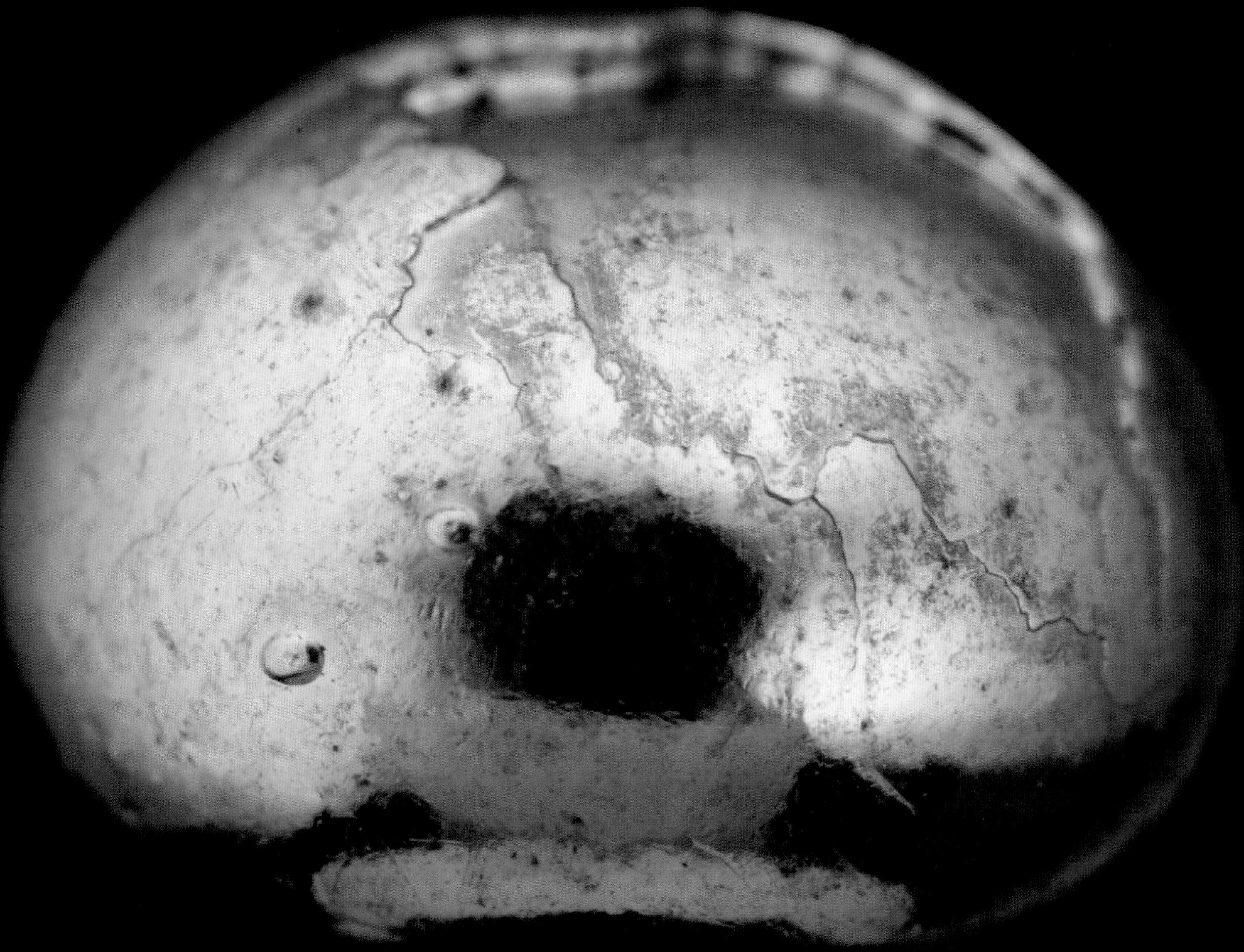

Osmium
オスミウム

オスミウムは、銅(29)と金(79)の仲間入りまであと一歩、「灰色や銀色ではない金属」という少数グループの当落線にぶらさがっています。青い色があまりに薄いので、本当に青だとは確信しにくいのです。大雑把にとらえれば、ただの銀色の金属です。

いや、ただの銀色の金属というのは間違いです。オスミウムはレニウム(75)と同じくらい高価ですし、ブリネル硬さ（鋼球を試料に一定加重で押し込み、できたくぼみの大きさで判定する）では最も硬い金属元素です。ただし、最も硬い「素材」でも最も硬い「元素」でもなく、純金属としては最も硬いということです。

オスミウムはよくイリジウム(77)と一緒に、非常に稀少な天然合金のオスミリジウムを作っています（イリドスミンとかイリドスミウムと呼ぶ人もいます）。並はずれて硬く耐摩耗性に優れたこの天然合金は、どこの家にもあるいろいろな品物に使われてきました。たとえば万年筆のペン先やレコード針が長期間使ってもすり減りにくいのは、先端についている小さなオスミリジウムのおかげです。

一般に周期表のこの部分にあるのは酸化しにくい金属ですが、オスミウムはやや毛色が違い、微粉末にすると空気中で徐々に酸化して四酸化オスミウムになります。しかも四酸化オスミウムは重金属酸化物にしては珍しく揮《き》発性《はつせい》で、室温で昇華（固体から直接気体に変化）して有毒な蒸気になります。このガスはオゾンに似た臭いがするという話も聞きますが、臭いを感じるよりずっと低濃度でも吸い込んだらあの世行きか失明か、というくらいの毒なので、真偽のほどは不明です。

揮発性で猛毒で高価にもかかわらず、四酸化オスミウムは思ったより使われています。組織標本を電子顕微鏡で観察する際の染色剤や、化学合成用の試薬が主な用途です。

オスミウムにはもうひとつ、特別な点があります。すべての元素の中で最も密度が高いのです。私がこの話を最後まで取っておいたのにはわけがあります。あなたが他の資料（印刷物でもオンラインでも）を見ると、ほとんどに違うことが書かれているでしょう。それらは全部間違いです。そう、最も高密度の元素はイリジウムではありません。

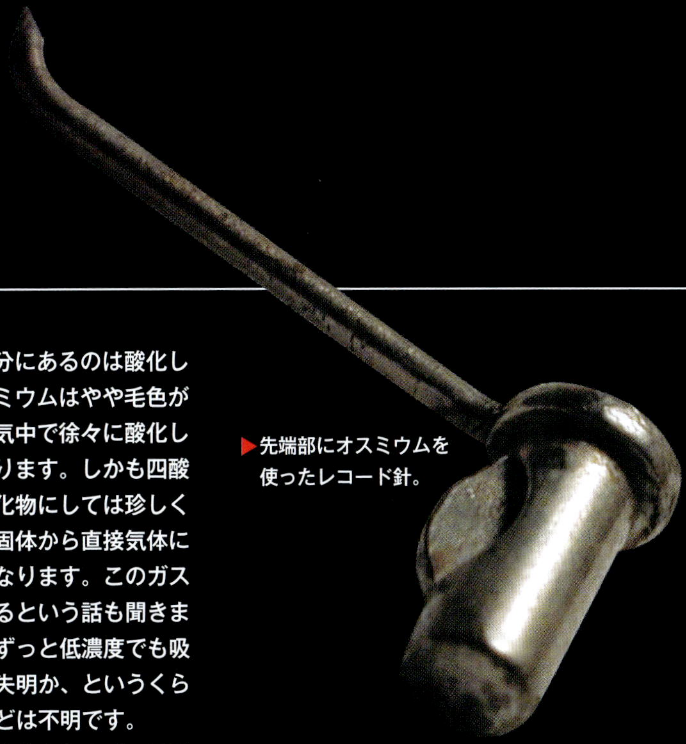

▶先端部にオスミウムを使ったレコード針。

▲オスミウムを使ったレコード針のパッケージ。「サタンよりタフでサテンよりなめらか」と謳《うた》う。

◀オスミウムのビーズ（小さな丸い塊）。かすかに青みがかっている。

▲純オスミウムのビーズ。うまく光をあてると、青い色がよくわかる。

▶四酸化オスミウムの結晶。猛毒なので密閉したガラスアンプル中に保存される。

基本データ

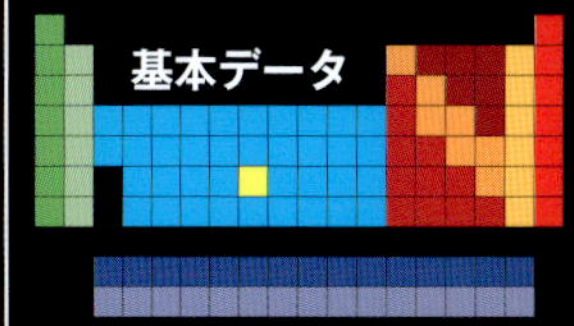

原子量
190.23
密度
22.59
原子半径
185 pm

結晶構造

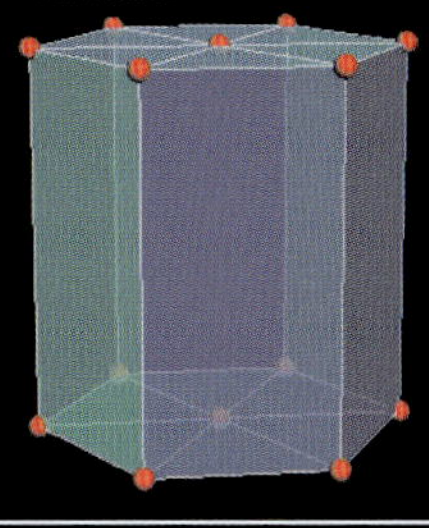

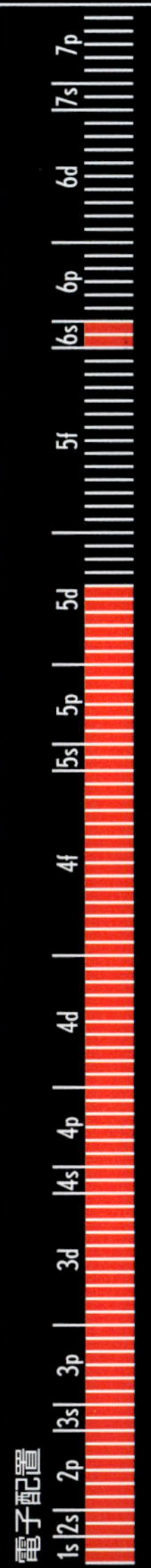

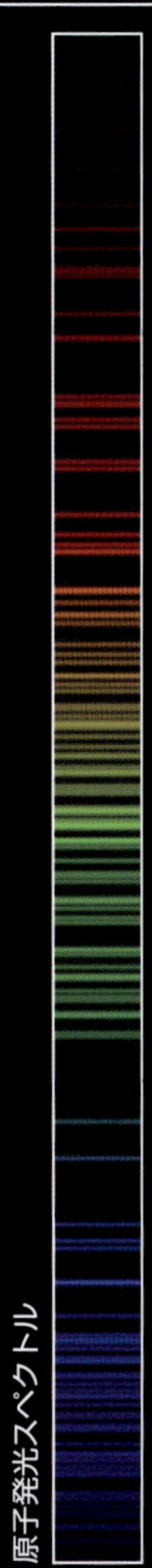

Iridium

Ir

77

Iridium
イリジウム

イリジウムの密度として引用される数値はたいてい22.65 g/cm³で、オスミウム(76)は22.61 g/cm³になっています。そのため、イリジウムが最も高密度の元素と言われます。しかしその数値は間違いです。正しい数値はオスミウム22.59 g/cm³、イリジウム22.56 g/cm³。つまり、最高密度のタイトルはオスミウムの上に輝くのです（0.1%以下の僅差ですが）。

密度なんて注意深く測定すれば簡単にわかるじゃないかと思われるかもしれません。けれども、元素の密度というのは、完全に純粋な試料の完全な単結晶の密度を意味します。

そんな理想的な試料を作るのはもちろん不可能ですし、場合によってはそれに近づけることすら困難です。代わりに、より正確な方法として次のようにして求めます。まず、微小な完全結晶を含む試料でX線結晶解析を行い、原子の間隔を測定します。原子の間隔と1個の原子の質量（原子量）がわかれば、一定の大きさの完全な結晶の質量がどれだけになるかが計算できて、そこから理想的な密度を割り出せます。

問題は、最初にこの計算をした時に知られていたオスミウムとイリジウムの原子量が間違っていたことでした。原子量はずいぶん前に修正されました。ところが、だれも密度の計算をやりなおそうとしなかったのです。70年間、どの文献も既存の資料を写しては誤りを増殖させていきました。

それほど長い間訂正されなかったのは、学校の宿題でレポートを書く生徒を別にすればこの数値を使う人がほとんどいないからです。実際のオスミウムやイリジウムの密度がこの理論値と等しいことはありえません。誤差数パーセント以内になることさえまずないでしょう。不完全な溶解、冷却時に内部にできる隙間、不純物などで体積が増え、密度は下がります。ですから現実には、元素の理論密度は学問的好奇心の対象でしかないのです。

イリジウムは極めて高価なため、ごく少量だけ必要になる用途が大半を占めます。たとえば、高級乗用車の点火プラグに小さなイリジウムチップが採用されていて、普通のプラグのチップよりはるかに長持ちします。寿命はなんと走行距離にして160万km（地球40周）です。

しかし、イリジウムが一番使われるのは、隣の超有名元素（白金）との合金です。

▼二酸化トリウム（トリア）／イリジウム・イオン源。

◀見事に輝く純イリジウムのビーズ。

◀イリジウムは溶かすのが極端に難しい。この塊は途中で溶解を止めたので奇妙な形をしている。

▶小さなイリジウム合金線のおかげで、この点火プラグの寿命は走行距離にして160万km。

▲イリジウムを多く含む粘土層が世界中に存在し、白亜紀と第三紀の境目を示す。このイリジウムは6500万年前に恐竜を絶滅させた巨大隕石に由来する。

基本データ

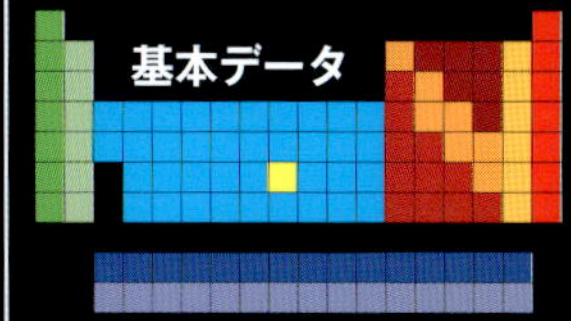

原子量
192.217
密度
22.56
原子半径
180 pm

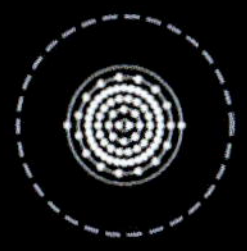

結晶構造

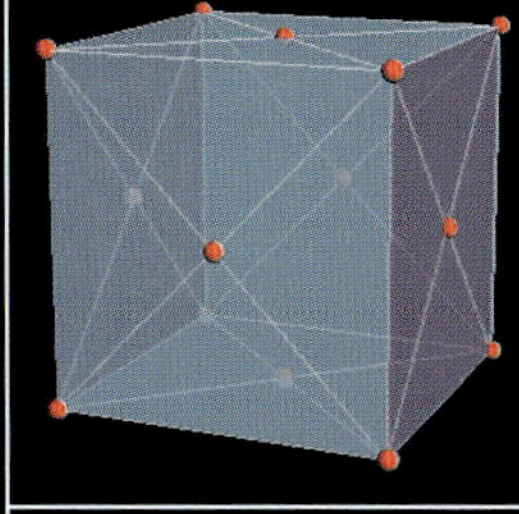

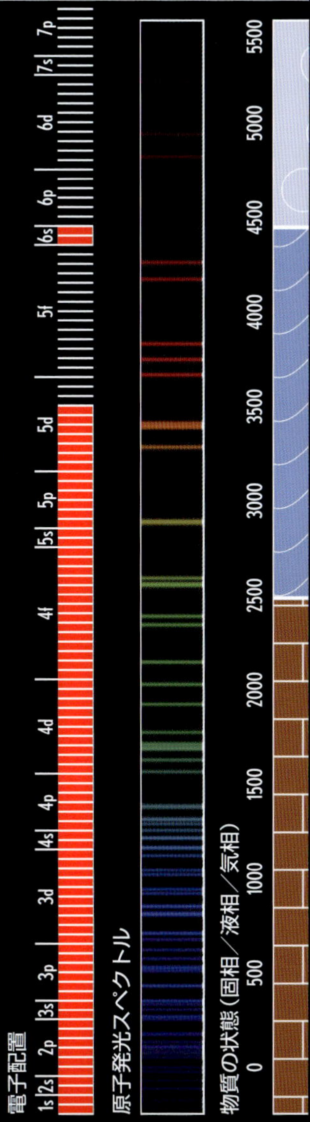

Platinum

Pt

78

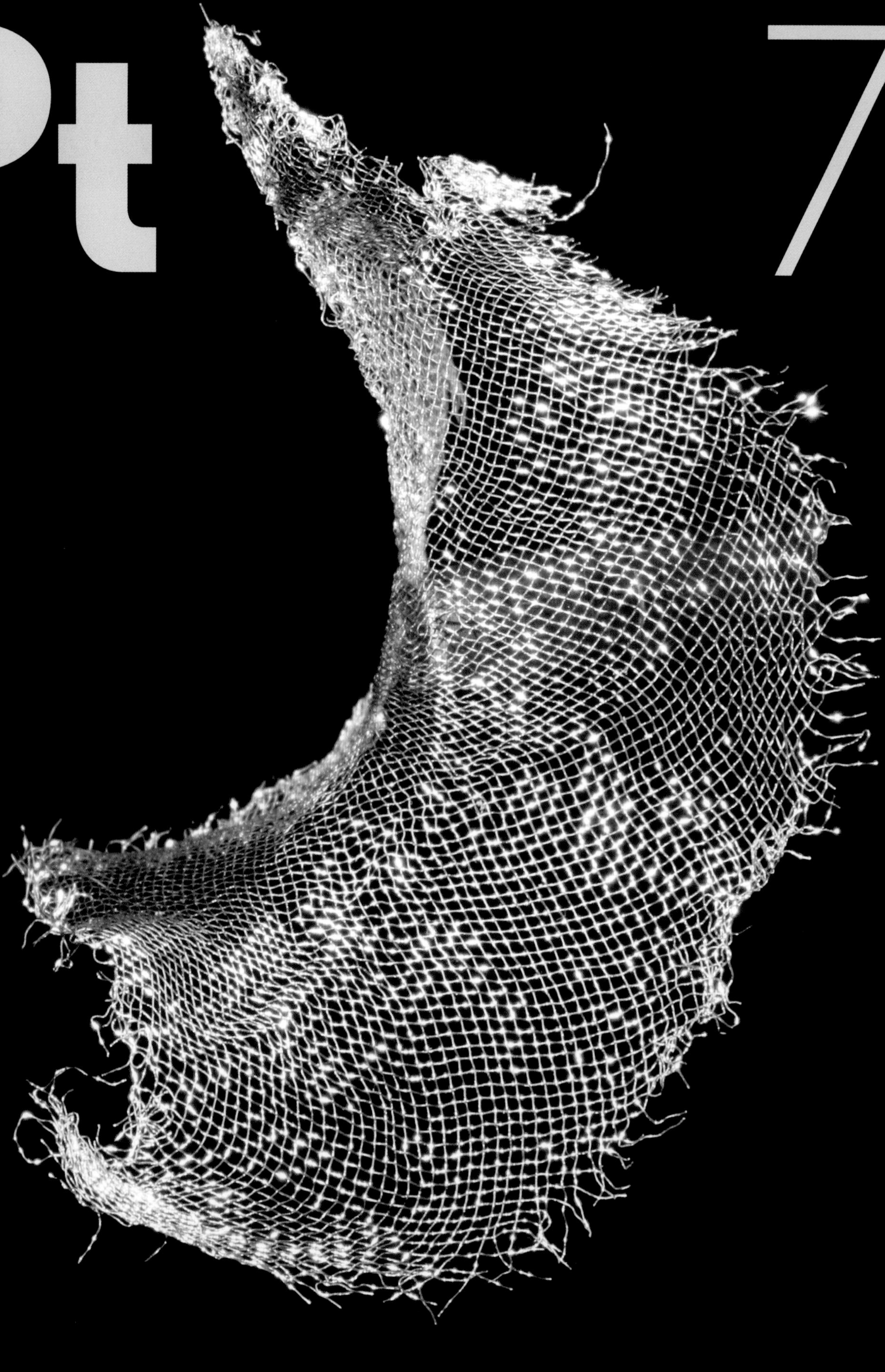

Platinum
白金

白金（プラチナ）は最も誉《ほま》れ高き元素です。たしかに金(79)は偉大ですが、白金はいつだってその上をいきます。クレジットカードのゴールドカード？　プラチナカードに比べればたいしたことはありません。白金は、地殻に含まれる量の点ではロジウム(45)、オスミウム(76)、イリジウム(77)といった白金族の仲間より多いのですが、需要がきわめて大きいため、ずっと高価です。

白金は実験室用としても産業用としても、なくてはならない金属です。ですから、たとえ目玉が飛び出るほどの価格でも、白金製のボウル、るつぼ、フィルターホルダー、電極などが作られては買われていきます。白金は他のどんな金属よりも耐酸性と耐熱性に優れているのです。白金に何を入れても、たいていはしみひとつつきません。

耐腐食性と並んでもうひとつ白金の重要な性質は、化学反応における触媒能力が高いことです。たとえば原油を精製してガソリンにするときに使われます（原油精製で使われるものはなんだって大規模なビジネスになります）。こうして作られた石油製品は、役目を終えた最後によく白金に再会します。ガソリン車やディーゼル車の排ガス浄化装置で白金触媒が活躍しているからです。排ガスに含まれる燃え残りの炭化水素は、白金の助けを借りて酸化され、二酸化炭素と水に分解されます。

ところで、さまざまな計測の基本単位は、時間（55番元素セシウムを参照）や距離（36番元素クリプトンを参照）も含めて、いずれも物質が持つ普遍的な基本特性を使って定義されています――ただひとつの例外を除いて。というのは、質量だけは「国際キログラム原器」によって定義されているのです。国際キログラム原器は、1879年に作られてフランスのパリ郊外の特別な場所に保管されている円柱状の白金合金（イリジウムを10％含む）です。その質量は、定義上当然ながら、1 kgです。

この定義はあまり好ましくありません。原器は洗浄したり触ったりするたびに重さが変わり、実際に数十マイクログラムの変動があることが知られています。もっと正確な定義が決められる必要があります。いずれ、1 kgは「これこれの原子いくつぶん」として、あるいは正確に制御された電流によって生成する磁力をもとにして、定義されることになる可能性が高いと考えられています。

さて、プラチナのアクセサリーには、銀(47)、パラジウム(46)、さらには安いクロム(24)とも見分けにくいという問題があります。他の金属と同じ銀白色。私としては、指にはめる金属の輪っかに大金を払うなら、色がついている方がいいですね。ということで、いよいよ金の出番です。

▲ 広く使われている白金製のエンジン点火プラグ。車の寿命と同じくらい長持ちする。

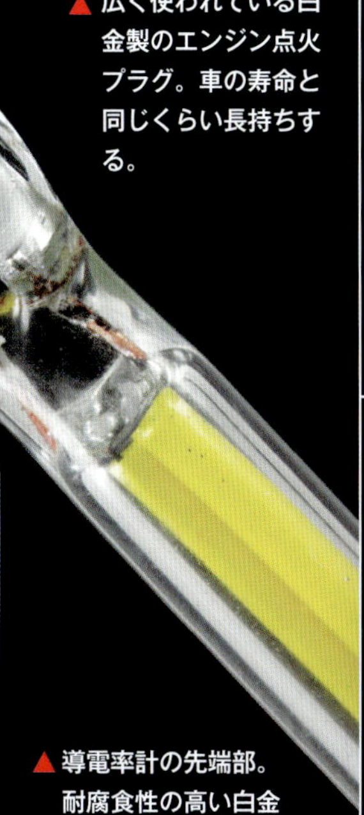

▲ 導電率計の先端部。耐腐食性の高い白金電極が使われている。

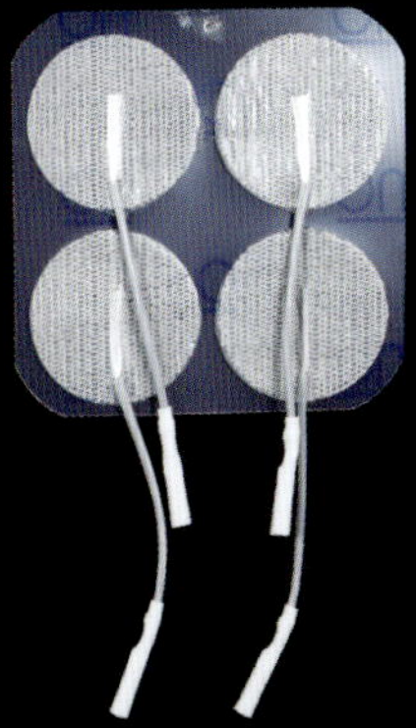

▲ 皮膚に電気パルスを送る医療用電極には、白金めっき線を使ったものもある。

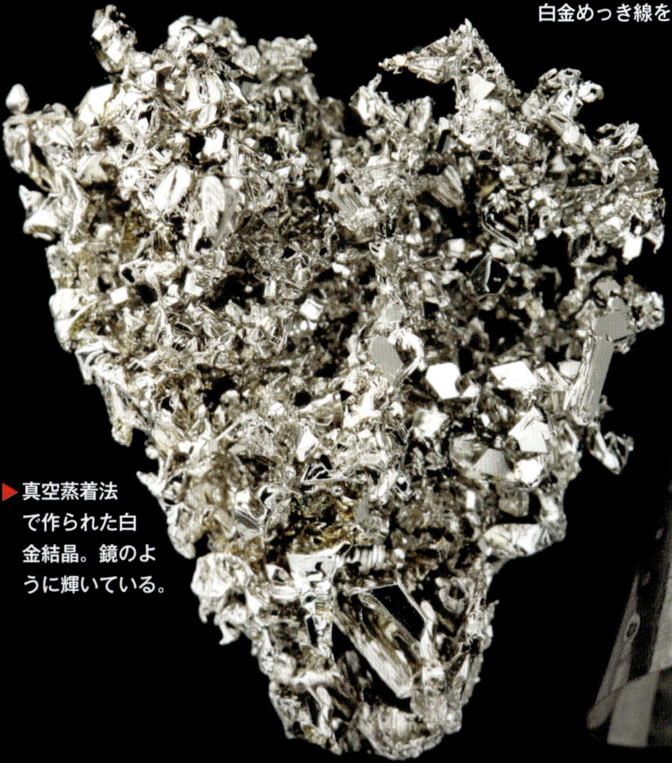

▶ 真空蒸着法で作られた白金結晶。鏡のように輝いている。

▼ 小型の固体白金製フィルターコーン。高価な実験器具の一例。

◀ 網戸の網のように見えて、実は純粋な白金製。つまり家庭用ではなく実験室用。

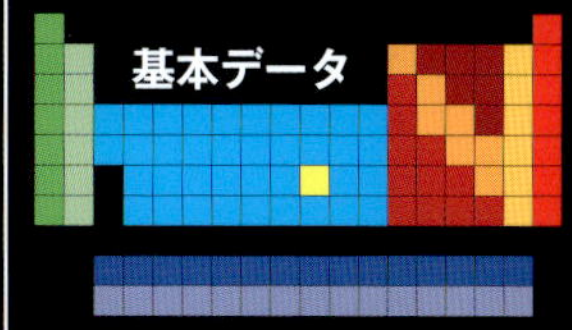

原子量
195.084
密度
21.090
原子半径
177 pm

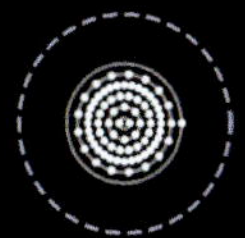

結晶構造

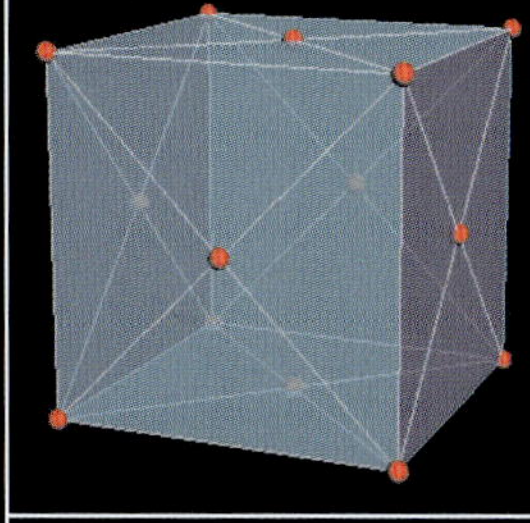

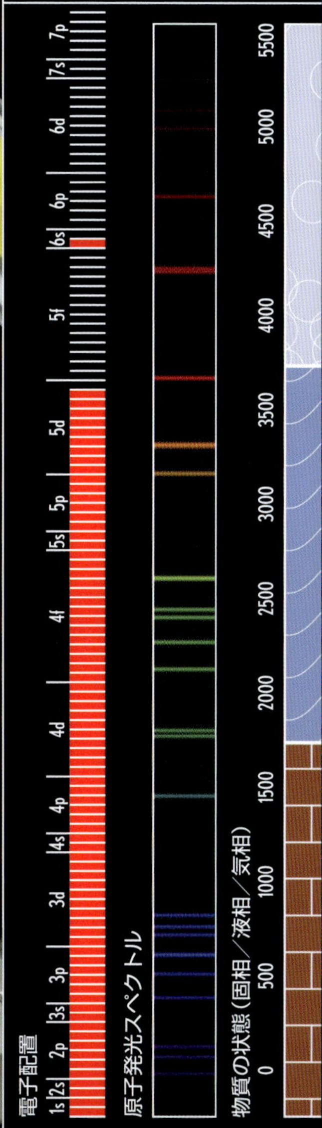

Gold

Au

79

Gold
金

金、それこそは金属の金字塔です。ロジウム(45)の方が高価であっても、だれも目の色を変えてロジウムを追い求めたりはしません。金に匹敵する欲望の対象としてダイヤモンドの姿をした炭素(6)がありますが、ダイヤは永遠ではなく、高温で壊れます。大きな人造ダイヤができるようになれば、天然ダイヤの価値の下落は必至です。ダイヤは分不相応に珍重されているにすぎません。でも金は本物、愛と崇拝に価します。

金は、本質的に貴重なのです。地球上の金はごくわずかで、人類の歴史の中でこれまでに得られた金を全部集めても1辺が約18mの立方体に収まってしまいます。もし貨幣を金本位制に戻すべきだと主張するトンチキに出会ったら、こう言ってやりなさい。今ある金は市場価格でいうと数兆ドル分で、流通している通貨総額よりはるかに少ない、つまり圧倒的に金の量は足りないんだよ、と。

金には、正真正銘の美しさがあります。あらゆる金属の中で、色があり、しかもその色が永遠に美しく輝き続けるものは、金以外にありません。あるところに百万年前から風雪にさらされてきた金のかけらがあったとします。あなたがそれを見つけ、拾い上げてチリを払えば、金は百万年間この時を待っていたと言わんばかりの輝きであなたに微笑むでしょう。今から数十億年後に宇宙人が地球にやってきて、太陽が爆発する前にこの星の文化遺産を救い出そうとしたとき、ツタンカーメンの黄金のマスクは今と同じ——そして今から3300年前に作られたときと同じ——金色を保っていることでしょう。金の美しさはうわべだけでも一時的でもなく、原子構造そのものの中に本来的に存在するのです。

金はすばらしく有用です。導電性が高く変質しないので最良の電気接点になります。きわめて細い接点で2つの回路が接続されているとき、わずかでも腐蝕が起これば接続異常が起きます。だから精密電子機器には金が使われており、そうした機器から金を取り出すリサイクル事業もビジネスとして成立します。

さて、金と同じくらい古くから、金とは違った形で人類を驚嘆させ魅了してきた元素があります。古代において「生きている銀」「素早く流れる銀」と呼ばれた、水銀です。

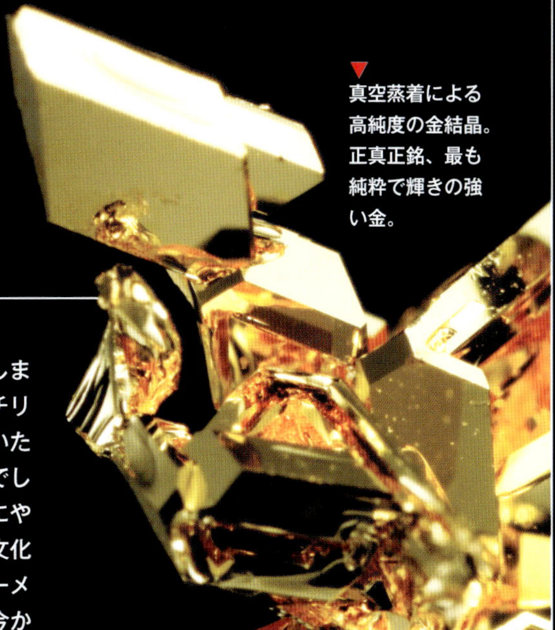

▼真空蒸着による高純度の金結晶。正真正銘、最も純粋で輝きの強い金。

▲石英についた自然金。

▼安いアクセサリーも薄い金めっきで本物の金のように輝く。

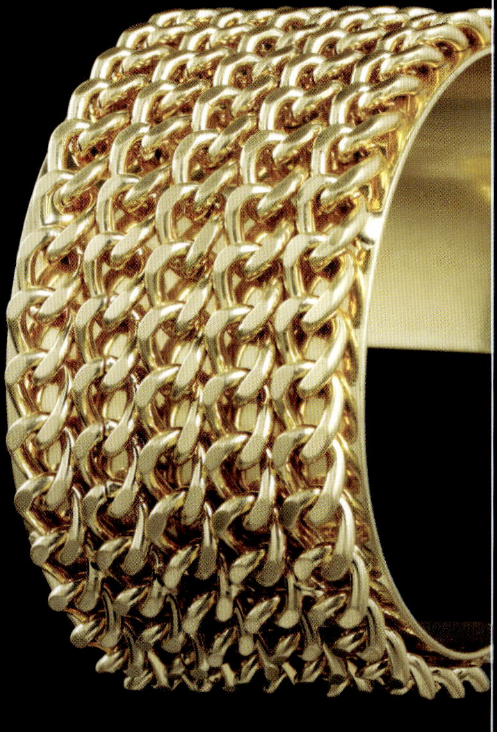

▼磁器に金をかぶせた塩皿。金でめっきする際にウラン塩を使っているが、できた器に放射能はない。

▶金色の塗料は、時代と価格によって本物の金入りもそうでないものもある。

◀1オンスの純金ナゲット。1890年代、エスキモーに靴を売ろうとアラスカに行ったホガモース・マリオンという人物が発見した。

基本データ

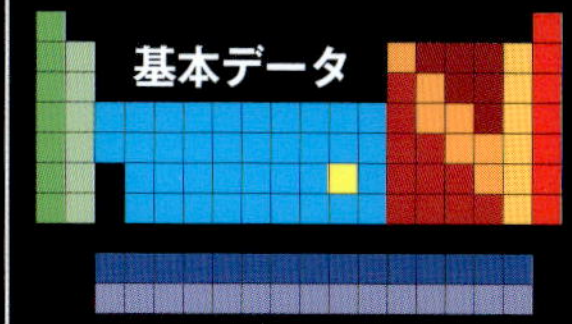

原子量
196.966569
密度
19.3
原子半径
174 pm

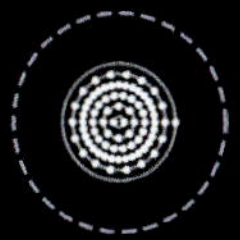

結晶構造

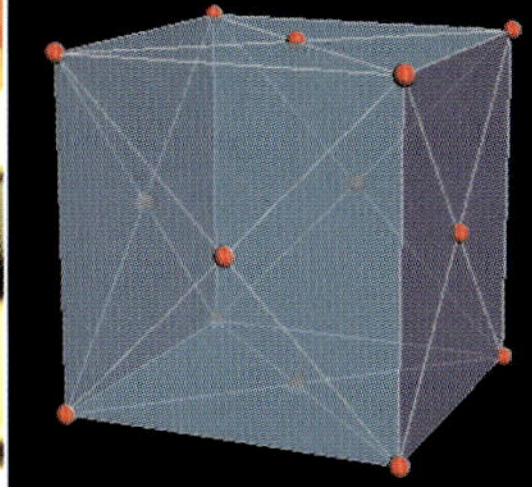

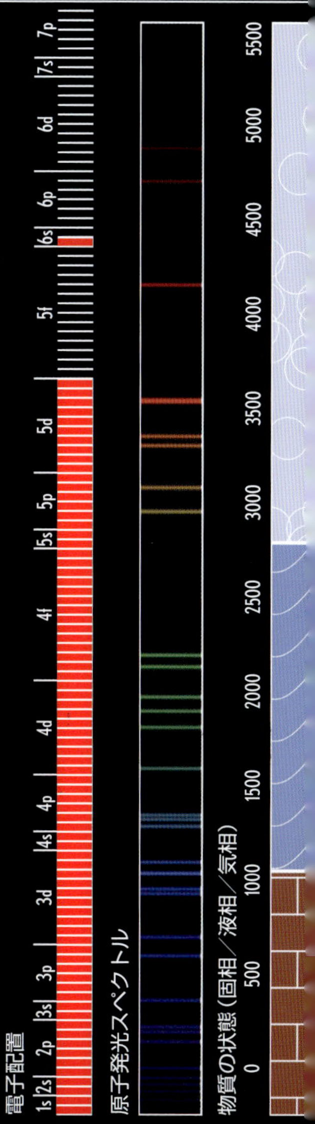

Gold 79
金

▲ 金箔の厚さは原子500個ぶんほど。あまりに薄いので、赤リスの毛で作ったブラシの端で起きる静電気を利用して持ち上げる。

▼オーディオマニアが「金めっきの高価な部品で音が良くなる」と思うのは間違い。

▶使い込まれた金貨。米国ネバダ州カーソンシティーで1891年に鋳造された。

◀3オンス以上の純金で作った指型の黄金（ゴールドフィンガー）。

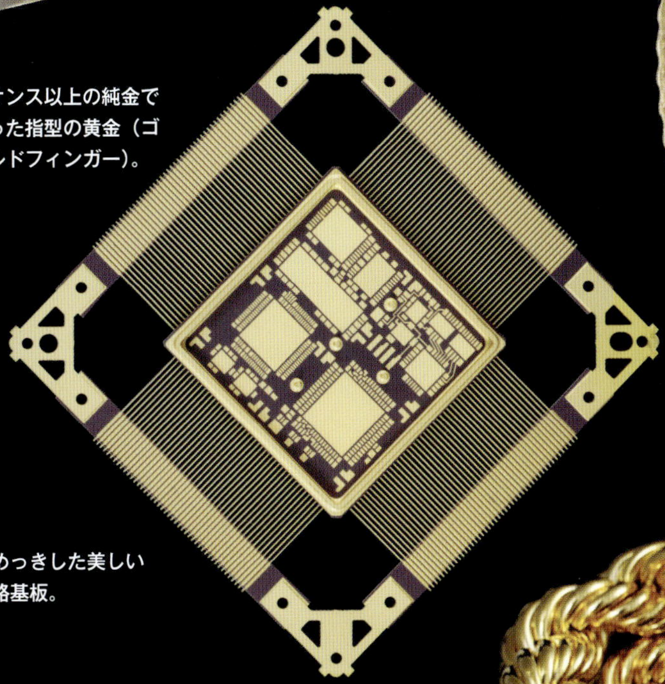

▶金めっきした美しい回路基板。

▲金めっきした電気コネクター。変色しない。

▲仰々しい金めっきの安物ネックレス。おしゃれと思うか、成金趣味と思うか。

▶純金を溶かして固めた塊。

▶金の鏡は赤外線を反射する。

Mercury

Hg

80

Mercury
水銀

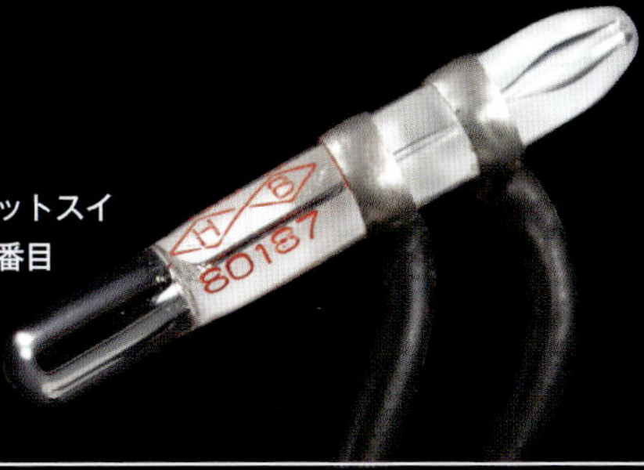

▶ 水銀を使ったサーモスタットスイッチ。水銀が膨張して2番目の接点に届くと回路が閉じる（スイッチが入る）。

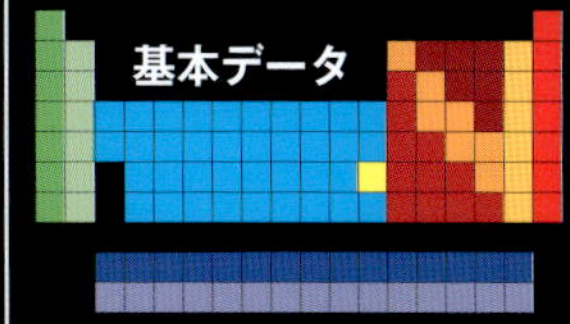

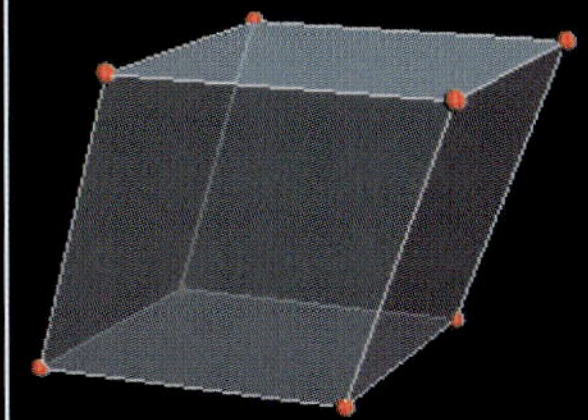

スペインのアルマデンにある古代からの水銀鉱山では、洞窟の壁から液体の水銀が文字どおり滴ります。液体の金属というものを理解し位置づけるための枠組みすらなかった時代に、水銀がいかに不思議な存在であったかは、想像にかたくありません。

いやいや！　水銀は今でも、どこから見ても不思議です。どんなに水銀のことを知っていたとしてもです。たくさん持っているほど、不思議さを実感できます。私はサラダボウル1杯ぶんの水銀を持っていて、小さな砲弾を浮かべたり、ゴム手袋をして指を突っ込んでは信じられない圧力を感じたりしています。鉛(82)ですら浮きます。水銀はおそろしく比重が大きいのです。水銀入りの瓶を持ち上げて最初に気付くのはそのことです。大量の水銀が使える人（アルマデンの鉱夫など）は、全身を浮かべることもできます。水銀風呂に入ろうとしても何センチか沈むだけで、表面に座っているのと大差ありません。

けれども「液体の金属」はそんなに驚くほどのものでしょうか？　どんな金属だって熱すれば液体になります。鉛や鉄(26)を鋳型に流し込んで鋳造するではありませんか。水銀も、ただ融点がずれているだけで、普通の金属なのです。液体窒素で冷やせば、スズによく似た硬くて展性のある金属になります。

水銀にまつわる悲劇は、おそるべき毒性の判明が遅れたことでしょう。水銀は数千年の間、面白半分に遊んだり、実験したり、いろいろな用途に利用したりできるすばらしいものとされていました。ところがその間ずっと、ゆっくり密かに、水銀は近寄った人すべてに毒を送り込み、中枢神経を侵していたのです。水銀は最もたちの悪い毒のひとつです。何年もたって症状が出るまで気付きません。水銀の毒性が突き止められるまで何世紀もかかったのも不思議ではありません〔水俣病の原因もメチル水銀です〕。

今では、水銀（とくにメチル水銀などの有機水銀化合物）は食物連鎖に入り込んで蓄積され、大型の動物にいくほど濃縮されて、頂点のマグロなどでは相対的に濃度が高くなることが知られています。

体内に入ってから発病までの期間が長いため、水銀の毒性は数百年間暴かれないままでした。次のタリウムは、症状がすぐ出るのに、毒性の判明にかなりの年月を要しました。

◀ 著者が念入りに照明を調節して撮影した水銀。

▲ マグロなど大型で脂肪の多い海洋生物ほど水銀濃度が高い。

▼ 水銀蒸気を封入した水銀灯。発光効率は良いが光の色は快適ではない。

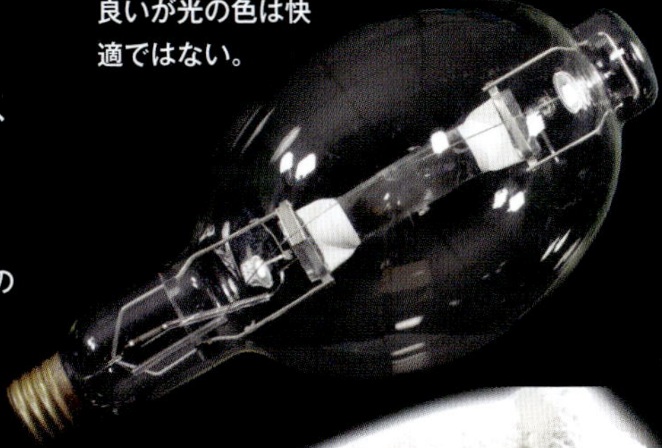

▼ バーミリオン（朱）の絵の具の顔料は硫化水銀。

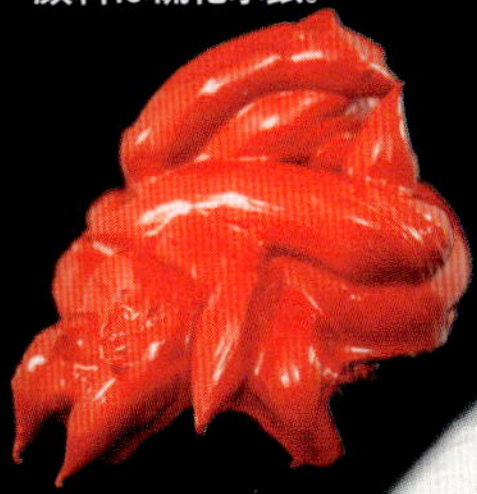

▲ 歯科用水銀を入れた陶器の瓶。落としたら大変！

▶ 水銀を凍らせて作った魚。

▲ 環境保護の観点から、水銀は電池にはほとんど使われなくなった。

基本データ

原子量
200.592
密度
13.534
原子半径
171 pm
結晶構造

電子配置
原子発光スペクトル
物質の状態（固相／液相／気相）

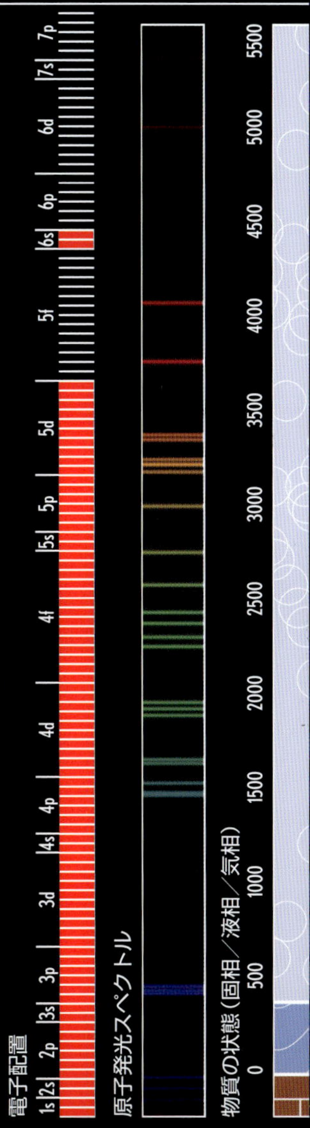

Thallium

Tl

81

Thallium
タリウム

タリウムはヒ素(33)以来久しぶりの急性毒の元素です。たしかにセレン(34)、カドミウム(48)、水銀(80)なども有害ですが、即効性はありません。言い換えれば、タリウムとは違って殺人の道具には不向きです。

痕跡を残さずにだれかを毒殺するには、新しい種類の毒を見つけることです。その毒による症状だとはだれも思わず、検出方法もない毒を使うのです。運が良ければ、殺人だとすら気付かれずにすむでしょう。100年ほど前ならもっと楽だったはずです。当時は原因不明の死はよくあることでしたからね。

ヒ素は殺人手段として成功を収めすぎて、尻尾をつかまれました。「相続の粉」（跡目争いや遺産相続で邪魔者を消す粉）としてよく使われるうちに症状が知れわたってしまったのです。1836年に開発された精度の高い化学検査法も、ヒ素を「見えない毒」の座から引きずり下ろすのに貢献しました。

ところが、タリウムはもっとずっと長く隠密行動を続けました。タリウムを使った最も有名な殺人は1950年代に起こっています。今でさえ、タリウムによる事件は（故意でも事故でも）、ときに警察を混乱させます。もちろん体内のタリウムを検出する方法はありますが、警察がタリウムの可能性を疑わなければその検査は行われません。ところが、いろいろな状況やデータをつなぎあわせてその疑いに到達するまでに、数ヵ月あるいは数年もかかってしまう場合が多いのです。

もしあなたがタリウムを盛られたかどうか知りたければ、次のような症状が目安です。嘔吐、脱毛、精神錯乱、目が見えない、腹痛。おわかりでしょう、こういう症状を起こす原因はいくらでも考えられます。

鉛による殺人は、たいていはもっとずっと判別が楽です。

◀ タリウム金属の大きな塊。数百人を殺せるので金庫に厳重に保管されている。

▲ タリウムを含むワイスバーグ鉱、$TlSbS_2$。

◀ タリウムという名の香水。もちろん本物のタリウムは入っていない。

▲ ヒマラヤの塩。タリウムを含むと宣伝されている。つまり、この塩が健康にいいという話はいくらか割り引いて考えないといけない。ただ、未精製の塩に検出可能量のタリウムが含まれている可能性は否定できないとはいえ、あまりにも微量なため食べてもおそらく影響はない。不思議なのは、全成分の表示が義務づけられているわけでもないのに、なぜ販売元が含有物リストにわざわざ急性毒を載せているかである。

基本データ

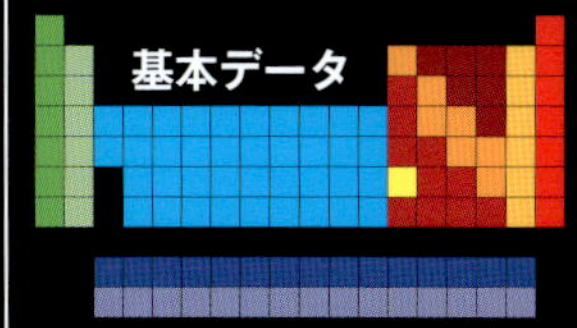

原子量
204.3833
密度
11.850
原子半径
156 pm
結晶構造

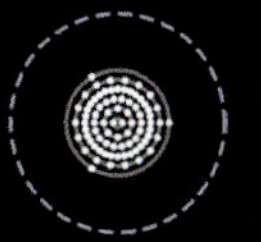

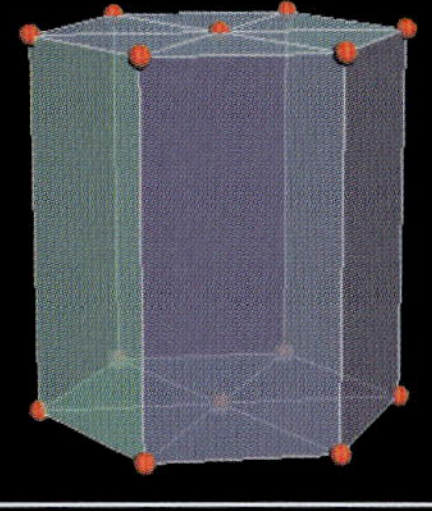

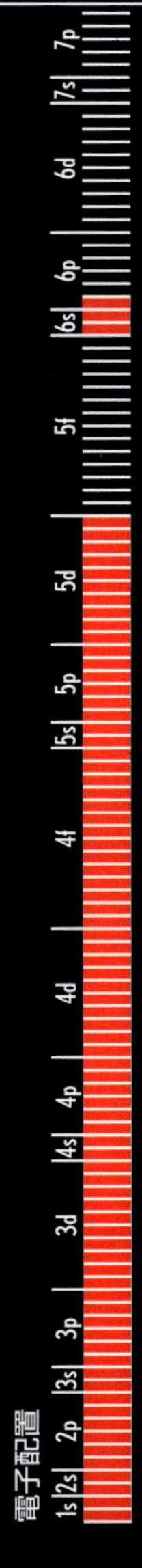

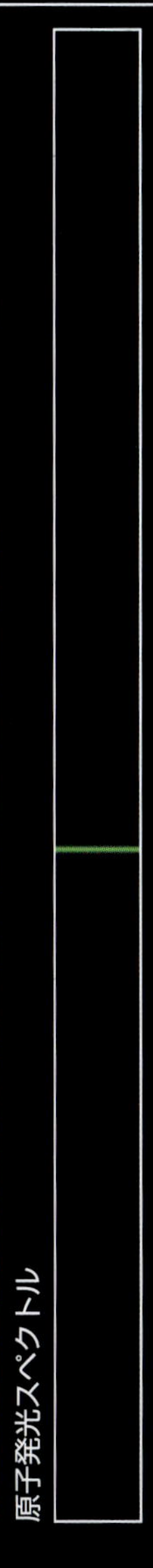

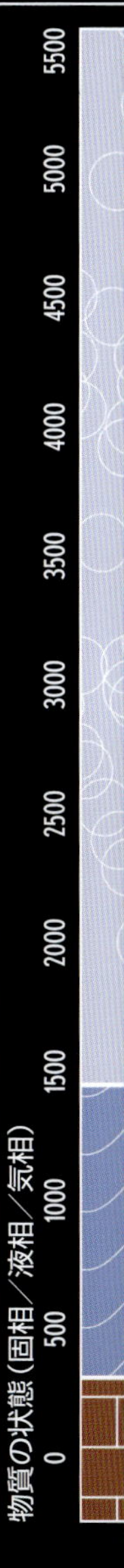

Lead

Pb 82

Lead
鉛

鉛は２ｇで人を殺せます――銃口から発射された場合には。

鉛が銃弾の材料として好まれるのは、密度が高いので重量の割にサイズが小さく、空気抵抗が小さくてすむからです。比較的軟らかくて銃身にぴったり合い、銃身の内側を傷つけたり詰まったりしにくいのもメリットです。鉛の密度が高いといっても、実はオスミウム(76)やイリジウム(77)と比べれば半分なのですが、オスミウムもイリジウムも銃弾にするには高価すぎて、さしものアメリカ陸軍も手が出ません。タングステン(74)と劣化ウラン(92)は密度が鉛の約1.7倍で価格も手頃なため、特殊な徹甲弾《てっこうだん》に使われています（ウランの項参照）。

鉛を使った昔ながらの殺人手段といえば、「Clue（クルー）」という推理ボードゲームでおなじみの鉛の管での撲殺もありますね。今は家庭用の水道管はもっぱら鉄(26)や銅(29)やプラスチックですから、鉛管と聞いて妙に思うかもしれませんが、2000年以上の長きにわたって水道管といえば鉛でした。

ローマでは、古代ローマの鉛の下水管が今も使われています。ローマ時代と同じタイプの管を使っているのではなく、2000年前から同じ管をずっと使い続けているのです。鉛の管の寿命は半永久的、鉛は管の材料として理想的です。軟らかいのでたたいて薄板にし、合わせ目をハンマーでたたいてつなぎ、管にすることができます。漏出《ろうしゅつ》箇所はハンマーでたたくか、溶かした鉛を流し込めばふさがります。鉛は融点が低く、薪を燃やした火でも十分に溶けてくれます。溶けた鉛を城砦《じょうさい》から敵めがけて注ぎかける戦法もよく使われました。

さて、このところ毒性元素が続いたことを考えれば、鉛にも毒性があると聞いてもあなたは驚かないでしょう。鉛の毒は重金属による毒の典型的なもので、水銀(80)と並んで現代の環境汚染の最大の元凶のひとつでもあります。ガソリンに品質改良剤として鉛が添加されなくなったのは、なんともありがたいことです。

こうして有毒重金属の三羽烏ともいうべき元素を順々に見てきた今、次の元素であるビスマスを人々が胃薬として大量に飲んでいるのを見ると、その方が不思議に思えてしまいますね。

◀ 珍しい六方継ぎ手。鉛管工の徒弟が鉛板をハンマーでたたいてこれを作り、親方にほめられた。

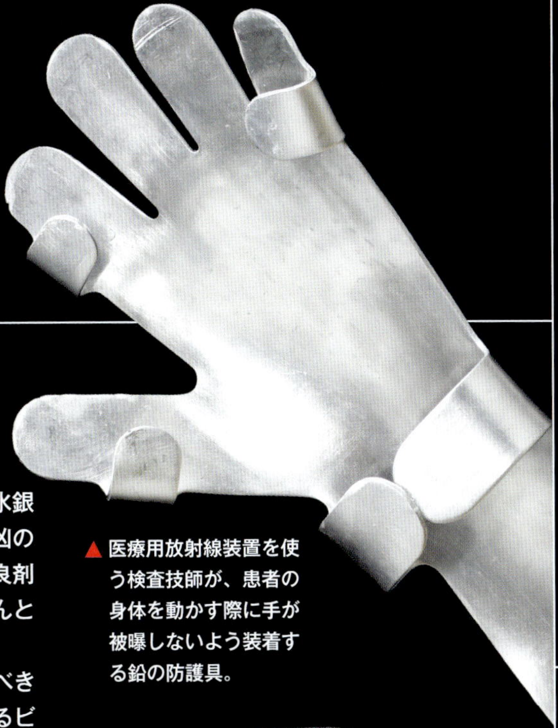

▲ 医療用放射線装置を使う検査技師が、患者の身体を動かす際に手が被曝しないよう装着する鉛の防護具。

▶ 昔の鉛製の水パイプ（喫煙具）。

◀ 鉛の弾は銃が発明される前からあった。上は南北戦争当時の小銃とマスケット銃の弾、左はローマ時代の投石機用鉛玉。

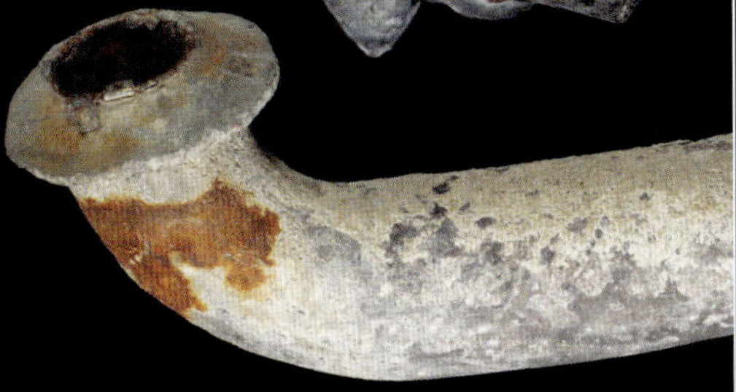

▲ 古い鉛の管。

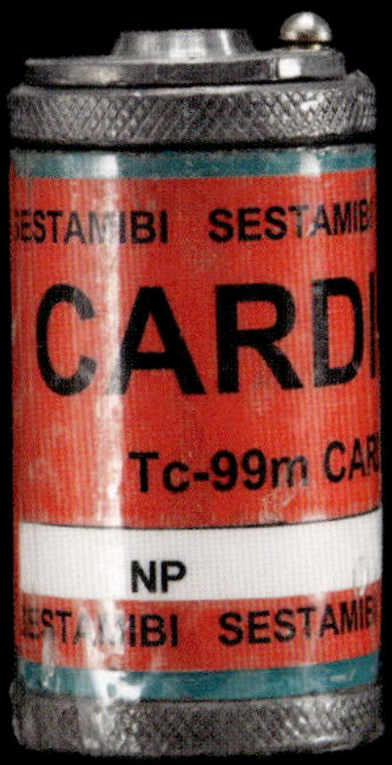

◀ (左)放射性薬品を入れる鉛の容器。

◀ (中)クリスタルガラス（鉛ガラス）は通常20〜30%の鉛を含むが、完全に透明。

◀ (右)鉛の散弾は環境保護のため使用制限が進んでいる。

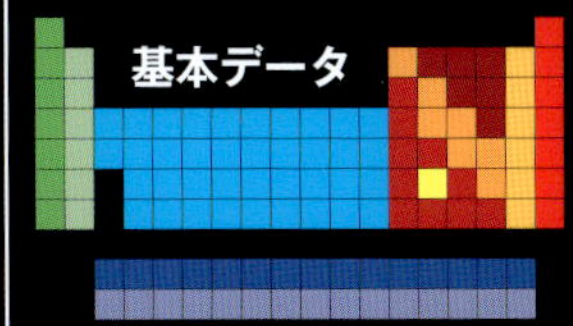

原子量
207.2
密度
11.340
原子半径
154 pm
結晶構造

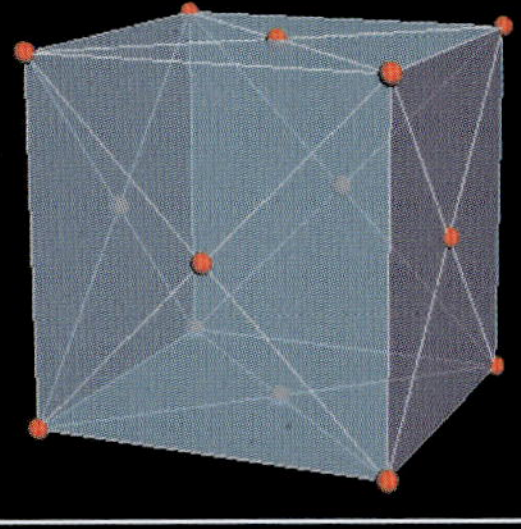

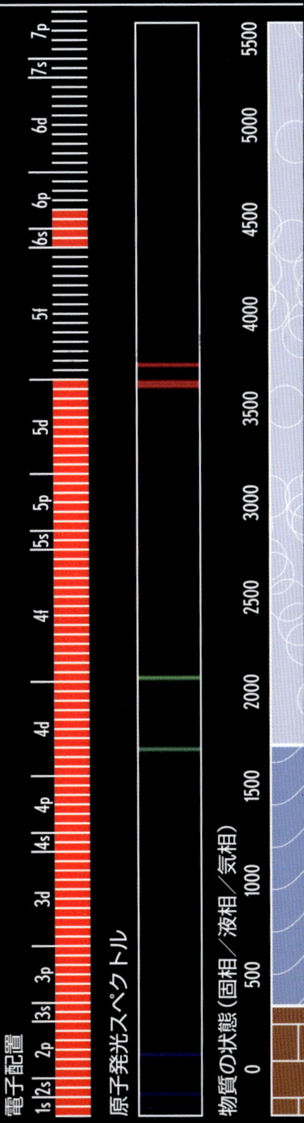

Lead 鉛

82

▶クリスタルガラス（鉛ガラス）の飾り玉。鉛を33%含むが、完全に透明。ガラスに鉛を添加すると光の屈折率が高くなり、きらめきが増す。

▶自動車用バッテリー（鉛蓄電池）の鉛極板。

▲鉛アンチモン合金はグーテンベルク以来印刷用原板に使われてきた。詳しくはアンチモン(51)の項を参照。

▶厚い鉛の容器。これに保管されていたのは、きっと非常に放射能が強い物質だったに違いない。

◀マスケット銃の弾丸の鋳型（半分）。

▼鉱石検波器。「猫のヒゲ」と呼ばれる細い金属線を方鉛鉱（硫化鉛）結晶にわずかに接触させて電波を検知する。

▲鉛の延べ棒。今でも下水管の配管工事用に販売されている。

◀鉄製リーマー。鉛管の穴を広げたりバリを取ったりするために使う。

▶鉱石検波器（左の写真）の方鉛鉱。

Bismuth

Bi 83

Bismuth
ビスマス

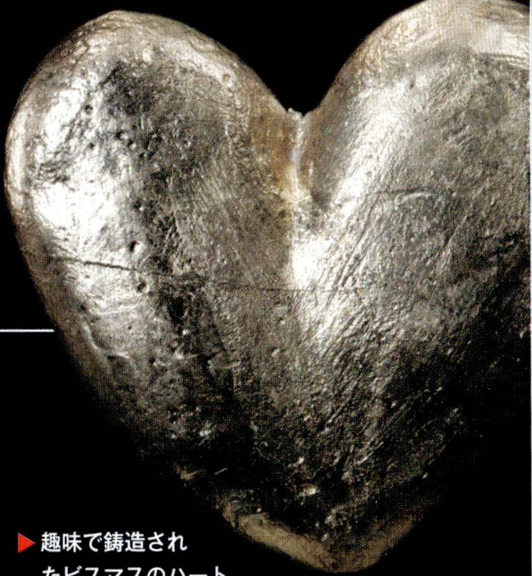

▶趣味で鋳造されたビスマスのハート。

　胸やけや胃もたれを抑える「ペプト・ビズモル」ブランドの胃薬は、有効成分の57%(重量比)がビスマスです。なんとも奇妙な話ではありませんか——ビスマスの左隣の鉛(82)は玩具業界が製品から排除しようと努めたほど毒性が強く、右隣のポロニウム(84)は近年ロシアの悪党が邪魔者を排除するのに使った(ポロニウムの項参照)ほど放射能が強いというのに。

　有害重金属のど真ん中に位置するにもかかわらず、現在私たちが知る限り、金属ビスマスは完全に無毒です（可溶性のビスマス塩を大量に摂取すると歯茎が黒くなるなどの副作用が出ますが、そういうことは非常に稀です）。

　ビスマスは、最後の安定元素として知られています。原子番号が83より大きい元素は、安定同位体をひとつも持っていません。けれども実は、ビスマスは単に「慣習的に」安定とされているだけです。だれもがビスマスを安定だと考え、また実用目的に関しては安定と言ってかまわないのですが、厳密にはビスマスにも安定同位体は存在しないのです。「安定同位体」とされていたビスマス209（^{209}Bi）は以前から、理論的計算に基づいて「不安定に違いない」と指摘されていましたが、2003年にようやくその半減期が1.9×10^{19}年であることが突き止められました。19 000 000 000 000 000 000年（1900京年）は宇宙の年齢のおよそ10億倍ですから、^{209}Biは当分どこへも行きません。

　安定元素の領域を離れるのは、ちょっと名残惜しい気がしますね。これから先の元素は、身の回りに置いておくには危険すぎて、保健衛生上および国家安全保障上の理由から厳しく規制されています。とはいえ、製品がほとんど買えないわけではありません。少なくとも日用雑貨店で買えるものがひとつあります。

　放射性元素の道は、一族の中でも群を抜く存在のポロニウムから始まります。

▼ゲルマニウム酸ビスマス、$Bi_4Ge_3O_{12}$。シンチレーション検出器に使う。

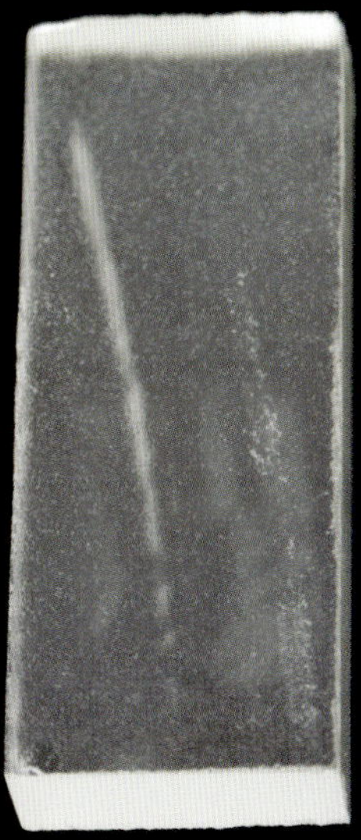

▼ペプト・ビズモル。胃薬。有効成分は次サリチル酸ビスマス。

▼異なる金属で順々に鋳造して作ったチェーン。純度99.99%のビスマスもある。著者の手作り。

▶純ビスマスの30ポンド(13.6kg)インゴット。金属はよくこのような形で流通する。ふたつに割ると美しい内部結晶が見える。

◀ビスマスは冷却時に自然に、大きな"角張ったじょうご"型の結晶を作る。極めて高純度のビスマスをゆっくり冷やすと特に大きな結晶ができる。これは高さ10cm以上。

基本データ

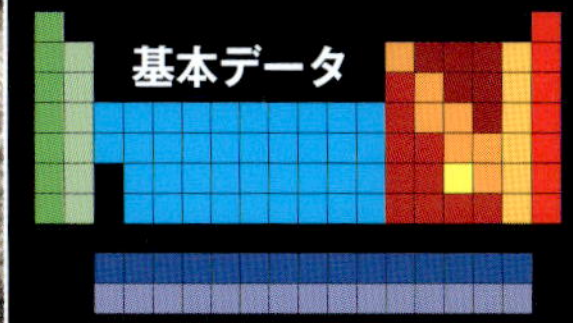

原子量
208.98040
密度
9.780
原子半径
143 pm
結晶構造

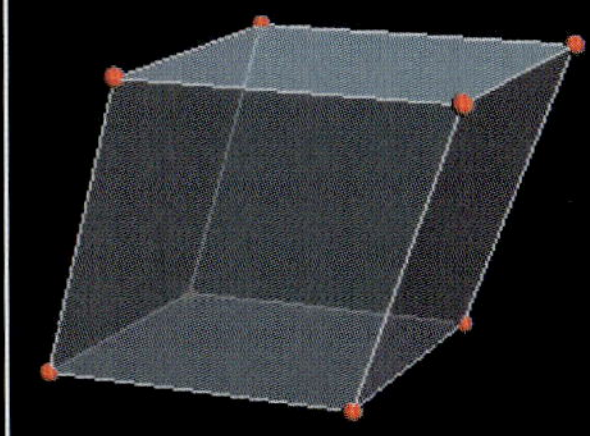

電子配置

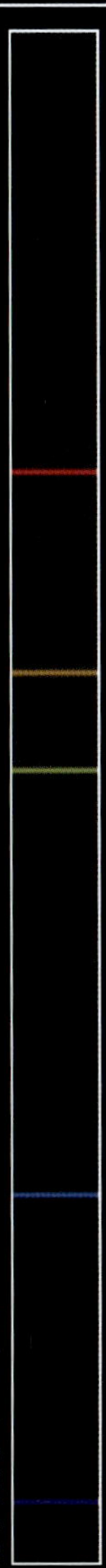

原子発光スペクトル

物質の状態(固相／液相／気相)

Polonium

Po 84

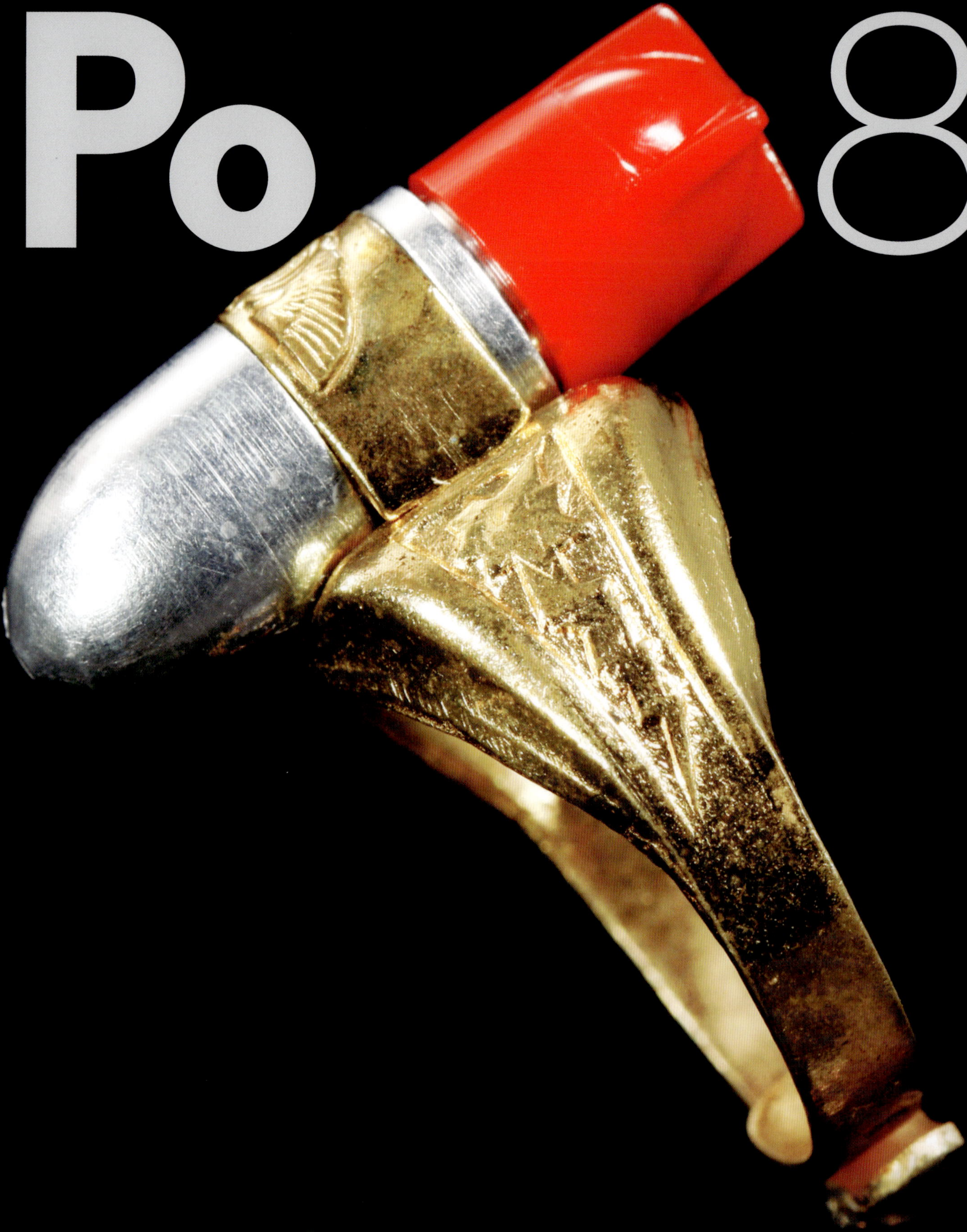

Polonium
ポロニウム

▶キュリー夫妻によるポロニウムとラジウム発見100周年を記念したポーランドのメダル。銀製。もしポロニウムとラジウムで作られていたら、そばにいる全員の命が危ない。

ポロニウムはピエールとマリーのキュリー夫妻によって発見され、マリーの祖国ポーランドにちなんで名付けられました。天然にはウラン(92)鉱石中に存在しますが、近年では一番の用途である静電気除去ブラシ用として人工的にも作られます。

このブラシは、レコード盤や写真のネガフィルムがホコリを吸い寄せないよう、静電気を取り除くために使います。毛のすぐ裏にポロニウムを含む金色の細長い金属薄片が付いていて、それが空気をイオン化させて静電気を逃がす仕組みです。薄片は銀(47)に薄く金(79)めっきしたもので、銀と金の間にポロニウムの薄い層があります。ただし、銀と金の間にポロニウムを入れて作るのではありません。ポロニウムは、薄片が完成した後に、そこで生成します。まず、銀にビスマス(83)でめっきし、次に金めっきします。そこに強い中性子ビームをあてると、ビスマスの一部がポロニウムに変化します。これは実にうまい方法です。ポロニウムが決して空気に触れませんから。なにしろポロニウムは10ナノグラム（10億分の10グラム）でも致死量になる猛毒なのです。

2006年にロンドンで元KGB（ソ連国家保安委員会）職員のアレクサンドル・リトビネンコがポロニウムで暗殺された際、人々は真っ先にある疑いを抱きました。彼は約10マイクログラム（100万分の10g）という非常に大量のポロニウムを盛られていました。核兵器製造国の政府でもなければそれほどの量のポロニウムを入手できません。

こうした事件はいずれ真相が明らかになります。元素をあつかったこの本で暗殺犯についてあれこれ詮索《せんさく》するつもりはありません。ただ、事実としてロシア政府が世界のポロニウム供給に大きな支配力を及ぼしており、またリトビネンコの死を願っていたという点は、あまりいい感じではありませんね。

一番たくさん存在する同位体のポロニウム210（^{210}Po）は放射能が非常に強く、固体の塊は周囲の空気を励起させて光ります。1gの^{210}Poは約140ワットのエネルギーを出し続けています。しかし、アスタチンに比べればものの数ではありません。

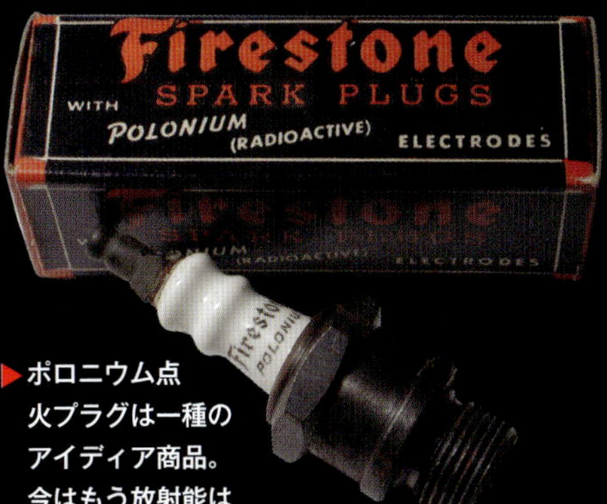

▶ポロニウム点火プラグは一種のアイディア商品。今はもう放射能はなくなっている。

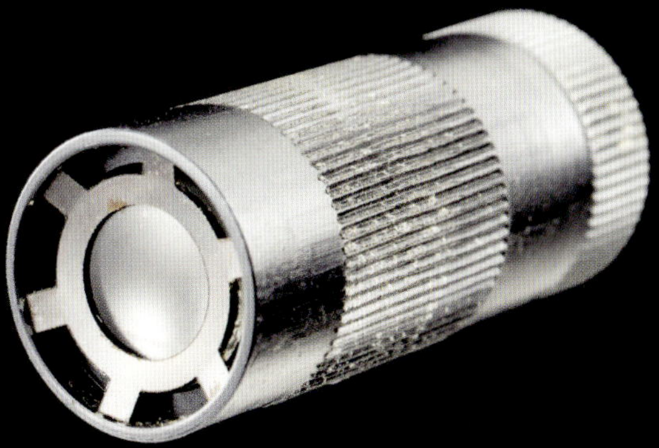

◀1940～60年代のスピンサリスコープにはよく放射線源としてポロニウムが封入された。

▶ポロニウムは今でも静電気除去ブラシに広く使われているが、半減期が138日なので古くなったら役に立たない。

◀「Kix」というシリアルの景品の「ローン・レンジャー原爆指輪」（1947年）。爆弾部分がスピンサリスコープ（アルファ線が蛍光板に当たって光る様子を見られる器具）になっていて、ポロニウムが入っていた。当時は15セントだったが今では100ドル以上。当時と現在の放射能や原爆に対する感覚の違いが感じられる。

▲静電気除去ブラシ内部の薄板。銀と金のあいだにポロニウムが存在する。

基本データ

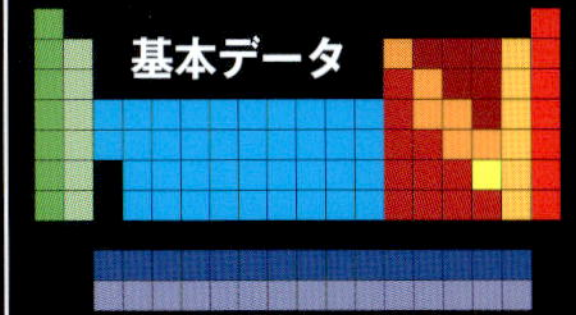

原子量
[210]
密度
9.196
原子半径
135 pm

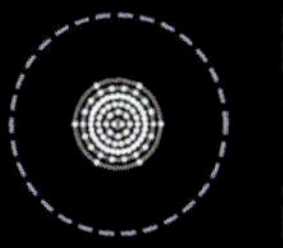

結晶構造

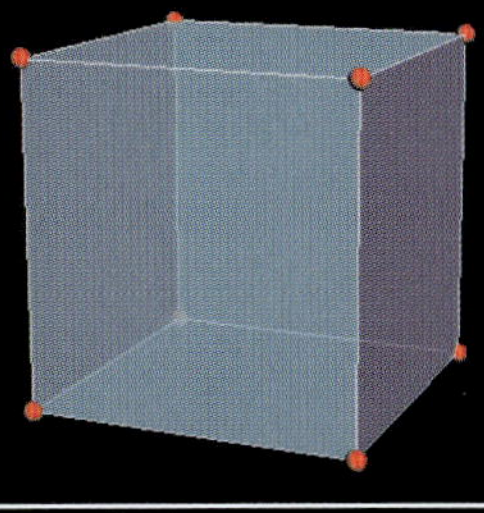

電子配置

原子発光スペクトル

物質の状態（固相／液相／気相）

Astatine

At

85

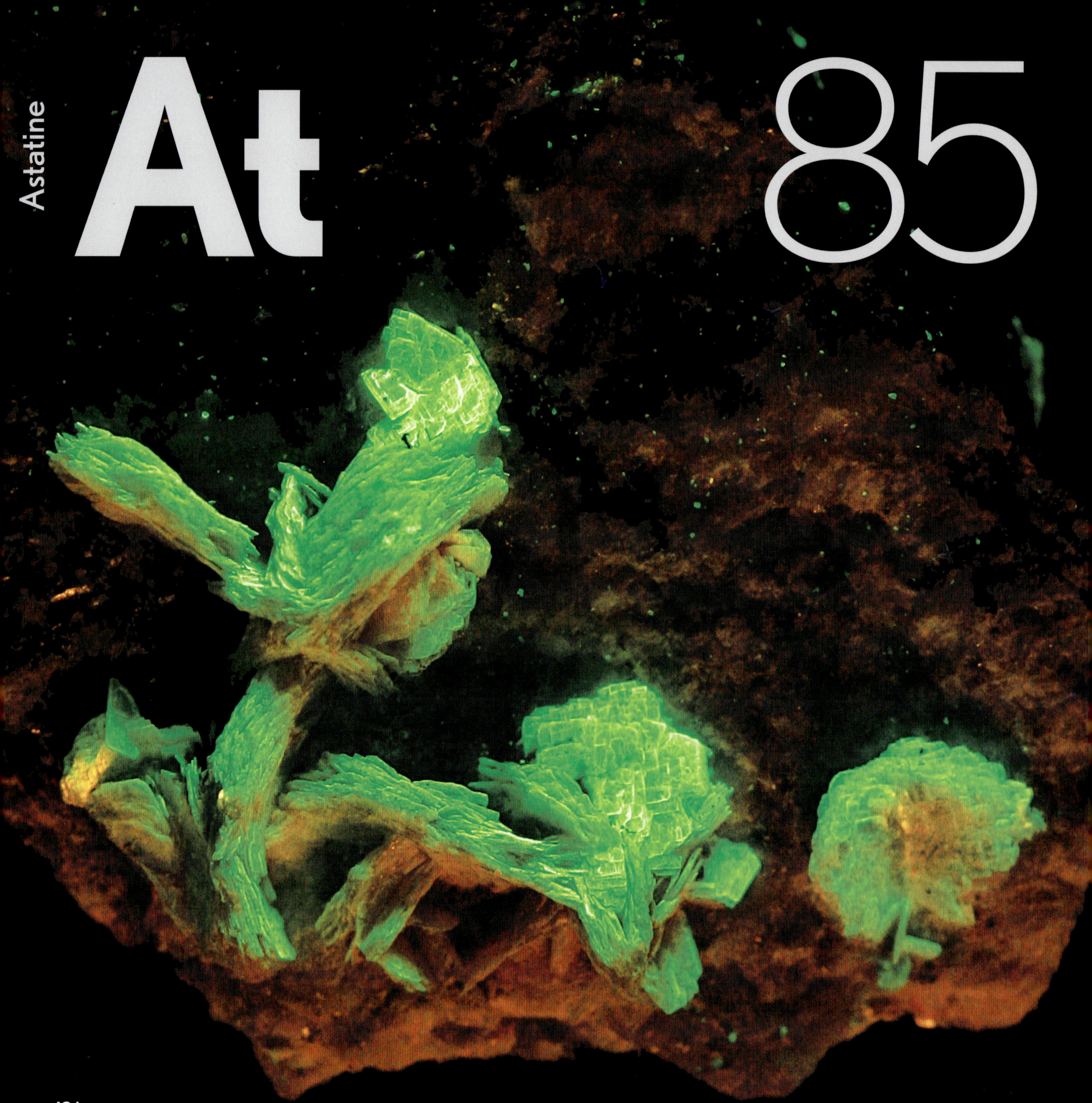

Astatine
アスタチン

元素コレクターにとって癪《しゃく》にさわる元素が４つあります。手に入らないのです。その４つのうちの一番手がこのアスタチンです。残りの３つはフランシウム(87)、アクチニウム(89)、プロトアクチニウム(91)です。ラドン(86)にもいくらか似た傾向がありますが、それほどではありません。

水素（1）からウラン(92)まで（テクネチウム〈43〉は除く）のあらゆる元素と同じように、アスタチンも天然に存在すると考えられています。しかし、一番寿命の長い同位体でさえ半減期がわずか8時間強、短命な同位体だと半減期は分や秒の単位なので、天然のアスタチンが生成しても長くはもちません。計算では、どの瞬間をとっても地球全体でだいたい１オンス（28ｇ）のアスタチンが存在しているとされます。アスタチンは、もっとずっとたくさんあるウランとトリウム(90)がゆっくり放射壊変する際に生まれて、じきに崩壊します。つまり、１オンスのアスタチンの中ではいつもメンバーが入れ替わりつづけているわけです。

アスタチンを展示するときに元素コレクターがよく使う手は、ウランかトリウムを含む放射性鉱石を置いて、「もしかしたらこの中に１個か２個アスタチンの原子があるかもしれない」と言っておしまいにすることです。原子１個くらいはあるかもしれませんが、ない可能性の方がずっと大ですね。北米大陸の地殻プレート全体を深さ10マイル（16㎞）までひとくくりにして考えると、その中に、任意の瞬間に約１兆個の天然アスタチン原子が存在します。目の前の小さな鉱石標本にそのうちの１個が含まれている確率はどのくらいでしょう？

半減期がこれほど短いにもかかわらず、アスタチンは癌の放射線治療に利用できないかと研究されています。同じくらい半減期が短いテクネチウム99m（^{99m}Tc、テクネチウムのページで出てきました）が広く医療用に使われていることを考えれば、驚くほどのことでもありません。課題は、必要に応じて病院内でアスタチンを生成させることのできる小型の装置の開発です。

次のラドンは半減期がアスタチンの数倍とやはり短いのですが、存在する量がはるかに多いので、世界のあちこちでおなじみの名前になっています。

◀美しい蛍光を放つウラン鉱石の一種、リン灰ウラン石 $Ca(UO_2)_2(PO_4)\cdot 2\text{-}10H_2O$。
いずれかの時に、アスタチン原子を１個くらい含んでいるかもしれないし、
いないかもしれない。

基本データ

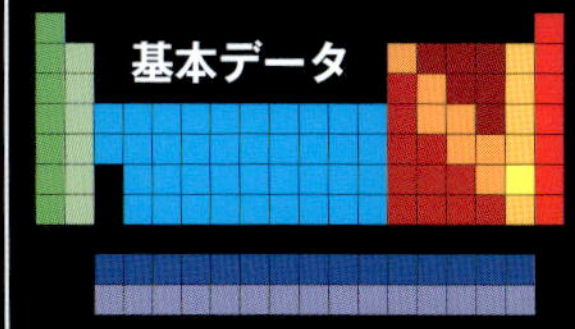

原子量
[210]
密度
不明
原子半径
127 pm
結晶構造
不明

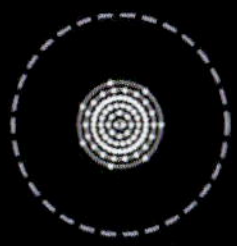

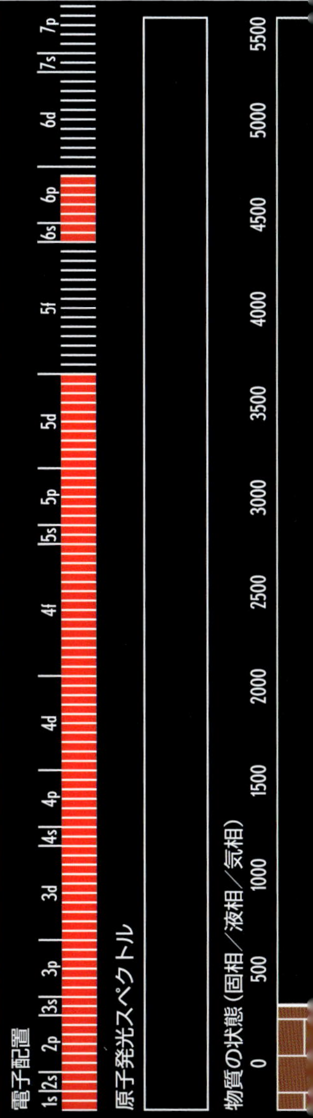

Radon

Rn

86

Radon
ラドン

ラドンは放射性の重い気体で、半減期は3.8日ですが、量的には豊富です。ウラン(92)とトリウム(90)の崩壊系列の中の主要元素なので、生成量が多いのです。ウランもトリウムも大量に存在し、とくに花崗岩の岩盤の中に多く含まれています（花崗岩をふんだんに使ったニューヨークのグランドセントラル駅の放射能が高めなのはそのためです）。

地面から出てきて建物の床下にたまるラドンは、多くの人の心配の種になっていて、ラドンの検出と除去を専門にする業界もあります（ご近所の親切なラドン対策会社に頼めば、ラドンが家の中に侵入する前に取り除くための、とても高額な地下換気パイプとファンを設置してくれるでしょう）。

皮肉なことに、ラドンを除去しようと大金を払う人がいる一方で、健康にいいと信じてウラン鉱床近くの洞窟温泉に集まってはラドンを含む空気を吸っている人たちもいます。この信仰は今から100年ほど前、多くの温泉に比較的強い放射能があることがわかった頃に生まれ、当時は今よりもっと人気でした。こうした放射能泉は、地下深くでウランとトリウムが崩壊する際の熱で高温になった岩のそばを通って出てくるから熱いのです。

100年ほど前に初めて放射能の測定が行われた頃は、だれもそれが危険だとは考えませんでした。一方、温泉が健康にいいことはみんなが知っていて、ただ、なぜそうなのかはわかっていませんでした。そこへ、多くの有名温泉に放射能があると判明します。なるほど、温泉の効能は放射能のおかげだったんだ——となってしまったのです。

放射性物質の健康グッズのブームは数十年にわたって続き、最後は熱心な愛用者だった有名人の悲惨な死が報じられてようやく終わりました(その話はトリウムの項で)。

もし100年前にフランシウムが知られていたら、きっとだれかがフランシウムを使ったフットウォーマーを売り出したことでしょう。

▲床下に高濃度のラドンが溜まっていないか不安な人のために、安い郵送式のラドン検査キットがある。数日で結果が判明する。

◀日々の生活でラドン不足を感じている人のために、このラジウム入浴施設ではラドン含有温泉を提供していた（本物のラジウムは風呂用には高すぎる）。放射能泉の湯は、地中のウランとトリウムの崩壊で放出されたラドンガスによって放射能を帯びている。

◀ウランとトリウムが花崗岩の岩盤に多く含まれるので、花崗岩はラドンの主な発生源。

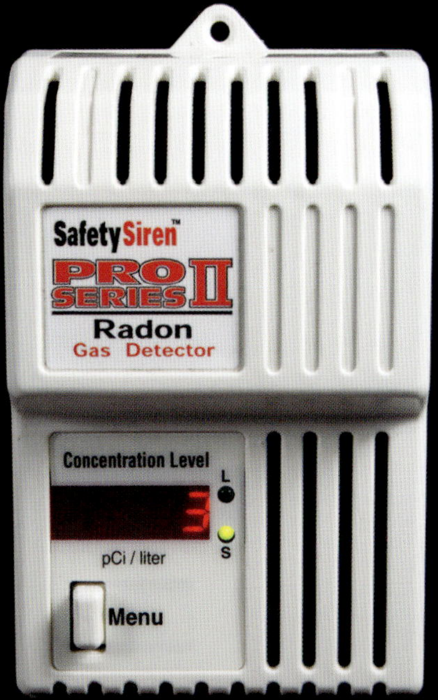

▶日々の生活でラドンが過剰になることを心配する人のための、ラドン検知警報装置。

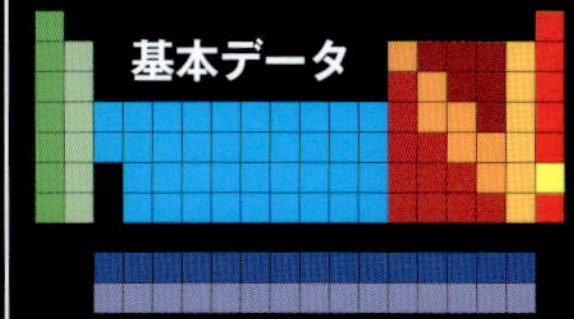

原子量
[222]
密度
0.00973
原子半径
120 pm
結晶構造
不明

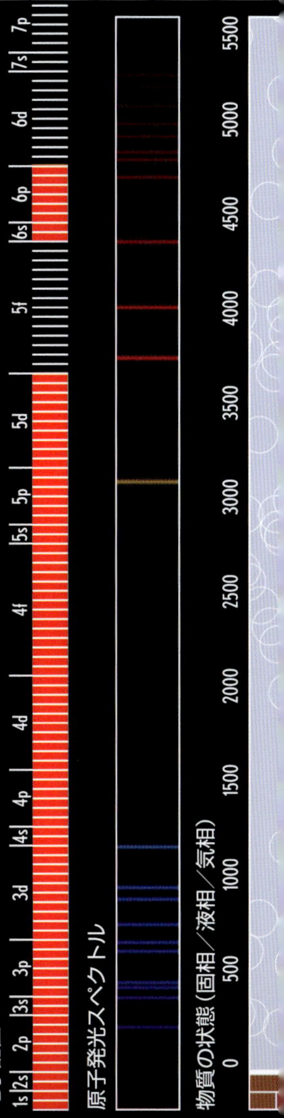

Francium

Fr

87

Francium
フランシウム

フランシウムは天然に生成する元素の中でもっとも不安定（半減期22分）で、天然状態で見つかった最後の元素でもあります（1939年に、ご想像のとおりフランスで発見されました）。

レニウム(75)のときも同じようなことを書いていなかったかって？　よく覚えていますね。でも、レニウムは安定元素の中で最後に発見されたのです。それに対してフランシウムは、不安定な放射性元素も含めた天然の元素の中で最後に見つかりました。人工的に作られた元素として最も最近発見されたのは（本書印刷の時点では）117番元素で、公式名はまだなく、ウンウンセプチウムという暫定名で呼ばれています。ただし、一番重いのは、それより前に発見された118番元素です。元素の数に絶対的な上限はないので、いずれもっと大きな元素も発見されるに違いありません。

ついでにトリビアのリストを完成させましょうか。天然に生成する元素の中で最後に発見されたのはアスタチン(85)です。おいおい、今さっきフランシウムについて同じことを言ったじゃないかと思われるでしょう。実は、微妙な違いがあるのです。フランシウムは天然状態で発見されましたが、アスタチンは最初、人工的に作られて発見されたのです。自然界でアスタチンが見つかったのは、その３年後でした。

22分という半減期のせいで、フランシウムの放射能は実用性に欠けます。実験室で使う以外の用途がありません。驚くほど多様な放射性同位元素を幅広く利用している医療分野でも、フランシウムは使われません。

仮にあなたがひと塊のフランシウムを作ることに成功したとします。フランシウムは自らの放射能が生み出す莫大な熱によってたちまち激しく蒸発するでしょう。しかし、もしそれを数秒でも遅らせることができたら――ものすごいものが見られます！

周期表を見てください。フランシウムは最後のアルカリ金属です。ナトリウム(11)をはじめとするアルカリ金属は、水に入れると爆発的に反応します。周期表が持つ体系的な傾向から考えて、フランシウムはアルカリ金属の中で一番反応性が高いはずです。100ｇほど湖に放り込んだら、見たこともない大爆発が起きるに違いありません。

そして、前代未聞の放射能事件として、てんやわんやの大騒動になるでしょう。そういえば、かつてラジウム産業がそれに似た騒ぎを起こしたことがありました。

◀ トリウム鉱の一種のトール石、$(Th, U)SiO_4$。
目をこらしてよく見ると、フランシウム原子１個が含まれている……かもしれない。

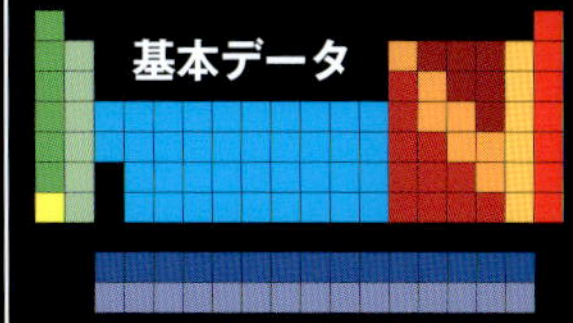

原子量
[223]
密度
不明
原子半径
不明

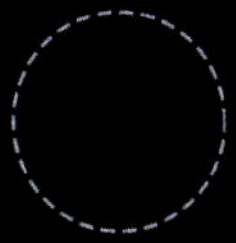

結晶構造

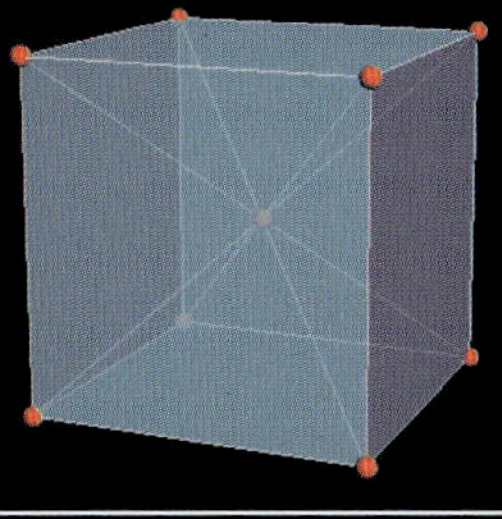

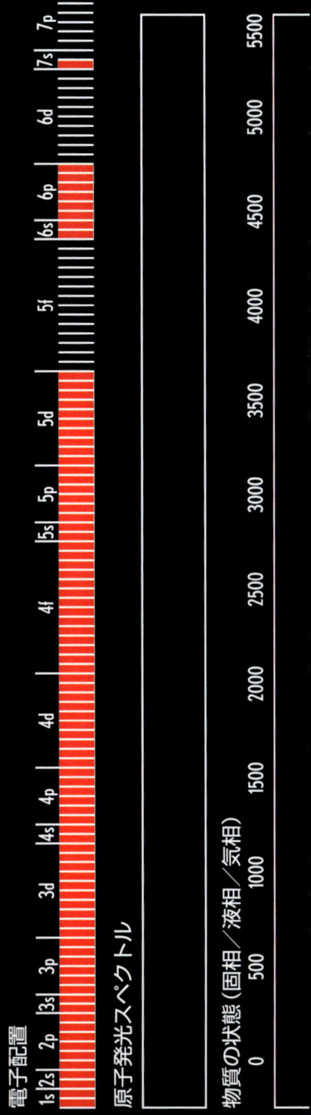

Radium

Ra 88

Radium
ラジウム

1900年代初頭のラジウムは、ちょうど今のチタン(22)のようにもてはやされていました。輝かしくパワフルなイメージで、だれもがその人気にあやかろうと（実際にラジウムを含むかどうかとは無関係に）自社製品の名前に取り入れたがる、そんな元素だったのです。チタンと書かれていてもチタンを含まない製品がいくらでもあるように、当時の「ラジウム家具用ワックス」や「ラジウム歯磨き」なども、多くは名前だけでした。

一方で、「ラジウム座薬」やおそるべき「ラジウム精力増進器」などには本当にラジウムが使われ、なかにはかなり大量に入っているものもありました。ラジウム精力増進器は男性用で、細胞分裂が盛んな「大事な部分」にあてて身につけます。生殖器に強い放射線をあてると健康と精力が増進されるという誤った考えに基づいた製品でした。実際、とんでもない話です。今はX線検査のときでさえ、大事な部分がわずかでも被曝しないように鉛で防護するというのに。

ラジウムの一番有名な用途は、時計の針や文字盤の夜光塗料でした（今でもeBayで当時の時計をよく見かけます）。硫化亜鉛(30)とラジウムを組み合わせると、何年間も暗闇で光りつづける塗料ができます。残念ながら硫化亜鉛が変質するため、古いラジウム時計の大部分はもう光りませんが、ラジウム自体は昔と同じ放射能を持っています。半減期は1602年。時計はいつまでもホットなままです。

時計に夜光塗料を塗るのは手作業でした。作業をする女性たちは、しょっちゅう筆の先を唇や舌にあてて穂先を整えていました。放射性の塗料がついた筆先をです。身体にいいはずがありません。この仕事をした女性たちの間で明らかにラジウムが原因と思われる病気が多発し、次々に死んでいったことで、ようやく人々は放射能の安全性についてなんらかの手を打つ必要があると気付いたのでした。

時計工場の女性たちの何人かが会社を訴え、「ラジウム・ガールズ」と呼ばれました。この訴訟は、危険で劣悪な労働環境（その最たるものが、放射性塗料のついた筆を舐《な》めることの危険性を意図的に隠す行為）がもたらした被害について、従業員が会社を訴える権利を確立させた最初の例となり、労働法史上画期的な出来事とされています。

けれども、放射性の健康グッズに人々が背を向けるまでには、もうひとり別の男性の死が必要でした。その話はトリウム(90)で読んでいただくとして、その前にまた癪《しゃく》にさわる短命元素があります。アクチニウムです。

◀時計の文字盤や針に手作業で塗られたラジウム塗料は、近代的な労働法が生まれるきっかけになった。

▲ラジウム靴磨きクリーム。ラジウムは含有せず。

◀ラジウム洗濯のり。ラジウムは含有せず。

▼ラジウム精力増進器。本物のラジウムを大量に使っていた。ラジウム人気全盛時代の最も危険な製品のひとつ。

▲ラジウム・コンドーム。幸いラジウムは入っていない。

▶ラジウム鉱石健康水製造器。強い放射能を持つウラン鉱石が大量に入っているが、ラジウムはごくわずか。

▶ピカピカの真鍮製スピンサリスコープ。アルファ線源としてラジウムが使われていた。つまり、今でもこれには放射能がある。

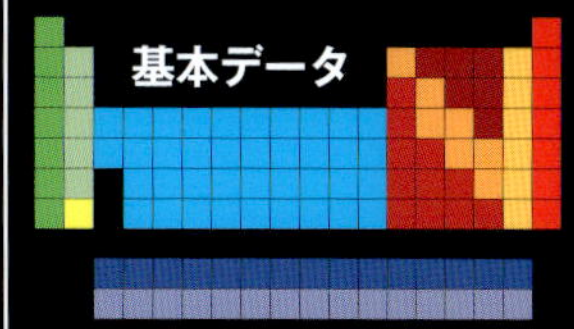

原子量
[226]
密度
5.0
原子半径
215 pm

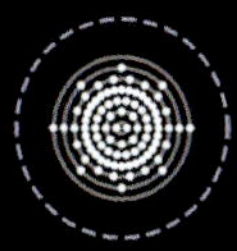

結晶構造

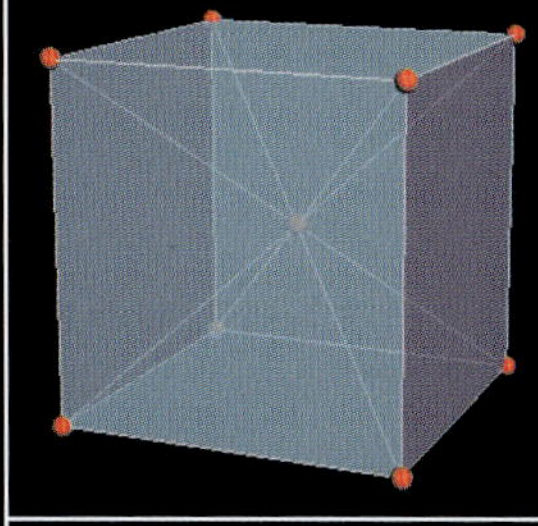

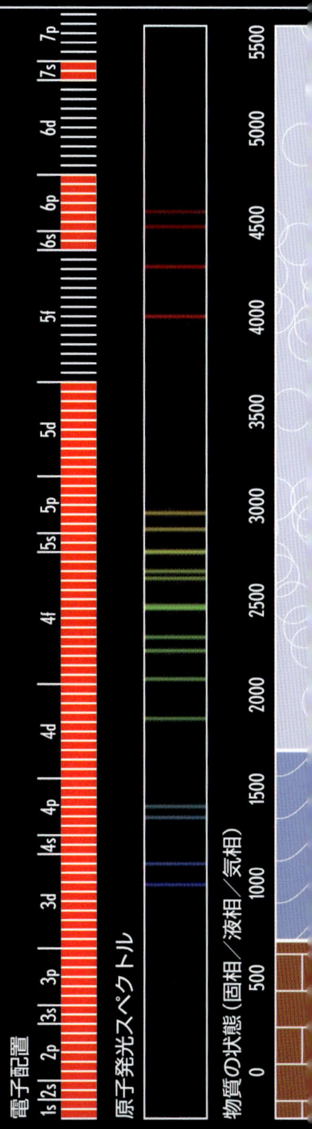

Actinium

Ac 89

Actinium
アクチニウム

基本データ

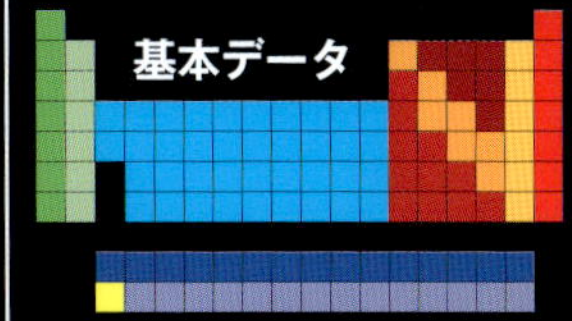

原子量
[227]
密度
10.070
原子半径
195 pm

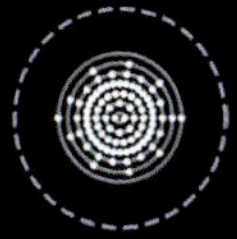

結晶構造

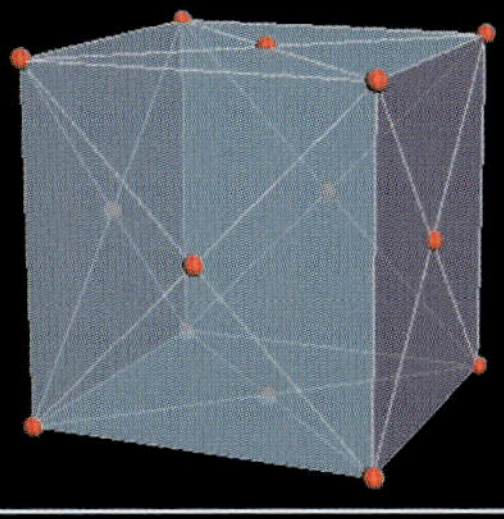

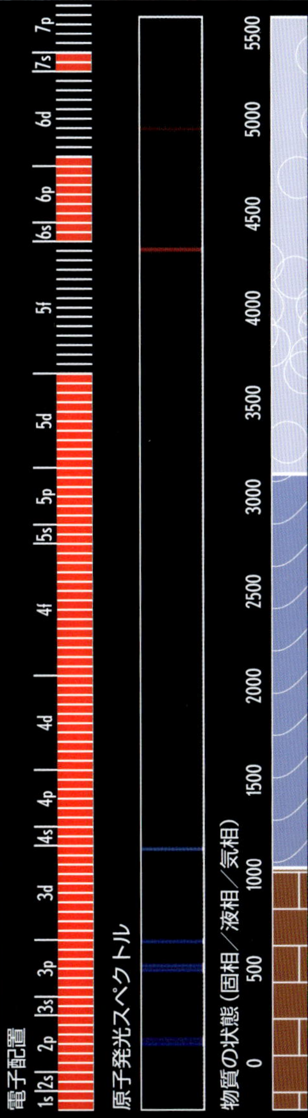

アクチノイド系列の最初に登場するのはアクチニウムです。一般的な周期表では、下に2段の枠で別に配置される元素グループがありますね。そのうちの下段がアクチノイドです。上段のランタノイド――ランタン(57)からルテチウム(71)まで――の場合と同様に、アクチノイド――アクチニウム(89)からローレンシウム(103)まで――の元素は互いに化学特性が似ています。ただ、ランタノイドが互いに識別しにくいほど似ているのと比べると、アクチノイドの方はそれぞれの違いが大きめです。

言うまでもなく、ランタノイドとアクチノイドの最大の差は、「ランタノイドはプロメチウム以外すべて安定元素」で「アクチノイドは全部放射性元素」だという点です。アクチノイドは放射能が非常に強いことで知られます。どのくらい強いかというと、アクチノイドの中で、あなたがそれなりの量を手に乗せた後でそれをだれかに自慢できる元素は3つしかないくらいです――つまり、手に乗せて死なずにすむ元素は3つだけです。

半減期21.8年のアクチニウムは、その3つに入っていません。アクチニウムと比べれば放射能が弱い88番元素のラジウムなどでは、放射線を肉眼で観測するには蛍光体を塗ったスクリーンが必要です（蛍光体に放射線が当たると蛍光を発することを利用します）。でもアクチニウムは放射能があまりに強いので、それ自体で光ります。蛍光板は不要です。

アクチニウムは天然ではウラン(92)鉱石に含まれますが、ごくわずかなので、必要な場合は人工的に作られます。作り方はこうです。原子炉の中でまずラジウム226（^{226}Ra）に中性子を衝突させてラジウム227（^{227}Ra）にします。半減期が42分の^{227}Raが崩壊すると、アクチニウムの中で最も寿命の長い同位体であるアクチニウム227（^{227}Ac）ができます。

ある物質をまったく別の物質に変えてしまうのが錬金術ですが、これはまさに核の錬金術ですね。現代ではこのような核錬金術が広く行われていて、いろいろな元素や同位体が作られています。基本的な元素を黄金に変えようという錬金術師たちの発想は、間違いではありませんでした。ただ彼らはそのための技術――原子炉――を持っていなかっただけです。

アクチニウムは、実験上の用途はいくつかあるものの、実際に作られたり使われたりすることはほとんどありません。対照的に、次のトリウムは放射性元素の中で最も量が豊富です。

◀ バイカナイト鉱、(Ca,Ce,La,Th)$_{15}$As(AsNa)FeSi$_6$B$_4$O$_{40}$F$_7$。
イタリア、トレ・クロチ、ビコ湖火山複合地域産。
たぶん今はアクチニウムを含んではいないが、もしかしたら、過去か未来に、この中にアクチニウム原子が1個か2個くらいは……？

Thorium

Th

90

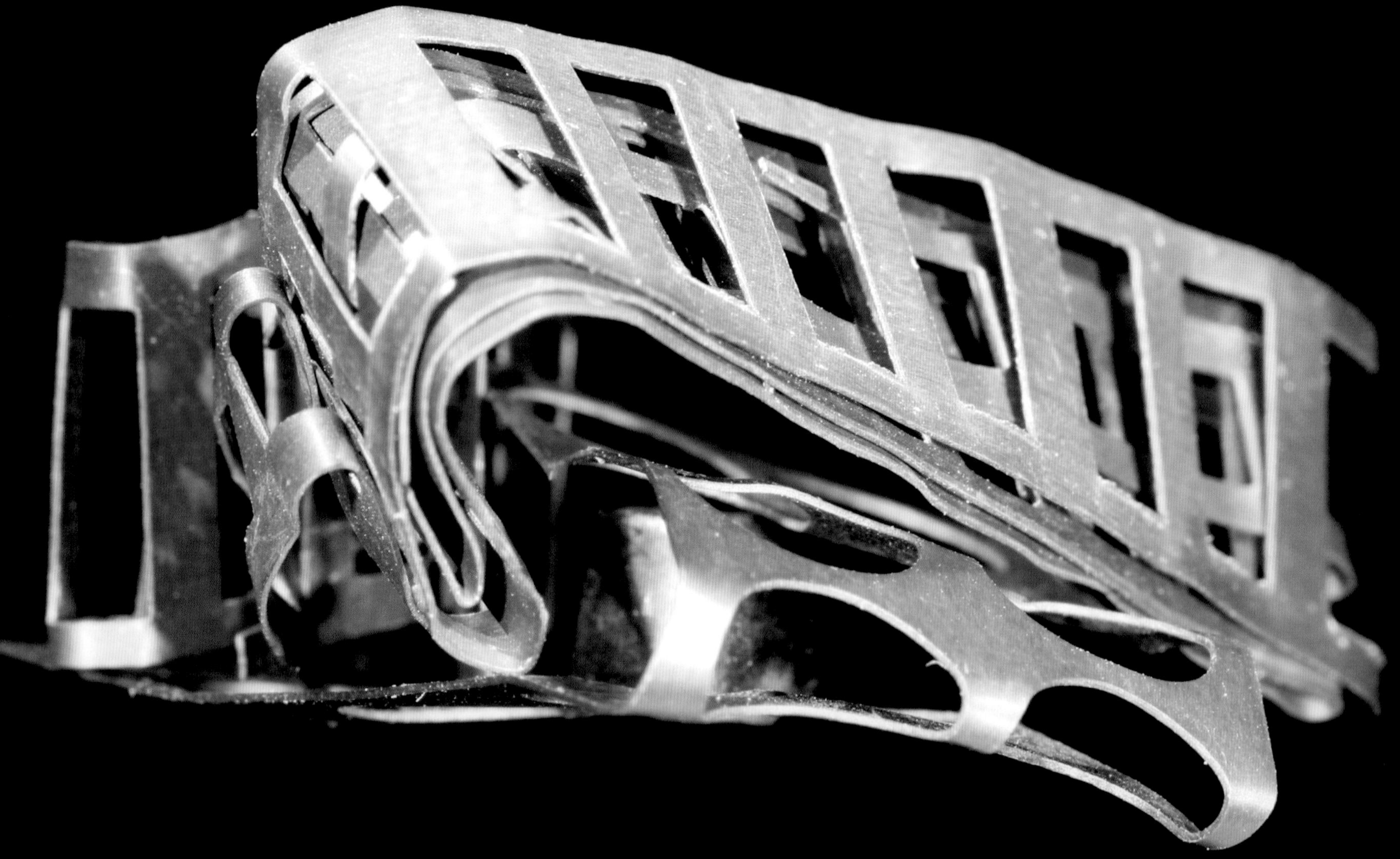

Thorium
トリウム

▶純トリウム金属の切りくず。

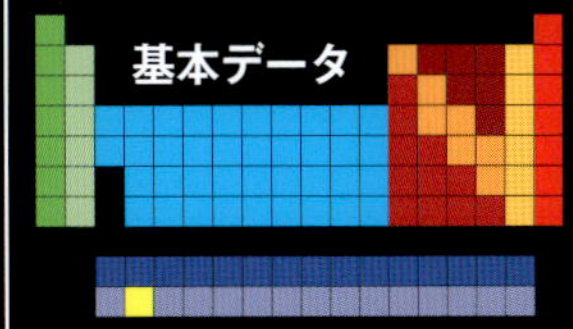

原子量
232.0377
密度
11.724
原子半径
180 pm
結晶構造

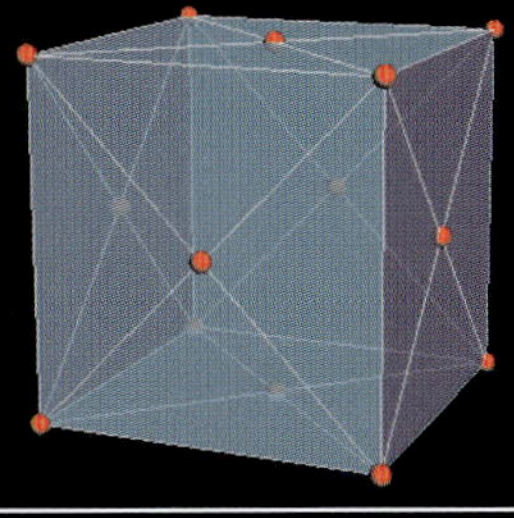

地殻中のトリウムの量はスズ(50)の３倍弱、ウラン(92)の３倍以上です。かつてトリウムを使う原子炉の開発に巨額（数十億ドル）の研究費が投じられたのも、ひとつには原料として豊富だからでした。開発は頓挫《とんざ》しましたが、その前に大量の高純度トリウム金属が作られました（元素コレクターの垂涎《すいぜん》の的になっています）。

トリウムは豊富に存在するがゆえに、長年にわたってその化学特性がさまざまな形で利用されました——放射能のことはまったく気にせずにです。酸化トリウムはわりあい最近までキャンプ用ランタンのマントルに使われ、ガスの炎で熱せられて明るく輝いていました。他の元素の酸化物のマントルも同じように明るいのですが、酸化トリウムは安価ですし、トリウムの放射能が比較的低レベルなこともあって、長い間人々は無頓着でした。トリエーテッドタングステン溶接棒は今でも売られています（アークが発生しやすいようにトリウムが２％程度添加されています）。

昔、ラジウム(88)とトリウムを相当な量含む「レイディトー（Radithor)」という“健康飲料水”がありました。1932年に放射能健康グッズのブームを終わらせたのはこの水です。有名なプレイボーイで大富豪のエーベン・バイヤーズが、毎日３本ずつレイディトーを飲み続け、ラジウム中毒で死んでしまったのです。彼の下あごの骨が壊死《えし》してはずれたことから、『ウォール・ストリート・ジャーナル』紙は「ラジウム水は彼のあごがはずれるほどよく効いた」の見出しで記事を掲載しました。この出来事をきっかけとして、FDA（米国食品医薬品局）による化粧品・医薬品規制が強化されています。しかしトリウムにまつわる奇譚《きたん》はまだあります。

第２次世界大戦のさなか、ドイツの軍需企業であるアウアーゲゼルシャフト社が占領下のパリで大量のトリウムを押収してドイツへ運んだという情報を知って、連合軍の諜報部は青ざめました。連合国で爆弾開発に従事していた核科学者たちも、トリウムが必要だとしたらドイツの核兵器計画はかなり進んでいる、と考えました。しかし実際には、ドイツの核開発はほとんど進んでいませんでした。アウアーゲゼルシャフト社は、戦争が終わったらトリウム入り歯磨きを売り出す計画を密かに立てており、ラジウム歯磨き並みの人気商品になるに違いないと期待して、トリウムを確保したのです。

なお、プロトアクチニウムで歯磨きを作る計画はだれも考えませんでした。

◀純トリウムの薄板。アーク放電発生用のボタンを打ち抜いた残り。

▲酸化トリウムを含有する昔のランタン用マントル。ガスの炎で加熱すると美しく発光する。

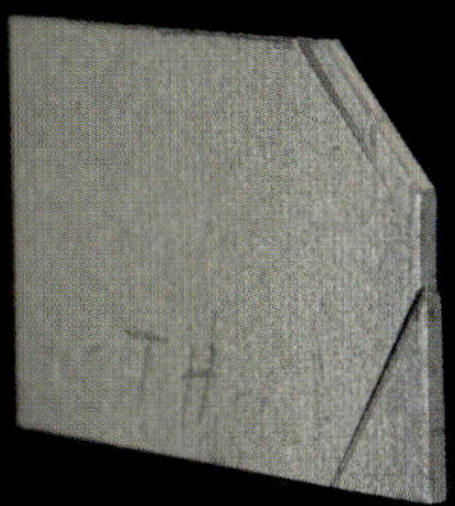

▶トリウム金属板。めったにお目にかかれない。米国では所持自体は合法だが、売ってくれる人を見つけるのは至難のわざ。

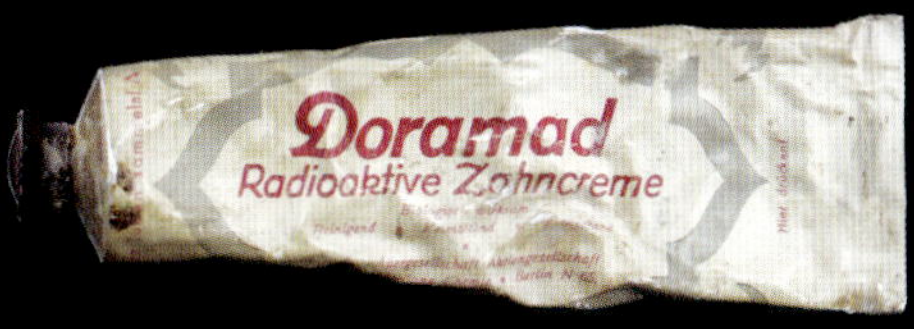

▲トリウム入り歯磨き。幸い、もう作られていない。

▼「レイディトー」の空き瓶。今でもコルク栓にガイガーカウンターを近づけると1000cpm以上を示す（cpmは１分あたりのカウント数）。

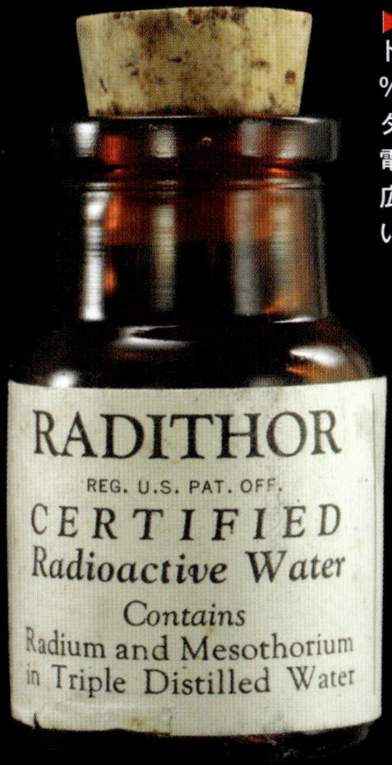

▶トリウムを２％含む溶接用タングステン電極。今でも広く使われている。

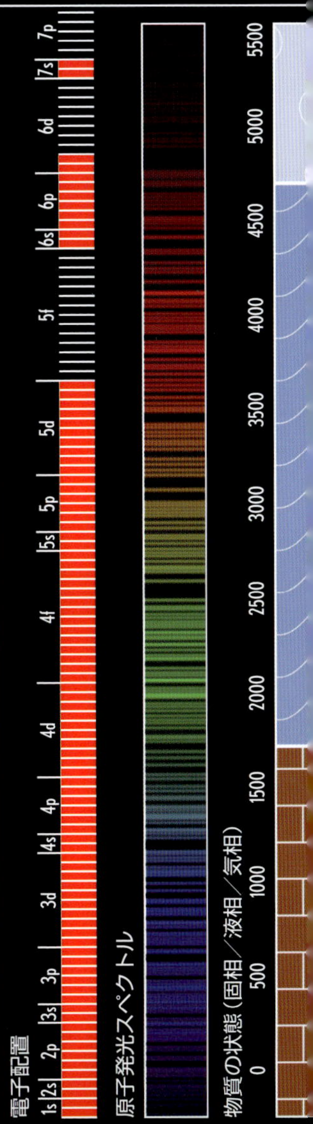

Protactinium

Pa

91

Protactinium
プロトアクチニウム

プロトアクチニウムは、元素コレクターをイライラさせる４つの天然元素の最後のひとつです。他の３つ——アスタチン(85)、フランシウム（87)、アクチニウム（89）——と違うのは、プロトアクチニウムの半減期が3万2788年と長いことです。ということは、危険物ではありますが、目に見える大きさの塊にして鉛でおおった陳列ケースに入れて売り出される可能性だってありうるでしょう。だからこそ逆に、手に入れられない欲求不満もつのるわけです。

1960年代に約125ｇのプロトアクチニウムが集められ、応用研究を希望する研究所に分配されました。しかしどうもうまくいかなかったようで、いまだに利用法はひとつも発表されていません。私は使い残りのプロトアクチニウムがeBayに出品されるのを心待ちにしているんですが。

半減期が1.17分と非常に短命な同位体のプロトアクチニウム234m（^{234m}Pa）は、1913年にカジミェシュ・ファヤンスとO・H・ゲーリンクによって発見されました。1918年、もっと半減期の長いプロトアクチニウム231（^{231}Pa）が、スコットランドではフレデリック・ソディとジョン・クランストンによって、ドイツではオットー・ハーンとリーゼ・マイトナーによって、別々に発見されました。ハーンとマイトナーについてはマイトネリウム(109)でお話しします。ここで注目するのは、もう片方のチームのひとり、ソディです。いま私たちが同位体という言葉を使って話しているのは、ソディのおかげなのです。

ソディは、同じ元素に質量の異なる別々の原子が存在しうることを発見した人物です。そして、やがてその発見を後悔しはじめます。

元素は、「原子核に特定の数の陽子を含む存在」として定義されます（この「陽子の数」が、どの周期表にも大きな数字で印刷されている原子番号です）。しかし、水素（^{1}H）を除くすべての原子核には、陽子の他に中性子も含まれています。元素の「同位体」は、陽子の数は同じで中性子の数が異なるのです。たとえば同位体の^{234}Paは、91個の陽子（プロトアクチニウムの原子番号は91ですからね）と143個の中性子（234−91＝143）を持っています。一方^{231}Paは、陽子は同じ91個でも中性子の数は140個です。

中性子の数は、原子の化学的性質には実質的になんの影響も与えません。ところが、こと原子核の安定に関しては決定的に重要な役割を果たします。中性子の数が適切でない原子核は不安定で、やがて壊れてしまいます。これが放射壊変として知られる現象です。

原子核が分裂する際には、莫大な量のエネルギーが放出されます。このエネルギーこそ、原子力発電や核爆弾の基本です。フレデリック・ソディは核分裂でどれだけ大きなエネルギーが生まれるかに気付き、当初はこの無限のエネルギーで人類はクリーンな美しい未来を築けると説きました。しかし、第一次世界大戦の流血の惨禍に科学者がどれだけ貢献したかを見て、彼は核科学に背を向け、それからは核の研究を進めることがどんなに恐ろしい結果を招くか、警鐘を鳴らしつづけました。

ソディにしてみれば無念だったことでしょう——彼は自らの最大の悪夢が現実になるのを生きて目にしました。1945年8月6日、「リトルボーイ」と呼ばれる１発の爆弾が、日本の広島に投下されます。

その爆弾はウランでできていました。

◀ 燐銅ウラン鉱、$Cu(UO_2)_2(PO_4)_2 \cdot 8\text{-}12H_2O$。
著者は無念の気持ちを抑えつつ、プロトアクチニウムのページの写真としてこの美しい緑色のウラン鉱石を選んだ。
プロトアクチニウムは入手不可能で、写真に撮ることすらできない。
しかし、ひょっとすると時々は、この石の中にプロトアクチニウムの原子がいくつか顔を出しているのかもしれない。

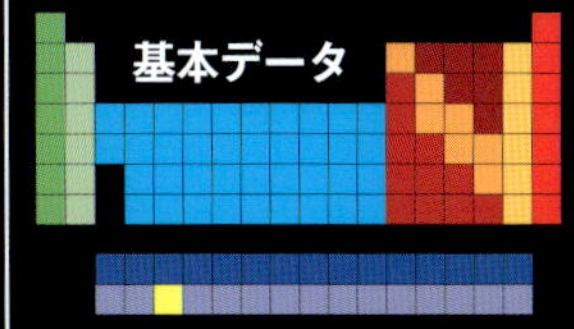

原子量
231.03588
密度
15.370
原子半径
180 pm

結晶構造

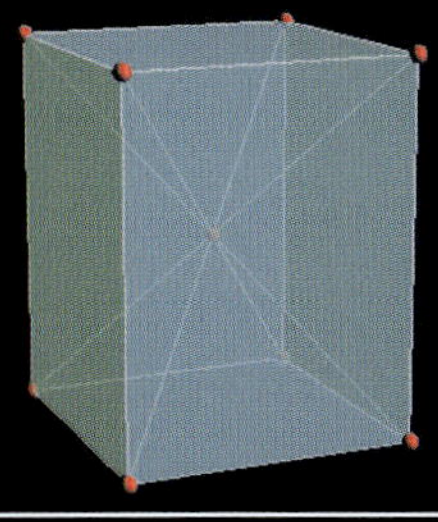

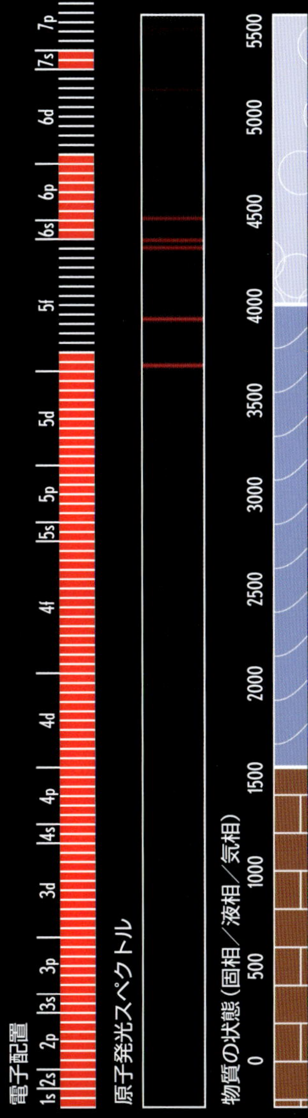

Uranium

U

92

Uranium
ウラン

ウランを語るとき、絶対に避けて通れないことがあります。怒りにかられて使われた最初の核兵器が、ウランの核分裂を利用した爆弾だったという事実です。その爆弾は米国ニューメキシコ州の砂漠の真ん中で極秘裏に製造され、広島の上空で爆発しました。中国の万里の長城もアポロ宇宙船の月着陸も、同様に歴史的な大事業です。しかし、もはや後戻りできない現実を地球の未来に突きつけた点において、また開発目的を承知した上でためらわず行われた点において、マンハッタン計画は人類史上に類を見ません。

ウランの爆弾を作った科学者たちは、うまく爆発すると確信していたのでテストもしませんでした（それに、ウラン235〈^{235}U〉は爆弾１個分しかありませんでした）。原爆投下の21日前にアラモゴードで行われたトリニティ実験は、もっとずっと複雑なプルトニウム爆弾「ファットマン」の信頼性をテストするためのものでした。ファットマンは広島の３日後に長崎に投下されます。

核兵器開発後の地球で、人類が生き延びるのか滅びるのか、答えはまだ出ていません。

核爆弾の実戦での使用は２回だけですが、ウラン自体は近年世界中の戦場でよく使われています。それが劣化ウラン弾です。天然に存在するウランは99.27％がウラン238（^{238}U）で、^{235}Uは0.72％です。どちらも放射性ですが、核爆弾になるのは^{235}Uだけ。爆弾用にウランを処理すると、^{235}Uの３分の２が取り出せます。残り全部が「劣化ウラン」です。

劣化ウランが弾丸に使われるのは、放射能が残っているからではなく、非常に硬く高密度な金属で、装甲を撃ち抜くには最適だからです。タングステン（74）も高密度で同じ用途に使えますが、核保有国の政府は核兵器製造で残った劣化ウランをたくさん抱えていますし、劣化ウラン弾には貫通時に対象物を炎上させる焼夷効果もあります。

殺人兵器ではないウラン製品は、eBayや世界中の骨董収集家のキッチンで見られます。「フィエスタウェア」ブランドの1942年以前の皿やボウル（とくにオレンジ色）は釉薬にウランが大量に含まれていて、数フィート離れていてもガイガーカウンターが反応するほどです。この食器での食事はもちろん危険です。ただ、それは放射線（比較的害の少ないアルファ線）のためというよりも、ウランが鉛と同類の重金属毒であり、皿に酸性の食品を入れると釉薬からウランが溶け出して体内に摂取されるからです。

米国では個人が15ポンド（約6.8㎏）まで天然ウラン（またはトリウム〈90〉）を所有することが法律で認められています。そのため放射性のフィエスタウェアも広く販売され、収集され、使われています。実は、私の会社のある同僚女性のキッチンはフィエスタウェアだらけで、彼女は毎日それで食事をしています。私がガイガーカウンターを貸してからは、とくに放射能の強いボウルセットだけ、流しからちょっと離れた場所に置くようになったそうですが。

ここでウランとはお別れ。同時に天然元素ともさよならです。この先の元素は人間が原子炉や加速器でたわむれに作り出した新種ばかりです。まずはネプツニウムが登場します。

◀米国では純ウラニウム金属の個人所有は合計15ポンド（約6.8㎏）までなら合法で、元素コレクター向けにウランを販売している企業も数社ある。この30ｇの塊はそのうちの１社から買ったもの。

▲小型の劣化ウラン弾。金色の窒化チタン被覆が中のウランを酸化から守る。

▲銀の代わりにウラン塩を感光剤にした特殊な印画紙に焼き付けた長崎原爆の写真。このプリントには放射能がある。

▲著者自身と著者の子どもたちが通った小学校の水飲み場。アールデコ調のタイルには、ウランを含む釉薬が使われている。計測すると黄色タイルから1000cpm以上の放射線が出ていた。

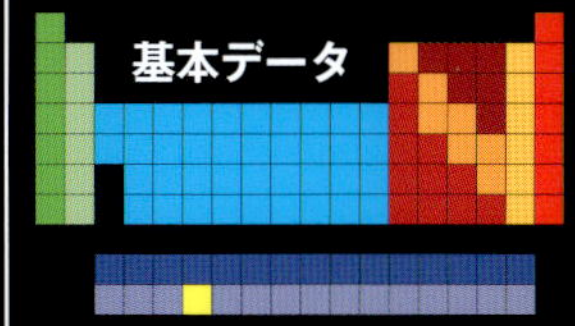

原子量
238.02891
密度
19.050
原子半径
175 pm

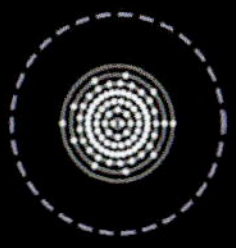

結晶構造

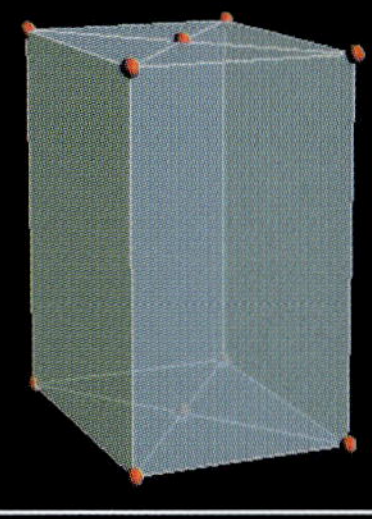

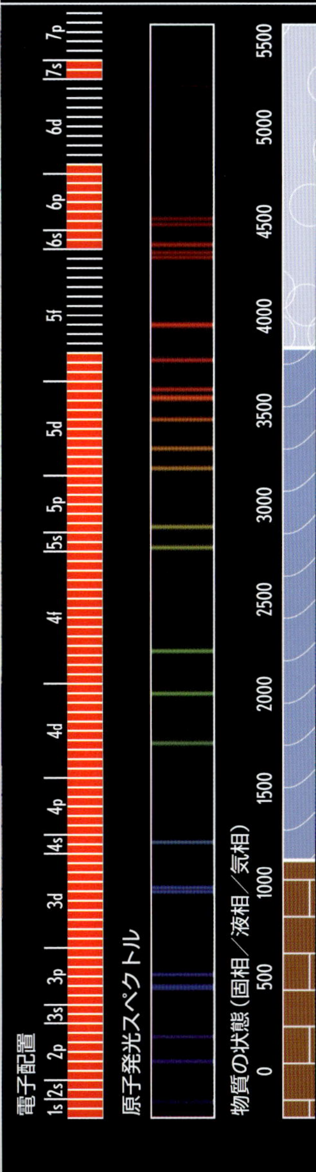

Uranium 92
ウラン

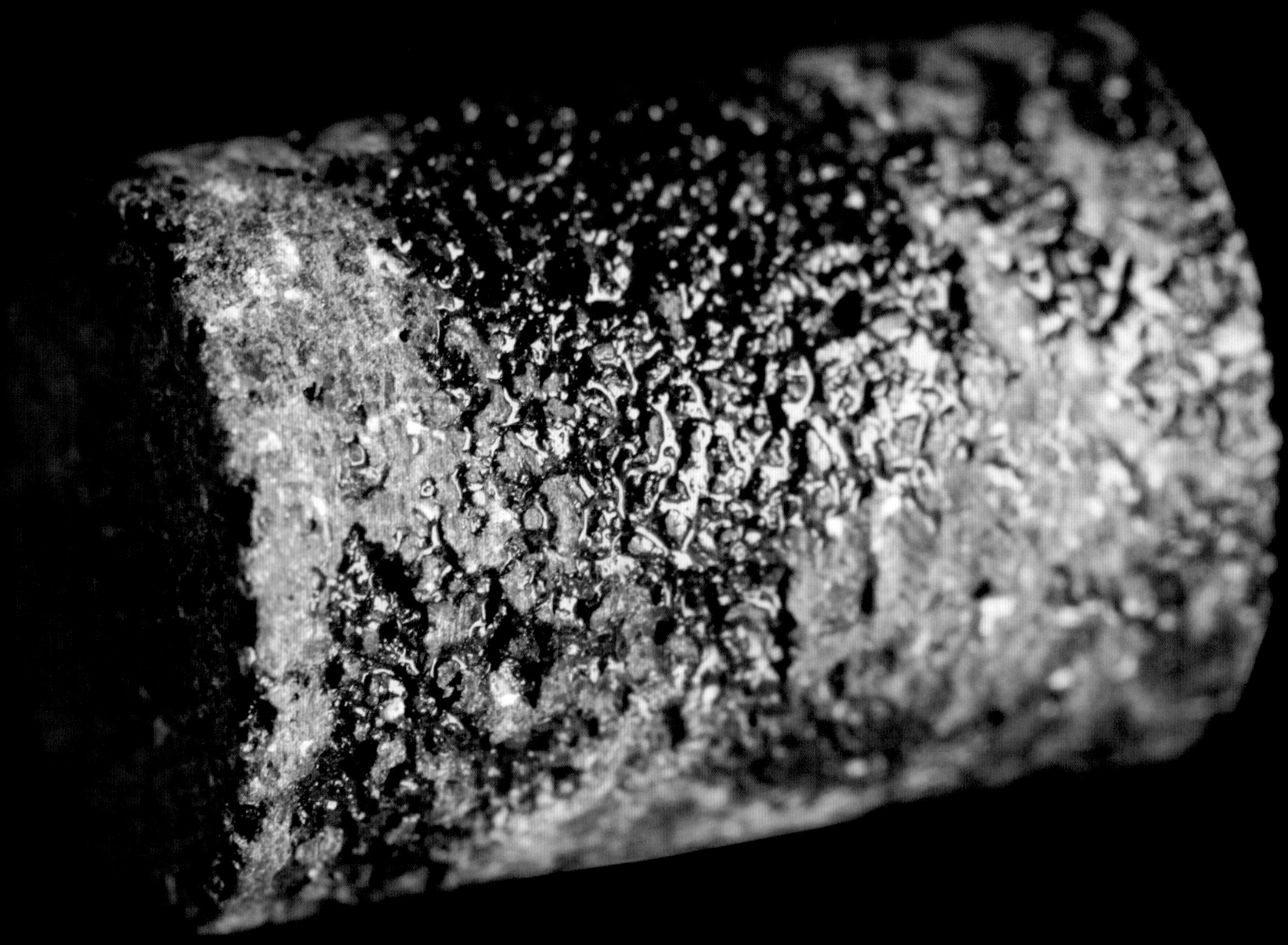

▲原子炉燃料ペレット。^{235}Uを多く含むので、
所有するには許可が必要。

▼直読式放射能検知器には、危険レベルの放射線を検知すると光る蛍光スクリーンが内蔵されている。

▲緑色に光るウランガラスはコレクションとして人気。放射能があるが、微弱。

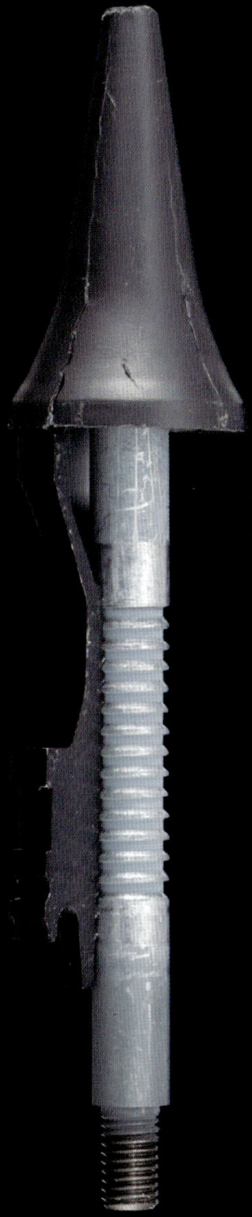

▶対戦車用劣化ウラン弾。発射後に分離するサボ（送弾筒）を取り除いて中の劣化ウラン製弾芯が見えるようにしてある。

▶現代のスピンサリスコープは放射線源にウラン鉱石を使っているため、合法的に販売できる。

◀1942年以前に作られた赤いフィエスタウェア食器は放射能の強さで有名だが、同ブランドの他の色の食器にも放射能がある。

Neptunium

Np

93

Neptunium
ネプツニウム

ここまでの9個の元素を見て、ある傾向に気付いた人もいるかもしれません。9つの元素はいずれも放射性ですが、原子番号が奇数の元素は半減期がとても短いのに対して、偶数の元素は半減期がずっと長く、中には何十億年というものもあります。この傾向はバークリウム(97)まで続きます。そうなる理由は、原子核の中で陽子と中性子がどういう配置になっているかに関係しています。希ガスが化学的に安定なのは、一番外側の電子殻のｓ軌道とｐ軌道が完全に埋まる個数の電子を持っているからですが、それと同じで、ポロニウムからバークリウムまでの元素のうち偶数番号の原子核では、陽子と中性子が好都合な配置を取れる個数になっているのです。

もうひとつ、92、93、94番の3つだけに共通する特徴があります。惑星にちなんで名付けられていることです。まず1789年に発見された元素が、その8年前に見つかっていた天王星(ウラヌス)の名前をもらってウラン(92)と名付けられました。ついでに言うと、放射能の発見が1895年だったことを考えれば、ウラン発見の1789年という年号は重大な事実を物語っています。100年以上もの間、ウランがきわめて特殊であることを——当時知られていたどの元素とも違って、容器から抜け出して人に害をなすということを——だれも夢にも思わなかったのです。

ネプツニウムは、史上初めて発見された超ウラン元素(ウランより大きい元素)です。1940年にカリフォルニア大学バークレー校で作られました。なお、慣習的にウランが天然に存在する最後の(原子番号が最大の)元素とされていますが、実際はウラン鉱石の中に、ウランの崩壊の副反応で生成したごく微量のネプツニウムがあるはずです。ネプツニウムの名前は、海王星(ネプチューン)に由来します。

ネプツニウムには一般的な用途がありませんが、にもかかわらず、あなたの家にもほぼ間違いなくネプツニウムがあります。標準的な家庭用煙感知器に微量のアメリシウム(95)が使われているからです。アメリシウムから放出されるアルファ粒子と煙粒子の相互作用を利用してで煙を感知する仕組みです〔日本の火災報知器にはこのタイプはほとんどありません〕。使われているのはアメリシウム241（^{241}Am）という半減期432年の同位体で、これが崩壊すると、半減期214万5500年のネプツニウム237（^{237}Np）になります。あなたの家の煙感知器が古ければ古いほど、中にはネプツニウムがたまっていて、数千年後にはほとんど全部ネプツニウムになります（さらに数千万年がたつと、そのほぼすべてが安定元素のタリウム⟨81⟩に変わります）。

惑星(ないし、かつて惑星だったもの)にちなむ名前を持つ元素の最後のひとつは、冥王星（プルート）からの命名です（数年前に冥王星は準惑星に格下げされてしまいました）。私たちはとうとう、現代における最も恐ろしい死と破壊の象徴、元素の中の死神、冥《めい》府《ふ》の王、プルトニウムにたどり着きます。

◀ エスキン石、(Y,Ca,Fe,Th)(Ti,Nb)$_2$(O,OH)$_6$。
ノルウェー、イーベラン村、モラン産。この鉱石は放射能があるが、
ネプツニウムは含まれていない。ネプツニウムは入手不可能なので仕方ない。

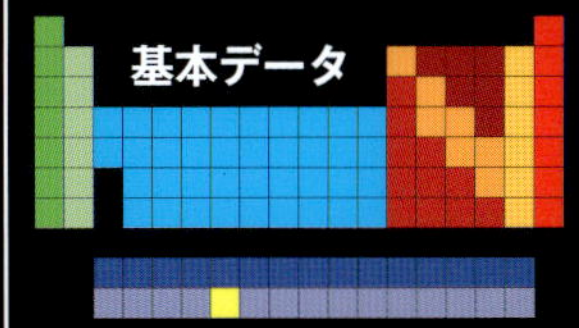

原子量
[237]
密度
20.450
原子半径
175 pm

結晶構造

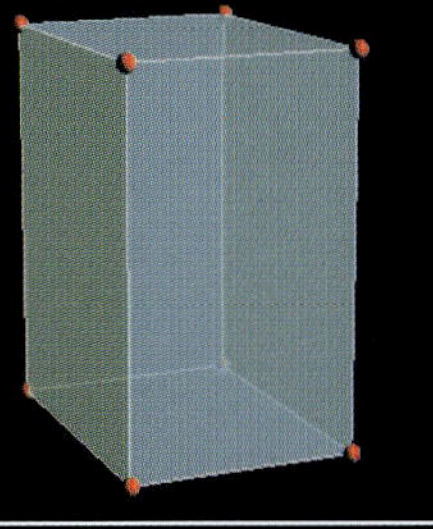

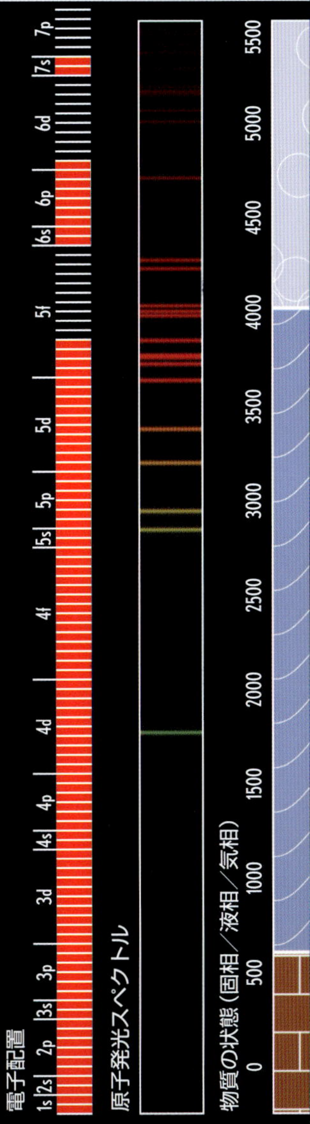

Plutonium

Pu

94

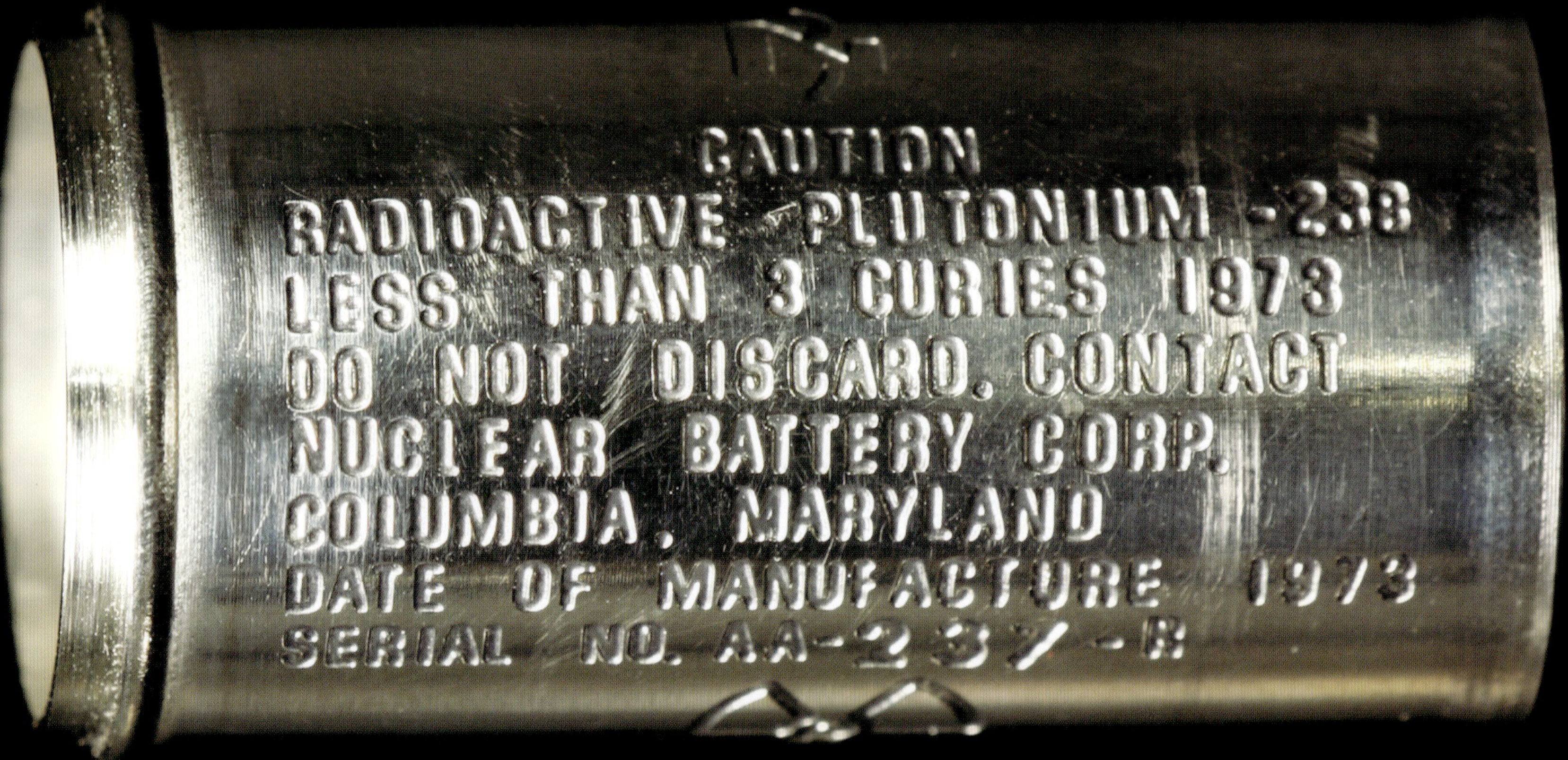
CAUTION
RADIOACTIVE PLUTONIUM -238
LESS THAN 3 CURIES 1973
DO NOT DISCARD. CONTACT
NUCLEAR BATTERY CORP.
COLUMBIA, MARYLAND
DATE OF MANUFACTURE 1973
SERIAL NO. AA-237-B

Plutonium
プルトニウム

信じがたいほどありがたいことに、核爆弾の製造は困難をきわめます。もっと簡単だったら、核兵器を持つ集団が今よりたくさん現われているでしょう。

ウラン(92)の核爆弾を作るのは非常に大変です。天然のウランはほとんどがウラン238 (^{238}U) で、原爆に使えるウラン235 (^{235}U) を分離するには「先進国の政府でないと無理なくらい」莫大なコストがかかるからです。ただし、もし臨界量の^{235}Uが手に入ったら、それを爆弾にするのは簡単です。臨界未満のウランの塊を、もうひとつの臨界未満の塊に撃ち込めば——ドカン。

プルトニウム核爆弾は、一見簡単に作れそうに思えるかもしれません。たしかに、十分な量のプルトニウムを得るのはそんなに難しくありません。原子炉が１基必要ですが、ウラン同位体の分離に比べれば子どものお遊びみたいなものです。事実、ひとりの少年が本気でそれをやろうとしたことがあります。1995年、デイビッド・ハーンという高校生が自宅裏に増殖炉を造って、大騒ぎになりました。彼のミニ原子炉は実際にうまく作動しただろうと考える人もいます。

それはともかく、信じがたい偶然の恩寵により、プルトニウムを作るのは比較的簡単でも爆弾にするのはおそろしく難しいのです。プルトニウムは^{235}Uよりずっと分裂しやすく、臨界未満の塊を２つ衝突させようとしても、接触する前に反応が始まってその反動で飛び散ってしまい、連鎖反応は起きません。広範囲に放射能がまき散らされはしますが、都市を焼き尽くすのは無理です。

プルトニウムで核爆発を起こさせるには、完璧に近い「爆縮レンズ」を使って球体を表面から内破させ、臨界量のプルトニウムを一点に集める必要があります。衝撃波の加わり方がわずかでも非対称になれば、プルトニウムはその抜け道を通って逃げてしまいます。現代ですら、プルトニウム核分裂型爆弾の製造は最高の金属工学、爆破技術、製造技術を結集しないとできません。素人が作っても、まず間違いなく不発でしょう。

プルトニウムはよく、最高の猛毒元素とも呼ばれます。米国のプルトニウムのほとんどを保有するロスアラモス研究所の人々はこれにいたく心を痛め、プルトニウムの（彼ら曰く）汚名をそそぐために擁護論文まで発表しています。まあ、彼らの立場ならそうするでしょうね。

では論争の余地なき事実の話をしましょう。プルトニウムの私的所有は完全に禁止されています。ただ、ささやかな例外がひとつあります。現在の心臓ペースメーカーの電源はリチウム電池ですが、かつてプルトニウム電池を使ったペースメーカーがあったのです（正確な装着者数はだれも知りません）。もしあなたが装着者なら、生きている間はプルトニウムの所有を認められます。私は以前、葬儀屋さんからメールで質問されたことがあります——お客様の体内に放射性ペースメーカーがあるのだがどうしたらいいだろうか、と。コレクションに加えるから私に送ってくれと言いたいのはやまやまでしたが、「すべてのプルトニウムは故郷のロスアラモスに帰り、愛のこもった世話を受けるようにと法で定められています」と正直に助言しました（うそじゃないですよ）。

おそらくプルトニウムは最も規制と管理が厳しい元素です。原子炉で作られた他の放射性人工元素は必ずしもそうではありません。たとえばアメリシウムのように。

◀ 心臓ペースメーカー用プルトニウム電池ケース。中は空。もし中身が入っていたら、これを体外で所持することは犯罪になる。

▲ プルトニウム電池を使用するペースメーカー。外観と内部。電池ははずされている。

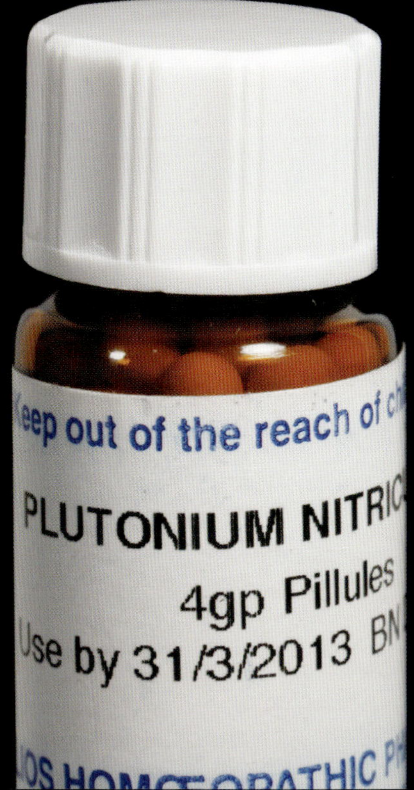

▶ 代替療法のホメオパシーの薬品には、成分表示に記載された物質が全然入っていないインチキ薬が多い。ただ、このプルトニウム錠について言えば、入っていないのは間違いなく良いこと。

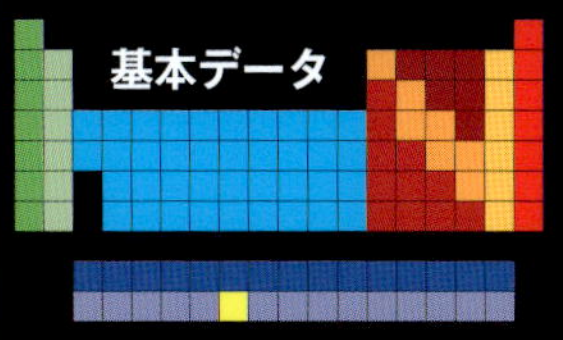

原子量
[239]
密度
19.816
原子半径
175 pm
結晶構造

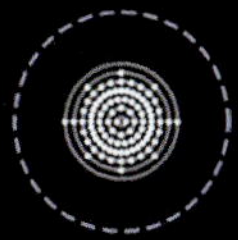

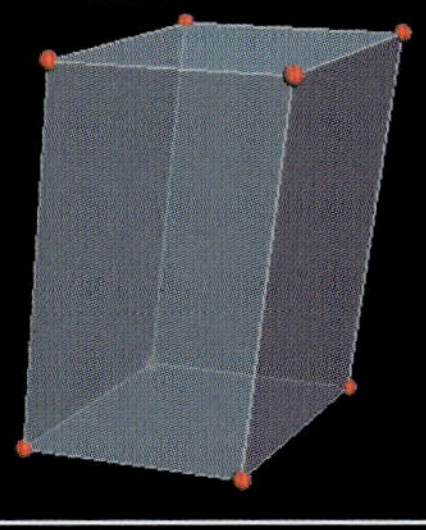

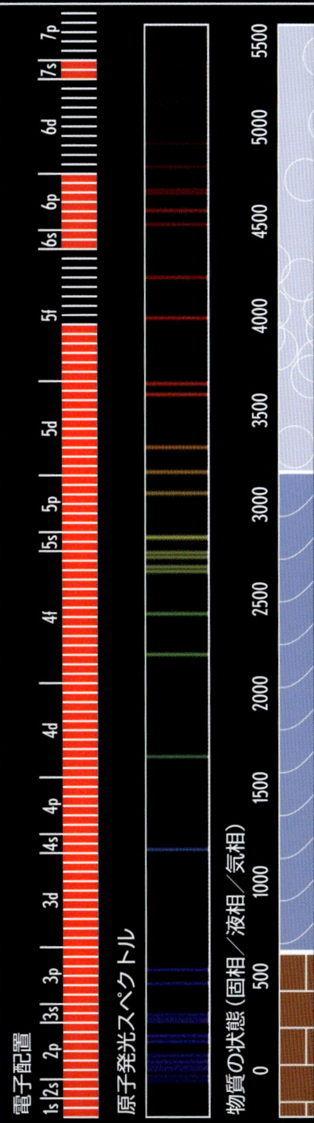

Americium

Am

95

Americium
アメリシウム

プルトニウム(94)の次に出てくる放射性元素で、しかも半減期はプルトニウムよりずっと短いとなれば、アメリシウムというのはきっと超弩級《ちょうどきゅう》爆弾の材料で、秘密研究所で働く少数の科学者しか使えないのではないか――あなたはそう思うかもしれません。もちろんどこかのマッドサイエンティストが隠れ家でアメリシウムを研究している可能性はありますが、もしあなたがアメリシウムを欲しければ、近所の金物店やスーパーやウォルマートに行けば買えます。理由を聞かれることもありません。

周期表で隣近所にある元素よりずっと危険が少ないからではありません。実際、一般的に使われる同位体のアメリシウム241(^{241}Am)は兵器グレードのプルトニウムよりずっと強い放射能を持っていますし、毒性も同じかそれ以上です。ただ、アメリシウムにはごく微量でとても人の役に立つ用途があり、メーカーはそのために法規制の例外を認めてもらって細心の注意を払って製品にしているのです。

火災報知器のうち、イオン化式煙感知器の内部には、ポロニウム(84)の静電気除去ブラシに付いているのと同じような薄板でできた、小さなボタンが組み込まれています。このボタンの金箔の下にアメリシウムがあります。アメリシウムが放出するアルファ粒子は、装置の空気室内部を通り、反対側で電流として捕捉されます。空気室にわずかでも煙の粒子が入ると、アルファ粒子の流れが阻害されて電流が乱れ、警報が鳴る仕組みです。

どの家にもある煙感知器の放射性ボタンについて、心配すべきでしょうか。このタイプの警報器は、火災時に他のタイプよりもずっと早く警報が鳴ります。間違いなく、これまでに多くの人命を救っています。それに、静電気除去ブラシのポロニウムと同様に金(79)の被覆で厳重に遮蔽されていますから、間違って報知器のアメリシウムボタンを飲み込んでも大丈夫。金は胃酸にも負けずに中身を守り、やがてボタンは無傷で出てきます。アメリシウムを怖がって煙感知器を取り付けない方がよっぽど愚かです〔日本の火災報知器にはイオン化式は少なく、光電式が主流。〕

さて、元素コレクターのコレクション構成はアメリシウムでおしまいです。これより後の元素は、高いお金を払って特殊な許可をもらわなければ所持できません（しかも、その元素がどうしても必要だという正当な理由を示さない限り許可は下りません）。

アメリシウムは、命名法の新しい潮流の出発点でもあります。これ以降、現在名前のついている最後の元素まで(おそらくその先も)、地名と人名がもとになっています。これまでにこの名誉にあずかった人物は、いずれも科学に大きく貢献した学者です。最初に選ばれたのはキュリー夫妻でした。

◀ アメリシウムボタン。放射能がある。金箔の下に0.9マイクロキュリーの^{241}Amが閉じ込められていて、普通のイオン化式煙感知器の中に入っている。

▲ イオン化式煙感知器内部の回路基板。イオン化室をおおう穴あき金属容器を取りはずして、中のアメリシウムボタンが見えるようにしてある。

▶ ホームセンターやスーパーで数ドルで買えるイオン化式煙感知器。これまでに何千人もの命を救ってきた。

基本データ

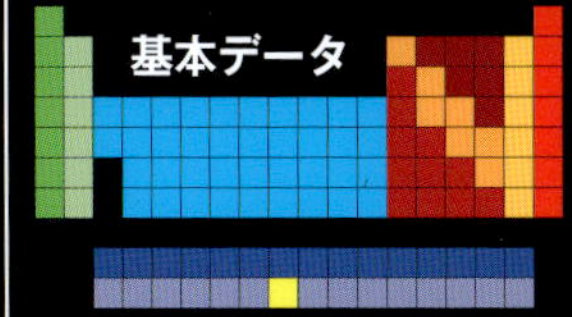

原子量
[243]
密度
不明
原子半径
175 pm

結晶構造

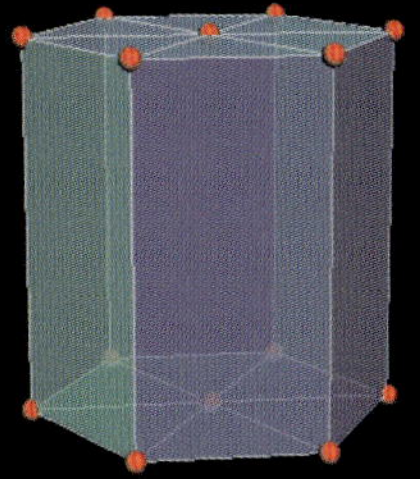

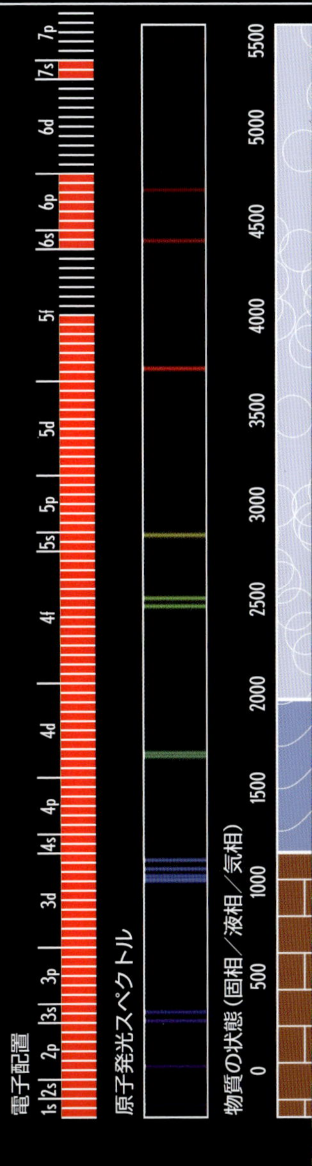

Curium

Cm 96

Curium
キュリウム

キュリウムはキュリー夫妻が発見した元素ではありません。マリーとピエールが発見したのはポロニウム(84)とラジウム(88)です。

実は、人名にちなんだ名前の元素で、当の本人が発見したものはひとつもありません（「発見した」をどう定義するかによって、106番のシーボーギウムだけは例外と言えなくもないでしょうが）。

理由は、ひとつには、フェアではないからです。科学者も他の職業の人と同じくらい強いエゴを持っていて、ときには自分の出世のために何でもします。それでも、「あいつは目立ちたがりで名誉欲が強い」と思われるようなことを公的な場所でしてはいけないという不文律があります。不動産王のドナルド・トランプは自分の名前を冠した高層ビルを建てられますが、科学者が元素に自分の名前をつけようとしたら、研究所の仲間から総スカンをくらいます。そもそも仕組み上無理です。元素名は、化学者の国際組織である国際純正・応用化学連合の承認によって決まりますから。

それに、マリー・キュリーが自分の研究室で何ヵ月もウラン鉱石と格闘し、ついにビーカーとじょうごが暗闇で光るくらいまで未知の物質（ラジウム）を濃縮することに成功したような日々は、もはや遠い過去です（ついでに言うと、その際彼女の研究ノートや料理の本も一緒にひどく汚染され、いまだに鉛の箱の中で保管されています）。

第２次大戦中のマンハッタン計画で「ビッグ・サイエンス」時代が幕を開けて以来、だれかがひとりで見つけた元素はありません。新しい元素はどれも、大規模な研究施設で、何十人もの研究者が協力して、共同で発見したものです。元素名としてひとりだけの名前を選ぶことができないのです。

◀ マリー・キュリー。
キュリウムの名は彼女と夫のピエールにちなむ。

キュリウムは、グレン・T・シーボーグ、ラルフ・A・ジェイムズ、アルバート・ギオルソが率いる大所帯のチームが、カリフォルニア大学バークレー校の60インチサイクロトロンを使って発見しました。この元素の用途は、その極端に強い放射能に関係しています――ポータブル式アルファ粒子源と、いわゆるRTG（放射性同位体熱電発電装置）です。RTGは放射性崩壊で発生する熱を利用した発電装置で、無人の場所（宇宙探査機など）で長期間作動する電源として使われます。

新しい元素に人物にあやかった名前をつけるなら、（シーボーグは例外として）キュリー夫妻のようにすでに鬼籍《きせき》に入った偉人を選ぶのが無難な解決策です。新しい元素は、発見された場所の名前をもらうこともあります。これは学者の自己宣伝の面における一種の抜け穴です。あなたがカリフォルニア大学バークレー校の中心的な核科学者で、だれもがそれを知っているとしましょう。あなたのチームが見つけた新元素が、たとえば大学所在地にちなんで「バークリウム」とかそんな名前になれば、あなた自身の名前でないとしても悪くはありません。そう、バークリウムはまさにそんなふうに命名されました。

▶ マリー・キュリー生誕100周年を記念するポーランドのメダル。

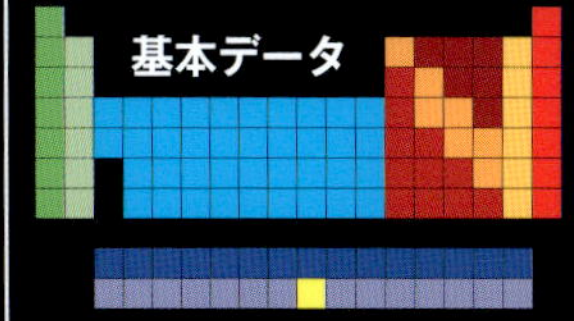

原子量
[247]
密度
13.510
原子半径
不明
結晶構造

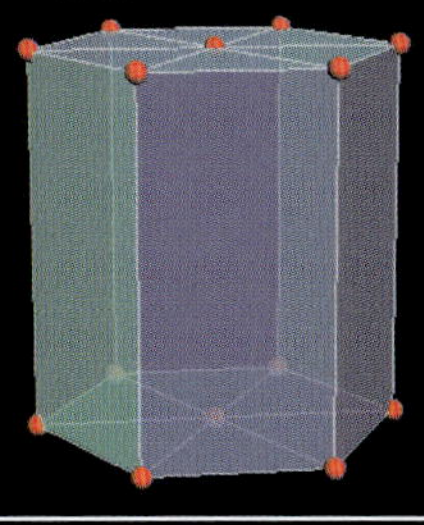

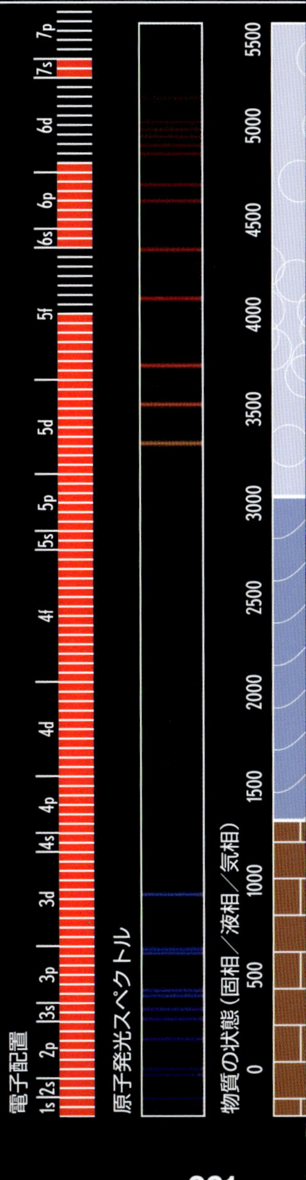

Berkelium

Bk

97

Berkelium
バークリウム

　バークリウムの同位体のうち一番寿命が長いバークリウム247（^{247}Bk）は、半減期が1379年です。どういうことかというと、あなたが重さ１ポンドのバークリウムのブロックを手に入れて1379年間放置すると、バークリウムは２分の１ポンドに減ってしまうということです。さらに1379年がたつと、あなたのバークリウムは４分の１ポンドになっています。以下、「1379年で半分」の繰り返しです。

　とはいっても、バークリウムはべつに消えてなくなるわけではありません。その場でアメリシウム（95）に――とくに、同位体のアメリシウム243（^{243}Am）に変わるだけです。１万年かそこらたつと、ブロックはほとんどアメリシウムになります。しかしそれとて永遠ではありません。^{243}Amの半減期は7388年です。これが崩壊してネプツニウム239（^{239}Np）になり、こんどはそれが急速に崩壊して、半減期2万4124年のプルトニウム239（^{239}Pu）に変わります。

　数十万年後、大部分の^{239}Puは崩壊してウラン235（^{235}U）になっています。^{235}Uは半減期が7000万年ですから、壊れるのに長い時間がかかります。こんなふうにあと何段階か崩壊を繰り返し、最後は６分の５ポンドの安定した鉛（82）、^{207}Pbで止まります。

　では６分の１ポンドはどこへ？　ここで最初の^{247}Bkから^{243}Amへの崩壊を考えてみると、アメリシウムの原子番号はバークリウムより２小さく、質量は247から243へ４減っていますね。つまり、陽子２個と中性子２個がなくなっています。^{247}Bkが崩壊するとき、アルファ粒子の形で陽子２個と中性子２個が放出されるのです（物理学者が「アルファ粒子」と呼ぶものは、化学者のいう「ヘリウム原子の原子核」と同じです）。

　他の崩壊段階も見てみましょう。たとえば^{239}Npから^{239}Puへの変化では、原子番号（陽子の数）は変わっても質量の数字は同じままです。数字が同じだから^{239}Npと^{239}Puはまったく同じ重さだと思うかもしれませんが、実は違います――^{239}Puの方がわずかに軽いのです。失われたぶんは、アインシュタインの有名な$E=mc^2$の関係式（質量に光速の２乗をかけたものがエネルギーに等しい）のとおり、エネルギーに変換されました。光速（c）は非常に大きな数字ですから、ほんのわずかな質量でも莫大なエネルギーに変換されることがわかりますね。

　そう、消えた６分の１ポンドは、アルファ粒子として放出されたヘリウム（２）と、エネルギーとになった――これが答えです。実際問題としてこのエネルギーは非常に大きいですから、バークリウム１ポンドをあなたの机の上に置いておくのは大変危険です。

　バークリウムの用途は実質的に皆無です。ところが、驚いたことに次のカリホルニウムは、これほど番号の大きな元素であるにもかかわらず、現実に使いみちがあります。

◀ カリフォルニア大学バークレー校の校章。ここで、グレン・シーボーグがバークリウムをはじめとするいくつもの元素を発見した。

▶ 本文で説明した^{247}Bkの崩壊系列。ほとんどの場合、１種類の同位体は崩壊して別の１種類の同位体になるが、たまに複数の異なる同位体ができることがある。ここには、そのうち少なくとも１%程度の確率で起きるものを示した。崩壊系列は安定元素にたどり着くと終わる。この場合は鉛の同位体である鉛207（^{207}Pb）がおしまいの元素である。この変化こそ、錬金術師たちが夢見たものだった。

基本データ

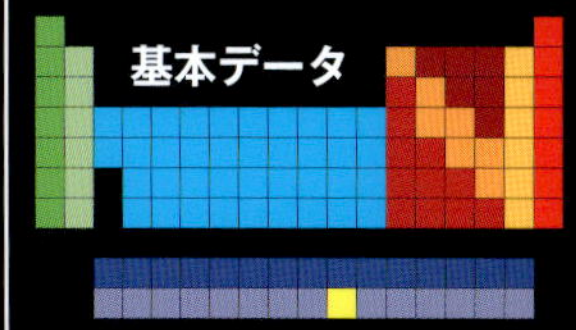

原子量
[247]
密度
14.780
原子半径
不明
結晶構造

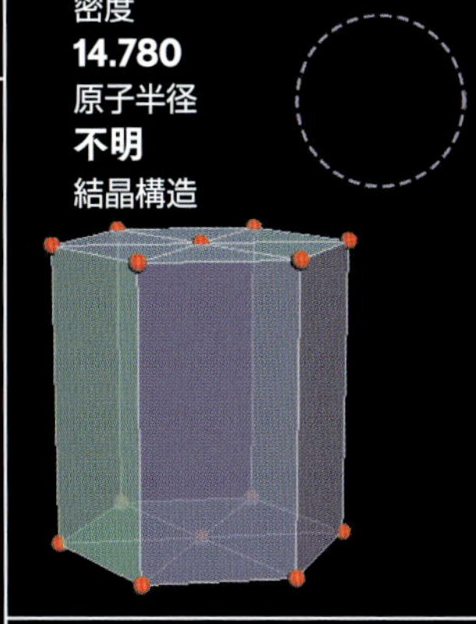

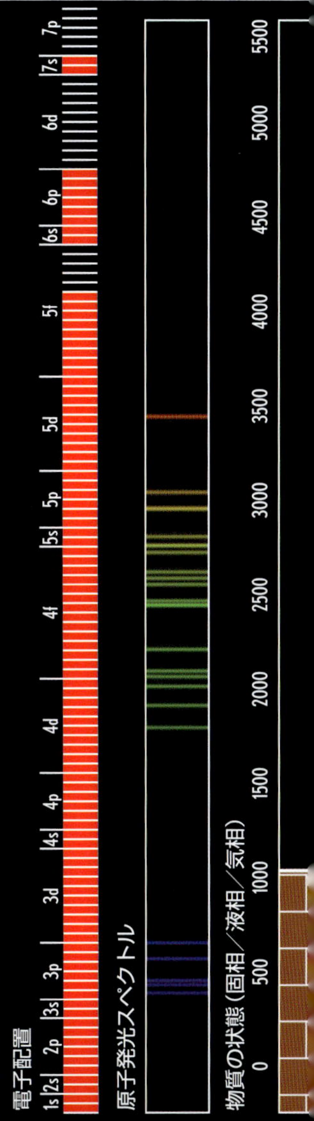

Californium

Cf 98

Californium
カリホルニウム

周期表のこのあたりの話をしていると、グレン・シーボーグという名前がしょっちゅう出てきます。彼はカリホルニウムの発見者であるだけでなく、プルトニウム(94)、アメリシウム(95)、キュリウム(96)、バークリウム(97)、アインスタイニウム(99)、フェルミウム(100)、メンデレビウム(101)、ノーベリウム(102)、シーボーギウム(106)の発見者リストにも名を連ねています。

最後に挙げたシーボーギウムは、特筆に値する元素名です。発見に関係した人物の名が元素につけられたと解釈できなくもないうえに、命名されたときにその人物がまだ生きていたからです。これを正式名称として認めてよいかどうかが国際的な議論の的になりました。結局はシーボーギウムを承認することで1997年に合意が成立するのですが、その裏には、カリフォルニア大学バークレー校のシーボーグの同僚たちと、最大のライバルであるロシアのドゥブナ合同原子核研究所との取引がありました。実はこの両者は、105番元素をどちらが先に発見したか（命名権がどちらにあるか）で争っていました。バークレーは105番の名前をロシア側に譲るかわりに、シーボーギウムを認めさせたのです。周期表のシーボーギウムとドブニウム(105)の名前には、こういういきさつがあります。そして、バークレーには今でも105番元素を公式名称で呼ばない人が何人かいるそうです。

アインスタイニウムとフェルミウムの名前についても、同じような議論が起きる可能性がありました。アメリカ人がその2元素を発見した1952年には、アルベルト・アインシュタインもエンリコ・フェルミも生きていましたから。しかし折しも冷戦下、この発見はしばらく秘密にされました。数年して2つの新元素の存在が公表されたときには、幸か不幸か、ふたりとも永遠の眠りについていました。

そうそう、カリホルニウムはまがりなりにも用途がある最後の元素で、その用途の話をすると予告してありましたね。カリホルニウムはきわめて強力な中性子発生源なのです。そのため、ものすごく危険にも、ものすごく便利にもなります。

あらゆる放射線のうち、最も危険なのは中性子放射です。電荷を持たない中性子は、マイナスに帯電した電子にもプラスの陽子にも反発されません。ということは、わりあい簡単に固体を透過するということです。その際にたまたま固体の原子核に衝突すると、核にもぐりこんで不安定化させます。中性子ビームには、ごく普通の物質を放射性同位体に変えてしまうという危ない特性があるのです。中性子に被曝するとあなた自身も半減期15時間の放射性人間になります。あなたの体内で、主にナトリウム(11)が放射性同位体のナトリウム24（^{24}Na）に変わるからです。

中性子照射が役立つ場面もあります。元素が放射性同位体に変化して崩壊する際には、元素ごとにそれぞれ特徴的なタイプとエネルギーレベルの放射線を出します。ですから、たとえばある岩に中性子を照射して、特定のエネルギーのガンマ線の放出が観測されたら、その岩には金(79)が含まれているとわかります。

この方法は中性子放射化分析と呼ばれ、金だけでなく油田の底で原油を探査したり、コンテナの積み荷やスーツケースを開けることなく爆発物の有無を調べたりできます。中性子なら、硬い鋼鉄製の船体も透視できます。カリホルニウムの役目は、油田の底へ下ろすポータブル検査装置に搭載できるくらい小型で持ち運びが便利で使いやすく、大量の中性子を出せる線源になることです。

これでとうとう、使いみちのある元素ともお別れです。カリホルニウムより後の元素は、名前の由来となった人や場所のエピソードの方が元素そのものよりずっと重要で面白いのが特徴です。なかでも一番数奇な物語、それがアインスタイニウムの場合でしょう。

◀ カリフォルニア州の州章。
言うまでもなく、カリホルニウムの名前はカリフォルニアに由来する。

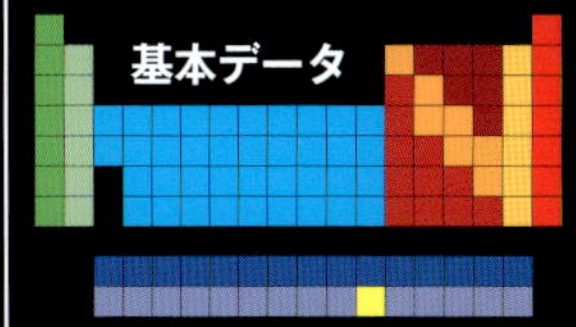

原子量
[252]
密度
15.1
原子半径
不明
結晶構造

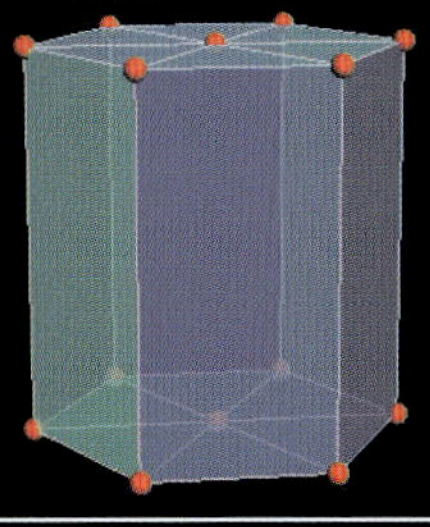

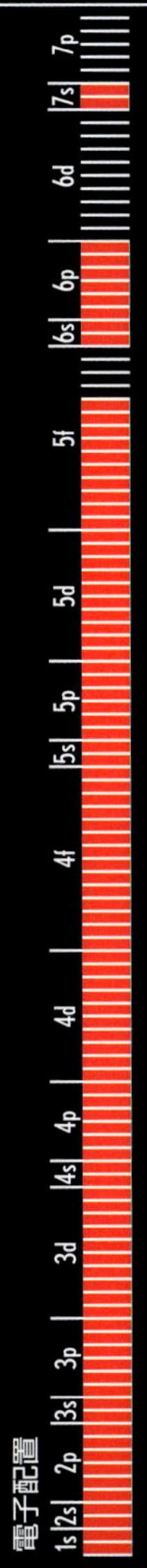

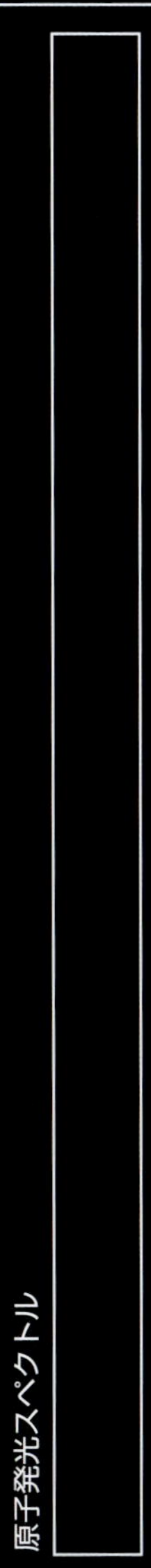

Einsteinium

Es 99

Einsteinium
アインスタイニウム

元素に自分の名前をつけてもらうのは容易なことではありません。ノーベル賞をもらう程度ではまだまだ足りません。ノーベル賞受賞者は800人以上いて、しかも毎年増えつづけますが、元素名になる名誉を手にできるのはほんの一握りですから。それでも、アインシュタインを元素名にすることにはだれも文句のつけようがありません。彼は生前からすでに歴史上最も有名な科学者でしたし、死後半世紀がたった今も、彼の肖像権はハリウッドの代理店によって管理されています。

アインシュタインを知らない人はいません。しかし、20世紀の最も重要な手紙を——いや、歴史上最も重要かもしれない手紙を——送ったのが彼であることはあまり知られていません。その手紙が彼自身の考えではなく、それどころか大部分は彼が書いたものですらないということを知っている人は、もっとわずかです。それは、原爆製造への道を開いた手紙でした。

核分裂とは、質量の大きい原子核、たとえばウラン(92)の原子核が分裂して、2個のもっと軽い原子の原子核になることです。自然に起こることもありますが、しかるべき原子核に中性子がぶつかれば、即座に分裂が誘発されます。核分裂が起きると大量のエネルギーが放出されると同時に、その他にも放出されるものがあります——1個またはそれ以上の中性子です。

「またはそれ以上」——この部分が、1933年9月12日、ロンドンの十字路で歩道からサウサンプトン・ローに足を踏み出した物理学者レオ・シラードの頭の中で突然閃《ひらめ》き、暗い未来を予想させる深刻なビジョンが彼の脳裏《のうり》に浮かびました。彼は気付いたのです。1個の原子が分裂して2個の中性子を出し、その2個がそれぞれ別の原子に衝突して分裂させると4個の中性子が放出され、それが別の原子にぶつかると8個、次は16個……。この現象を起こせる装置をだれかが作ったら、人類は地獄への片道切符を手にすることになる、と。

実際に核分裂連鎖反応を起こさせてそれを維持できた場合、発生するエネルギーはそれまで人類が経験したものとは桁《けた》違いの大きさになることは、簡単な計算だけですぐわかります。そのエネルギーで何が起こるかは、想像すら難しい。第一次世界大戦の惨禍を目にしてから間もない時期でしたから、シラードは、まずいことになると確信しました。

ほどなくシラードはふたつのことに気付きます。ひとつは、ドイツの社会でなにやら非常に良からぬ雰囲気が醸成されていること、もうひとつは、最も優秀な核物理学者の多くがドイツで働いていることです。核分裂連鎖反応の軍事利用という考え以上に彼を震え上がらせたのは、ナチス・ドイツがそれを最初に戦争で使うのではないかという予感でした。

彼は運命の決断をします。米国がドイツに先んじてできる限りのことをするよう、ルーズベルト米大統領に手紙を送って警告しようと考えたのです。しかし自分のような者が書いて相手にしてもらえるだろうか？

そこで、レオ・シラードが書いた手紙に友人のアインシュタインが署名し、信頼できる友人を通じてフランクリン・D・ルーズベルトに直接手渡すことになったのです。5年と11ヵ月と14日後、トリニティと名付けられた核兵器がアラモゴードの砂漠の空で爆発します。

ドイツでの核開発は、実は全然進んでいませんでした。理由のひとつとしてあげられるのは、ドイツ国内の科学者たちが核分裂研究に国家上層部の注意を向けさせることに失敗したため、彼らの爆弾が大学の低予算プロジェクトにとどまったことです。もうひとつは、ナチスがアーリア民族の純血にあまりにこだわったせいで、エンリコ・フェルミのような学者が相手方陣営に行ってしまったことでした。

◀ アルベルト・アインシュタイン。歴史上最も有名な科学者であり、その名が元素につけられることにだれも異論はない人物。

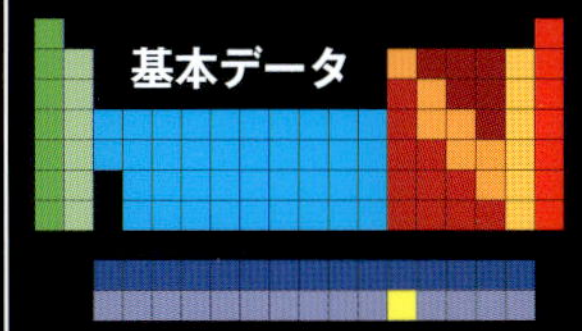

原子量
[252]
密度
不明
原子半径
不明
結晶構造
不明

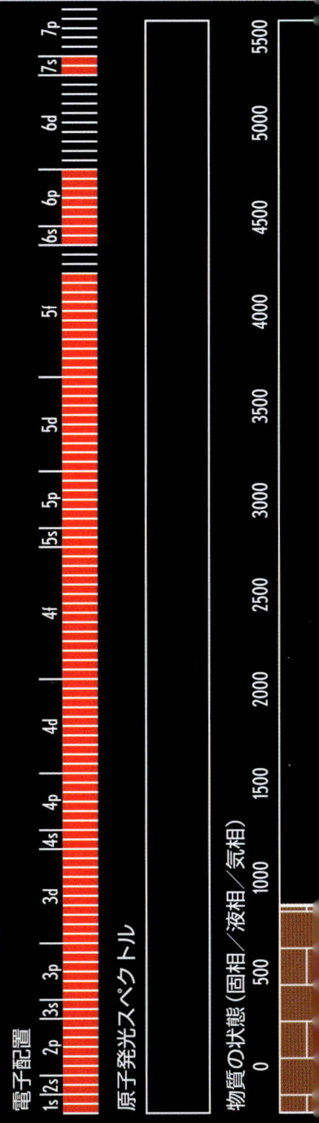

Fermium
Fm
100

Fermium
フェルミウム

どの世界にも伝説はあります。繰り返し語られ伝えられるうちに神話の域に達するような伝説が。

エンリコ・フェルミがシカゴ大学のスタッグ・フィールド競技場の観客席下のラケットコートで初めて核分裂連鎖反応に成功した話も、そのひとつです。彼の原子炉「シカゴ・パイル１号（CP-1）」は、1942年12月２日午後３時25分に臨界に達しました。

アインスタイニウム(99)でお話ししたように、核分裂連鎖反応は重い原子の原子核に中性子が衝突して分裂させることで始まり、その際に放出された２個以上の中性子が別の原子核にぶつかって分裂させ……と倍々ゲームのように分裂が進む現象です。しかし、この単純な計算と現実のウラン(92)塊の中での連鎖反応の間には、多くの要因が壁として立ちはだかっています。

ウランの核分裂で放出される中性子は非常に高速で飛び出します。ところが、もっと速度の遅い中性子でないと、ウランの原子核を効率的に分裂させることはできません。また、ウランの塊をよほど大きくしないと、中性子は他の原子核にぶつからずに外へ出てしまいます。

そのため、通常はウラン核分裂１回につき２個か３個の中性子が放出されるにもかかわらず、出た中性子が次の分裂を引き起こすことはほとんどありません。中性子生成の実効効率は１：１よりずっと低いのです。連鎖反応を起こさせるには、何トンものウランを用意するか、とくに分裂しやすい同位体を使うか、減速材と呼ばれるもので中性子の速度を落としてやるか、もしくはそれらを組み合わせるかする必要があります。

フェルミは数トンのウランと数十トンの酸化ウランを、高純度黒鉛のブロック（優れた中性子減速材）と互い違いになるよう積み上げて、巨大な四角い「山積み(パイル)」状の構造物を作りました（極秘研究のため「原子炉」という言葉は使えず、「パイル」の名で呼ばれました）。フェルミの入念な計算結果は、パイルが完成すれば中性子生成率が１を超えて、幾何級数的な連鎖反応が可能になることを示していました。実験場所が人口密度の高い大都市の真ん中でなかったとしても、慎重な制御が絶対必要です。そのため、パイルは、中性子吸収力が非常に強いカドミウム(48)で作った「制御棒」を備えた設計になっていました。制御棒がパイルに挿入されている限り、カドミウムが中性子を吸収して生成率を１未満に抑えます。

12月２日、フェルミのチームは緊迫した数時間を過ごします。ゆっくりと制御棒を抜きながらパイルから出てくる中性子数を注意深く計測し、何度もテストを繰り返し、制御棒を戻せば反応が止まることを実際に確認しました。最後の手段として緊急停止用制御棒がロープで吊ってあり、非常時にはロープを斧でたたき切って棒をパイル内に落とすことになっていましたが、斧を持って待機していた人だけはテストでの出番がありませんでした。

３時25分に中性子生成率が1.0006に達し、パイルは28分間作動して、約２分の１ワットのエネルギーを生みました。大きなエネルギーではありません。けれども、原子力の伝説にエンリコ・フェルミの名を永遠に刻みつけるには十分でした。

もちろん、こうしたエピソードはフェルミウムという元素にはまったく関係ありません。フェルミウムは（これ以後の18個の元素と同じく）用途をひとつも持たない元素です。

◀ エンリコ・フェルミ。フェルミウムは彼の名を取って命名された。

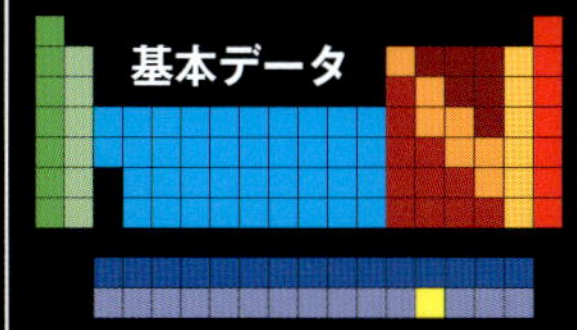

原子量
[257]
密度
不明
原子半径
不明
結晶構造
不明

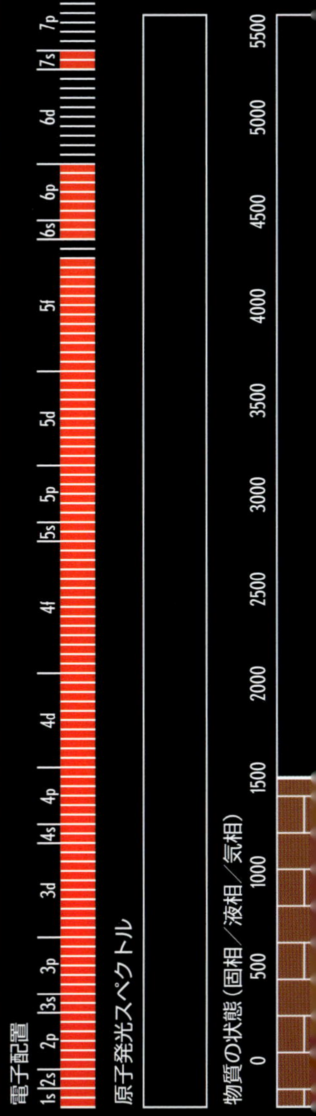

Md 101

Mendelevium メンデレビウム

No 102

Nobelium ノーベリウム

Lr 103

Lawrencium ローレンシウム

Rf 104

Rutherfordium ラザホージウム

Db 105

Dubnium ドブニウム

Sg 106

Seaborgium シーボーギウム

Bh 107

Bohrium ボーリウム

Hs 108

Hassium ハッシウム

Mt 109

Meitnerium マイトネリウム

101番から109番までは、過渡的領域です。わかりやすく言い換えると、「用途はないけれど少なくとも可視量が作られた」元素から、「いつどこで何個の原子が作られたかが正確にわかる」元素までの間に位置するということです。

マイトネリウムにたどり着くころには、これまでに作られた原子が2ダース以下というレベルになります。そこまでいくと原子核は大きすぎて自らを持てあまし、長くても数時間しかその姿を保っていられません。この中で一番寿命が長いのはメンデレビウムで、半減期は74日です。けれどもその次に長いラザホージウムは半減期がわずか19時間。最も短いのがリーゼ・マイトナーに捧げられた元素で、43分です。

元素名になる栄誉に浴した左ページの人々の大部分はノーベル賞を受賞していますが、そうでない人もいます。ドミトリー・メンデレーエフは受賞していません。彼が周期表を作ったときにはノーベル賞がなかったからです。アルフレッド・ノーベルが受賞者でないのは、ノーベル賞を創設した当人だからです。リーゼ・マイトナーが受賞しなかった主な理由は、女性だからです。

マイトナーは、オットー・ハーンとともに核分裂の発見に多大な寄与をした人物で、ハーンは1944年度のノーベル賞を受賞しています。マイトナーにも十分に受賞資格があったと考える人はたくさんいます。けれども、最後に笑ったのはマイトナーだったと言えるかもしれません。元素名に自分の名前が採用される名誉は、ノーベル賞とは比較になりませんから。ハーンにちなんだ「ハーニウム」は105番元素の名前の候補にあがったことがあります。一度候補になって採用されなかった名前を後で別の元素に使ってはならないというルールがあるため、ハーンは永遠に元素名になれません。

1945年の秋に前年度の受賞者がハーンであったと発表されたとき、マイトナーを見つけるのは簡単でしたが、肝心のハーンは所在不明でした。ノーベル賞委員会は、ハーンの居場所を知っている人がいたら教えてほしいと各方面に訴えました。実は、ドイツ人であるハーンは第二次世界大戦終結時に連合軍に身柄を拘束され、他のドイツ人核科学者たちとともにイギリスの片田舎の「ファームホール」という建物に極秘に軟禁されていたのです。このときにハーンの行方を捜した記者がファームホールの塀越しに中をのぞいていれば、中庭でウェルナー・ハイゼンベルク(不確定性原理を提唱したドイツの理論物理学者）が裸で体操しているのがちらっと見えたかもしれません。

カリホルニウム(98)のページで書いたように、ドブニウムとシーボーギウムは紆余曲折の末に名前が決まりました。それに対してローレンシウムはすんなり選ばれました。このあたりの元素の発見には多くの場合サイクロトロンという加速器が使われており、アーネスト・ローレンスは最初のサイクロトロンを作った人物だからです。アーネスト・ラザフォードはもっと根本的な点に貢献しています。原子核の存在を発見したのはラザフォードなのです。ニールス・ボーアは、電子軌道の概念を提唱して周期表の構造の秘密を解き明かしました。

残るはハッシウムですね。ハッシウムの名前は、この元素の発見地であるドイツのヘッセン州から取られています。カリホルニウムのドイツ版のようなものです。ついでに言えば、バークリウム(97)のドイツ版とも言うべきダームスタチウムは、ページをめくると出てきます。

Ds 110

Darmstadtium ダームスタチウム

Rg 111

Roentgenium レントゲニウム

Cn 112

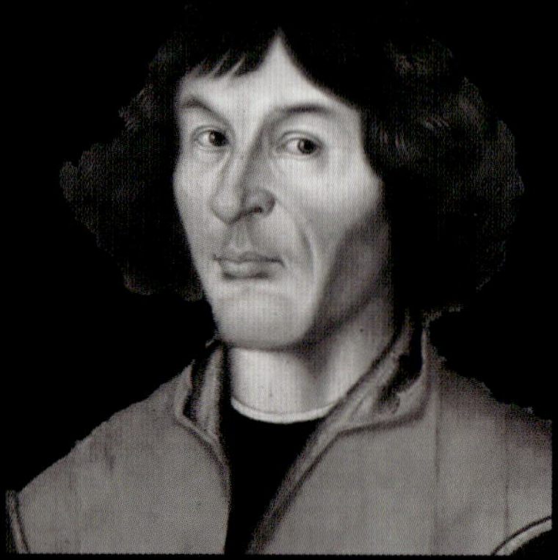

Copernicium コペルニシウム

Nh 113

Nihonium ニホニウム

Fl 114

Flerovium フレロビウム

Mc 115

Moscovium モスコビウム

Lv 116

Livermorium リバモリウム

Ts 117

Tennessine テネシン

Og 118

Oganesson オガネソン

左ページの元素はすべて発見されていますが、あなたは自信を持って「これはいま存在してはいない元素だよ」と言ってかまいません。これらのうちのどの元素も、原子１個ですら、現時点では地上に存在しません（ただし、あなたがこれを読んでいる瞬間、たまたまどこかの研究所でだれかが重イオン研究用加速器のスイッチを入れ、どれかの元素を作っていれば別です）。

ダームスタチウムという名前は、ドイツのヘッセン州にあるダルムシュタット市に由来します。この元素を発見した重イオン研究所がそこにあるからです。

ウィルヘルム・コンラート・レントゲンはX線の発見者です。しかし、運命の皮肉と言うべきか、彼の名前をもらったレントゲニウムはX線を出しません。

1996年に発見されて2010年に名前が決まったコペルニシウムは、化学や核物理学にあまり貢献していない人物にちなんで名付けられた点で、ノーベリウムと並ぶ例外です。ニコラウス・コペルニクスが選ばれた主な理由は、偉大な天文学者だったということの他に、112番元素の発見者たちと同じドイツ人の血が流れていたからかもしれません〔コペルニクスはポーランド生まれのドイツ系ポーランド人〕。

フレロビウムは2012年5月までウンウンクアジウムと呼ばれていました。1998年にロシアのドゥブナ合同原子核研究所のチームが発見し、研究所創設者である物理学者ゲオルギー・フレロフ（フリョーロフ）の名前をもらった元素です。しかし公式見解では、フレロビウムは合同研究所を構成する施設のひとつ、「フレロフ核反応研究所」にちなんで名付けられたとされています。そう、概して、元素の名前は一個人ではなく研究施設から採る方が政治的に妥当なのです。

リバモリウムという名前はカリフォルニア州にあるローレンス・リバモア国立研究所に由来し、研究所の名前のもとをたどると（114番元素のフレロフ核反応研究所と同じく）ロバート・リバモアという個人にたどりつきます。ただ、いささか毛色が違うのは、リバモア氏が物理学者ではなく農場主で、元素発見の142年前、命名からさかのぼれば154年も昔の1858年に亡くなっているという点でしょう〔ローレンス・リバモア研究所の所在地がリバモア市で、市の名は農場主のリバモア氏にちなむ〕。

現在、118番元素までが発見されています。近頃のわりあいゆるい「発見の基準」に従うと、原子が2個、複数の研究所で見つかれば「発見されている」と言えるのです。最も新しいのは117番で、2010年４月にドゥブナ合同原子核研究所で米露合同チームが6個の原子を見つけました。一方、名前を付ける作業にはもっとずっと長い時間がかかります。発見の関係者それぞれが発見の先取権を主張し、命名委員会で議論が尽くされるまでだれも納得しようとしないのですから厄介な話です。

しかし、2016年11月、最後に残っていた４つの元素の名前もとうとう正式に決まりました。113番元素は、日本の理化学研究所が３個の合成と証明に成功したことで命名権を与えられ、国名にちなんでニホニウムと名付けられました〔小川正孝が1908年に発表した「新元素」に「ニッポニウム」と命名していたので（レニウムの項173ページ参照）、「一度使って消えた元素名は、混乱を避けるため二度と使えない」という国際純正・応用化学連合（IUPAC）の取り決めにより「ニッポニウム」にはできず、もうひとつの読み方「ニホン」にちなんで命名されました〕。モスコビウムはドゥブナ合同原子核研究所があるロシアのモスクワ州、テネシンはアメリカの複数の研究機関が所在するテネシー州に由来します。オガネソンは、フレロフ核反応研究所の科学者ユーリイ・オガネシアンの名前をもらった元素です。オガネシアンは、シーボーグ（106番元素シーボーギウム）に続いて存命中に元素名になった２人目の人物になりました。

ついに、標準的な周期表に載っている118の元素すべてに名前が付きました！　これでひとまずおしまい！　まさしく、節目となる大きな出来事です。もう当分、周期表を改訂する必要はないでしょう――たぶん。

本書に元素を118番までしか載せていないことに特に理由はありません。標準的な周期表の並び方だと、そこで右端になります。これより原子番号の大きい元素は見つかっていませんから、今のところは次の一段をまるまる付け加える必要はありません。しかし、米露、ドイツ、日本などで、119番以上の元素の合成を目指して研究が続けられています。理論的計算によれば、120番（ウンビニリウム）または122番（ウンビビウム）のあたりに「安定性の島」があることが示されています。その元素は「安定元素」ではないでしょうが、半減期がかなり長いだろうとされています（理論的観点からすると、この領域の元素は数時間も寿命があれば驚異的なすばらしさです）。

かくしてこの本は、華々しく感動的なフィナーレではなく、いつか新元素が見つかるかもしれないというあやふやな話で幕を下ろすこととなりました。

元素収集の愉しみ

私が元素を集めはじめたのは2002年です。その頃は、ほとんどの元素をそろえるには30年くらいかかるかなと思っていました。予想に反して（これは主にeBayのおかげと、私のマニアックな性格のせいです）、2009年までに、所持可能なすべての元素を代表する2300点近くの品を集めることができました。所持可能というのは、物理学の法則と人間の法律が所持を許すという意味です。その多くが本書のページを飾っています。

スウェーデンのポップグループABBA（アバ）の曲の歌詞を借りるなら、「なんていう喜び、なんて素敵な人生、なんていうチャンス」です。もちろん世界的なポップスターの生活は元素コレクターの日常より華やかでわくわくした気分に満ちているでしょうが、元素コレクターだって捨てたもんじゃありません。

とくに嬉しいのは、意外な場所で思いもよらない元素に出会えたときです。純粋なニオブ（41）を、純粋無垢な清らかさとは無縁のボディーピアスショップ（店を出た後で全身に消毒剤をかけたくなるような場所）で見つけられるなんて、いったいだれが思うでしょう。巨大スーパーのウォルマートに、飾り気のないただの四角い純マグネシウム（12）金属が置いてあるなんて、だれが予想するでしょう。しかも、マグネシウムが可燃性金属であるという事実を満天下に示すために売られているのです。欲しければキャンプ道具売り場へどうぞ（狩猟用ナイフで少量を削り取り、付属の火打ち石で点火して、キャンプファイヤーの火種にします）。

私のところには、大量に保有している元素もいくつかあります。たとえばわがオフィスにある135ポンド（約61kg）の鉄（26）の玉。これは来訪者を躓つまずかせるためのアイテムです。とはいえ、たいていの元素はコレクションに適した少量にとどめるのが一番です。もしオフィスにたくさんウランを置いたりすれば、来訪者から質問攻めにされるでしょう（ウランの量が15ポンド以上ならFBI捜査官に質問攻めにされます）。

元素収集はそれほど人気のある趣味ではありません。元素の化合物（鉱物）のコレクターや、ポリマー（ビーニーベイビーズのぬいぐるみ）集めに熱を上げている人〔日本でいえばさしずめガンダムのプラモデルのコレクター〕や、同じ種類の金属（硬貨）ばかり追いかけている人に比べれば、われわれ元素オタクは少数派、稀少な存在です。理由のひとつは、かなりの化学の知識がないとコレクションを安全に保管することさえ難しいからです。ナトリウムを湿ったところに置くと、爆発しかねませんからね。けれども、もしそれぞれの元素の性質を詳しく勉強する気があるのなら、元素収集はあなたにはかりしれない実りを与えてくれます。

私はウェブサイトで自分のコレクションを公開し、多くの方に楽しんでいただいています。periodictable.comでまたお会いしましょう！

▲ 著者と、自作の「周期表テーブル《ペリオディック・テーブル・テーブル》」(周期表の形をした机で、各元素の部分の蓋を取ると中にその元素または関連品が入っている)。ここにあるのはコレクションのほんの一部。

Bibliography
参考文献

- Bernstein, Jeremy. *Hitler's Uranium Club: The Secret Recordings at Farm Hall.* New York: Copernicus Books, 2001.
- Emsley, John. *The Elements of Murder: A History of Poison.* New York: Oxford University Press, 2006.
  ジョン・エムズリー『毒性元素——謎の死を追う』（渡辺正・久村典子訳、丸善、2008）
- Emsley, John. *Nature's Building Blocks: An A-Z Guide to the Elements.* New York: Oxford University Press, 2003
  ジョン・エムズリー『元素の百科事典』（山崎昶訳、丸善、2003）
- Emsley, John. *The 13th Element: The Sordid Tale of Murder, Fire, and Phosphorus.* New York: John Wiley & Sons, 2000.
- Eric Scerri. *The Periodic Table: Its Story and Its Significance.* New York: Oxford University Press, 2007.
  エリック・シェリー『周期表——成り立ちと思索』（馬淵久夫・冨田功・古川路明・菅野等訳、朝倉書店、2009）
- Eric Scerri. *Selected Papers on the Periodic Table.* London: Imperial College Press, 2009.
- Frame, Paul, and William M. Kolb. *Living with Radiation: The First Hundred Years.* Self-Published, 1996.
- Gray, Theodore W. *Theo Gray's Mad Science: Experiments You Can Do at Home -- But Probably Shouldn't.* New York: Black Dog & Leventhal Publishers, 2009.
- Rhodes, Richard. *The Making of the Atomic Bomb.* New York: Simon & Schuster, 1995.
  リチャード・ローズ『原子爆弾の誕生——科学と国際政治の世界史』（神沼二真・渋谷泰一訳、啓学出版、1993）
  リチャード・ローズ『原子爆弾の誕生　普及版』（神沼二真・渋谷泰一訳、紀伊國屋書店、1995）
- Sacks, Oliver. *Uncle Tungsten: Memories of a Chemical Boyhood.* New York: Vintage Books, 2002.
  オリヴァー・サックス『タングステンおじさん——化学と過ごした私の少年時代』（斉藤隆央訳、早川書房、2003）
- Silverstein, Ken. *The Radioactive Boy Scout: The True Story of a Boy and His Backyard Nuclear Reactor.* New York: Random House, 2004.
- Sutcliff, W. G., et. al. *A Perspective on the Dangers of Plutonium.* Livermore, CA: Lawrence Livermore National Laboratory, 1995.

謝　辞

私は最初ニック・マンを、作業場周辺に飛び散ったガドリニウム(64)粉末を掃除する作業員として雇いました。しかし彼はたちまち私の右腕になり、毒ガスや自動ペニー研磨機の写真を撮って『ポピュラー・サイエンス』誌のわが連載記事を飾ってくれました(それをまとめた本『Mad Science』にも収録されています)。

本書を作るにあたって、ニックは元素の写真撮影に精魂を傾け、カメラマンとしてのすばらしい技量を発揮し、そして締め切り前のまるまる3ヵ月間の社会生活をすべて犠牲にして、とうとう共著者の地位にまでのぼりつめました。

本書の写真の大部分は、「セオドア・グレイ・スタジオ」とクレジットされていても、実際はニックが照明をあて、ニックが撮影したものです。彼の重労働と技術と献身がなければ、あなたがこの本を手にするのは来年になっていたでしょう。

彼が撮った写真をプロの腕で粋《いき》にレイアウトしてくれたのが、ブックデザイナーのマシュー・コークリーです。彼と編集者のベッキー・コーには、著者ふたりのわがままにつきあった忍耐力を称えて勲章をあげてもいいくらいです。この著者たちときたら、トラックが印刷所へ向けて発車する間際になってもあちこち変更したがったのですから。そして、ありがとう、ヒロキ・タダ！　みなさんが(カメラの具合でおかしな点がある写真ではなく)素敵な元素たちのありのままの姿を見られるのは、500枚をゆうに超える写真を彼がクリーンアップしてくれたおかげです。また、データが利用可能なすべての元素の原子発光スペクトル図を作ってくれたニノ・チュティッチにも深く感謝しています。

デイビッド・アイゼンマンは文章の編集を担当し、事実関係や文体をチェックしてより良い本にするのを手伝ってくれました。デイビッドの仕事ぶりは、(良い意味で)税務監査にも似て極めて厳密でした。

マックス・ホィットビーは長年私の元素ビジネスのパートナーを務めています。私たちは共に確固たる元素の帝国を築き上げました。この本もその帝国の事業のひとつです。彼が原稿を読んでさまざまな助言や感想をくれたのは、たいへんありがたいことでした。

ティモシー・ブラムリーブは元素の化学の学術的側面を専門家の立場から説明し、特に希土類について比類ない知識を提供してくれました。

ポール・フレームには、放射性元素を使ったインチキ健康商品に関する貴重な助言と面白い逸話を聞かせてもらいました。そのうえ彼は、国立オーク・リッジ研究所にある彼の放射能博物館の所蔵品の撮影許可も与えてくれました。彼の本の共著者であるウィリアム・コルブは、ずっと前からあらゆる放射性物質について私を指導してくれています。

元素の世界的権威であるジョン・エムズリーとエリック・シェリーのふたりは、本書のプロジェクトに快く協力して、助言や支援を与えてくれました。

ここからは、元素にまつわる個々の事実を提供してくれた人たちです。あまりに多数で全員の名前をあげることはできません。お世話になった何人かの例を代表として書くことにします。テクネチウム(43)のページに載せる鉱物で悩んでいた時、ブレイズ・トゥルースデルは「従来テクネチウムは天然には存在しないとされてきたが、痕跡量のテクネチウムが1962年にアフリカ産ピッチブレンド(ウラン鉱石)中で発見されているから、天然にもあると考えるべきだ」との指摘をくれました。クリス・カンターはあらゆるアルカリ金属塩化物塩を舐《な》めて、どれが一番美味しかったかを教えてくれました(一番は塩化ナトリウムです)。本書への貢献を感謝すべき相手を全部並べたら、数百人になってしまいます。その方たちには、お名前を記せないことを深くお詫びします。

本書に写真が載っている品々は、驚くほど広範囲の方々から手に入れました。eBayの通販やオークションの出品者、著名な大学教授、元素コレクター仲間、これまた多すぎてここには挙げられません。なお、私のウェブサイトperiodictable.comでは品物ごとに提供者が書かれています。サイトには本書の写真もすべて元素別に載っており、提供元情報にリンクが貼ってあります。

両親には、私をこの世に誕生させてくれてありがとうと言わなければいけないのはもちろんですが、もうひとつ特記して感謝すべきことがあります。マンガン(25)のページに写真がある小さな菱マンガン鉱の結晶を鉱石商のシモーン・サイトンが切望した時、その結晶を渡して本書に写真がある他の鉱物の大部分と交換することを、父は許してくれました。本書のそれ以外の鉱物は、主にジェンサン・サイエンティフィックス社のセアラ・ケネディから入手しました。セアラもシモーンも、ある元素にどの鉱物の写真を使えばいいかについて得難い助言をしてくれました。

最後に、私の家族――ジェイン、アディー、コナー、エマ(身長順、でもアディーの背がこのまま伸びたらいずれ身長順でなくなるでしょう)に、この本を作る間いろいろと我慢してくれたことを感謝します。約束するよ、もう本は書かないからね――少なくとも次の本までは。

INDEX
さくいん

ア行

カ行

サ行

マ行

ヤ・ラ・ワ行

nts

純粋な（またはそれに近い）元素。以下は例外。
6, 87, 89, 91, 93：その元素を痕跡量含む放射性鉱石。
4, 88, 94, 95：その元素を微量含む人工物。
テクネチウム99による骨の検査画像。
ッブル宇宙望遠鏡で見たワシ星雲（ほとんどが水素）。
18：元素名の由来の人物または場所、研究所。

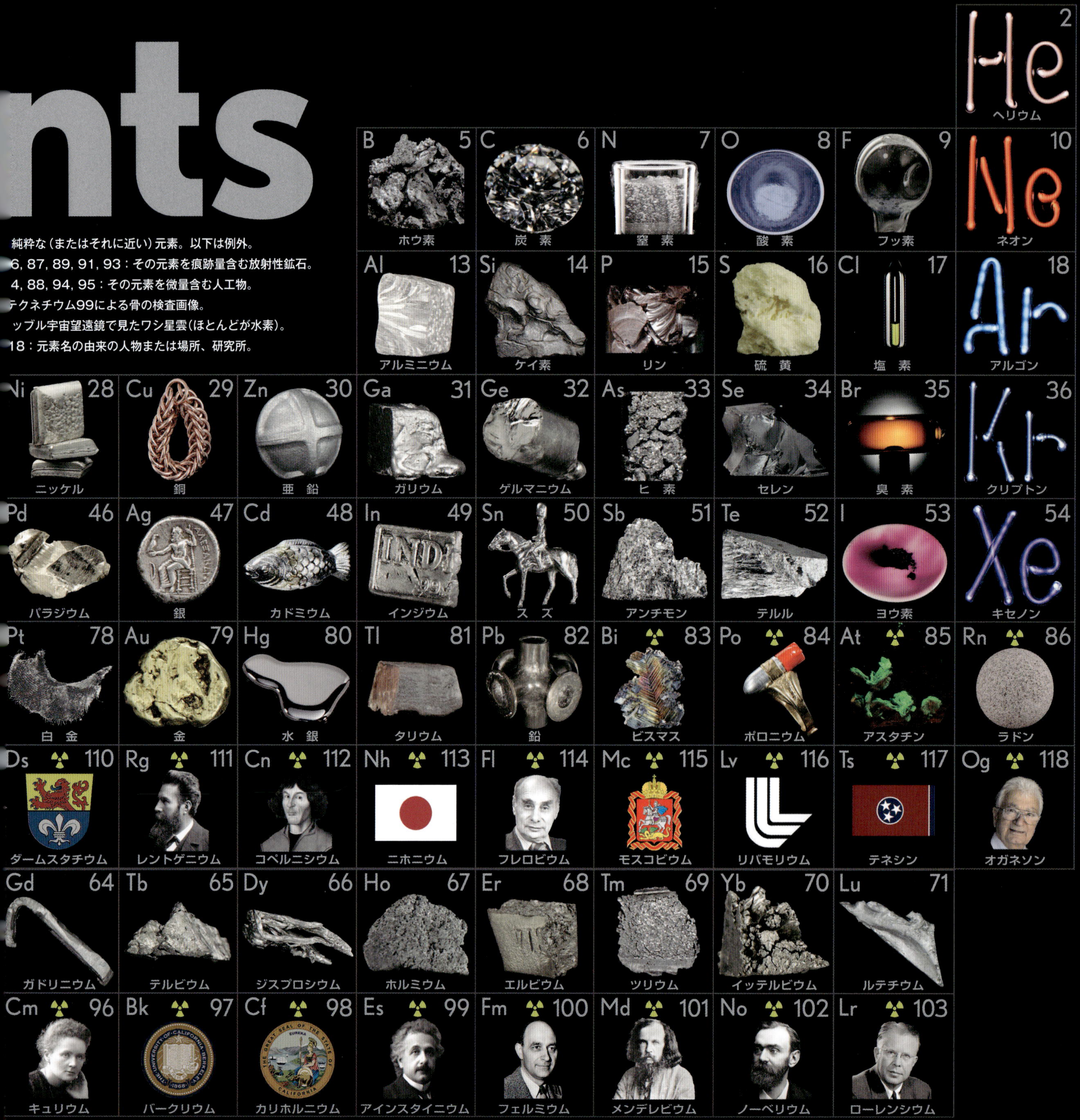

He 2 ヘリウム
B 5 ホウ素
C 6 炭 素
N 7 窒 素
O 8 酸 素
F 9 フッ素
Ne 10 ネオン
Al 13 アルミニウム
Si 14 ケイ素
P 15 リン
S 16 硫 黄
Cl 17 塩 素
Ar 18 アルゴン
Ni 28 ニッケル
Cu 29 銅
Zn 30 亜 鉛
Ga 31 ガリウム
Ge 32 ゲルマニウム
As 33 ヒ 素
Se 34 セレン
Br 35 臭 素
Kr 36 クリプトン
Pd 46 パラジウム
Ag 47 銀
Cd 48 カドミウム
In 49 インジウム
Sn 50 ス ズ
Sb 51 アンチモン
Te 52 テルル
I 53 ヨウ素
Xe 54 キセノン
Pt 78 白 金
Au 79 金
Hg 80 水 銀
Tl 81 タリウム
Pb 82 鉛
Bi 83 ビスマス
Po 84 ポロニウム
At 85 アスタチン
Rn 86 ラドン
Ds 110 ダームスタチウム
Rg 111 レントゲニウム
Cn 112 コペルニシウム
Nh 113 ニホニウム
Fl 114 フレロビウム
Mc 115 モスコビウム
Lv 116 リバモリウム
Ts 117 テネシン
Og 118 オガネソン
Gd 64 ガドリニウム
Tb 65 テルビウム
Dy 66 ジスプロシウム
Ho 67 ホルミウム
Er 68 エルビウム
Tm 69 ツリウム
Yb 70 イッテルビウム
Lu 71 ルテチウム
Cm 96 キュリウム
Bk 97 バークリウム
Cf 98 カリホルニウム
Es 99 アインスタイニウム
Fm 100 フェルミウム
Md 101 メンデレビウム
No 102 ノーベリウム
Lr 103 ローレンシウム

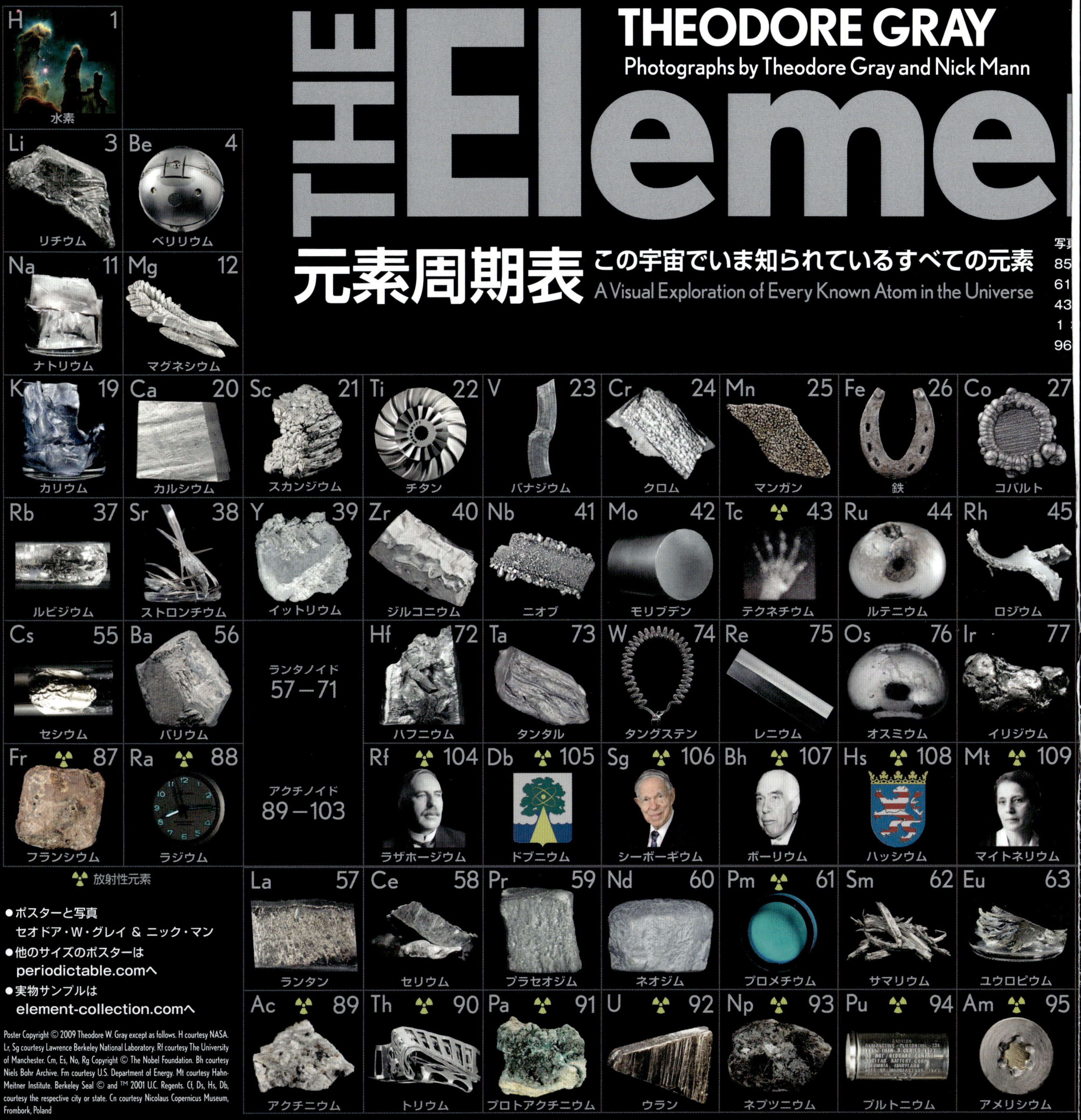

THEODORE GRAY
Photographs by Theodore Gray and Nick Mann
THE Eleme
元素周期表
この宇宙でいま知られているすべての元素
A Visual Exploration of Every Known Atom in the Universe
H 1 水素
Li 3 リチウム
Be 4 ベリリウム
Na 11 ナトリウム
Mg 12 マグネシウム
K 19 カリウム
Ca 20 カルシウム
Sc 21 スカンジウム
Ti 22 チタン
V 23 バナジウム
Cr 24 クロム
Mn 25 マンガン
Fe 26 鉄
Co 27 コバルト
Rb 37 ルビジウム
Sr 38 ストロンチウム
Y 39 イットリウム
Zr 40 ジルコニウム
Nb 41 ニオブ
Mo 42 モリブデン
Tc 43 テクネチウム
Ru 44 ルテニウム
Rh 45 ロジウム
Cs 55 セシウム
Ba 56 バリウム
ランタノイド 57－71
Hf 72 ハフニウム
Ta 73 タンタル
W 74 タングステン
Re 75 レニウム
Os 76 オスミウム
Ir 77 イリジウム
Fr 87 フランシウム
Ra 88 ラジウム
アクチノイド 89－103
Rf 104 ラザホージウム
Db 105 ドブニウム
Sg 106 シーボーギウム
Bh 107 ボーリウム
Hs 108 ハッシウム
Mt 109 マイトネリウム
放射性元素
La 57 ランタン
Ce 58 セリウム
Pr 59 プラセオジム
Nd 60 ネオジム
Pm 61 プロメチウム
Sm 62 サマリウム
Eu 63 ユウロピウム
Ac 89 アクチニウム
Th 90 トリウム
Pa 91 プロトアクチニウム
U 92 ウラン
Np 93 ネプツニウム
Pu 94 プルトニウム
Am 95 アメリシウム
●ポスターと写真
セオドア・W・グレイ ＆ ニック・マン
●他のサイズのポスターは
periodictable.comへ
●実物サンプルは
element-collection.comへ
Poster Copyright © 2009 Theodore W. Gray except as follows. H courtesy NASA. Lr, Sg courtesy Lawrence Berkeley National Laboratory. Rf courtesy The University of Manchester. Cm, Es, No, Rg Copyright © The Nobel Foundation. Bh courtesy Niels Bohr Archive. Fm courtesy U.S. Department of Energy. Mt courtesy Hahn-Meitner Institute. Berkeley Seal © and ™ 2001 U.C. Regents. Cf, Ds, Hs, Db, courtesy the respective city or state. Cn courtesy Nicolaus Copernicus Museum, Frombork, Poland